BÜCHNER
Stromrichter-Netzrückwirkungen
und ihre Beherrschung

VEB Deutscher Verlag
für Grundstoffindustrie
Leipzig
Distributed by Springer-Verlag Wien – New York

Stromrichter-Netzrückwirkungen und ihre Beherrschung

Von Dr. sc. techn. PETER BÜCHNER

2., überarbeitete Auflage

Mit 170 Bildern und 51 Tabellen

Annotation

BÜCHNER, PETER: Stromrichter-Netzrückwirkungen und ihre Beherrschung / von PETER BÜCHNER. – 2., überarb. Aufl. – Leipzig: Dt. Verl. für Grundstoffind., 1986. – 257 S.: mit 172 Bild. u. 52 Tab.

Stromrichter-Netzrückwirkungen sind gegenwärtig Hauptursache für die Verminderung der Elektroenergiequalität. Ihre Beherrschung gewährleistet den störungsfreien und verlustoptimalen Verteilungs- und Umwandlungsprozeß. Durch Zusammenfassung und Aufbereitung der zahlreichen Einzelerkenntnisse über diese Nahtstelle zwischen Leistungselektronik und speisendem Netz werden einerseits die physikalischen Grundlagen und ihre zweckmäßige Beschreibung, andererseits deren Anwendung für Entwurf und Projektierung von Anschlußstrukturen systematisch vorgestellt.
Das Buch wendet sich an Entwicklungs- und Projektierungsingenieure für Elektroenergieanlagen, Ingenieure der Elektroenergieversorgung sowie Hochschullehrer und Studenten der entsprechenden Fachrichtungen an Hoch- und Fachschulen.

ISBN-13:978-3-7091-9526-0 e-ISBN-13:978-3-7091-9525-3
DOI: 10.1007/978-3-7091-9525-3

2., überarbeitete Auflage

Softcover reprint of the hardcover 2nd edition 1986
Distributed by Springer-Verlag Wien – New York
VLN 152-915/71/86
Gesamtherstellung: INTERDRUCK Graphischer Großbetrieb Leipzig – III/18/97
Lektor: Dipl.-Päd. DITMAR KEIL
Gesamtgestaltung: BARBARA NEIDHARDT
Redaktionsschluß: 12. 4. 1985
LSV 3225

Vorwort zur 1. Auflage

Stromrichtergeräte und -anlagen leisten in den verschiedensten Bereichen der Volkswirtschaft erhebliche Beiträge zur rationellen Anwendung von Elektroenergie und zur Automatisierung von Prozessen. Das gegenwärtig hohe Tempo bei der Ausrüstung von Abnehmeranlagen mit Stromrichtern führt aber auch zur Häufung unerwünschter Eigenschaften. Stromrichter benötigen aussteuerungsabhängig Blindleistung und beeinträchtigen dadurch und infolge der diskontinuierlichen Zusammenarbeit mit dem speisenden Netz die Elektroenergiequalität.

Durch die weitgehend unabhängig voneinander verlaufende Entwicklung der Elektroenergietechnik und der Leistungselektronik wurde der komplexen Betrachtung dieser Nahtstelle in der Vergangenheit zu wenig Aufmerksamkeit geschenkt. Der Nachholebedarf schlägt sich in einer Fülle von Einzelveröffentlichungen seit einigen Jahren nieder, die den Wunsch nach einer den gegenwärtigen Stand zusammenfassenden Arbeit aufkommen ließ. Es ist das Ziel dieser Monographie, mit Hilfe der Systembetrachtungsweise der Kybernetik die Wechselwirkungen zwischen Stromrichtern, speisendem Netz und anderen Verbrauchern physikalisch anschaulich und mit brauchbarer technischer Genauigkeit zu beschreiben, wobei insbesondere Simulationstechniken verwendet werden. Das erfordert allerdings vom Leser die Bereitschaft, gewohnte Denkweisen der klassischen, frequenzorientierten Stromrichtertheorie zu verlassen und sich in die Zustandsbeschreibung von Mehrgrößensystemen einzuarbeiten. Der recht umfangreiche Abschnitt 2. trägt diesem Umstand Rechnung.

Die Analyse typischer Anschlußstrukturen wird daran anschließend so vorgenommen, daß verallgemeinerungsfähige Erkenntnisse, Regeln und Arbeitsanweisungen entstehen, die Entwurf und Projektierung von Stromrichteranlagen einschließlich der notwendigen Mittel zur Beherrschung von Netzrückwirkungen unterstützen. Die Ergebnisse können auch ohne tieferes Verständnis der theoretischen Grundlagen angewendet werden, zumal in der Regel leicht handhabbare Anschlußdiagramme entstehen. Durchgerechnete Beispiele erläutern die Handhabung der Projektierungshilfen. Es werden vorrangig energetische Netzrückwirkungen ($f < 1{,}25$ kHz) behandelt.

Die Monographie wendet sich in erster Linie an Entwicklungs- und Projektierungsingenieure, die als Errichter von Stromrichteranlagen für die Beherrschung der Netzrückwirkungen zuständig sind, aber auch an Betreiber von Stromrichteranlagen und Netzen, denen gesicherte Kenntnisse auf diesem Gebiet für die Fahrweise im Normal- und Havariefall nützlich sind.

Die dargestellten Ergebnisse beruhen auf Untersuchungen, die in den Jahren 1975 bis 1980 an der Sektion Elektrotechnik der Technischen Universität Dresden im Auftrage und in enger Zusammenarbeit mit dem VEB Elektroprojekt und Anlagenbau Berlin durchgeführt wurden. Die den Umfang dieses Buches überschreitenden quantitativen Ergebnisse wurden 1979 in einer Projektierungsrichtlinie zusammengefaßt, wobei vor allem erzeugnisspezifische Daten Eingang fanden.

Wesentlichen Anstoß zu einer Gesamtdarstellung des Problemkreises Netzrückwirkungen gaben zahlreiche Konsultationen mit Projektanten über die Anlagengestaltung und zur Aufklärung von Havarien. Die Beispiele in den einzelnen Abschnitten entstammen fast ausnahmslos dieser Zusammenarbeit, für die der Verfasser allen Beteiligten, vor allem aber den Mitgliedern des FUA 0.7 – Elektroenergiequalität – der Kammer der Technik, dankbar ist.

Der Dank richtet sich in besonderem Maße an die Hochschullehrer der Sektion Elektrotechnik der Technischen Universität Dresden, die durch ihr Wirken zur geistigen Basis für die moderne Betrachtung elektrotechnischer Systeme beitrugen und dem Verfasser viele wertvolle Denkanstöße gaben. Erwähnt seien vor allem die Herren Prof. Dr.-Ing. habil. R. Schön-

FELD, Prof. em. Dr.-Ing. habil. R. LAPPE, Prof. Dr.-Ing. H. KOETTNITZ und Doz. Dr. sc. techn. G. WINKLER. Dank gebührt auch Herrn Prof. Dr. sc. techn. V. PFEILER von der Technischen Hochschule Ilmenau, dessen Erfahrungen auf die Arbeit anregend wirkten. Die Herren Dr.-Ing. D. BIRUS und Dr.-Ing. G. SIEBERT sowie zahlreiche Diplomanden und Ingenieurpraktikanten waren an der Erarbeitung der Ergebnisse unmittelbar beteiligt.
Der Verfasser dankt den Institutionen und Betrieben der Elektroindustrie der DDR für die überlassenen Unterlagen und allen an der Fertigstellung des Werkes Beteiligten in der Sektion Elektrotechnik der Technischen Universität Dresden sowie dem Verlag für die verständnisvolle Zusammenarbeit. Die große Sorgfalt bei der Anfertigung der Reinzeichnungen durch Frau HEIDI NITSCHE verdient eine besondere Erwähnung.

PETER BÜCHNER

Vorwort zur 2. Auflage

In den seit Erscheinen der ersten Auflage vergangenen vier Jahren ist eine Fülle neuer Einzelerkenntnisse und Erfahrungen auf den Gebieten Elektromagnetische Verträglichkeit, Elektroenergiequalität und Stromrichter-Netzrückwirkungen bekannt geworden, so daß der Verfasser das Angebot einer Bearbeitung dankbar aufgegriffen hat.
Unter Beibehaltung der Gliederung wurden an mehreren Abschnitten Aktualisierungen und Ergänzungen vorgenommen, die sich vor allem auf

- den Einsatz digitaler Kleinrechner zur Simulation des Anschlußverhaltens
- die Ablösung analoger Meßverfahren durch digitale mikrorechnergestützte Lösungen
- die Vorstellung weiterentwickelter Betriebsmittel für stromrichterbehaftete Anschlußstrukturen
- neuere Ergebnisse der Standardisierung

konzentrieren.
Daß trotz der anhaltend hohen Wachstumsrate der Stromrichterleistung in den Netzen die Störungsrate vernachlässigbar gering blieb, spricht dafür, daß die Errichter von Stromrichteranlagen die Verträglichkeitsfragen ernst nehmen und über ausreichende Mittel und Wege zur Beherrschung von Netzrückwirkungen verfügen.
Für die Überarbeitung waren zahlreiche Hinweise und Beiträge in- und ausländischer Fachkollegen, insbesondere des Fachunterausschusses 0.7 – Elektroenergiequalität –, wesentliche Grundlage. Ihnen gebührt der Dank ebenso wie dem Verlag für die mühevolle Einarbeitung der Änderungen.

PETER BÜCHNER

Inhaltsverzeichnis

1. Grundlagen der Stromrichter-Netzrückwirkungen

1.1. Einführung

1.1.1. Vorbemerkungen

Der Siegeszug der Leistungselektronik auf den Gebieten Elektrische Antriebe und Bahnen, Elektrotechnologie, Elektrochemie und in Konsumgütern wurde durch die rasche Entwicklung der Leistungshalbleiterbauelemente in den siebziger Jahren ermöglicht und ist durch die für den Anwender maßgebenden Hauptvorteile

- großer Stellbereich bei äußerst günstigen dynamischen Eigenschaften
- hohe Dauerverfügbarkeit durch ausgezeichnete Zuverlässigkeit und gute Wartbarkeit sowie
- äußerst geringe Umwandlungsverluste

technisch und ökonomisch begründet. In der weiteren technischen Entwicklung werden die Forderungen nach rationellem Einsatz von Elektroenergie und weiterer komplexer Automatisierung immer dringlicher, so daß mit einem anhaltend raschen Zuwachs der über Stromrichter gestellten und gewandelten Leistung gerechnet werden muß. In vielen Fällen sind leistungselektronische Stellglieder der optimale Mittler zwischen der Automatisierungshierarchie und dem Prozeß.
Wie bei jeder gehäuften Anwendung neuer Techniken entsteht das Problem, ihre Nachteile durch geeignete Mittel und Methoden zu begrenzen und zu beherrschen. Hauptnachteile der Stromrichter sind

- stark und u. U. schnell veränderlicher Wirk- und vor allem Blindleistungsbedarf
- Verzerrung der Anschlußspannung durch die Entnahme nichtsinusförmiger Ströme und damit verbundene zusätzliche Verlustleistungen im Netz und in Verbrauchern
- Störbeeinflussung von Informationsanlagen einschließlich der eigenen Ansteuerung.

Auf zwei neuartige Vorgehensweisen, welche die besondere Aufmerksamkeit des Lesers und seine Bereitschaft erfordern, die klassische Stromrichterideologie zu verlassen, soll bereits hier hingewiesen werden:

1. Bildung eines Ersatzstromrichters aus vielen Einzelstromrichtern mit den Methoden der statistischen Simulation (Abschnitt 3.4.).

2. Strukturen mit einem oder zwei Stromrichtern werden mit Hilfe der Zustandsbeschreibung analysiert, wobei die Stromrichter selbst wieder Ersatzstromrichter sein können. Die Bemessung erfolgt hier für ungünstigste Einsatzbedingungen (worst-case).

Mit dieser Kombination von statistischer und worst-case-Auslegung scheint ein heute brauchbarer Kompromiß zwischen Aufwand zur Systembeschreibung und Risiko der Überschreitung von Grenzwerten der Netzrückwirkungen gefunden zu sein, der das bisher übliche durchgängige worst-case-Konzept ablöst.

1.1.2. Grundlegende Definitionen

Als Stromrichter wird im Standard [1.1] eine Einrichtung bezeichnet, die »zur Übertragung von Leistung zwischen Netzen bei gleichzeitiger Umwandlung der Spannungsart und/oder Stellung der übertragenen Leistung« dient. »Ein Stromrichter ist als Erzeugnis im allgemeinen nicht in der Lage, die Funktion der technologischen Gesamtanlage zu gewährleisten.« Diese Funktion erfüllt die Stromrichteranlage, die neben Stromrichtern auch alle anderen für die Lösung der Arbeitsaufgabe notwendigen Systemelemente enthalten muß. Das sind vor allem:

- Schaltgeräte im Ein- und Ausgang
- Transformatoren und/oder Drosseln
- Kompensations- und Filtereinrichtungen
- Meß-, Melde- und Schutzeinrichtungen

Zur ersten Abgrenzung der Stromrichteranlage vom übrigen Elektroenergiesystem dient Bild 1.1. Es zeigt einen Stromrichter mit den zur Stromrichteranlage gehörenden Bestandteilen und einen Netzausschnitt. Die Stromrichteranlage arbeitet mit anderen Drehstromverbrauchern, hier in Gestalt eines Antriebs und einer Kompensationsanlage, an einer gemeinsamen Sammelschiene. Diese Sammelschiene ist der Knotenpunkt der einzelnen Verbraucherströme. Wird die Kurzschlußleistung S_k'' an dieser Stelle als endlich angenommen

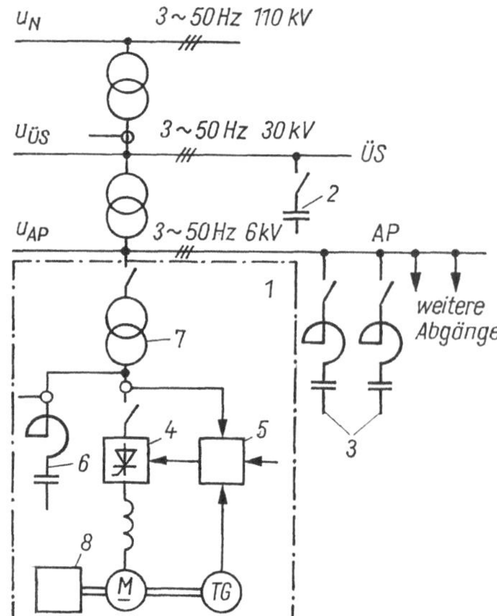

Bild 1.1. Anschlußstruktur eines Stromrichterantriebs

1 Stromrichteranlage
2 Kompensationsanlage
3 zentrale Saugkreisanlage
4 Stromrichter
5 Informationsteil
6 lokaler Saugkreis
7 Stromrichtertransformator
8 Gleichstromantrieb
AP Anschlußpunkt
ÜS Übergabestelle

(nicht starres Netz), so wird diese Sammelschiene als Anschlußpunkt *AP* (*englisch* – point of common coupling PCC) oder Verknüpfungspunkt bezeichnet. Die Spannung der Sammelschiene u_{AP} heißt dann Anschlußspannung. Aus Bild 1.1 geht hervor, daß Kompensationsmaßnahmen sowohl Bestandteil der Stromrichteranlage als auch Bestandteil der übrigen Elektroanlage sein können. Die Stelle in der Anschlußstruktur, an der die Verrechnung der Elektroenergie zwischen Abnehmer und Energieversorgungsbetrieb erfolgt, wird im weiteren als Übergabestelle *ÜS* und die Spannung als Übergabespannung $u_{ÜS}$ bezeichnet. Die Spannung eines idealisiert als starr angenommenen Netzes wird mit u_N bezeichnet. Bei der Angabe von Spannungswerten wird entsprechend der Gewohnheit der Energietechnik die verkettete Spannung eines Dreiphasensystems ohne besonderen Index verwendet. Bei der Abbildung von Spannungsverläufen wird dagegen die Leiter-Erde-Spannung des Stranges *L1* dargestellt. Alle die den netzseitigen elektrischen Anschluß einer Stromrichteranlage kennzeichnenden Aussagen über die Struktur und die Eigenschaften der beteiligten Komponenten, bezogen auf deren Anschlußpunkt, werden mit dem Sammelbegriff netzseitige Einsatzbedingungen (NEB) belegt. Zur Quantifizierung werden in der Regel ein Schaltbild analog Bild 1.1 und Kenngrößen der NEB entsprechend Abschnitt 3.1. benötigt.
Die Theorie der Stromrichter ist heute ein weitgehend abgeschlossener Lehrgegenstand der Ausbildung von Elektrotechnikern und in den wohlbekannten Fach-, Hand- und Lehrbüchern [1.2] bis [1.7] dargestellt. Mit dieser Hilfe sind der Entwurf von Stromrichtern und die Zusammenstellung zur Stromrichteranlage möglich. Bei der Beschreibung der Wirkungsweise netzgelöschter Gleich- und Wechselrichter ist es didaktisch notwendig und üblich, zunächst von idealen Bedingungen (starres Netz, ideale Glättung, ideale Kommutierung) auszugehen und sich schrittweise der physikalischen Realität zu nähern. Meist geschieht das in den Stufen

a) Stromrichter am starren Netz mit idealer Glättung und Kommutierung
b) Stromrichter am starren Netz mit idealer Glättung und Kommutierungsinduktivität
c) Stromrichter am starren Netz mit realer Glättung und Kommutierungsinduktivität

Nur selten [1.5], [1.6] wird der Einfluß des nichtstarren induktiven Netzes beschrieben, wobei die mögliche Verzweigung des Kommutierungskreises am Anschlußpunkt oder sogar direkt an den Ventilen (vgl. Bild 1.1) unberücksichtigt bleibt.
Andererseits werden die Nachteile, die Stromrichter gerade in bezug auf das Elektroenergiesystem mit sich bringen, durchaus in gesonderten Abschnitten behandelt. Dabei wird allerdings grundsätzlich von einer – wie noch zu beweisen sein wird – oft nichtgültigen Annahme ausgegangen, daß der Stromrichter auf das Netz im Sinne einer Steuerung zurückwirkt. Auch mit dem deutschen Fachbegriff Netzrückwirkungen wird dieser Eindruck suggeriert. Die Aufklärung einiger Störungsfälle in Stromrichteranlagen, die der Anlaß für die erneute Aufnahme der Untersuchungen zum Problemkreis Netzrückwirkungen an der Technischen Universität Dresden im Jahre 1975 waren, hatte gezeigt, daß das System Netz–Stromrichteranlage geschlossene Wirkungskreise enthält, die oft weit in das Elektroenergiesystem hineinreichen und die daher eine Erweiterung der bekannten Beschreibungsmethoden erfordern. Wirkungen in geschlossenen Kreisen sollten sprachlich besser als Wechselwirkungen angesprochen werden. Da die Wirkungen aber vorzugsweise das Netz und andere am Anschlußpunkt parallel arbeitende Verbraucher betreffen, wurde der Begriff Netzrückwirkungen (NRW) mit der folgenden *allgemeingültigen Definition* beibehalten:

Stromrichter-Netzrückwirkungen sind alle Wirkungen, die beim Betrieb von Stromrichtern an einem Anschlußpunkt endlicher Kurzschlußleistung gegenüber dem Betrieb am starren Netz im Netz, in den Stromrichtern und in anderen am Anschlußpunkt angeschlossenen Verbrauchern entstehen. Stromrichter-Netzrückwirkungen hängen eindeutig und reproduzierbar von den netzseitigen Einsatzbedingungen ab.

Wegen des großen Systemumfangs ist eine deterministische Beschreibung allerdings oft nicht möglich. Für Entwurf und Projektierung von Einsatzbedingungen ist es notwendig, Netzrückwirkungen zu quantifizieren. Dazu werden im Abschnitt 1.2. Kenngrößen der NRW eingeführt. Sie fallen zweckmäßigerweise mit dem Begriffssystem der Elektroenergiequalität [1.8] zusammen und gelten jeweils für einen betrachteten Punkt der Anschlußstruktur, vorzugsweise für den Anschlußpunkt. Die Elektroqualität kennzeichnet die Brauchbarkeit der Elektroenergie für Lieferer und Abnehmer. Wesentliche Qualitätsmerkmale sind Aussagen über die Spannung (Höhe, Änderungen, Schwankungen, Kurvenform und Symmetrie bei Drehstromsystemen), Frequenz und Leistung.

Zur *quantitativen Beschreibung* wird folgende vereinfachte Definition festgelegt:

Als *Stromrichter-Netzrückwirkungen* wird die Gesamtheit der Veränderungen der Elektroenergiequalität an einem Punkt der Anschlußstruktur bezeichnet und durch Kenngrößen ausgedrückt, die nachweisbar durch den Betrieb von Stromrichtern entsteht. Im Normalfall wird die Qualität durch Stromrichter verschlechtert.

Ohne dem Abschnitt 4.1. über Probleme der Standardisierung vorzugreifen, soll hier darauf hingewiesen werden, daß mit dieser Definition der Problemkreis Netzrückwirkungen voll in den ohnehin zur Bearbeitung anstehenden Problemkreis Elektroenergiequalität integriert wird [1.9]. Es ist sicher, daß auf der Basis dieser Definition volkswirtschaftlich günstigere Vorschriften entstehen werden, als es durch eine Standardisierung der Einsatzbedingungen und damit eine pauschale Begrenzung der Anschlußleistung der Stromrichter möglich ist.

1.1.3. *Einführendes Beispiel*

Das Grundanliegen dieses Buches, bei der Beschreibung des Wirkmechanismus soweit wie möglich der physikalischen Realität anschaulich nahe zu kommen, kann an einem sehr einfachen Modell verdeutlicht werden. Bild 1.2a zeigt die Schaltung eines verzweigten Stromkreises, der aus dem aktiven Zweipol U_I und R_I gespeist wird. Auf der passiven Seite entnehmen zwei Verbraucher R_A und R_B Strom. Es gelten die Gleichungen

$$I_I = I_A + I_B \tag{1.1}$$

$$U_{AB} = U_I - R_I I_I \tag{1.2}$$

$$I_A = (1/R_A)\, U_{AB} \tag{1.3}$$

$$I_B = (1/R_B)\, U_{AB} \tag{1.4}$$

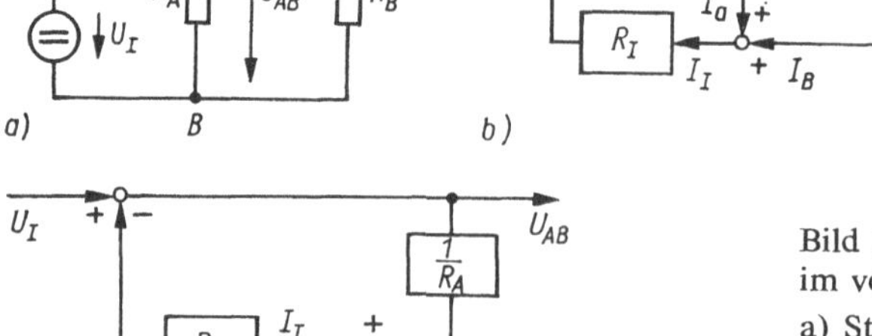

Bild 1.2. Mechanismus der Rückwirkungen im verzweigten Stromkreis

a) Struktur

b) Signalflußplan

c) Sonderfall $R_A \to \infty$

deren Zusammenhang am besten in einem Signalflußbild dargestellt werden kann (Bild 1.2b). In diesem Signalflußbild ist der geschlossene Wirkungskreis der Wechselwirkung zwischen aktivem und passivem Zweipol deutlich sichtbar. Für den Fall endlicher Widerstände R_I, R_A und R_B wird die Rückwirkung der Belastungsströme auf die Anschlußspannung U_{AB} von allen Widerständen gemeinsam bestimmt. In diesem einfachen Fall kann die Antiparallelschaltung geschlossen durch Zusammenfassung behandelt werden. Es gilt:

$$U_{AB}/U_I = \frac{1}{1 + \left(\frac{1}{R_A} + \frac{1}{R_B}\right) R_I} = \frac{R_A R_B}{R_A R_B + (R_A + R_B) R_I} \tag{1.5}$$

Zwei interessante Sonderfälle sollen noch daraus abgeleitet werden:

1. $R_I \to 0$ Das speisende Netz ist starr. Es gibt keine Rückwirkung. $U_{AB}/U_I = 1$

2. $R_A \to \infty$ Die Wirkung der Anschlußspannung auf den Verbraucherstrom I_A wird immer geringer. Für diesen Verbraucher wird der Wirkungskreis geöffnet. Falls durch einen äußeren Einfluß noch ein endlicher Strom I_A fließt (Annahme einer Stromquelle), wird dieser über I_I voll zurückwirken. Mit diesem Sonderfall wird bisher meist bei Stromrichter-Netzrückwirkungen gerechnet, woraus sich auch die Bezeichnung abgeleitet hat (Bild 1.2c).

1.1.4. *Entwicklung des Problemkreises*

Die Erkenntnisse über Blindleistungsbedarf und Oberschwingungserzeugung bei Stromrichtern sind so alt wie ihre Technik (Bild 1.3). Die grundlegenden Veröffentlichungen (z. B. [1.10], [1.11]) gehen von den im Abschnitt 2.3.3. dargestellten Oberschwingungsersatzschaltbildern aus und beschränken sich auf den Sonderfall offener Wirkungskreis des einführenden Beispiels. Lediglich AYMANNS [1.12] verband bereits 1937 experimentelle Ergebnisse über Spannungsverzerrungen durch Kabel bei Stromrichteranschluß mit Vorstellungen, die der Zustandsbeschreibung entsprechen. Die Bedeutung dieser Arbeit wurde jedoch offensichtlich nicht erkannt, so daß sie in Vergessenheit geriet.

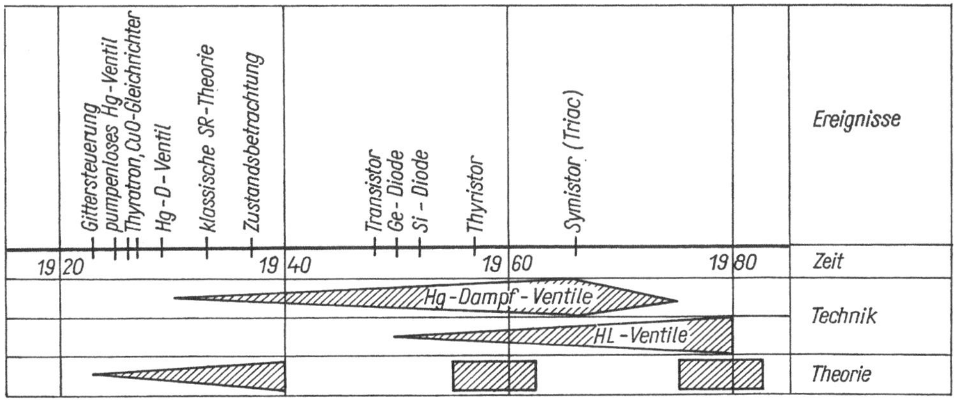

Bild 1.3. Zur Entwicklung des Problemkreises Netzrückwirkungen

Die Probleme der Stromrichter-Netzrückwirkungen hatten in diesem Stadium kaum technische Bedeutung, da die Anschlußleistung noch relativ klein war. Die Beschäftigung mit ihnen diente vor allem zur Klärung der Wirkungsweise der Schaltungen. Erst mit dem Erreichen von Grenzleistungen bei Walzwerksantrieben, Schachtförderanlagen und der Hochspannungs-Gleichstromübertragung wurden verstärkt Arbeiten mit projektierendem Charakter bekannt [1.13] bis [1.17]. Die Netzrückwirkungen finden seitdem in die Lehr- und Fachbücher Eingang. Mit dem Buch von BORNITZ [1.18] entstand 1942 erstmalig eine geschlossene Darstellung der Blindleistungsprobleme im Netz, wobei die Neuauflage von 1965 die Weiterentwicklungen zusammenfaßte. In der DDR bilden die Arbeiten von PFEILER [1.19] die Grundlage für Projektierungsverfahren zur Beherrschung netzseitiger Strom- und Spannungsoberschwingungen beim Einsatz von Leistungskondensatoren. Die Ergebnisse fanden in der Folgezeit Eingang in die Standardwerke des Elektroanlagenbaus [1.20], [1.21].
Der Übergang zur Thyristortechnik vollzog sich in den sechziger Jahren bei kleinen und mittleren Leistungen, so daß sich keine neuen Probleme ergaben. Erst mit dem Eindringen der Halbleiterstromrichter in die Domäne der Gasentladungsstromrichter und mit ihrem beginnenden Siegeszug, der einerseits eine rasche Verbreitung, andererseits die Verschiebung der Leistungsgrenze nach oben mit sich brachte, beginnt weltweit ein wachsendes Interesse an der Beherrschung von Stromrichter-Netzrückwirkungen, wobei sich vor allem die folgenden Problemkreise herausgebildet haben:

1. Schaffung verbesserter Beschreibungsmethoden für Stromrichtersysteme, um durch Vorausberechnung das Risiko von Betriebsstörungen durch Netzrückwirkungen abzubauen.
2. Entwicklung neuer technischer Verfahren und Hilfsmittel (auf leistungselektronischer Basis), um die Netzrückwirkungen zu verringern oder zu kompensieren.
3. Erarbeitung von Standards, Richtlinien und Vorschriften über Netzrückwirkungen unter Beachtung der Belange einer volkswirtschaftlich optimalen Elektroenergiequalität.

In der Gliederung dieser Monographie finden alle drei Problemkreise Beachtung.
Neue Erkenntnisse bei der Behandlung des Zusammenwirkens von Energiesystem und Stromrichteranlagen wurden sowohl in speziellen Fachbüchern [1.22] bis [1.25] und einer Vielzahl von Einzelveröffentlichungen vorgestellt als auch in die Neuauflagen der Lehrbücher über Leistungselektronik aufgenommen [1.6], [1.26]. Im Rahmen der internationalen Standardisierung ist der Problemkreis Netzrückwirkungen in den IEC-Gremien TC 22B (Halbleiter-Stromrichter) und TC 77 (Elektromagnetische Verträglichkeit) angesiedelt. Die Diskussion um neue, besser den praktischen Gegebenheiten angepaßte Verträglichkeitsmodelle und die damit zusammenhängenden Grenzwerte von Elektroenergiequalität (Störbelastung) und Störfestigkeit der Betriebsmittel ist gegenwärtig noch in vollem Gange. In der Tendenz verlagert sich das Schwergewicht mehr und mehr auf Erkenntnisse, die mit Hilfe der Zustandsbeschreibung der Systeme gewonnen werden.
Als Prognose für die weitere Entwicklung kann angenommen werden, daß netzgelöschte Stromrichter in Drehstrombrückenschaltung auch weiterhin den größten Anteil anzuschließender Stromrichterleistung stellen. Mit der Weiterentwicklung der Drehstromantriebstechnik werden verstärkt Gleichspannungs- und Gleichstromzwischenkreise versorgt werden müssen, wobei ungesteuerte Stromrichter wegen fehlender Steuerblindleistung den Vorzug haben sollten. Hierfür wie auch für Blindstromrichter ist verstärkt der Mittelspannungs-Direktanschluß zu erwarten. Neue leistungselektronische Bauelemente wie rückwärtsleitende und abschaltbare Thyristoren beeinflussen vor allem die Entwicklung von Pulsstromrichtern, die aus der Sicht der Netzrückwirkungen als netzfreundliche Stromrichter zur Speisung von Gleichstromantrieben, Zwischenkreisen und für Blindstromrichter in Frage kommen.

Der weitere Ausbau von Typenreihen statischer und dynamischer Betriebsmittel zur Blindleistungskompensation ermöglicht die Beherrschung des Verträglichkeitsproblems ohne Beschränkung des Anschlusses von Stromrichtern. Durch ein ausgebautes Vorschriftenwerk der Elektroenergiequalität und der elektromagnetischen Verträglichkeit werden Unsicherheiten bei der Errichtung von Anlagen vermieden. Die weitere Entwicklung der Mikrorechentechnik wird einerseits die rechnergestützte Projektierung sowie Simulationsuntersuchungen am Arbeitsplatz des Projektanten, andererseits eine intelligente, preiswerte digitale Meßtechnik zur Inbetriebnahme und Überwachung ermöglichen. Als sicher erscheint es auch, daß die Elektroenergiequalität auf die Energieabrechnung und die Steuerung des Energiesystems Einfluß nehmen wird.

1.1.5. Abgrenzung des Problemkreises

Durch die Wahl des Titels »Stromrichter-Netzrückwirkungen und ihre Beherrschung« wird bereits ausgedrückt, daß eine Eingrenzung des sehr umfangreichen Problemkreises erfolgt. Im Sinne des einführenden Beispiels ist jeder Verbraucher, der an einem Anschlußpunkt arbeitet, Teil eines energetischen Wirkungskreises und damit Ursache von Netzrückwirkungen. Die Einordnung der Stromrichter-Netzrückwirkungen in das Gesamtgebiet und eine Überblicksinformation über andere Schwerpunkte wird mit Tabelle 1.1 ermöglicht. Dabei wird angenommen, daß einphasig angeschlossene Stromrichter von kleiner Leistung sind. Das Gebiet der Stromrichter für Traktionszwecke wird in dieser Monographie nicht gesondert behandelt. Über einige neuere Erkenntnisse berichten die Aufsätze [1.27] und [1.28].

Tabelle 1.1. Zur Abgrenzung der Stromrichter-Netzrückwirkungen

Verbraucherart	Art von Netzrückwirkungen					
	Änderung der Anschluß-spannung	Schwankung der Anschluß-spannung	Blind-leistungs-bedarf	dynamischer Blind-leistungs-bedarf	Verzerrung der Anschluß-spannung	Aufheben der Symmetrie der Anschluß-spannung
Strom-richter						
– dreiphasig	gering	gering	sehr groß	gering	groß	meist nicht
– einphasig	sehr gering	sehr gering	groß	sehr gering	gering	gering
Drehfeld-maschinen	sehr gering	gering	gering	gering	keine	nein
Schweiß-maschinen	gering	groß	gering	groß	gering	stark
Lichtbogen-öfen	groß	sehr groß	gering	sehr groß	gering	sehr stark

Aus Tabelle 1.1 ist auch ersichtlich, daß die Netzrückwirkungen anderer Verbraucher auf den gleichen Gebieten liegen. Eine Übernahme grundlegender Erkenntnisse und Beschreibungsverfahren ist daher üblich und möglich. Eine wesentliche Beschränkung des Umfangs ist die Eingrenzung auf symmetrische Netzrückwirkungen. Der Beherrschung der Netzrückwirkungen von Lichtbogen- und Induktionsöfen sowie Schweißmaschinen ist eine Reihe neuerer Zeitschriftenaufsätze gewidmet, auf die hier verwiesen werden soll [1.29], [1.30].

Stromrichter-Netzrückwirkungen lassen sich in einem Frequenzband von 0 Hz und 30 MHz beobachten. Im Rahmen dieser Arbeit erfolgt entsprechend [1.31] eine Begrenzung des Frequenzbands nach oben auf 1250 Hz. Dieses Gebiet der energetischen Netzrückwirkungen enthält die für Wechselwirkungen zwischen Netz und Stromrichteranlagen wesentlichen Vorgänge. Vorgänge mit höheren Frequenzen, wie sie vor allem durch die Schaltflanken der Halbleiterventile angeregt werden, können Informationsanlagen störend beeinflussen. Die Störbeeinflussungen werden sowohl in [1.22] als auch im VEM-Handbuch [1.32] ausführlich beschrieben.

1.2. Kenngrößen der Netzrückwirkungen

1.2.1. Vorbemerkungen

Durch die Anpassung der Definition Netzrückwirkung an die Definition Elektroenergiequalität [1.8] ergibt sich die Möglichkeit, beide Eigenschaften durch gemeinsame Kenngrößen zu quantifizieren und in den nächsten Jahren verbindliche Grenzwerte dafür in Abhängigkeit von Spannungsebene und Netzart festzulegen. Im Abschnitt 4. wird über den gegenwärtigen Stand und die Erwartungen berichtet werden. Es soll auch darauf verwiesen werden, daß die folgenden Festlegungen der Kenngrößen die Arbeiten zur Meßtechnik von Netzrückwirkungen beeinflußt haben. Abschnitt 2.6. wird darüber informieren.
Durch die gute Frequenzstabilität moderner Netze kann für alle folgenden Untersuchungen mit einer konstanten Netzfrequenz gerechnet werden. Gegenstand der Betrachtung ist der zeitliche Verlauf der Spannungs- und/oder Stromkurven als Qualitätsmerkmale der Elektroenergie an einem vereinbarten Punkt, in der Regel Anschlußpunkt oder Übergabestelle.
Am einfachsten und übersichtlichsten ist die Beschreibung der Verläufe dann, wenn vorausgesetzt werden kann, daß die Vorgänge periodisch mit Grundfrequenz ablaufen und stationär zur Auswertung anstehen. Im Hinblick auf die Definition der Netzrückwirkungen handelt es sich um den Vergleich der Kurvenform mit und ohne Stromrichterbetrieb. Die zu analysierende Zeitfunktion ist dann im Zeitbereich ein stehender Vorgang entsprechend Bild 1.4 und im Frequenzbereich ein Linienspektrum entsprechend Bild 1.5. Demnach ist es möglich, Kenngrößen für solche Verläufe sehr unterschiedlich festzulegen:

1. Kenngrößen, die von der Kurvenform ausgehen
2. Kenngrößen, die vom Spektrum ausgehen
3. Kenngrößen, die Änderungen erfassen

Im praktischen Fall sind die zu analysierenden Zeitfunktionen durch den Einfluß wechselnder Netzeigenschaften, der Überlagerung vieler Netzrückwirkungen und die nichtstationären Anforderungen an die Stromrichter nichtstationär. Dem ständig veränderten Bild der Zeitfunktion ist ein kontinuierliches Spektrum zugehörig. Aussagen zur Qualität sind dann durch den Übergang zum statistischen Charakter der unter 1. bis 3. eingeführten Kenngrößen möglich [1.33].
Für die Wirkungsweise einiger Arten von Stromrichterantrieben ist es typisch, daß periodisch modulierte Vorgänge entstehen, so z. B. bei der untersynchronen Stromrichterkaskade durch Frequenztransformation der Oberschwingungen des Läuferstromes in den Ständern und bei direkten Umrichtern [1.34]. In der Zeitfunktion entstehen Schwebungen, im Spektrum

nichtganzzahlige Harmonische, die sich neben den charakteristischen Harmonischen aus dem kontinuierlichen Spektrum herausheben.
Die nachfolgend eingeführten Kenngrößen berücksichtigen zunächst nur den stationären, periodischen Funktionsverlauf der zu beurteilenden Größen.

1.2.2. Kenngrößen, die von der Kurvenform ausgehen

Die Anschlußspannung oder jede andere an ihrer Stelle für Qualitätsaussagen heranzuziehende Spannung eines mindestens praktisch symmetrischen Dreiphasensystems kann durch die Darstellung einer Periode der Strangspannung entsprechend Bild 1.4 dargestellt und durch die folgenden Kenngrößen näher charakterisiert werden. Praktisch symmetrisch ist das Dreiphasensystem dann, wenn Gegen- und Nullsystem der Spannung kleiner als zwei Prozent bleiben [1.8], [1.35].

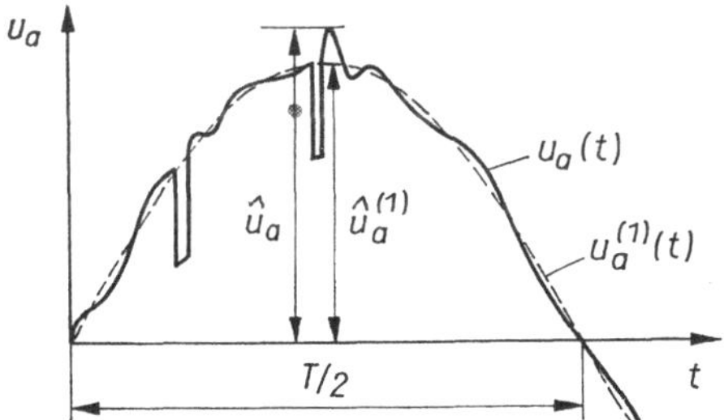

Bild 1.4. Kurvenform der Anschlußspannung (stationär, mit Netzfrequenz periodisch, symmetrisch ohne Gleichanteil)

1. *Effektivwert der Zeitfunktion* U – quadratischer Mittelwert der zeitabhängigen Spannung

$$U = \sqrt{\frac{1}{T}\int_0^T u^2(t)\,\mathrm{d}t} \tag{1.6}$$

2. *Augenblickswert* $\boldsymbol{u(t)}$ – Wert der zeitabhängigen Spannung zu einem Zeitpunkt t

3. *Scheitelwert* $\hat{\boldsymbol{u}}$ – größter Wert der zeitabhängigen Spannung zu einem Zeitpunkt t

4. *Scheitelfaktor* k_s

$$k_s = \frac{\hat{u}}{U} \tag{1.7}$$

5. *Amplitude der Grundschwingung* $\hat{\boldsymbol{u}}^{(1)}$ – größter Wert, den die nach FOURIER ermittelte Grundschwingung der Spannungskurve annimmt

6. *Augenblickswertabweichung* $\boldsymbol{a}$ – auf die Amplitude der Grundschwingung bezogene momentane Differenz zwischen der zeitabhängigen Spannung und ihrer Grundschwingung

$$a = \frac{|u(t_1) - u^{(1)}(t_1)|}{\hat{u}^{(1)}} \tag{1.8}$$

7. *Maximale Augenblickswertabweichung* $\boldsymbol{a}_{\max}$ – Maximalwert der Augenblickswertabweichung während einer Periode

8. *Betragsflächenfehler* b^u – auf den Flächeninhalt der Halbperiode der Grundschwingung bezogene Differenzfläche zwischen zeitabhängiger Spannung und ihrer Grundschwingung

$$b^u = 1 - \frac{\pi}{T} \int_0^{T/2} \left| \frac{u(t)}{\hat{u}^{(1)}} \right| \mathrm{d}t \tag{1.9}$$

1.2.3. *Kenngrößen, die vom Spektrum ausgehen*

Jede mit Grundfrequenz periodische Zeitfunktion und damit auch die im Bild 1.4 wiedergegebene zeitabhängige Spannung kann nach FOURIER in eine Summe harmonischer Zeitfunktionen zerlegt werden. Die Angaben über Amplituden und Phasenwinkel der Harmonischen können in einem Spektrum dargestellt werden (Bild 1.5). In den meisten praktischen Untersuchungen wird auf die Phaseninformation verzichtet. Die Kenntnis der Phasenwinkel ist aber insbesondere bei der Überlagerung mehrerer Funktionen von Bedeutung.

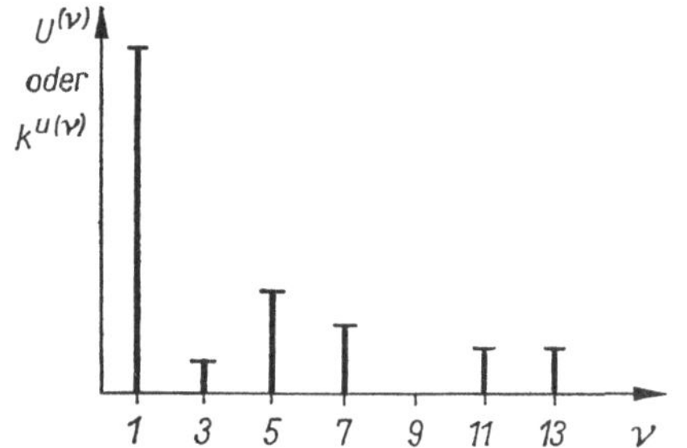

Bild 1.5. Amplitudenspektrum einer Anschlußspannung entsprechend Bild 1.4

Zur Charakterisierung der zeitabhängigen Spannung über ihr Spektrum können folgende Kenngrößen verwendet werden:

1. *Effektivwert des Spektrums* U – quadratischer Mittelwert der zeitabhängigen Spannung [identisch mit Gl. (1.6)]

$$U = \sqrt{\sum_{\nu=1}^{\infty} U^{(\nu)2}} \tag{1.10}$$

Für die Bildung des Effektivwertes wird die Phaseninformation nicht benötigt.

2. *Pegel der Harmonischen (Klirrfaktor ν-ten Grades)* $k^{u(\nu)}$

$$k^{u(\nu)} = \frac{U^{(\nu)}}{U} \tag{1.11}$$

Der Pegel der 1. Harmonischen (Grundschwingung) $k^{u(1)}$ wird als Grundschwingungsgehalt bezeichnet.

3. *Klirrfaktor der Spannung* k^u – Maß für den totalen, begrenzten oder gewichteten Oberschwingungsgehalt

$$k^u = \frac{1}{U} \sqrt{\sum_{\nu=2}^{n} (\lambda_\nu U^{(\nu)2})} \tag{1.12}$$

Sonderfälle

a) $\lambda = 1$ für alle ν, $n = \infty$
totaler Klirrfaktor $k^{u2} + k^{u(1)2} = 1$

b) $\lambda = 1$ für alle ν, $n = 25$
begrenzter Klirrfaktor für energetische Netzrückwirkungen

c) $\lambda \geqq 1$ für Bereich $n_u < \nu < n_0$, $n = n_0$
Telefonfaktoren nach [1.31]
gewichteter, begrenzter Klirrfaktor für Störbeeinflussung

Im Unterschied zum DDR-Standard [1.36] wird in sowjetischen Veröffentlichungen und Standards (z. B. [1.37]) der Klirrfaktor so definiert, daß die Bezugsgröße der Effektivwert der Grundschwingung ist.

$$\sigma^u = \frac{1}{U^{(1)}} \sqrt{\sum_{\nu=2}^{25} U^{(\nu)2}} \tag{1.13}$$

Im praktischen Gebrauch ist der Unterschied gering. Da jedoch der Effektivwert meßtechnisch einfacher zu erfassen ist, wird die erste Definition bevorzugt. Das gleiche trifft auch auf die Pegel nach Gl. (1.11) zu.

1.2.4. Kenngrößen, die Änderungen erfassen

Während die in den letzten beiden Abschnitten dargestellten Kenngrößen innerhalb einer Periode definiert sind, werden die folgenden Kenngrößen erst nach Ablauf der Übergangsvorgänge wirksam. Sie kennzeichnen den Unterschied zwischen einem stationären Zustand vor und nach einer erfolgten Änderung (z. B. Einschalten eines Stromrichters). Charakteristische Verläufe der auch hier wieder als Beispiel dienenden Anschlußspannung zeigt Bild 1.6. Wenn die Größen U_1, $U_1^{(1)}$ und U_2, $U_2^{(1)}$ die jeweils zu den Zeitpunkten t_1 und t_2 bestehenden Effektivwerte und Effektivwerte der Grundschwingung darstellen, dann können die folgenden Spannungsschwankungen als bezogene Größen gebildet werden:

1. *Effektivwertschwankung* $\Delta U/U = \Delta u'$ – Auf einen Festwert bezogene Angabe über die Änderung des Effektivwertes einer quasistationären Spannungskurve zwischen einem Maximal- und Minimalwert durch regelmäßige oder unregelmäßige Vorgänge mit Angaben über Dauer und/oder Häufigkeit.

$$\Delta u = \frac{U_2 - U_1}{U_{Nn}}, \qquad T = 5\text{ s (Beispiel)} \tag{1.14}$$

2. *Grundschwingungsschwankung* $\Delta U^{(1)}/U = \Delta u'^{(1)}$ – auf einen Festwert bezogene Angabe über die Änderung der Grundschwingungseffektivwerte einer quasistationären Spannungskurve zwischen einem Maximal- und Minimalwert durch regelmäßige oder unregelmäßige

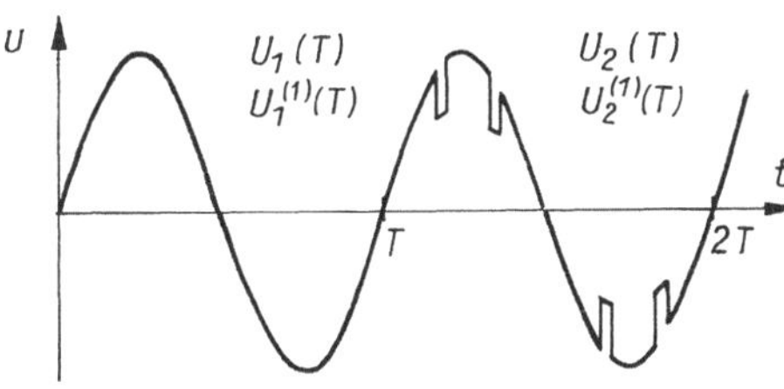

Bild 1.6. Anschlußspannung bei Laständerung
Index *1* – ohne Stromrichter
Index *2* – mit Stromrichter

Vorgänge mit Angaben über Dauer und/oder Häufigkeit.

$$\Delta u'^{(1)} = \frac{U_2^{(1)} - U_1^{(1)}}{U_{\mathrm{Nn}}}, \qquad T = 5\ \mathrm{s\ (Beispiel)} \tag{1.15}$$

Im Sinne der Stromrichter-Netzrückwirkung dienen die genannten Kenngrößen vorzugsweise dazu, den Einfluß von Stromrichtern auf vorher stromrichterfreie Anschlußpunkte zu kennzeichnen. Durch die Verzerrung der Anschlußgrößen ist die Definition beider Kenngrößen notwendig. In gleicher Weise können auch Änderungen aller anderen Kenngrößen erfaßt werden. Als Beispiel sei die Pegelschwankung $\Delta k^{u(\nu)}$ angeführt:

$$\Delta k^{u(\nu)} = k_2^{u(\nu)} - k_1^{u(\nu)} \tag{1.16}$$

1.2.5. *Schlußfolgerungen für die Anwendung*

Die Vielzahl der in den vergangenen Abschnitten eingeführten Kenngrößen der Stromrichter-Netzrückwirkungen könnte den Eindruck erwecken, daß hier eine wesentliche Überbestimmung der Anschlußspannung erfolgt ist. Mit einem Zahlenbeispiel soll der Gegenbeweis angetreten und zugleich erläutert werden, welche Kombination von Kenngrößen für die Fragen der Standardisierung günstig ist [1.38].

Bild 1.7 enthält drei unterschiedliche Kurvenverläufe für Anschlußspannungen, die alle den gleichen totalen Klirrfaktor aufweisen. Kurvenzug *3* ist aus der Überlagerung einer Grundschwingung mit einer fünften Harmonischen entstanden, und die Kurvenzüge *1* und *2* verkörpern den Verlauf beim Betrieb eines Stromrichters ($\alpha = 90°$). Nach der in vielen Standards anzutreffenden Festlegung für praktisch sinusförmige Spannungen kann Kurvenzug *3* als solche bezeichnet werden ($a_{\max} \leqq 5\%$), während die Kurvenzüge *1* und *2* diese Bezeichnung trotz gleichen Klirrfaktors nicht mehr tragen können. Bei den Pegelangaben, aber auch bei den Kenngrößen, die Änderungen erfassen, ergeben sich charakteristische Unterschiede. Die im Bild angegebenen Kenngrößen s_{d} und l_{d} bezeichnen Kenngrößen der netzseitigen

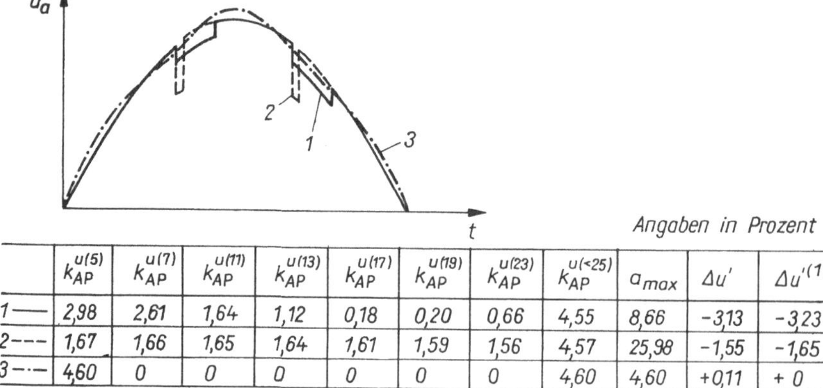

	$k_{AP}^{u(5)}$	$k_{AP}^{u(7)}$	$k_{AP}^{u(11)}$	$k_{AP}^{u(13)}$	$k_{AP}^{u(17)}$	$k_{AP}^{u(19)}$	$k_{AP}^{u(23)}$	$k_{AP}^{u(<25)}$	a_{max}	$\Delta u'$	$\Delta u'^{(1)}$
1 ——	2,98	2,61	1,64	1,12	0,18	0,20	0,66	4,55	8,66	−3,13	−3,23
2 - - -	1,67	1,66	1,65	1,64	1,61	1,59	1,56	4,57	25,98	−1,55	−1,65
3 —·—	4,60	0	0	0	0	0	0	4,60	4,60	+0,11	+ 0

Bild 1.7. Anwendung der Kenngrößen auf drei Anschlußspannungen

1 mit Stromrichterlast
$s_{\mathrm{d}} = 3{,}0\%$
$l_{\mathrm{d}} = 0{,}1$
$\alpha = 90°$
$\mu = 20{,}2°$

2 mit Stromrichterlast
$s_{\mathrm{d}} = 1{,}5\%$
$l_{\mathrm{d}} = 0{,}3$
$\alpha = 90°$
$\mu = 3{,}3°$

3 Grundschwingung mit fünfter Harmonischer

Einsatzbedingungen des Stromrichters. Diese werden erst im Abschnitt 3.1. eingeführt und erläutert.
Für die Beschreibung einer durch Stromrichter-Netzrückwirkungen beeinträchtigten Anschlußspannung ist es demnach notwendig, Angaben über

- den Klirrfaktor k^u
- die Pegel der Harmonischen $k^{u(\nu)}$
- die maximale Augenblickswertabweichung a_{max} und
- Spannungsschwankungen $\Delta u'$, $\Delta u'^{(1)}$

nebeneinander zu betrachten. Alle Versuche, aus den Komponenten der Elektroenergiequalität eine zusammengesetzte komplexe Kennziffer abzuleiten, haben zu keinen praktisch brauchbaren Resultaten geführt.

1.3. Charakteristische Netzrückwirkungen der Stromrichter

1.3.1. Vorbemerkungen

Das Ziel dieses Abschnitts ist es, durch die Darstellung charakteristischer Verläufe von durch Stromrichter verzerrten Anschlußspannungen eine qualitative und durch die Angabe der Kenngrößen der Netzrückwirkungen auch quantitative Vorstellung über Stromrichter-Netzrückwirkungen zu vermitteln. Da die Art der Netzrückwirkungen durch die Löschart des Stromrichters wesentlich bestimmt wird, erfolgt die weitere Untergliederung entsprechend der im Bild 1.8 vorgenommenen Einteilung. Für eine weitere Betrachtung in diesem Buch kommen nur solche Stromrichter in Frage, die mit einem Wechsel- oder Drehstromnetz synchron zusammenarbeiten. Für jede Gruppe soll eine Schaltung als Beispiel ausgewählt werden [1.39].

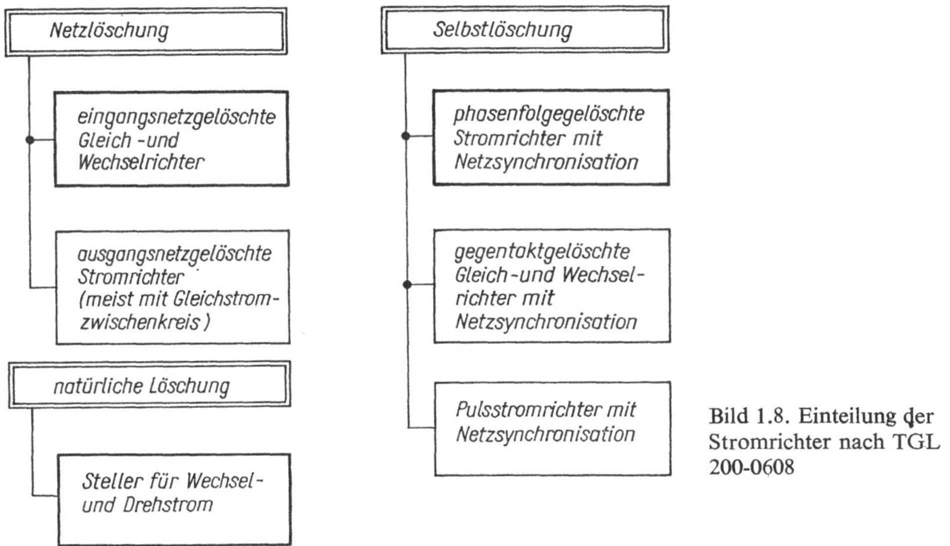

Bild 1.8. Einteilung der Stromrichter nach TGL 200-0608

Da die Wirkungskreise der Netzrückwirkungen geschlossen sind, ist die Löschart nur ein Unterscheidungsmerkmal für die anregende Seite. Die Netzrückwirkungen hängen andererseits ganz wesentlich von den Eigenschaften des Netzes und der anderen am Anschlußpunkt parallel arbeitenden Verbraucher ab. So sind beispielsweise meist mehrfach schwingungsfähige Gebilde Bestandteil des zu untersuchenden Systems. Für eine erste Betrachtung wird vereinfachend vorausgesetzt, daß der Netzzweig hinreichend genau durch eine verlustfreie Induktivität angenähert werden kann (Bild 1.9). In diesem Falle wird die Verzerrung der Anschlußspannung durch die Gleichung

$$u_{AP} = u_N - L_N \frac{di_N}{dt} \qquad (1.17)$$

bestimmt. Wird außerdem keine Verzweigung am Anschlußpunkt wirksam, so gilt

$$i_N = i_{SR} \qquad (1.18)$$

Die charakteristische Verzerrung der Anschlußspannung durch den Stromrichter allein wird durch dessen eingangsseitigen Strom verursacht. Im Ersatzschaltbild genügt es vorerst, den Stromrichter wechselstromseitig durch einen aktiven Zweipol mit der Abzweiginduktivität L_T und der transienten Spannung u'_{SR} nachzubilden. In gleicher Weise kann auch eine parallel angeschlossene Drehfeldmaschine behandelt werden (Bild 1.9b). Mit der Spannung u'_{SR}, die mit Steuerwinkel, Lastart und Lastgröße zusammenhängt und nicht sinusförmig ist, wird das von der Löschart abhängige bekannte Verhalten der Stromrichtereingangsseite nachgebildet.

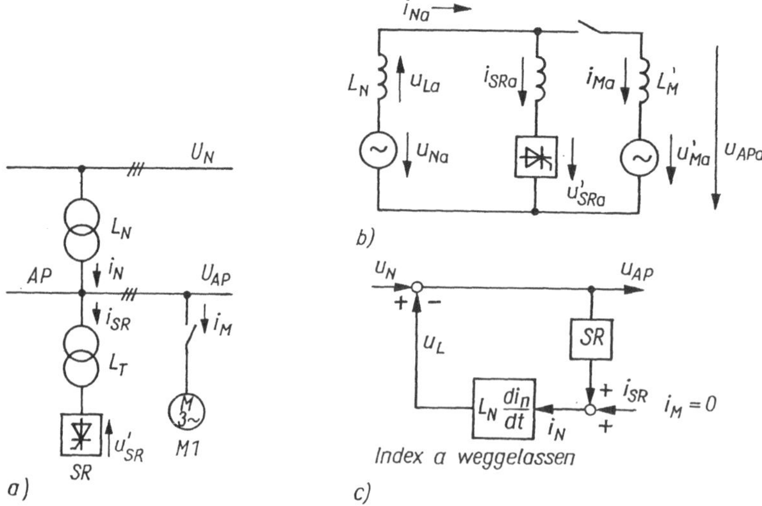

Bild 1.9. Anschlußstruktur zur Darstellung charakteristischer Stromrichter-Netzrückwirkungen
a) Struktur
b) Ersatzschaltbild
c) Signalflußplan

1.3.2. Netzgelöschte Gleich- und Wechselrichter

Netzgelöschte Gleich- und Wechselrichter stellen die Verbindung zwischen einem Wechsel- oder Drehstromnetz und einem Gleichstromkreis her, wobei stets eine nacheilende Stromkurve entsteht. Mit vollgesteuerten Schaltungen ist die Richtung der Gleichspannung umkehrbar. Netzgelöschte Stromrichter bestreiten den weitaus größten Anteil der Anwendungsfälle, so z. B. für die Speisung von Gleichstromantrieben, für die Speisung von Gleichstromzwischenkreisen bei Umrichtern verschiedenster Art und für die Speisung von Gleichspannungsnetzen. Bis zu Leistungen von etwa 1,5 MW herrschen sechspulsige Schaltungen vor, darüber werden auch zwölfpulsige Schaltungen verwendet.

Als Beispiel wird im Bild 1.10 eine Drehstrombrückenschaltung (B6C-Schaltung nach [1.40]) betrachtet. Durch zyklische Zündung der Thyristoren aller 60° wird der Gleichstrom symmetrisch auf die drei Stränge verteilt und in eine Wechselgröße umgeformt. Die transiente Stromrichterspannung u'_{SR} entsprechend Bild 1.9 ist in erster Näherung identisch mit der Anschlußspannung und damit für verlustfreie Induktivitäten auch gleich der Netzspannung, wenn der Stromrichterstrom i_{SR} gleich Null oder gleich $\pm I_d$ ist. Während der Kommutierungsvorgänge übernimmt sie die Aufgabe, die Stromänderung herbeizuführen. Ohne schon näher auf den Mechanismus der Kommutierung einzugehen, kann festgestellt werden, daß die Spannung u'_{SR} so lange auf eine phasenverschobene Sinusspannung zusammenbricht, bis der Kommutierungsvorgang abgelaufen ist. Die Kommutierungsdauer wird vom Energieinhalt der Induktivitäten L_T und L_N des unverzweigten Kommutierungskreises und damit von I_d und von der Größe von u'_{SR} bestimmt. Quantitative Beziehungen werden im Abschnitt 5.2. abgeleitet.

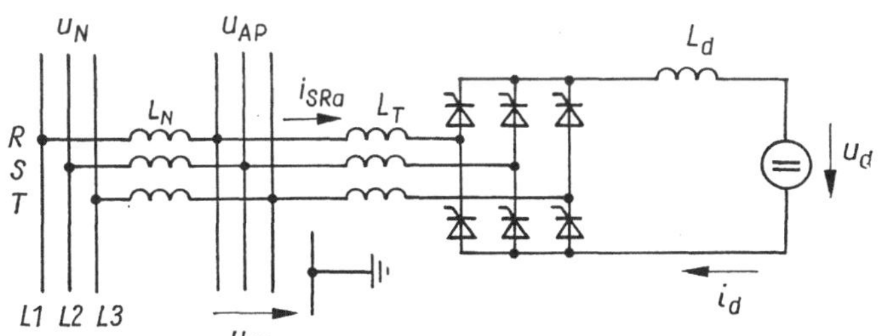

Bild 1.10. Netzgelöschter Stromrichter in B6C-Schaltung am induktiven Netz

Die größten Netzrückwirkungen verursacht ein Stromrichter bei maximalem Gleichstrom und Steuerwinkel $\alpha = 90°$, ein Betriebszustand, der vor allem beim Anlauf von Antrieben auftritt. Der Blindleistungsbedarf ist am höchsten, und die Verzerrung der Anschlußspannung ist extrem groß. Der Stromverlauf von i_{SR} ist in guter Näherung trapezförmig, so daß nach Gl. (1.17) die bekannten Kommutierungseinbrüche in der Anschlußspannung entstehen. Im Bild 1.11 sind die charakteristischen Verläufe an einem realen Stromrichter dargestellt. Der Gleichstrom ist nicht ideal geglättet. Es ist sehr gut zu erfassen, daß die Spannung u'_{SR} impulsförmige Einbrüche auf 0 (Kurzschlüsse) enthält. Die Einbrüche werden am Anschlußpunkt entsprechend dem Spannungsteilerverhältnis $L_N/(L_N + L_T)$ abgebaut.

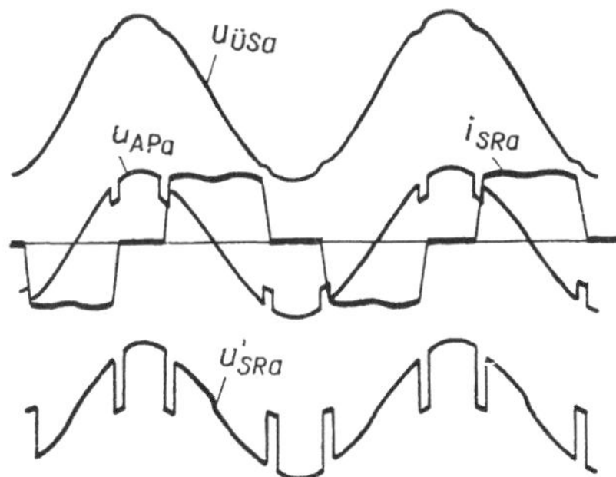

Bild 1.11. Charakteristische Verläufe in der B6C-Schaltung (Laborstromrichteranlage)

$\alpha \approx 90°$
$s_d = 4\%$
$I_d = 0,3$
$U_N = 400$ V
$k^u_{AP} = 11\%$
$a_{max} = 23\%$

Den Einfluß des Steuerwinkels α auf die charakteristischen Netzrückwirkungen zeigt Bild 1.12. Hier ist deutlich zu erkennen, daß Kommutierungsdauer und Form des Stromrichterstroms wesentlich vom Steuerwinkel abhängen. Die Form der Kommutierungseinbrüche wird dann über Gl. (1.17) davon ebenfalls beeinflußt. Ungesteuerte und voll aufgesteuerte Stromrichter ($\alpha = 0$) verursachen nur eine geringe Kommutierungsblindleistung und verzerren die Anschlußspannung weit weniger als gesteuerte Stromrichter. Die Verläufe im Bild 1.12 stammen aus einem Analogprogramm mit ideal geglättetem Gleichstrom.

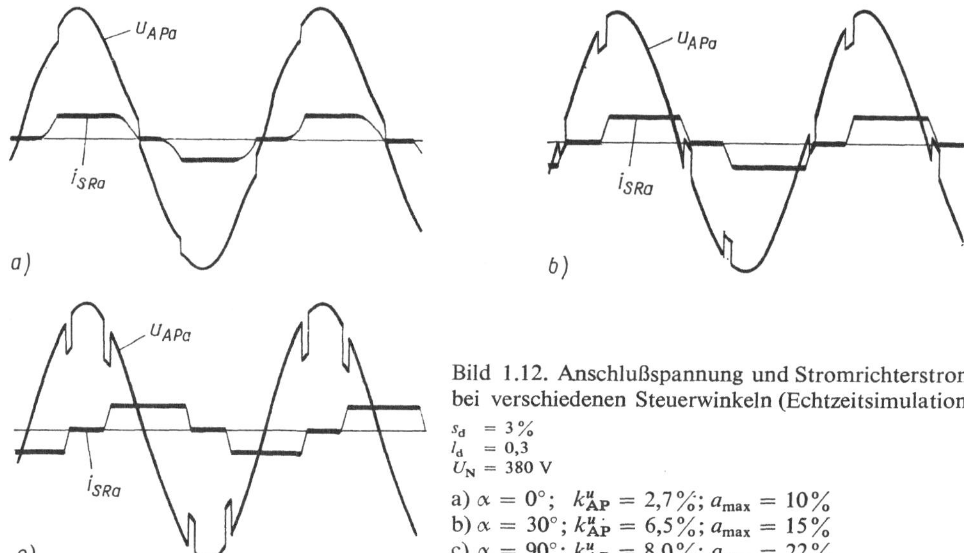

Bild 1.12. Anschlußspannung und Stromrichterstrom bei verschiedenen Steuerwinkeln (Echtzeitsimulation)

$s_d = 3\%$
$I_d = 0{,}3$
$U_N = 380$ V

a) $\alpha = 0°$; $k^u_{AP} = 2{,}7\%$; $a_{max} = 10\%$
b) $\alpha = 30°$; $k^u_{AP} = 6{,}5\%$; $a_{max} = 15\%$
c) $\alpha = 90°$; $k^u_{AP} = 8{,}0\%$; $a_{max} = 22\%$

Der Parallelbetrieb mehrerer Stromrichter, eine Problematik, die im Abschnitt 3.4. ausführlich behandelt wird, soll bereits mit Bild 1.13 angedeutet werden.
An einem Niederspannungsblock eines Walzwerkes arbeiten zwei große Stromrichter parallel. Jeder Stromrichter verursacht Kommutierungseinbrüche entsprechend seinem Steuerwinkel und seinem Gleichstrom. Besonderheiten ergeben sich vor allem dann, wenn Kommutierungsvorgänge zeitlich zusammenfallen.

Bild 1.13. Anschlußspannung in einem NS-Block (Walzwerkshilfsantriebe)
$U_N = 400$ V

1.3.3. Wechsel- und Drehstromsteller

Wechsel- und Drehstromsteller dienen zum Absenken des Effektivwerts von Wechselgrößen konstanter Amplitude und stellen damit die Leistungsaufnahme angeschlossener Wechselstromverbraucher. Die Vielzahl der möglichen Schaltungsvarianten lassen sich in diesem

Rahmen nicht behandeln. Bezüglich ihrer Netzrückwirkungen kann auf die Arbeiten [1.41] bis [1.43] verwiesen werden. Steller werden vorzugsweise als Lichtsteller, für Elektrofilter und für Drehstromantriebe im unteren bis mittleren Leistungsbereich eingesetzt. Von besonderer Bedeutung für das Problem Netzrückwirkungen wird die wachsende Zahl von Haushaltgeräten mit Wechselspannungssteuerung angesehen [1.42]. Während die einzelnen Netzrückwirkungen kleiner Steller normalerweise vernachlässigt werden können, gibt es einige Anwendungen für große Leistungen, bei denen die Netzrückwirkungen eine größere Rolle spielen. Drehstromsteller mit vorwiegend induktiver Last eignen sich zur indirekten dynamischen Blindleistungskompensation (vgl. Abschnitt 9.4.).

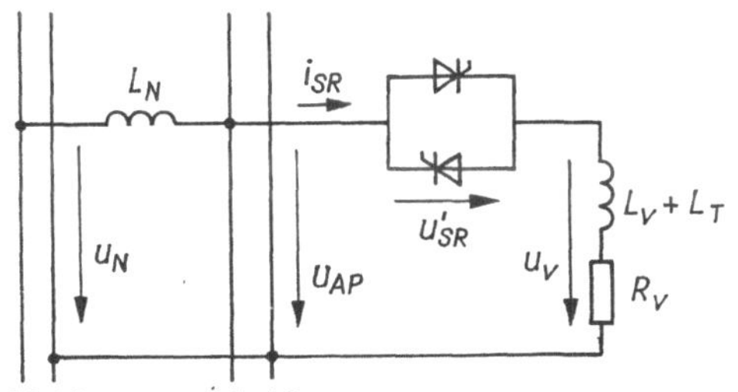

Bild 1.14. Wechselstromsteller mit *R-L*-Last am induktiven Netz

Das prinzipielle Verhalten läßt sich an einem Wechselspannungssteller in Wechselwegschaltung erläutern (Bild 1.14). Beide Thyristoren erhalten um 180° versetzte Steuerimpulse der Länge 180° $-$ α, wobei α der Steuerwinkel ist. Je nachdem, wie groß der Phasenwinkel der Last ist, setzt die Stromführung bei α ein und endet mit dem natürlichen Stromnulldurchgang. Eine Löschung ist dabei nicht erforderlich. Die transiente Stromrichterspannung u'_{SR} entsprechend Bild 1.9b ist hier dann nicht vorhanden, wenn ein Thyristor gezündet hat und Strom führt. In anderen Zeiten ist die Spannung u'_{SR} gleich der Anschlußspannung. Die für einige Kombinationen von Steuer- und Lastwinkel auftretenden Stromkurven und ihre über Gl. (1.17) entstehenden Auswirkungen auf die Anschlußspannung zeigt Bild 1.15. Es handelt sich dabei wieder um auf dem Analogrechner simulierte Verläufe.

1.3.4. Selbstgelöschter Blindstromrichter

Aus der Vielzahl der selbstgelöschten netzsynchron arbeitenden Stromrichterschaltungen wurde der selbstgelöschte Blindstromrichter mit uneingespeistem Gleichspannungszwischenkreis deshalb ausgewählt, weil er für die direkte dynamische Kompensation von Blindleistung angewendet wird. Er ist in der Lage, sowohl induktive als auch kapazitive Blindleistung mit Anregelzeiten im ms-Bereich bereitzustellen. Die im Bild 1.16 dargestellte Schaltung entspricht im Leistungsteil voll und ganz dem bekannten Phasenfolgewechselrichter zur Speisung von Drehfeldmaschinen mit variabler Frequenz. Die Besonderheit ist, daß der Zwischenkreis uneingespeist bleibt. Der Kondensator ermöglicht das Fließen eines Zwischenkreiswechselstromes bei geregelter Zwischenkreisspannung. Im Gegensatz zur Frequenzsteuerung werden im Informationsteil netzsynchrone Steuerimpulse bereitgestellt, die das Zünden der Thyristoren und über die Löschkondensatoren das Löschen der vorhergehenden Thyristoren steuern. Die Stromrichterschaltung ist hier dazu aufgebaut worden, um eine treppenförmige Spannung u'_{SR} zu erzeugen, die im Zusammenhang mit L_T und der Anschlußspannung für den jeweils kapazitiv oder induktiv fließenden Strom i_{SR} sorgt. Die Umsteuerung erfolgt durch eine geringfügige Phasenänderung der Steuerimpulse und dadurch geänderte Zwischenkreis-

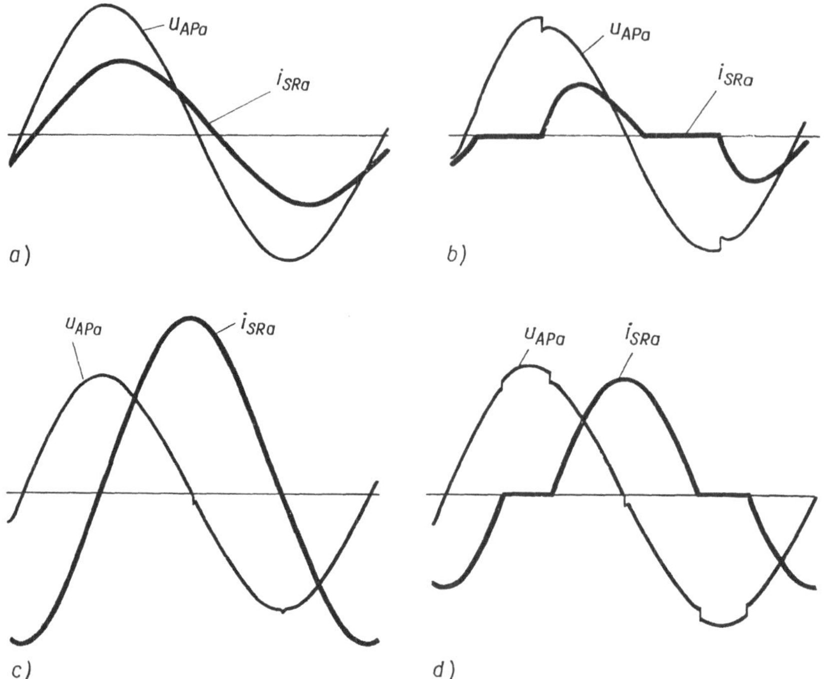

Bild 1.15. Anschlußspannung und Stromrichterstrom beim WS-Steller (Echtzeitsimulation)

a) $\alpha = 0°$; $\varphi = 17°$; $I_{SR} = 208$ A
b) $\alpha = 90°$; $\varphi = 17°$; $I_{SR} = 123$ A
c) $\alpha = 0°$; $\varphi = 85°$; $I_{SR} = 482$ A
d) $\alpha = 120°$; $\varphi \doteq 85°$; $I_{SR} = 260$ A

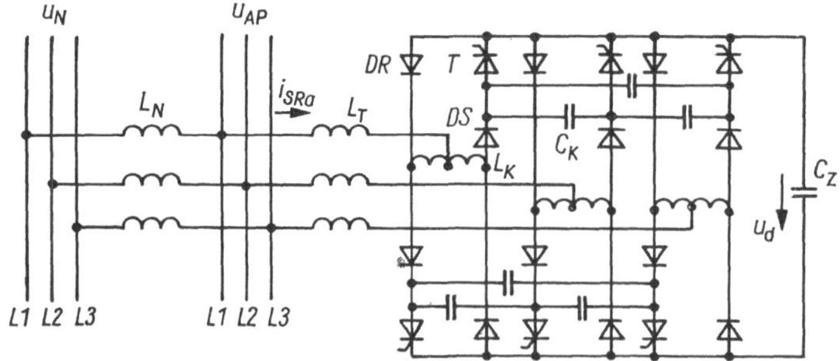

Bild 1.16. Kapazitiver Blindstromrichter ($p = 6$)

L_N Netzinduktivität
L_T Abzweiginduktivität
L_K Kommutierungsinduktivität
C_K Kommutierungskapazität
T Hauptthyristor
DR Rückspeisediode
DS Sperrdiode

spannung. Blindstromrichter im MVA-Bereich werden meist zwölfpulsig ausgeführt, um den Stromrichterstrom besser der Sinusform anpassen zu können. Im Bild 1.17 wurden einige Verläufe von Anschlußspannung und Stromrichterstrom dargestellt, die von einer am Analogrechner simulierten Anlage stammen. Durch die Unstetigkeitsstellen im Stromrichterstrom entstehen Sprünge in der Anschlußspannung, die zu deren Verzerrung beitragen. Wie im Abschnitt 9.3. noch ausgeführt werden wird, werden Blindstromrichter gemeinsam mit Filterkreisanlagen betrieben. Diese Filterkreisanlagen tragen erheblich zur Verbesserung der Kurvenform der Anschlußspannung bei. Bild 1.17c zeigt das Zusammenwirken eines Blockwalzwerkes im Anlaufzustand mit einer Filterkreisanlage und einem geregelten Blindstromrichter. Der Blindstromrichter wird so geregelt, daß die im Einspeisezweig gemessene Blindleistung Null wird. Er muß dazu kapazitiv arbeiten.

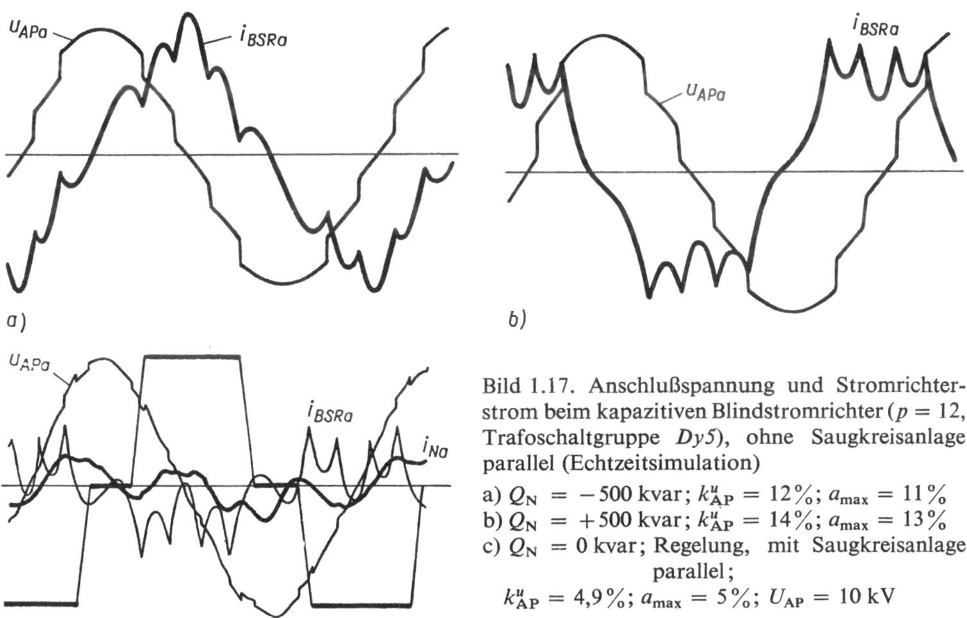

Bild 1.17. Anschlußspannung und Stromrichterstrom beim kapazitiven Blindstromrichter ($p = 12$, Trafoschaltgruppe *Dy5*), ohne Saugkreisanlage parallel (Echtzeitsimulation)

a) $Q_N = -500$ kvar; $k^u_{AP} = 12\%$; $a_{max} = 11\%$

b) $Q_N = +500$ kvar; $k^u_{AP} = 14\%$; $a_{max} = 13\%$

c) $Q_N = 0$ kvar; Regelung, mit Saugkreisanlage parallel; $k^u_{AP} = 4{,}9\%$; $a_{max} = 5\%$; $U_{AP} = 10$ kV

1.3.5. Untersynchrone Stromrichterkaskade

Zur verlustarmen Drehzahlstellung von Drehstromantrieben mit Asynchron-Schleifringläufermotor eignet sich die untersynchrone Stromrichterkaskade (USK). Die Schlupf- und damit Drehzahländerung erfolgt durch Abführung von Läuferleistung über ungesteuerten Gleichrichter und netzgelöschten Wechselrichter entsprechend Bild 1.18. Die Stromrichterleistung ist direkt vom maximal notwendigen Schlupf abhängig (s_{max} etwa 0,2 bis 0,3).
Bezüglich der Netzrückwirkungen des netzgelöschten Wechselrichters ergeben sich keine Abweichungen vom Abschnitt 1.3.2. Allerdings sind die Leistungsverhältnisse wegen der im Grenzleistungsbereich liegenden Anwendung (Bagger, Pumpe, Verdichter) meist erheblich. Die USK erscheinen deshalb in diesem Abschnitt erwähnenswert, weil durch die Rückwirkung des ungesteuerten Läufergleichrichters über den Luftspalt der Asynchronmaschine hinweg im Speisenetz schlupfabhängige Netzrückwirkungen entstehen [1.44]. Die Ursache dafür sind die auf die Läuferfrequenz bezogenen Stromharmonischen der ungesteuerten Drehstrombrücke. Ihre Berechnung ist unter Beachtung der ohmschen Widerstände möglich. Von praktischer Bedeutung sind nur die 5. und 7. Harmonische, da höhere Harmonische kleiner als 5% der Grundschwingung sind. Die fünfte Harmonische des Läuferstroms ergibt ein invers rotierendes (Gegensystem), die siebente Harmonische ein mit dem Drehfeld rotierendes (Mitsystem) Dreiphasensystem. Die Frequenztransformation in der Drehfeld-

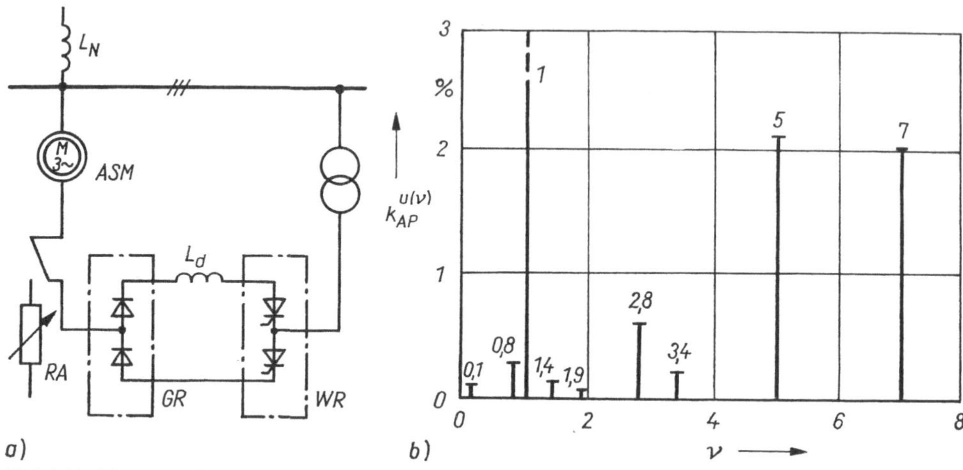

Bild 1.18. Untersynchrone Stromrichterkaskade

a) Struktur

b) Ausschnitt aus dem Spektrum der Anschlußspannung für $s_d = 2\%$; $l_d = 0{,}3$; $\alpha_{WR} = 130°$; $s_{ASM} = 0{,}15$

ASM Drehstrommotor mit Schleifringläufer
GR ungesteuerter Gleichrichter
WR netzgelöschter Wechselrichter
RA Anlaßwiderstand

maschine geschieht nach der Gleichung

$$\nu = 1 + (\nu_L - 1)\, s \tag{1.19}$$

wobei die unterschiedlichen Vorzeichen für ν_L beachtet werden müssen. Die nichtcharakteristischen schlupfabhängigen Stromoberschwingungen führen zu nichtstationären Kurvenformen. Bei Schwankungen mit der für das menschliche Auge unangenehmen Ordnungszahl $\nu = 0{,}2$ entstehen Flickererscheinungen in Beleuchtungsanlagen. Wegen der Schlupfabhängigkeit sind Kompensationsmaßnahmen für diese Art von Netzrückwirkungen praktisch nicht möglich. Die Gefährdung resonanzfähiger Strukturen durch solche Oberschwingungen mit gleitender Ordnungszahl ist von Fall zu Fall zu überprüfen. Zur Veranschaulichung der Größenordnung der schlupfabhängigen Verzerrung in der Anschlußspannung bei resonanzfreiem Netz zeigt Bild 1.18b den Ausschnitt aus dem Linienspektrum für den Schlupf $s = 0{,}15$. Der beschriebene Effekt wird demnach in vielen praktischen Fällen zu vernachlässigen sein [1.45].

1.3.6. Direktumrichter

Für langsamlaufende Großantriebe werden Drehstrom-Direktumrichter eingesetzt, die aus drei Umkehrstromrichtern bestehen. Der Steuerwinkel wird nach einem Steuergesetz mit der Ausgangsfrequenz f_2 verändert, so daß alle Stromrichter ständig im nichtstationären Betrieb bezogen auf die Eingangsfrequenz f_1 arbeiten.

Wird zur Ermittlung des Spektrums die Periode $T_2 = 1/f_2$ benutzt, so entsteht ein Linienspektrum mit charakteristischen Harmonischen und dazugehörigen von f_2 abhängigen Seitenbandfrequenzen. Im Netzstrom und in der Anschlußspannung können die Harmonischen mit der Ordnungszahl $\nu \pm \zeta(f_2/f_1)$ mit $\zeta = 6, 12 \ldots$ festgestellt werden [1.46]. Bei der Beobachtung der Kurvenform der Anschlußspannung ergibt sich bezogen auf die Periodendauer $T_1 = 1/f_1$ kein stehendes Bild.

Der Spannungsklirrfaktor liegt in der Größenordnung wie beim Gleichstromantrieb und ist von der Ausgangsfrequenz nahezu unabhängig. Die maximale Augenblickswertabweichung wird wie auch der Klirrfaktor maßgeblich durch das Verhältnis der eingebauten Abzweiginduktivität zur gesamten Kommutierungsinduktivität $L_T + L_N$ festgelegt. Die gleitenden Seitenbandfrequenzen mit den größten Amplituden müssen bei der Auslegung von Kompensationsanlagen beachtet werden. Aufmerksamkeit verdient auch das untere Seitenband der Grundschwingung, das bei Frequenzen um 10 Hz zu Flickererscheinungen im Netz führen kann. Bild 1.19 zeigt die Anschlußstruktur und zwei Spektren der Anschlußspannung bei Arbeit des Direktumrichters mit verschiedener Frequenz. Hinsichtlich der Drehzahlabhängigkeit von Klirrfaktor der Anschlußspannung und Blindleistungsbedarf entspricht der Direktumrichter in etwa dem Gleichstromantrieb.

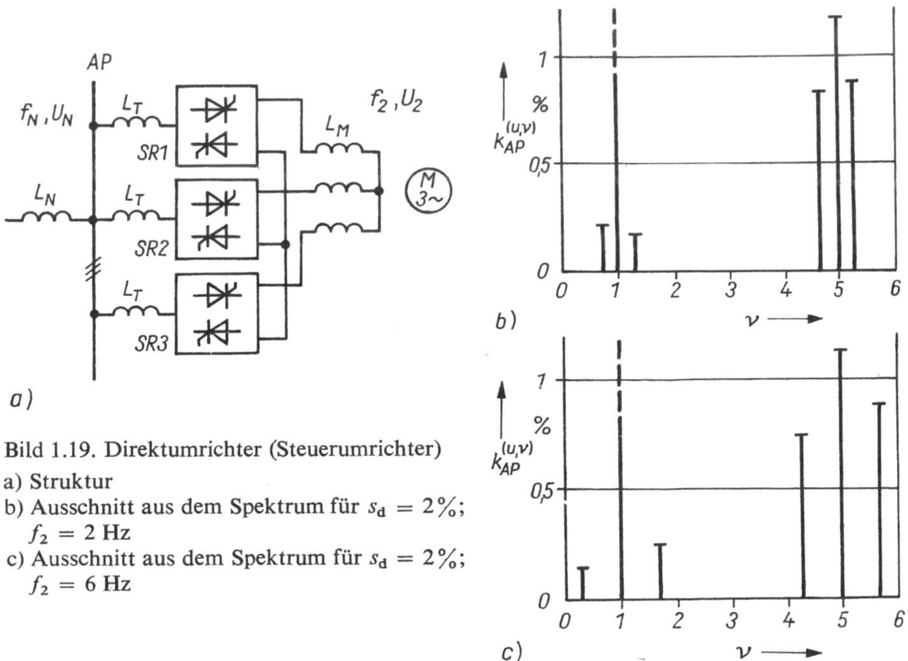

Bild 1.19. Direktumrichter (Steuerumrichter)

a) Struktur

b) Ausschnitt aus dem Spektrum für $s_d = 2\%$; $f_2 = 2$ Hz

c) Ausschnitt aus dem Spektrum für $s_d = 2\%$; $f_2 = 6$ Hz

1.4. Typische Anschlußstrukturen für Stromrichteranlagen

1.4.1. Begründung der Auswahl

Stromrichter-Netzrückwirkungen hängen eindeutig und reproduzierbar von den netzseitigen Einsatzbedingungen ab, die sich in Anschlußstruktur und zugehörigen Kenngrößen ausdrücken lassen. Für Analyse und Entwurf praktischer Stromrichteranlagen wird es erforderlich, einen nach außen rückwirkungsfreien Netzausschnitt abzugrenzen. Die dazu erforderlichen Regeln werden im Abschnitt 3.4. abgeleitet. Die praktische Erfahrung zeigt, daß sich typische Anschlußstrukturen in Abhängigkeit von der Arbeitsaufgabe der Stromrichter und

der Spannungsebene des Anschlußpunktes herausgebildet haben. Zur ersten Veranschaulichung des zu erwartenden Problemumfangs werden in den folgenden Abschnitten einige Anschlußstrukturen vorgestellt, die neben dem Anschluß der Stromrichteranlage auch bereits Maßnahmen zur zentralen Kompensation von Blindleistung und Verzerrung enthalten. Als ordnendes Prinzip wird die Spannungsebene des Anschlußpunktes eingeführt. Um den Beispielcharakter zu betonen, werden die Arbeitsaufgaben der Stromrichter konkret genannt. Die Kenngrößen der netzseitigen Einsatzbedingungen werden der Vollständigkeit halber angegeben. Ihre Ableitung erfolgt im Abschnitt 3.1.
Es werden behandelt:

a) *Niederspannungsanschluß*
b) *Mittelspannungsanschluß*
c) *Hochspannungsanschluß*

An Stelle der gewählten Einteilung nach Spannungsebenen ist auch eine Einteilung in charakteristische Netzarten denkbar.

a) *Anschluß an öffentliches Netz*
b) *Anschluß an Industrienetz*
c) *Anschluß an Bordnetz*

Eine Unterscheidung von a) und b) wird bei der Festlegung der zulässigen Kenngrößen der Netzrückwirkungen im Abschnitt 4.1.3. eine Rolle spielen, wobei im öffentlichen Netz sicher härtere Forderungen gestellt werden müssen. Auch in Bordnetzen von Fahrzeugen, Flugzeugen und Schiffen werden zunehmend Stromrichter eingesetzt. Da diese Netze meist nur über eine Spannungsebene und eine sehr begrenzte Kurzschlußleistung verfügen, werden Stromrichter-Netzrückwirkungen hier recht oft kritisch. Die meisten Aussagen der folgenden Abschnitte sind auf Bordnetze übertragbar, auch wenn spezielle Eigenheiten in diesem Rahmen nicht behandelt werden.
Eine Übersicht über die in der DDR verfügbaren Stromrichterreihen gibt Tabelle 1.2 [1.47].

Tabelle 1.2. Stromrichterreihen im System THYRESCH®

Reihe	Schaltung	U_{dn} in V	I_{dn} in A	Bemerkungen
ET	B2	180, 310	6, 10, 16	einphasiger Anschluß Kompaktgerät
	B2, B2H	160, 270	20, 30, 75	
DT0	B6C, B6CA	440, 400	40, 63, 100	Kompaktgerät
DT1	B6C, B6CA	440, 400	63, 100, 160, 250	Schrankausführung
DT2	B6C, B6CA	440, 400 (520, 500)	400, 500, 630	Schrankausführung (660-V-DS)
DT4	B6C, B6CA	400 ... 1200	630, 800, 1000 ... 12500	Informationsschrank und Leistungsschränke, Trafoanschluß

1.4.2. Stromrichter am Niederspannungsnetz

Ein besonderer Vorteil beim Niederspannungsanschluß besteht darin, daß die Stromrichter trafolos über Kommutierungsdrosseln angeschlossen werden. Die Kommutierungsdrosseln erfüllen mehrfache Funktionen, die zu ihrer im Abschnitt 5.3.2. behandelten Auslegung führen:

- Begrenzung des Kurzschlußstroms und Gewährleistung der Selektivität von Schutzeinrichtungen
- Verringerung der Netzrückwirkungen durch Abbau der Kommutierungseinbrüche
- Schutz der Ventile vor zu großen dynamischen Beanspruchungen

Vorstehende Aussagen gelten auch im Rahmen der Entwicklung von Thyristoren für Mittelspannungs-Direktanschluß.
Als erstes Beispiel wird im Bild 1.20 der netzseitige Anschluß einer Werkzeugmaschine gezeigt. Sie besitzt zwei Hauptantriebe, von denen einer mit geregeltem Feld betrieben wird.

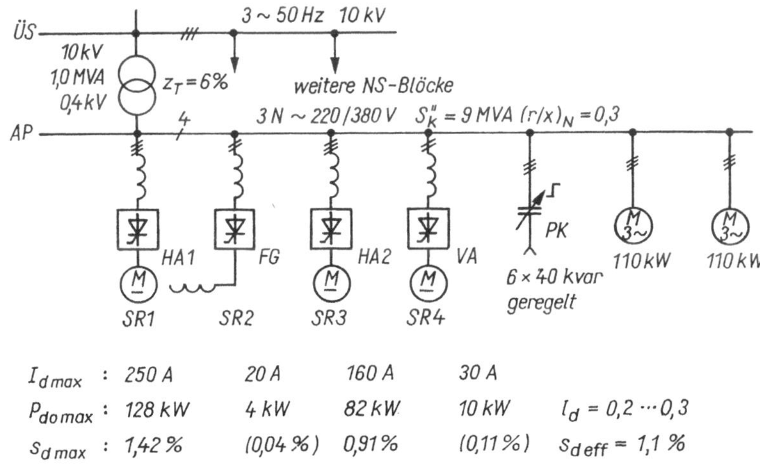

$I_{d\,max}$:	250 A	20 A	160 A	30 A	
$P_{do\,max}$:	128 kW	4 kW	82 kW	10 kW	l_d = 0,2 ··· 0,3
$s_{d\,max}$:	1,42 %	(0,04 %)	0,91 %	(0,11 %)	$s_{d\,eff}$ = 1,1 %

Bild 1.20. Anschlußstruktur einer Werkzeugmaschine

AP Anschlußpunkt
ÜS Übergabestelle
HA Hauptantrieb
VA Vorschubantrieb
FG Feldgleichrichter
PK Parallelkompensationsanlage

Der Feldgleichrichter und der Stromrichter für den Vorschubantrieb werden über ET1-Stromrichter einphasig an 220 V bzw. 380 V betrieben. Die Stromrichter der Hauptantriebe sind DT1-Stromrichter. Für die Gleichstromantriebe und weitere Drehstromantriebe am gleichen Anschlußpunkt ist die Kompensation von Blindleistung über Leistungskondensatoren notwendig. Die ISA-2000-Kondensatorenanlage ist mit einem elektronischen Blindleistungsregler versehen, der eine langsame Mittelwertkompensation der Netzblindleistung auf einen gewünschten Leistungsfaktor am Anschlußpunkt gewährleistet. Der Betrieb weiterer Drehstromantriebe ist für die Stromrichter-Netzrückwirkungen vorteilhaft, da diese die wirksame Kurzschlußleistung vergrößern und damit das Netz versteifen. Andererseits ist die Verzerrung der Anschlußspannung durch die Stromrichter so zu begrenzen, daß die Beanspruchung der Drehfeldmaschinen durch Zusatzverluste und Momentpulsationen nicht störend wirkt.
Der Parallelbetrieb von Stromrichtern und Leistungskondensatoren ist die Besonderheit dieser Anschlußstruktur. Aus der Sicht der Stromrichter bilden Parallelkompensationsanlagen und Netz einen schwach gedämpften Parallelschwingkreis mit variabler Eigenfrequenz. Der Betrieb von Stromrichtern kleiner Anschlußleistung ist jedoch zulässig (vgl. Abschnitt 6.5.) [1.48].
Das zweite Beispiel behandelt den Anschluß des Mehrmotoren-Gleichstromantriebs einer Papiermaschine oder Druckmaschine (Bild 1.21). Die Besonderheit dieser Antriebe besteht

darin, daß der Momentenbedarf durch den überwiegenden Anteil von Reibung nur wenig schwankt und auch die Steuerwinkel bei Gleichlauf eng beieinander liegen. Die Überprüfung der Einsatzmöglichkeit einer Parallelkompensationsanlage ergibt hier deren Überlastung. Als Ausweg wird zur notwendigen Kompensation der langsam veränderlichen Blindleistung eine ISA-2000-Niederspannungs-Saugkreisanlage eingesetzt (vgl. Abschnitt 7.1.1.). Die Verzerrung ist damit zu beherrschen.

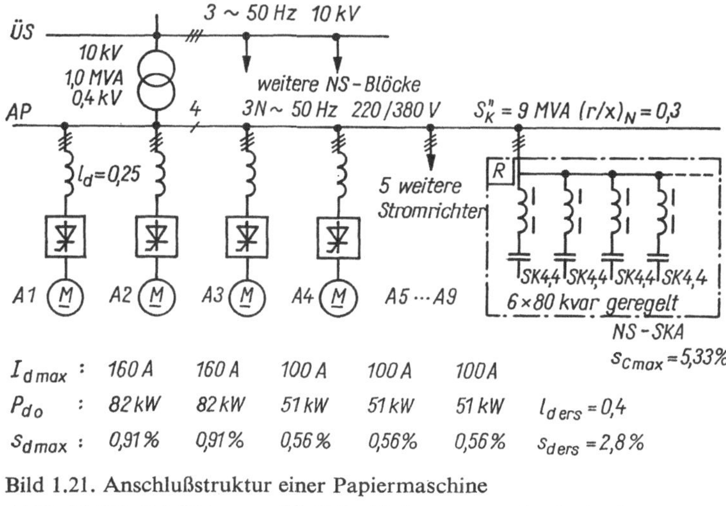

Bild 1.21. Anschlußstruktur einer Papiermaschine

A1 bis *A9* Einzelantriebe *NS-SKA* Niederspannungs-Saugkreisanlage

1.4.3. Stromrichter am Mittelspannungsnetz

Mittelspannungsnetze gestatten wegen der generell eine Größenordnung höheren Kurzschlußleistung den Anschluß mittlerer und großer Stromrichterleistungen. Die Blockstruktur der Stromrichteranlage, d. h. die Zuordnung je eines Transformators zu jedem großen Stromrichter, ist ein dabei übliches Prinzip. In den meisten Fällen werden dazu noch spezielle Blöcke mit Niederspannungsstromrichtern und stromrichterfreie Niederspannungsblöcke gebildet. Auch der direkte Parallelbetrieb mit Mittelspannungs-Drehfeldmaschinen ist üblich. In einigen Fällen speisen die Generatoren eines Industriekraftwerkes auf die gleiche Sammelschiene. Dann können diese Generatoren die benötigte Blindleistung ganz oder teilweise bereitstellen. Werden zur Kompensation Leistungskondensatoren benötigt, so wird im Normalfall eine Saugkreisanlage zu errichten sein.

Die gewählten Beispiele geben einen etwa repräsentativen Querschnitt ausgeführter Anlagen. Im Bild 1.22 wird der Anschluß einer kleineren Schachtförderanlage gezeigt. Größere Leistungen werden entweder vollgesteuert zwölfpulsig oder als blindstromsparende Schaltungen ausgeführt [1.49] (vgl. auch Abschnitt 4.3.2.). Die sechspulsigen Stromrichter-Netzrückwirkungen werden mit Hilfe einer induktiv verstimmten Saugkreisanlage beherrscht. Die induktive Verstimmung dient zur thermischen Entlastung (vgl. Abschnitt 7.2.). Der Mittelspannungs-Drehstrommotor treibt Schachtlüfter an. Wenn diese Antriebe mit Synchronmotoren ausreichender Leistungsreserven ausgerüstet sind, können sie einen Teil der Blindleistung der Saugkreisanlage und die Funktion des Stellgliedes der Blindleistungsregelung übernehmen. Bekannt geworden ist auch der vorteilhafte Parallelbetrieb von mit Umformer gespeistem Schachtförderantrieb mit einem stromrichtergespeisten [1.50]. Im

Fall von Asynchronmaschinen entfällt die Regelbarkeit, da die Saugkreisanlage nur über zwei Schalteinheiten verfügt.
Der zeitliche Verlauf von Blindleistung, Verzerrung und Effektivwert der Spannung am Anschlußpunkt ist bei Schachtförderanlagen sehr gut und einfach deterministisch zu berechnen. Daher wird eine Schachtförderanlage als Zahlenbeispiel der Abschnitte 5.4., 6.7. und 7.6. dienen.

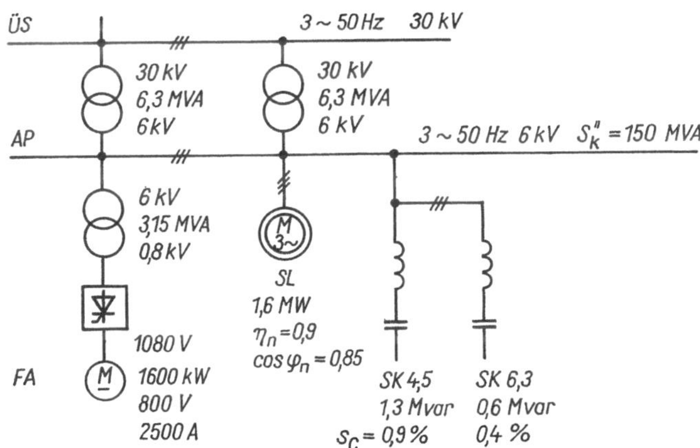

I_d : 3,47 kA 2,08 kA

P_{do} : 3,75 MW 2,25 MW

s_d : 2,5 % 1,5 % $l_d = 0,24$
max. eff.

Bild 1.22. Anschlußstruktur einer Schachtförderanlage

SK Saugkreis mit Angabe der Ordnungszahl der Abstimmfrequenz
FA Fördermotor
SL Schachtlüfterantrieb

Als eine weitere repräsentative Struktur wird mit Bild 1.23 der Anschluß einer Förderbrücke vereinfacht dargestellt. Die Besonderheiten sind der Parallelbetrieb der ungesteuerten Bahnstromrichter großer Leistung mit Antriebsstromrichtern auf der Brücke am 30-kV-Industrienetz. Durch die hier oft extremen räumlichen Entfernungen, die mit Kabeln überbrückt werden, ergibt sich eine relativ gute Dämpfung der höherfrequenten Ausgleichsvorgänge. Wesentliche Stromrichterleistungen sind in den untersynchronen Kaskadenschaltungen der Eimerketten- oder Schaufelradantriebe, in den Fahr- und Schwenkwerken konzentriert. Auch hier wird oft die Grenze zwischen möglicher Parallelkompensation und Saugkreiseinsatz überschritten.
Die Vielzahl der Bandantriebe mit Drehstrommotoren wirkt sich auf die Netzrückwirkungen günstig aus. Da eine technologische Kopplung zwischen Baggern und Fördern besteht, ist dieser Effekt im Stromrichterbetrieb wirksam.
Die größten Stromrichterleistungen sind in der Metallurgie konzentriert [1.51], [1.52]. Bild 1.24 zeigt den Ausschnitt aus dem Übersichtsschaltplan eines kontinuierlichen Walzwerks. Die Mittelspannungsanlage wird hierbei zur Beherrschung der Kurzschlußleistung durch die Schaltgeräte in Sektionen unterteilt, die im Havariefall auch koppelbar sind. Bei den Untersuchungen zur Beherrschung der Netzrückwirkungen sind zu solchen Havariezuständen des Netzes unbedingt Aussagen über die dann mögliche Arbeitsweise erforderlich. Durch den relativ gleichmäßigen Betrieb der Stromrichter wird eine dynamische Kompensation meist noch nicht erforderlich. Die Leistung der notwendigen Saugkreisanlage ist so groß, daß eine Aufteilung in 4 bis 6 Schalteinheiten zum Ausgleich von Lastschwankungen

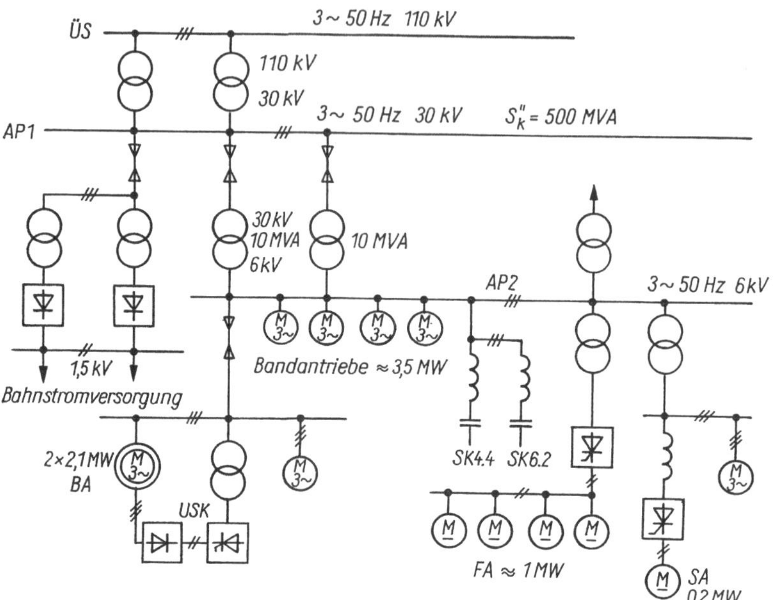

Bild 1.23. Anschlußstruktur eines Tagebaugroßgeräts (vereinfacht)

BA Baggerantrieb
USK untersynchrone Stromrichterkaskade
SK Saugkreis mit Angabe der Ordnungszahl
FA Fahrwerk
SA Schwenkwerk

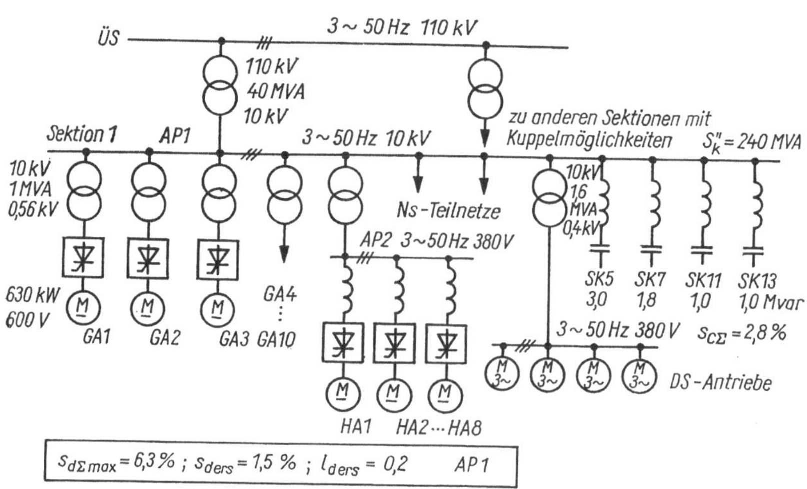

Bild 1.24. Anschlußstruktur eines kontinuierlichen Walzwerks (nur eine Mittelspannungssektion dargestellt)

GA Gerüstantrieb
HA Hilfsantrieb
SK Saugkreis mit Angabe der Ordnungszahl

(Überkompensation vermeiden) und zur optimalen Verzerrungsminderung zweckmäßig ist. Auf nicht verdrosselte dezentrale Kondensatorenanlagen in Niederspannungsverteilungen wird meist zugunsten der zentralen Kompensation am Anschlußpunkt verzichtet. Sind solche vorhanden, so ist die Möglichkeit der resonanzfähigen Kupplung zwischen Mittel- und Niederspannungsnetz zu überprüfen (vgl. Abschnitt 8.2.).

Die Grenze der Leistungsfähigkeit von Stromrichterantrieben wird heute durch große Blockwalzwerke demonstriert, wie im Bild 1.25 auszugsweise dargestellt. Auch hier erfolgt eine Aufgliederung des Mittelspannungsnetzes in Sektionen, wobei meist eine Sektion die »unruhigen« Verbraucher bedient. Die beiden Walzenhauptantriebe werden normalerweise zwölfpulsig ausgeführt. Auch hier wird über blindleistungssparende Schaltungen diskutiert. Je nach der an der Übergabestelle verfügbaren Kurzschlußleistung und der Größe der Blockstraße wird eine dynamische Kompensation der Walzstiche am Anschlußpunkt AP1 nötig oder nicht. Die Kompensationsstruktur wird dann durch eine unbedingt notwendige Saugkreisanlage im Parallelbetrieb mit einer dynamischen Kompensationsanlage gekennzeichnet.

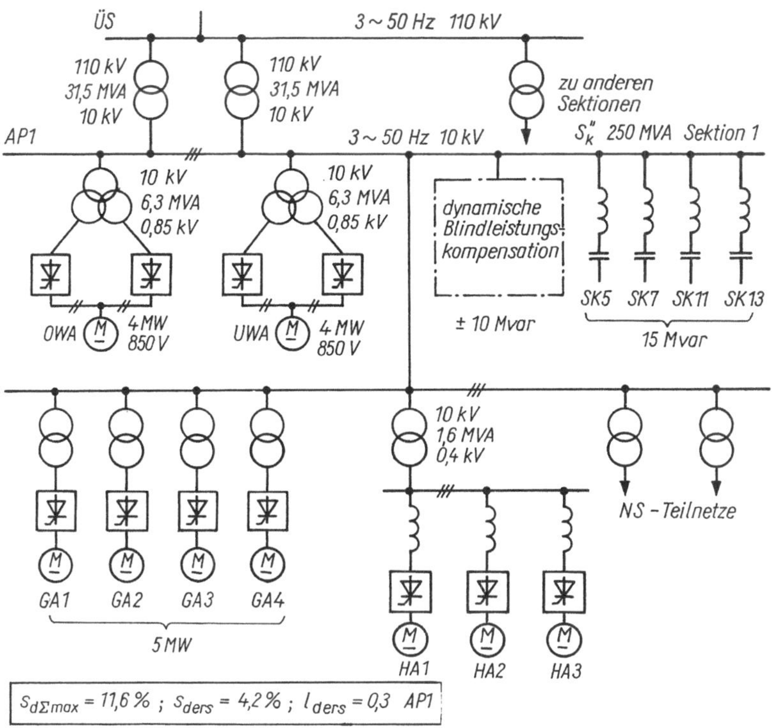

Bild 1.25. Anschlußstruktur für ein Blockwalzwerk

OWA	Oberwalzenantrieb	*GA*	Gerüstantrieb
UWA	Unterwalzenantrieb	*HA*	Hilfsantrieb

In einigen Fällen, insbesondere dann, wenn der Blindleistungsbedarf von Drehfeldmaschinen sehr hoch ist und damit die Leistung der Saugkreisanlage sehr groß wird, ist auch die Variante einer Stromresonanzkreisordnung bestehend aus Saugkreisen plus Parallelkompensation von Vorteil (vgl. Abschnitt 8.1.).

Als letzte Struktur zeigt Bild 1.26 den Anschluß einer Umrichteranlage zur Mittelfrequenzerwärmung. Eine Besonderheit besteht darin, daß die Filterkreisanlage zur Kompensation nicht auf der Mittelspannungsseite, sondern direkt parallel zu den Eingangsstromrichtern der Umrichter erfolgt. Von Vorteil sind die Entlastung der Stromrichtertrafos und die feinstufige Stell- und Regelmöglichkeit der Blindleistung der einzelnen Blöcke. Eine weitere Besonderheit ist die resonanzfähige Kupplung des 20-kV-Netzes mit den Niederspannungsnetzen, die unverdrosselte Leistungskondensatoren enthalten. Durch spezielle Überprüfungen muß nachgewiesen werden, daß diese Kupplung nicht zu einer unzulässigen Verzerrung der Niederspannung führt.

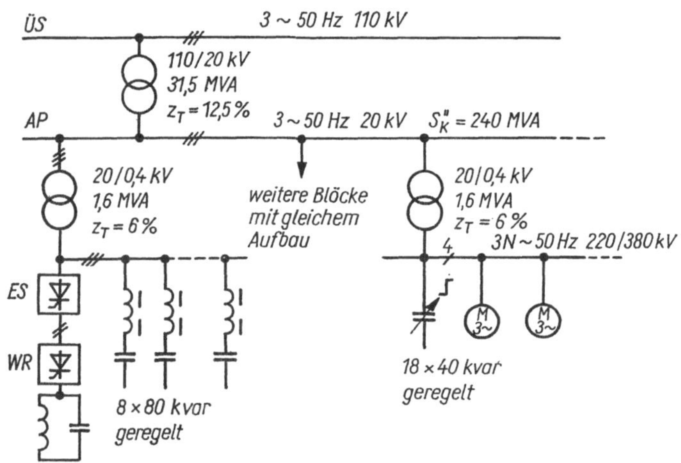

Bild 1.26. Anschlußstruktur einer Umrichteranlage

ES netzgelöschter Gleichrichter *WR* ausgangsnetzgelöschter Mittelfrequenzwechselrichter

1.4.4. *Stromrichter am Hochspannungsnetz*

Zur Fernübertragung von Elektroenergie über größere Strecken, über Meerengen und zur elastischen Kurzkupplung vermaschter Hochspannungsnetze entstanden in der Welt etwa 20 Anlagen zur Hochspannungs-Gleichstrom-Übertragung. Auch hierbei erfordern die Fragen der Stromrichter-Netzrückwirkung größte Aufmerksamkeit, vor allem, weil in diesem Fall Anschluß- und Übergabepunkt zusammenfallen. Die zur Blindleistungskompensation notwendige Filterkreisanlage kann entweder an der Sammelschiene des Anschlußpunkts, an der Ventilspannungsebene oder an einer Tertiärwicklung des Stromrichtertrafos installiert werden (Bild 1.27). Über die Wirksamkeit und die unterschiedlichen ökonomischen Auswirkungen dieser Schaltungsvarianten informiert [1.53].

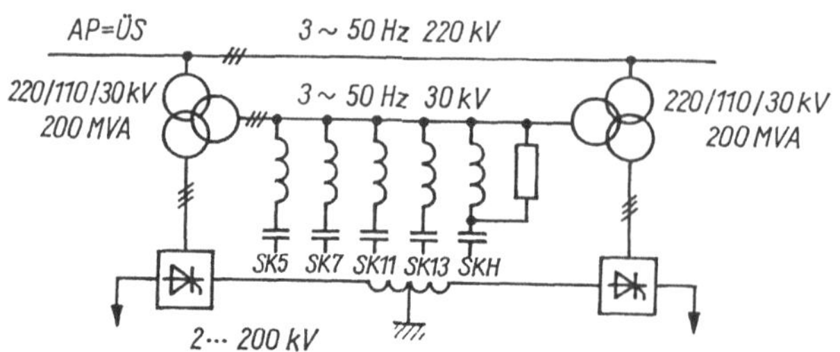

Bild 1.27. Kopfstation einer Hochspannungs-Gleichstrom-Übertragung mit Filterkreisen an der Tertiärwicklung

SK Saugkreis mit Angabe der Ordnungszahl
SKH Hochpaßfilter

1.5. Auswirkungen von Stromrichter-Netzrückwirkungen

1.5.1. Allgemeines

Entsprechend der im Abschnitt 1.1.2. vorgestellten eingeengten Definition der Stromrichter-Netzrückwirkungen als durch Stromrichter verursachte Verschlechterung der Elektroenergiequalität ergibt sich eine Kausalkette Ursache-Wirkung-Folgen (s. Tabelle 1.3). Bei den aufgeführten Folgen wird nach der Schwere in solche unterschieden (mit ● markiert), die zu einer Unterbrechung der Arbeitsfähigkeit des Systems Stromrichteranlage - Netz - andere Verbraucher führen, sowie in solche, die nur eine Verschlechterung der Elektroenergiequalität bedeuten, ohne daß Ausfälle auftreten. Die volkswirtschaftliche Bedeutung liegt hier vor allem in der Verlustvergrößerung. Es besteht daher die allgemeine Forderung, die Arbeitsfähigkeit des Systems durch Stromrichter nicht zu beeinträchtigen und die anderen Folgen durch Beherrschung der Stromrichter-Netzrückwirkungen auf ein festzulegendes Maß zu begrenzen. Zum letzteren Problem enthält Abschnitt 4.1. Ausführungen über den gegenwärtig noch unbefriedigenden Stand der Vorschriften [1.38].

Tabelle 1.3. Ursachen von Stromrichter-Netzrückwirkungen und ihre Folgen

Ursache	Wirkung	Folgen
Steuerwinkel	Steuerblindleistung	induktiver Leistungsfaktor im Netz Spannungsabweichung am *AP*
schnelle Änderung des Steuerwinkels	dynamische Blindleistung	Spannungsschwankung am *AP* Flickern von Beleuchtungsanlagen ● Fehlauslösungen, Störbeeinflussung
Kommutierungsvorgang	Kommutierungs-blindleistung Verzerrung der Anschlußspannung	induktiver Leistungsfaktor im Netz Gleichspannungsabfall Zusatzverluste im Netz und in Verbrauchern ● Störbeeinflussung ● Resonanzgefahr

Eine besondere Schwierigkeit für die Beherrschung der Netzrückwirkungen ist, daß sie wegen

- der zeitlichen Veränderbarkeit der Einflußgrößen von Stromrichterlast und Netzeigenschaften und
- dem wechselnden Zusammenspiel aller beteiligten Stromrichter

einen stochastischen Prozeß darstellen, was einerseits die Beschreibbarkeit, andererseits die Meßbarkeit des Prozesses erschwert. Beim gegenwärtigen Erkenntnisstand wurde versucht, einen technisch brauchbaren Kompromiß in Form eines rückwirkungsfreien Netzausschnitts und in der Formulierung eines Ersatzstromrichters zu finden, der das Hauptanliegen bei der Beherrschung der Netzrückwirkungen, den Abbau des Risikos von Störungen, erfüllen hilft. Im internationalen Schrifttum zeichnen sich zwei Wege für die Reglementierung der Netzrückwirkungen ab:

- Begrenzung der Anschlußleistung von Stromrichtern an einem Netzpunkt unabhängig von der Elektroenergiequalität und von Gegenmaßnahmen
- Begrenzung der Anschlußleistung von Stromrichtern an einem Netzpunkt durch Vorgabe der Toleranzen der Elektroenergiequalität

In diesem Buch wird der zuletzt genannte Weg verfolgt, der wegen der Verknüpfung von Einsatzbedingungen und Netzrückwirkungen die möglichen Gegenmaßnahmen stimuliert und in solchen Fällen größere Stromrichterleistungen zulassen kann.

1.5.2. *Blindleistungsbedarf*

Durch die netzsynchrone Ansteuerung von Stromrichtern mit gegenüber der Spannung phasenverschobenen Steuerimpulsen kann eine bei netzgelöschten Stromrichtern nacheilende, bei selbstgelöschten Stromrichtern aber auch voreilende Stromkurvenform erzeugt werden. Aufgabengemäß dient bei Stromrichtern die Steuerung zur Wirkleistungsänderung bei der Energieübertragung. Die dabei zwangsläufig entstehenden Blindleistungen sind unerwünschtes Nebenprodukt. Eine Ausnahme bilden Blindstromrichter (vgl. Abschnitte 1.3.4. und 9.). Eine Übersicht über die verschiedenen Arten von Blindleistung, die ihre Entstehung bewirkenden Einflußgrößen und Maßnahmen zur Verringerung bietet Tabelle 1.4. Die angegebenen Gleichungen beziehen sich auf die vollgesteuerte Drehstrombrückenschaltung. Die Verzerrungsblindleistung wird hier über die Stromoberschwingungen definiert. Da im Falle der durch Netzrückwirkungen verzerrten Anschlußspannung Schwierigkeiten bei der Definition und Interpretation der Leistungen bestehen, wird auf dieses Problem im Zusammenhang mit der Meßtechnik noch einmal eingegangen (Abschnitt 2.6.) [1.54].

Tabelle 1.4. Blindleistung bei vollgesteuerten netzgelöschten Stromrichtern

Form der Blindleistung	Einflußgrößen	Maßnahmen zur Verringerung
Steuerblindleistung Q_{st} ($\mu = 0$)	$Q_{st} = U_{dio} I_d \sin \alpha$ – Gleichstrom I_d – Steuerwinkel α – Anschlußspannung U_{AP} $U_{dio} = 1{,}35\ U_{AP}$	● Stellbereich verringern ● halbgesteuerte Schaltungen ● folgegesteuerte Schaltungen ● Freilaufventile ● selbstgelöschte Schaltungen
Kommutierungsblindleistung Q_k ($\alpha = 0$)	$Q_k = \dfrac{2\mu - \sin 2\mu}{4(1 - \cos \mu)} U_{dio} I_d$ – Überlappungswinkel μ – Kommutierungsinduktivität ($L_N + L_T$) – Gleichstrom I_d – Anschlußspannung U_{AP}	● Abzweiginduktivität L_T verringern ● Leistungskondensatoren am *AP* betreiben ● Gleichstrom wenig glätten
Verzerrungsblindleistung Q_v	$Q_v = \sqrt{3}\, U_{AP} I_{SR} k_{SR}^i$ – Anschlußspannung U_{AP} – Effektivwert Stromrichterstrom I_{SR} – Klirrfaktor von $I_{SR} k_{SR}^i$	● Pulszahl vergrößern ● Gleichstrom wenig glätten

Zur Beherrschung des Blindleistungsbedarfs netzgelöschter Stromrichter können zwei Wege beschritten werden:

1. Verringerung des Blindleistungsbedarfs der Stromrichter durch halbgesteuerte, folgegesteuerte oder ungesteuerte Stromrichter (letztere in Verbindung mit Gleichstromstellern)
2. Kompensation der Blindleistung am Anschlußpunkt

Während ein Überblick über blindleistungsarme Schaltungen im Abschnitt 4.3. gegeben wird, sind die Probleme der Kompensation Bestandteile der Abschnitte 7. bis 9. Damit wird auch bereits auf die Bedeutung des Problems der Kompensation hingewiesen, das bereits in Industrienetzen ohne Stromrichter Bedeutung hat, durch die Wechselwirkungen zwischen Stromrichter- und Kondensatoranlagen aber zum zentralen Thema bei der Beherrschung von Netzrückwirkungen wird [1.55].

1.5.3. Beeinflussung der Anschlußspannung

Die Anschlußspannung und deren Kenngrößen sind Gradmesser der Elektroenergiequalität und der Netzrückwirkungen. Die Anschlußspannung ist keine fixierte Größe. So wird beispielsweise ihr Effektivwert sich auf Grund der Netzspannung und des Leistungsflusses am Anschlußpunkt frei einstellen können. Analog dazu wirken auch auf die anderen im Abschnitt 1.2. definierten Kenngrößen vielfältige Einflußgrößen ein, deren Zusammenwirken erst die jeweils gültigen Werte ergibt. Tabelle 1.5 enthält Aussagen dazu und gleichzeitig mögliche Maßnahmen, gegen die Einflußgrößen vorzugehen. Es zeigt sich, daß der Einbau von Leistungskondensatoren in die Anschlußstruktur gleichzeitig zur Kompensation von Blindleistung, zur Stabilisierung des Effektivwertes der Anschlußspannung, zur Verringerung der Augenblickswertabweichung und damit zur Verringerung der Verzerrung wirksam ist. Lediglich die dynamische Kompensation von Spannungsschwankungen muß mit noch anders gearteten Mitteln bewirkt werden, obwohl auch hier gesteuerte Kondensatoren Bedeutung besitzen.

Tabelle 1.5. Auswirkungen des Stromrichterbetriebs auf die Anschlußspannung

Form des Einflusses	Einflußgrößen	Maßnahmen zur Verringerung
Effektivwert U_{AP}	– Netzspannung U_N – Trafoübersetzungen und Stufenschalter – Lastfluß am Anschlußpunkt – Blindleistungshaushalt – Kommutierungsvorgänge	● große Kurzschlußleistung projektieren ● Blindleistungskompensation projektieren (mit Regelung) ● für geringe Kommutierungsinduktivität sorgen
Augenblickswertabweichung a_{max}	– Induktivitätsverhältnis l_d $l_d = \frac{L_N}{L_N - L_T}$ – Steuerwinkel α – Leistungskondensatoren in der Anschlußstruktur	● für große Abzweiginduktivität sorgen ● Leistungskondensatoren projektieren
Verzerrung (z. B. Klirrfaktor k^u_{AP})	– Effektivwert U_{AP} – Pulszahl p – Kommutierungsvorgang – Steuerwinkel – Resonanzfähigkeit der Struktur (Eigenfrequenzen, Dämpfung)	● hohe Pulszahl vorsehen ● für große Abzweiginduktivität sorgen ● Leistungskondensatoren projektieren ● Resonanzen vermeiden Dämpfungen optimieren
Spannungsschwankung (z. B. Effektivwertschwankung $\Delta u'$)	– zeitlicher Verlauf von I_d – zeitlicher Verlauf von α – wirksame Kurzschlußleistung am Anschlußpunkt	● große Kurzschlußleistung anstreben ● statische und dynamische Kompensation vorsehen

1.5.4. Störbeeinflussung elektronischer Systeme

Auch wenn in diesem Rahmen der weitverzweigte Problemkreis der Störbeeinflussung nicht näher behandelt werden soll, sind einige grundlegende Aussagen, insbesondere über Auswirkungen auf die stromrichternahe Elektronik, notwendig.
Die von netzgelöschten Stromrichtern verursachten Kommutierungseinbrüche sind auch für die Störbeeinflussung die maßgebende Einflußgröße, wobei ihre Lage und Größe dazu führen kann, daß zusätzliche unerwünschte Nulldurchgänge in der Anschlußspannung entstehen, welche, als Synchronisationssignal im Ansteuergerät verwendet, zu Fehlimpulsen führen können. Moderne Ansteuergeräte sind durch hochwirksame Filtereinrichtungen dagegen geschützt [1.56]. In den Netzteilen der Elektronik darf sich die verzerrte Anschlußspannung auf den Gleichspannungsausgang nicht auswirken.
Weitere Störbeeinflussungen können durch die steilen Flanken der Kommutierungs- und Schaltvorgänge der Stromrichter in informationsverarbeitenden Schaltungen verursacht werden, wenn eine induktive oder kapazitive Kopplung erfolgt. Tabelle 1.6 gibt eine Übersicht über wesentliche Störeinflüsse [1.57] bis [1.63]:

Tabelle 1.6. Störbeeinflussung durch Stromrichterbetrieb

Form der Störbeeinflussung	Einflußgrößen	Maßnahmen zur Verringerung
falsche Steuerimpulse – der eigenen Ansteuerung – fremder Ansteuergeräte	– Tiefe, Lage und Breite der Kommutierungseinbrüche	● Netzfilter im Ansteuergerät ● Kompensation von Netzrückwirkung ● Synchronisation aus »Edelnetz«
Verschiebung der Steuerimpulse	– Ansteuerwirkungskreis – Kurvenform der Anschlußspannung	● Stromregelung vorsehen
Störpegel		
– im Netz im Frequenzbereich von Rundsteueranlagen	– Kurvenform der Anschlußspannung	● Filterkreise projektieren
– in Informationsanlagen im NF-Bereich	– induktive Kopplungen	● Kopplungen vermeiden
– in Informationsanlagen im HF-Bereich	– kapazitive Kopplungen – Flankensteilheit der Kommutierungseinbrüche	● Kopplungen vermeiden ● Schirmung vorsehen ● Ventilbeschaltung optimieren
Durchgriff auf Netzteile der Elektronik	– Kommutierungseinbrüche – kapazitive Kopplung	● Netztrafo schirmen ● Regelreserve vergrößern ● Siebglieder optimieren

1.6. Zielstellung für die Beherrschung von Stromrichter-Netzrückwirkungen

Die weitere Verbreitung der Leistungselektronik ist eine volkswirtschaftliche Notwendigkeit. In absehbarer Zeit wird im mittleren und oberen Leistungsbereich der einfache und damit billige netzgelöschte Stromrichter weiterhin dominieren. Das heißt gleichzeitig, mit dem Problem Netzrückwirkungen leben zu müssen und es durch geeignete Maßnahmen zu

beherrschen. Hier helfen weder Polemik [1.64] noch voreilige Festlegungen über eine Begrenzung der Anschlußleistungen [1.31] weiter.
In der DDR wurden mit der Schaffung des Standards über Stromrichter und durch die Arbeit der Kammer der Technik in Gestalt der Fachunterausschüsse FUA 1.10 – Stromrichter – und FUA 0.7 – Elektroenergiequalität – die Voraussetzungen geschaffen, eine volkswirtschaftlich orientierte Arbeit auf dem Gebiet der Stromrichter-Netzrückwirkungen zu leisten.
In ähnlicher Weise wie bei der Zuverlässigkeitsarbeit sind auch bei der Beherrschung der Netzrückwirkungen die Hersteller von Stromrichtern und Betriebsmitteln des Anlagenbaus, die Errichter der Stromrichter- und Elektroanlagen und die Betreiber mit spezifischen Beiträgen beteiligt. In Tabelle 1.7 wurden solche spezifischen Beträge aufgelistet. Dabei wird die zentrale Rolle des Errichters deutlich, die auch im Standard Ausdruck findet [1.65]. Danach gilt: »Die netzseitigen Stromoberschwingungen sind vom Errichter so zu begrenzen, daß keine Stromresonanzen auftreten können.«
Aus der Projektierungspraxis für große Stromrichteranlagen ergeben sich einige Gesichtspunkte, die die Zielstellung für die Beherrschung der Netzrückwirkungen wesentlich mitbestimmen:

1. Die Überprüfung netzseitiger Einsatzbedingungen für Stromrichter mit dem Ziel der Begrenzung ihrer Netzrückwirkungen wird von den Projektierungsingenieuren nur etwa 2- bis 5mal im Jahr durchgeführt.

Tabelle 1.7. Aufgaben bei der Arbeit zur Beherrschung von Stromrichter-Netzrückwirkungen

Aufgabe	Hilfsmittel	Verantwortung
● Grundlagenforschung – NRW in großen Systemen – neue Wirkprinzipien für Stromrichter – neue Werkstoffe für Kondensatoren ● Entwicklung von Erzeugnissen ● Qualitätssicherung für Erzeugnisse	– Kooperation mit Instituten, Hochschulen und internationalen Gremien – Lizenzhandel – Simulationstechnik – Elektronik und Mikroelektronik	– Hersteller von Stromrichtern und/oder Betriebsmitteln für Elektroanlagen – Energieversorgungsbetriebe
● Entwurf der Anschlußstruktur ● Projektierung ● Montage ● Inbetriebnahme – Nachweis der Beherrschung von NRW im Normal- und Havariebetrieb – Abgleicharbeiten	– Projektierungsvorschriften – Rechenprogramme – Meßgeräte für NRW	– Errichter von Stromrichter- und Elektroanlagen
● Fahren der Anlage – Auswahl der Schaltzustände im Normal- und Havariebetrieb ● Wartung der Anlage	– Betriebsvorschriften – Ergebnisse der Inbetriebnahme – Wartungsvorschriften	– Betreiber von Stromrichteranlagen
● Energielieferung – Kontrolle der Elektroenergiequalität – zentrale Kompensation	– Standards, Regeln, Vorschriften – Meßgeräte für NRW – Kompensationsmittel	– Energieversorgungsbetriebe – Verbundnetz

2. Im Rahmen des Gesamtprojekts steht für die Problematik Netzrückwirkungen nicht viel mehr Zeit als z. B. für die Belüftung der Stromrichter- und Schaltanlage zur Verfügung.
3. Im Stadium der Projektierung stehen oft nur wenige oder wenig gesicherte Unterlagen über das zu erwartende Netz zur Verfügung.

Daraus resultiert, daß dem Elektroingenieur während seiner Ausbildung auf dem Gebiet der Leistungselektronik und der Energietechnik ein fundiertes anwendungsorientiertes Wissen über die Grundlagen der Stromrichter-Netzrückwirkungen vermittelt werden muß, bei dem es vor allem auf physikalische Einsichten ankommt. Für die konkrete Aufgabenstellung muß er auf gut aufbereitete Projektierungsvorschriften, Musterprojekte und dokumentierte Erfahrungen zurückgreifen können. Der dem Verfasser bekannte Wunsch der Projektierungsingenieure nach »einer Formel und einem Diagramm für alles« muß – und das dürfte bereits an dieser Stelle klargeworden sein – wegen der Vielzahl der Strukturen und Parameter leider Utopie bleiben.
Der Errichter einer Stromrichteranlage wird eine der beiden folgenden Aufgabenkategorien zu lösen haben:

1. *Analyseaufgabe*

   Die Anschlußstruktur ist auf Grund eines Projekts oder einer vorhandenen Anlage gegeben. Die Lastspiele der Stromrichter sind bekannt. Gesucht wird der zeitliche Verlauf, der Maximalwert oder bei statistischer Betrachtung der Erwartungswert mit Risiko für bestimmte Kenngrößen der Stromrichter-Netzrückwirkungen.

2. *Entwurfsaufgabe*

   Die Arbeitsaufgabe der Stromrichter und die Anschlußpunkte liegen fest. Mit der Vorgabe zulässiger Werte für die Netzrückwirkungskenngrößen soll die Anschlußstruktur einschließlich eventuell notwendig werdender Kompensationsmittel gefunden werden, die diese Vorgaben einhält. Die Lösung der Analyseaufgabe ist hierbei implizit enthalten.

Den Vorrang beim Entwurf hat in jedem Falle die Einhaltung eines geforderten Leistungsfaktors.
Zur Lösung der oben genannten Aufgaben werden dem Projektierungsingenieur in Form von Projektierungsvorschriften und -richtlinien für einen großen Teil der auftretenden Anschlußstrukturen vorgearbeitete Analyse- und Anschlußdiagramme, Tabellen und Arbeitsprogramme in der Symbolik von Programmablaufplänen bereitgestellt, die auch in den folgenden Abschnitten eine wesentliche Rolle spielen werden. Sie sind das Ergebnis umfangreicher Simulationsuntersuchungen, von Labor- und Industriemessungen.
Da aber immer wieder Einsatzfälle mit neuartigen Strukturen oder nicht im Wertebereich der Diagramme liegenden Parametern auftreten, erscheint es notwendig, im Rahmen dieser Monographie recht ausführlich auf die physikalische Beschreibung der Vorgänge und ihre analoge und digitale Simulation einzugehen, die Schlagkraft der verschiedenen Verfahren zu untersuchen und durch Beispielrechnungen Anwendungshilfen zu geben.
War bisher die Simulation vorrangig eine Aufgabe von Forschungs- und Entwicklungsabteilungen, so hat durch die Entwicklung leistungsfähiger digitaler Kleinrechner mehr und mehr auch der Projektant Zugriff zu bedienfreundlichen, dialogfähigen Simulationsprogrammen an seinem Arbeitsplatz.

2. Methoden zur Beschreibung der Stromrichter-Netzrückwirkungen

2.1. Einführung

Bevor Stromrichter-Netzrückwirkungen durch entsprechende Maßnahmen auf ein als unschädlich erkanntes Maß reduziert und kompensiert werden können, muß ihre physikalische Wirkungsweise aufgeklärt und möglichst ingenieurgerecht mathematisch beschrieben werden. Dazu kann der im Abschnitt 1.4. an Beispielen veranschaulichte Netzausschnitt als *System* aufgefaßt und behandelt werden. Die Beschreibung von Systemen ist Gegenstand der Automatisierungstechnik und ihrer Wissenschaft, der Technischen Kybernetik. Bei der Beschreibung von Systemen bestehen drei in Tabelle 2.1 veranschaulichte Aufgaben, die alle drei auch in der weiteren Bearbeitung des Problemkreises Netzrückwirkungen auftreten werden [2.1]. Aus dem von der Kybernetik zusammengetragenen Arsenal von Beschreibungsverfahren werden jeweils die ausgewählt, die auf Grund der Systemeigenschaften und der Aufgabenstellung zweckmäßig sind [2.2]. Das zu behandelnde System enthält vorwiegend Elemente, die mit kontinuierlichen analogen Signalen beschrieben werden. Der Stromrichter wird in bezug auf das Netz abschnittsweise kontinuierlich zu beschreiben sein, wobei das Umschalten durch binäre Signale bewirkt wird. Insgesamt entsteht damit ein hybrides System, dessen Zustandsvektor sowohl stetige als auch diskrete Komponenten besitzt. Eine Zusammenstellung von Beschreibungsmethoden enthält Tabelle 2.2. Während die direkte

Tabelle 2.1. Grundaufgaben bei der Behandlung von Systemen

$$\xrightarrow{u} \boxed{S, q} \xrightarrow{x}$$

$$I$$

	gegeben	gesucht
Analyseaufgabe	S; $\boldsymbol{u}(t)$	$\boldsymbol{q}(t)$; $\boldsymbol{x}(t)$
Identifikationsaufgabe	$\boldsymbol{u}(t)$; $\boldsymbol{x}(t)$	S
Syntheseaufgabe	S; $\boldsymbol{q}(0)$; I	$\boldsymbol{u}$; (S)

$\boldsymbol{u}$ Vektor der Eingangsgrößen (beeinflußbare und nichtbeeinflußbare)
$\boldsymbol{q}$ Vektor der Zustandsgrößen
$\boldsymbol{x}$ Vektor der Ausgangsgrößen
S Systemstruktur oder kybernetisches Modell davon
I Zielfunktional für Systemfunktion (z. B. minimale Verluste)

Tabelle 2.2. Beschreibungsmöglichkeiten für Systeme Stromrichter – Netz

Art	Beschreibung durch
direkte Methode	● lineare Differentialgleichungen mit abschnittsweiser Gültigkeit (gewöhnlich oder partiell) Berücksichtigung von Nichtlinearitäten möglich Umschaltbedingungen logisch beschreibbar (Zustandsanalyse)
indirekte Methoden	● Zerlegung im Zeitbereich in – Impulsübertragung – Sprungübertragung (nur für lineare Systeme gültig!) (Zustandsersatzschaltbilder) ● Zerlegung im Frequenzbereich in – Sinusschwingungen (frequenzabhängige Parameter möglich) (Frequenzanalyse) – Exponentialschwingungen (LAPLACE-Transformation)

Methode der Beschreibung des Systems ohne Schwierigkeiten die vollständige, für stationäre und nichtstationäre Vorgänge gültige mathematische Abbildung des Systemverhaltens ermöglicht und heute durch den Einsatz von Hilfsmitteln der maschinellen Rechentechnik auch dem Ingenieur leicht zugänglich ist, kommt den indirekten Methoden Bedeutung für eine angenäherte Betrachtung des Systems zu. Sie werden vorzugsweise für das stationäre Systemverhalten eingesetzt und eignen sich vor allem für eine manuelle Vorausberechnung, wie sie im Abschnitt 2.3. vorgestellt wird.

Auf der Zustandsanalyse bauen verschiedenartige analoge und digitale Simulationsverfahren auf (s. Abschnitt 2.4.). Zur Ergänzung und Überprüfung der Schlagkraft mathematischer Modelle können physikalische Modelle eingesetzt werden, die entweder als Laborstromrichteranlage oder in Form eines speziell an das Problem angepaßten Netzanalysators ausgeführt werden können. Über solche Modelle berichtet Abschnitt 2.5. Für die Informationsausgabe sowohl bei analogen Systemmodellen als auch für Messungen am realen System ist eine auf die im Abschnitt 1.2. eingeführten Kenngrößen der Netzrückwirkungen abgestimmte Meßtechnik erforderlich. Eine abschließende Zusammenfassung erfolgt im Abschnitt 2.6.

Während sich das Systemdenken in der Leistungselektronik, die sich als Zweig der Automatisierungstechnik versteht, durch die enge Verwandtschaft zur Elektronik weitgehend durchgesetzt hat, ist dieser Schritt auf dem Gebiet der Energietechnik noch nicht überall gegangen worden. Dieses Mißverhältnis zwischen vorhandenen theoretischen Möglichkeiten und ihrer Nichtanwendung wurde für den Problemkreis der Netzrückwirkungen in einer Studie 1975 festgestellt und zum Ausgangspunkt für die systematische Untersuchung der Anwendbarkeit der Systembeschreibungsverfahren auf die Wechselwirkungen zwischen Stromrichter und Netz genommen. Dabei erwies sich recht rasch die Zustandsanalyse als Alternative zur bisher praktizierten Frequenzanalyse, wobei Rechnerfreundlichkeit und Anschaulichkeit der Ansätze und Ergebnisse überzeugten [2.3].

Aus den Anschlußstrukturen des Abschnitts 1.4. ist bereits bekannt, daß größtenteils Mehrstromrichterprobleme bearbeitet werden müssen. Für ihre Behandlung wurde im Abschnitt 1.5. ein zweistufiges Vorgehen angekündigt, das im ersten Schritt die Zusammenfassung zum Ersatzstromrichter und danach die worst-case-Behandlung der Struktur als Einstromrichterproblem vorsieht. Alle folgenden Ausführungen dieses Kapitels beziehen sich auf solche Einstromrichterprobleme und gelten daher für den zweiten Bearbeitungsschritt. Als leichtverständliche und typische Systemstruktur wählen wir Bild 1.9 aus. Diese Struktur wird schrittweise durch Leistungskondensatoren erweitert, wobei die verschiedenen Beschreibungsmethoden an Beispielen vorgeführt werden [2.4].

2.2. Analyse des Systems netzgelöschter Stromrichter – Netz

2.2.1. Physikalischer Wirkmechanismus

Zur Analyse des physikalischen Verhaltens wird zunächst aus der Struktur nach Bild 1.9 der Stromrichterabzweig herausgeschnitten und getrennt betrachtet. Als Stromrichterschaltung wird Drehstrombrückenschaltung (B6C nach TGL 200-0608) vorausgesetzt. An der nichtrückwirkungsfreien Trennstelle *AP* zum Netz endlicher Kurzschlußleistung wird die Anschlußspannung u_{AP} eingeführt, über deren Kurvenform keine Festlegung erfolgt, deren Symmetrie jedoch durch die Gleichung

$$u_{APa} + u_{APb} + u_{APc} = 0 \tag{2.1}$$

vorausgesetzt werde. Als weitere vereinfachende Annahme wird Einfachkommutierung des Stromrichters festgelegt, d. h., daß alle Kommutierungsvorgänge abgeschlossen sind, bis der nächste Steuerimpuls eintrifft ($\mu < 60°$). Die Steuerimpulse werden symmetrisch aller 60° erzeugt, der Schaltungs- und Netzaufbau sei ebenfalls symmetrisch. Bild 2.1a zeigt die sich dann ergebende Struktur des Stromrichterabzweigs mit den Abzweiginduktivitäten L_T und der Glättungsinduktivität L_d sowie dem Spannungsabfall einer aktiven Gleichspannungslast U_d. Ohmsche Widerstände werden vernachlässigt.

Mit den genannten Voraussetzungen ist der Stromrichterabzweig als ein System zu beschreiben, das zwei unterschiedliche Zustände besitzt, die sich wechselseitig ablösen, wobei die Endwerte des vorhergehenden Zustands als Anfangswerte in den folgenden Zustand übernommen werden. Der Kommutierungszustand ist dadurch gekennzeichnet, daß durch die gleichzeitige Stromführung zweier Ventile eine kurzgeschlossene Masche entsteht, in der die zur Kommutierung notwendige Stromänderung bewirkt wird. Bild 2.1b zeigt die Ersatzanordnung für aufkommutierenden Strom i_{SRa}. Während in der ersten Masche der Kommutierungsvorgang abläuft, fließt in der zweiten erkennbaren Masche der Gleichstrom weiter. Sein Zeitverlauf ist von Steuerwinkel, Glättungsinduktivität und Gleichspannung abhängig und kann allgemeingültig aus Bild 2.1b berechnet werden [2.5]. Der Beginn der Kommutierung wird bei ungesteuerten Ventilen durch den natürlichen Zündzeitpunkt, bei Thyristoren durch das Ansteuergerät vorgegeben. Ihr Ende wird erreicht, wenn das abkommutierende Ventil stromlos geworden ist.

Im daran sich anschließenden Zeitabschnitt bis zum nächsten eintreffenden Steuerimpuls werden Netz und Gleichstromkreis über zwei Thyristoren in Form einer Masche verbunden (Bild 2.1c). In diesem Zustand stimmen zwei Stromrichterströme mit dem Gleichstrom überein. Ihr Zeitverlauf ist aus der Maschengleichung berechenbar, vom Steuerwinkel, von der Gleichspannung und der Summe der im Kreis vorhandenen wirksamen Induktivitäten abhängig. Zur Berechnung des gesamten Zeitverlaufs eines Stromrichterstroms ist die in Tabelle 2.3 dargestellte Zustandsfolge zu berechnen. Wegen des erheblichen Rechenaufwands werden dafür digitale Simulationsprogramme eingesetzt [2.6]. Mit solchen Programmen können auch weitere Einzelheiten, wie z. B. praktische Ventileigenschaften und ohmsche Widerstände, Berücksichtigung finden. Auf sie wird im Abschnitt 2.4.3. noch näher eingegangen werden.

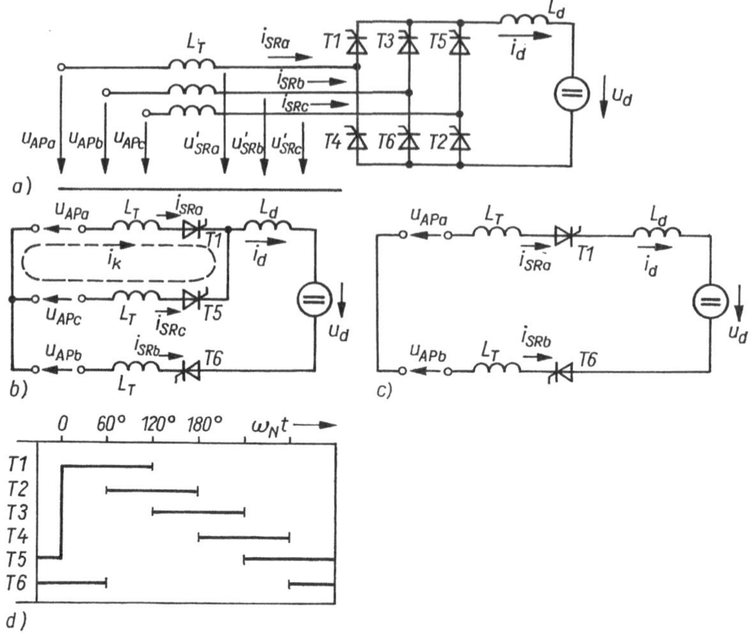

Bild 2.1. Zum physikalischen Wirkmechanismus des Stromrichterabzweigs (B6C-Schaltung)

a) Struktur

T1 bis *T6* Thyristoren
L_T Abzweiginduktivität
i_{SR} netzseitiger Stromrichterstrom
u_{AP} Anschlußspannung
u'_{SR} transiente Stromrichterspannung

b) Kommutierungszustand (Aufkommutierung von i_{SRa}, Übergang des Stroms von *T5* auf *T1*)

- - - - kurzgeschlossene Masche

c) Konstantstromzustand (Verbindung von Netz und Gleichstromkreis über *T1* und *T6*)

d) Leitdauer der Thyristoren

Der Veranschaulichung des physikalischen Wirkmechanismus dient Bild 2.2, in dem für stationären Betrieb des Stromrichters bei einem Steuerwinkel von 90° die Verläufe von Gleichstrom i_d, Anschlußspannung u_{APa} mit der Annahme, daß am Anschlußpunkt eine Netzinduktivität von 25% der Abzweiginduktivität wirksam ist, und Stromrichterstrom i_{SRa} dargestellt werden. Das Bild zeigt die bekannte sechspulsige Welligkeit von Gleich- und Stromrichterstrom und das Zusammenspiel der Wechsel- und Gleichgrößen.
Das im Bild 2.1 behandelte Stromrichtermodell ist für die weitere Behandlung der Netzrückwirkungsproblematik zu kompliziert, da je Periode 12 Umschaltungen vorgenommen werden müssen. Für den größten Teil der Untersuchungen genügt die zu starken Vereinfachungen führende Annahme idealer Glättung des Gleichstroms ($L_d \to \infty$, $i_d \to I_d$), wodurch sich während der Leitdauer der zu einem Strang gehörenden Ventile außerhalb der Kommutierung eine völlige Entkopplung von Wechsel- und Gleichgrößen ergibt. Es entfallen vier Umschaltungen. Im Zustandsfolgeplan (Tabelle 2.3) ist die Konstantstromphase ($i_d = 0 \pm I_d$) durch +, − oder 0 gekennzeichnet worden. Der Kommutierungsvorgang wird damit auch unabhängig von der Glättungsinduktivität. Seine Dauer ändert sich, wie im

Tabelle 2.3. Zustandsfolgeplan für B6C-Schaltung

Annahmen: Einfachkommutierung, ideale Glättung u_a, u_b, u_c = u_{APa}, u_{APb}, u_{APc}!

α + …	μ	60°	60° + μ	120°	120° + μ	180°	180° + μ	240°	240° + μ	300°	300° + μ	360°	360° + μ 60°
i_{SRa}	+	+	+	↓	0	↓↓	−	−	−	↑	0	↑↑	+
u_{ka}	0	0	0	$\frac{u_a - u_b}{2}$	0	$\frac{u_a - u_c}{2}$	0	0	0	$\frac{u_a - u_b}{2}$	0	$\frac{u_a - u_c}{2}$	0
i_{SRb}	−	↑	0	↑↑	+	+	+	↓	0	↓↓	−	−	−
u_{kb}	0	$\frac{u_b - u_c}{2}$	0	$\frac{u_b - u_a}{2}$	0	0	0	$\frac{u_b - u_c}{2}$	0	$\frac{u_b - u_a}{2}$	0	0	0
i_{SRc}	0	↓↓	−	−	−	↑	0	↑↑	+	+	+	↓	0
u_{kc}	0	$\frac{u_c - u_c}{2}$	0		0	$\frac{u_c - u_a}{2}$	0	$\frac{u_c - u_b}{2}$	0	0	0	$\frac{u_c - u_a}{2}$	0

+ : $i_{SR} = +i_d(t)$ − : $i_{SR} = -i_d(t)$ ↓ Abkommutierung ↑↑ Aufkommutierung

α + … Durch den Steuerwinkel α wird die gesamte Zustandsfolge verschoben.

μ Der Kommutierungswinkel hängt vom Steuerwinkel und der Anschlußstruktur ab.

Abkommutierung heißt Nullsetzen des Stromrichterstroms durch Kommutierung auf ein Viertel des folgenden Stroms.
Aufkommutierung heißt Übernahme des Gleichstroms in beiden Richtungen von einem Viertel des vorhergehenden Stroms.

——— Kommutierungszustand

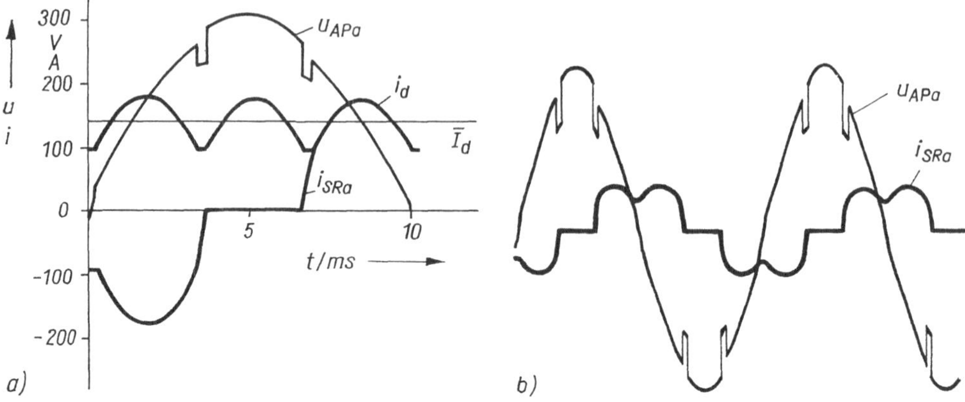

Bild 2.2. Verlauf von Gleich- und Wechselgrößen für Stromrichter nach Bild 2.1

$\alpha = 90°$	$L_d = 1{,}0$ mH
$L_N/L_T = 0{,}25$	$k^u_{AP} = 5{,}35\,\%$
$U_d = 24{,}5$ V	$k^{u(5)}_{AP} = 3{,}26\,\%$
$L_T = 0{,}56$ mH	$k^{u(7)}_{AP} = 0{,}62\,\%$

a) Digitalsimulation
b) Messung

Bild 2.2 zu erkennen ist, da die Kommutierung erst beim Erreichen des Gleichstrommittelwerts beendet ist.

Die Verläufe bei Kommutierung von T4 auf T6 und T5 auf T1 werden im Bild 2.3 für einen Steuerwinkel von 90° dargestellt. Dabei ist zu erkennen, daß die transiente Stromrichterspannung u'_{SR}, die direkt an den Ventilen gemessen werden kann, während der Kommutierung auf den arithmetischen Mittelwert der an der Kommutierung beteiligten Anschlußspannungen zusammenbricht. Der Verlauf dieser Spannung wurde gestrichelt eingezeichnet. Ist der Kommutierungsvorgang beendet, so springt die Spannung u'_{SR} wieder auf den Wert der jeweiligen Anschlußspannung zurück. Die Differenz zwischen u_{AP} und dem arithmetischen

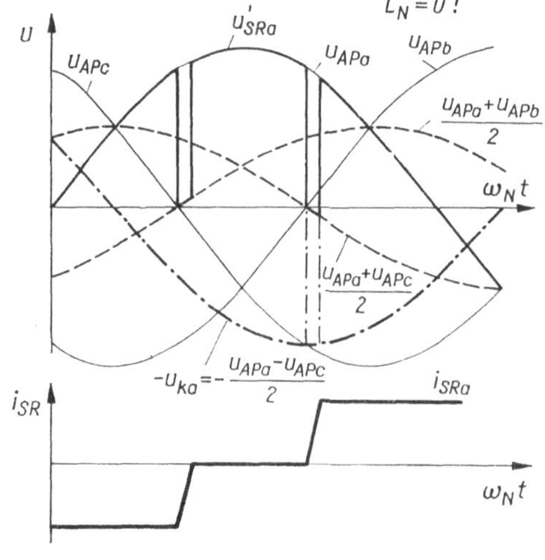

Bild 2.3. Kommutierung des Stroms i_{SRa} bei idealer Glättung

—— transiente Stromrichterspannung
--- arithmetischer Mittelwert
-.- Kommutierungsspannung (negativ dargestellt)

Mittelwert ist die Spannung, die den Kommutierungsvorgang bewirkt. Sie wird Kommutierungsspannung u_k genannt und ist in Tabelle 2.3 enthalten.

$$u_{ka} = u_{APa} - \frac{1}{2}(u_{APa} + u_{APc}) \tag{2.2}$$

$$u_{ka} = \frac{1}{2}(u_{APa} - u_{APc}) \tag{2.3}$$

Das Wirken eines Strangs des Stromrichterabzweigs kann damit in einem sehr einfachen Signalflußbild (Bild 2.4 a) und einem dazugehörigen Ersatzschaltbild (Bild 2.4 b) dargestellt werden. Es muß nur beachtet werden, daß entsprechend Tabelle 2.3 abwechselnde Strangspannungen die Kommutierungsspannung bilden.

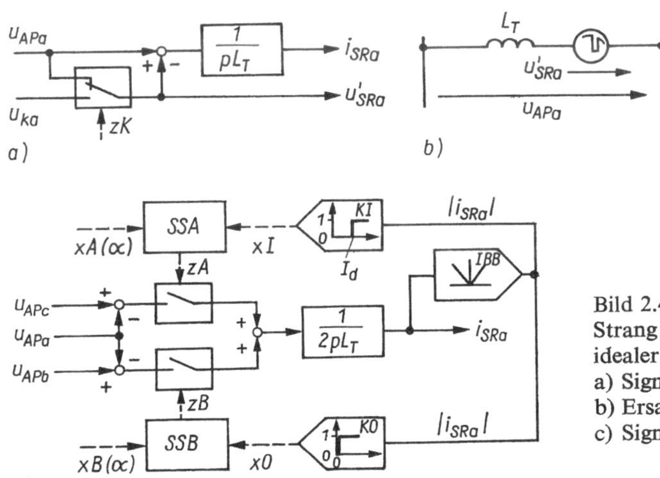

Bild 2.4. Ersatzanordnungen für einen Strang bei Einfachkommutierung und idealer Glättung
a) Signalflußbild (vereinfacht)
b) Ersatzschaltbild
c) Signalflußbild (ausführlich)

Die Aufgabe, einen Signalflußplan zu entwickeln, bei dem nur noch die (verzerrten) Anschlußspannungen und logische Signale der Ansteuerung die Eingangsgrößen bilden, wird im Bild 2.4c gelöst. Die Mischstelle im Bild 2.4 a wird aufgelöst und die aus Tabelle 2.3 entnehmbaren Kommutierungsspannungen für die Auf- und Abkommutierung getrennt über logisch betätigte Tastglieder gebildet. Die gestrichelten logischen Signale kommen direkt als Steuersignale vom Ansteuergerät (xA, xB) und als Rückkopplung aus dem Stromrichter über die Analog-Binär-Wandler *KI* und *KO*. Mit diesen Komparatoren wird über das Ende der Kommutierung entschieden. Die Ansteuersignale zA und zB für die Taster entstehen durch die logischen Verknüpfungen

$$zA = xA(\alpha)\ \overline{xI} \tag{2.4}$$

$$zB = xB(\alpha)\ x0 \tag{2.5}$$

Das Signalflußbild in dieser Form dient direkt als Ausgangspunkt der im Abschnitt 2.4.2. behandelten analogen Zustandssimulation.

Für qualitative Untersuchungen werden besser die vereinfachten Darstellungen entsprechend Bild 2.4 a oder b verwendet. Die transiente Stromrichterspannung erweist sich als eine sehr brauchbare Vorstellung nicht nur für netzgelöschte Stromrichter. Im Abschnitt 1.4. wurden charakteristische Netzrückwirkungen unterschiedlicher Stromrichter damit beschrieben. Zur quantitativen Untersuchung netzgelöschter Stromrichter ist die im Bild 2.3 eingeführte

Kommutierungsspannung besser geeignet, wie im Abschnitt 2.3.2. noch deutlich werden wird.
Die Beschreibung des netzseitigen Verhaltens netzgelöschter Stromrichter ist nur *eine* Voraussetzung für die Beschreibung des physikalischen Wirkmechanismus Stromrichter – Netz – andere Verbraucher. Das Zusammenwirken *aller* Komponenten als System, dessen geschlossene Wirkungskreise erst die im Abschnitt 1.3. veranschaulichten Netzrückwirkungen ergeben, wird im folgenden näher betrachtet.

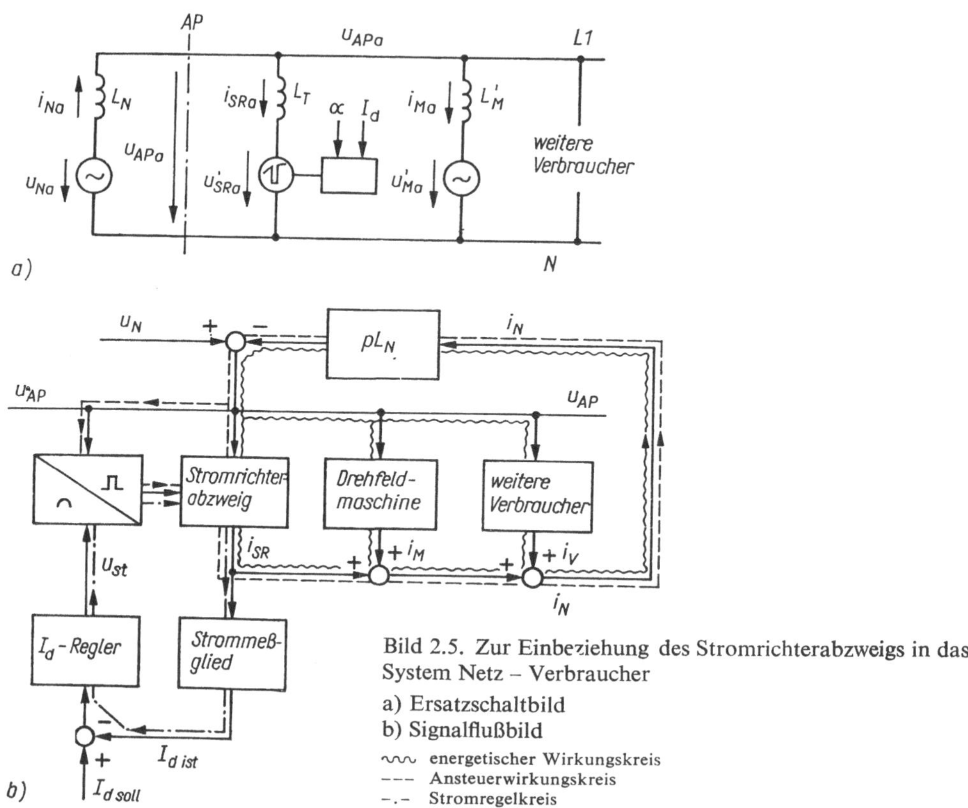

Bild 2.5. Zur Einbeziehung des Stromrichterabzweigs in das System Netz – Verbraucher
a) Ersatzschaltbild
b) Signalflußbild
∿∿ energetischer Wirkungskreis
--- Ansteuerwirkungskreis
-.- Stromregelkreis

Bild 2.5 stellt die Anschlußstruktur nach Bild 1.9 als vollständiges Signalflußbild dar, wobei für den Stromrichterabzweig auch das Ansteuergerät mit Netzfilter und die im Normalfall stets vorhandene Stromregelung aufgenommen wurden. Es ergeben sich drei geschlossene Wirkungswege, die sich gegenseitig beeinflussen:

1. *Energetischer Wirkungskreis*

Das netzseitige Verhalten des Stromrichters bewirkt den Verlauf des Stromrichterstroms entsprechend den Erläuterungen zu Bild 2.3. Gemeinsam mit allen anderen vorhandenen Lastströmen wird am Anschlußpunkt *AP* der Netzstrom gebildet. Über die Spannungsgleichung

$$u_{AP} = u_N - L_N \frac{di_N}{dt} \tag{2.6}$$

entsteht die Anschlußspannung als verzerrte Kurve, wenn ein beteiligter Strom nichtsinusförmig ist. Da alle anderen Verbraucher dieser Struktur passiv oder aktiv mit sinusförmiger Spannung sind, ist der Stromrichter alleinige Ursache für Verzerrungen im Wirkungskreis.

2. *Ansteuerkreis*

Die Phasenlage der Steuerimpulse des Ansteuergerätes hängt bei konstanter Steuerspannung und verzerrter Anschlußspannung davon ab, wie die für die Netzsynchronisation vorzusehenden Netzfilter ausgelegt sind und an welcher Stelle die Synchronisierspannung abgegriffen wird. Viele moderne Ansteuergeräte sind zur Synchronisation mit der transienten Stromrichterspannung u'_{SR} direkt an den Ventilen eingerichtet. Da die Lage der Steuerimpulse wiederum die Anschlußspannung beeinflußt, besteht der eingezeichnete geschlossene Wirkungskreis. Genauere Ergebnisse über die Auslegung der Netzfilter und ihre Auswirkungen gibt KRONBERG in [2.7]. Für die Belange der Netzrückwirkungen soll vorausgesetzt werden, daß das Ansteuergerät auch bei stark verzerrter Anschlußspannung richtige Steuerimpulse abgibt. Eine entstehende Phasenverschiebung wird über den Stromregelkreis ausgeregelt und ist daher ohne Bedeutung.

3. *Stromregelkreis*

Stromrichter-Stellglieder werden fast ausschließlich mit Stromregelung betrieben. Dabei wacht eine Regeleinrichtung über die schnelle und genaue Angleichung des Gleichstroms an den vorgegebenen Sollwert. Wird die Regelung als ideal vorausgesetzt, so kann für die Netzrückwirkungen mit einem konstanten Wert I_d gerechnet werden. Der wirksame Steuerwinkel ergibt sich aus den Eigenschaften der Gleichstromlast und wird meist durch einen überlagerten Regelkreis (Drehzahl- oder Spannungsregelung) vorgegeben.

Mit der Vernachlässigung von Ansteuerwirkungskreis und idealer Stromregelung vereinfacht sich die Beschreibung des Systems Netz – Verbraucher auf die im Bild 2.6 dargestellte Struktur. Das Signalflußbild ist allgemeingültig für energetische Netzrückwirkungen. Es entspricht im Aufbau dem im Bild 1.2 gezeigten Signalflußbild eines Grundstromkreises. Zur Allgemeingültigkeit ist es notwendig, keine Einschränkungen über den Inhalt der Blöcke Netzzweig und Verbraucher vorauszusetzen. So kann sich im Netzzweig eine vermaschte Struktur verbergen, die z. B. resonanzfähig ist. Ebenso ist eine Verbraucherstruktur möglich, die selbst wieder eine komplizierte Struktur besitzt. Als weitere Besonderheit verkörpern die als Signale aufgefaßten Größen im Bild 2.6 die im komplexen Raumzeiger (Ortszeiger) zusammengefaßte Information über das Drehstromsystem. Der Ortszeiger kann für sinusförmige und nichtsinusförmige Zustandsgrößen des Systems berechnet werden. In vielen Fällen genügt eine Beschränkung auf die reelle Komponente des Ortszeigers [2.8].

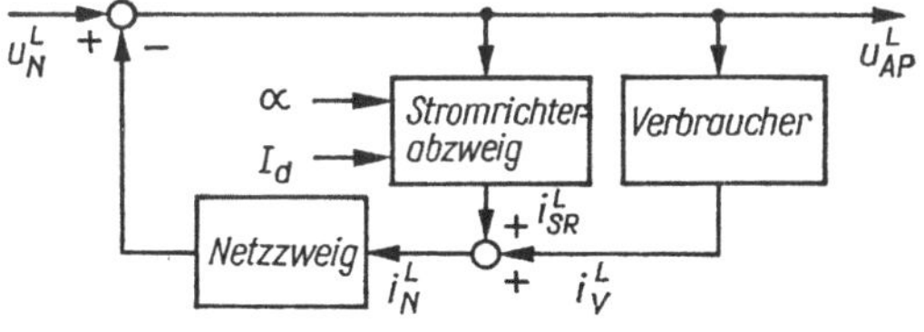

Bild 2.6. Signalflußbild energetischer Stromrichter-Netzrückwirkungen

u_N^L Ortszeiger der starren Netzspannung
u_{AP}^L Ortszeiger der Anschlußspannung
i_{SR}^L Ortszeiger des Stromrichterstroms
i_V^L Ortszeiger des Verbraucherstroms
i_N^L Ortszeiger des Netzstroms

2.2.2. Zustandsanalyse des Systems

Das vorgestellte System arbeitet abschnittsweise kontinuierlich. Zur mathematischen Beschreibung und abschnittsweisen Lösung kann als direkte Methode die Zustandsanalyse eingesetzt werden. Ein System mit Informations- oder/und Energiespeichern ist durch einen

n-dimensionalen Zustandsvektor eindeutig beschreibbar, wenn jedem Speicherglied des Systems genau eine Komponente des Zustandsvektors zugeordnet wird. Da das so zu betrachtende System ein elektrisches System ist, treten als Speicherelemente alle beteiligten Induktivitäten und Kapazitäten auf. Jede Zustandsgröße kann selbst wieder als Ortszeiger aufgefaßt werden, solange es sich um Drehstromgrößen handelt. Alle Eingangs- und Ausgangsgrößen des Systems werden zum Eingangs- und Ausgangsvektor verknüpft. Jede Änderung der Zustandsgröße wird durch die Zustandsgleichung

$$\frac{\mathrm{d}\boldsymbol{q}}{\mathrm{d}t} = (A)\,\boldsymbol{q} + (B)\,\boldsymbol{u} \tag{2.7}$$

beschrieben. Sie setzt sich aus dem Anteil für die freie Bewegung des Zustandsvektors ($\boldsymbol{u} = 0$) und dem Anteil für die erzwungene Bewegung durch die Eingangsgrößen zusammen. Die Systemmatrix (A) beschreibt die Bewegung des ungestörten Systems, die Steuermatrix (B) die Einwirkungen der Eingangs- auf die Zustandsgrößen.
Da die Zustandsgrößen den Energiespeichern zugeordnet sind, werden oft andere Größen im System als Ausgangsgrößen notwendig. Für sie gilt dann die vektoriell algebraische Gleichung

$$\boldsymbol{x} = (C)\,\boldsymbol{q} + (D)\,\boldsymbol{u} \tag{2.8}$$

wobei (C) die Ausgangsmatrix zur Vermittlung von Zustands- und Ausgangsgrößen und (D) die Durchgangsmatrix ist, die den Durchgriff der Eingangs- auf die Ausgangsgrößen kennzeichnet.
Aus der Form der Zustandsgleichung ist sofort ersichtlich, daß zur Lösung der Vektordifferentialgleichung (2.7) erster Ordnung eine einfache Integration notwendig ist. Sie kann manuell, z. B auf dem Umweg über die LAPLACE-Transformation, mit Analogrechnern direkt und für alle Komponenten parallel und mit Digitalrechnern numerisch und seriell ausgeführt werden. Wegen der ständig erforderlichen Umschaltung zwischen Kommutierung und Konstantstromzustand des Stromrichters ergeben sich mit dem iterativen Analogrechner die besten Lösungsmöglichkeiten [2.9]. Bild 2.7 zeigt die graphische Veranschaulichung der Gln. (2.7) und (2.8) in einem Vektorsignalflußbild.

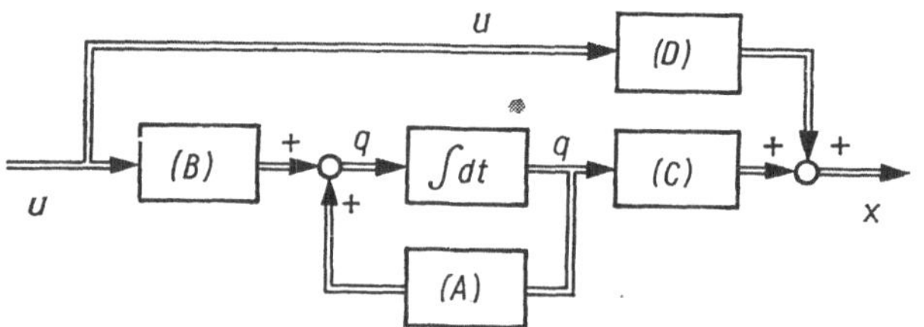

Bild 2.7. Zur Zustandsanalyse eines kontinuierlichen linearen analogen Systems

$\boldsymbol{q}$ Vektor der Zustandsgröße
$\boldsymbol{u}$ Vektor der Eingangsgröße
$\boldsymbol{x}$ Vektor der Ausgangsgröße
(A) Systemmatrix
(B) Steuermatrix
(C) Beobachtungsmatrix
(D) Durchgangsmatrix

Die Zustandsanalyse wird am Beispiel eines ohmsch-induktiven Netzzweigs mit einem Stromrichter und einem dazu parallel angeschlossenen RC-Glied dargestellt. Die vorliegende Struktur zeigt Bild 2.8. Für den Stromrichter gilt das vereinfachte Signalflußbild nach Bild 2.4a. Als Eingangsvektor kann angesetzt werden:

$$\boldsymbol{u} = (u_{\mathrm{N}}^{\llcorner}, u_{\mathrm{SR}}^{\prime\llcorner}) \tag{2.9}$$

wobei $u_{\mathrm{N}}^{\llcorner}$ und $u_{\mathrm{SR}}^{\prime\llcorner}$ die Ortszeiger der Netzspannung und der transienten Stromrichterspannung sind. Hier muß beachtet werden, daß die Vektorkomponenten die Stranggrößen a, b, c sind. Für den Zusammenhang von $u_{\mathrm{SR}}^{\prime\llcorner}$ und $u_{\mathrm{k}}^{\llcorner}$ gilt

$$u_{\mathrm{SR}}^{\prime} = u_{\mathrm{AP}}^{\llcorner} - u_{\mathrm{k}}^{\llcorner} \tag{2.10}$$

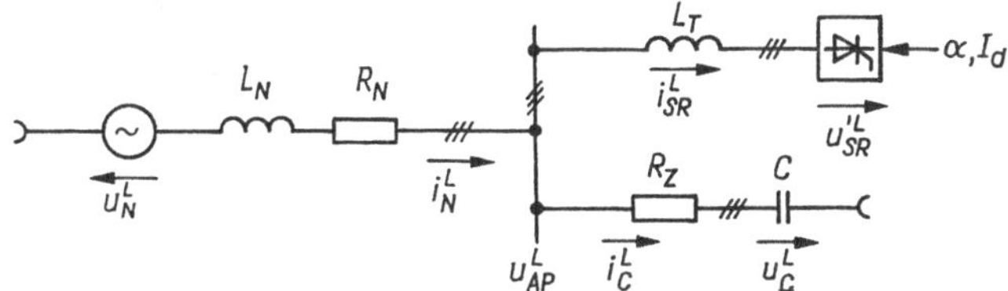

Bild 2.8. Anschlußstruktur mit ohmsch-induktivem Netz und Parallelkondensator

u_N^L, u_{AP}^L, u_C^L Ortszeiger der Netz-, Anschluß- und Kondensatorspannung

i_{SR}^L, i_N^L, i_C^L Ortszeiger von Stromrichter, Netz- und Kondensatorstrom

Die Zustandsgrößen werden den Energiespeichern L_N, L_T und C zugeordnet und formieren den Zustandsvektor $\boldsymbol{q}$.

$$\boldsymbol{q} = (i_{SR}^L, i_N^L, u_C^L) \tag{2.11}$$

Als Ausgangsgröße werden zur Beurteilung der Netzrückwirkungen die Anschlußspannung u_{AP}^L und zur Kontrolle der Kondensatorbelastung der Kondensatorstrom i_C^L benötigt. Damit ist der Ausgangsvektor festgelegt:

$$\boldsymbol{x} = (u_{AP}^L, i_C^L) \tag{2.12}$$

Das Gleichungssystem, das die Vorgänge im System beschreibt, kann entsprechend den Gln. (2.4) und (2.5) wie folgt formuliert werden:

$$\frac{d\boldsymbol{q}}{dt} = ((A))\,\boldsymbol{q} + ((B))\,\boldsymbol{u} \tag{2.13}$$

$$\boldsymbol{x} = ((C))\,\boldsymbol{q} \tag{2.14}$$

Die Matrix (D) wird im vorliegenden Fall zur Nullmatrix und kann entfallen. Die Matrizen (A), (B) und (C) haben folgende Gestalt (die in einfachen Klammern stehenden Ausdrücke sind wiederum selbst Diagonalmatrizen für die Komponenten der Ortszeiger):

$$((A)) = \begin{pmatrix} \left(-\frac{R_Z}{L_T}\right) & \left(+\frac{R_Z}{L_T}\right) & \left(+\frac{1}{L_T}\right) \\ \left(+\frac{R_Z}{L_N}\right) & \left(-\frac{R_N + R_Z}{L_N}\right) & \left(-\frac{1}{L_N}\right) \\ \left(-\frac{1}{C}\right) & \left(+\frac{1}{C}\right) & (0) \end{pmatrix} \tag{2.15}$$

$$((B)) = \begin{pmatrix} (0) & \left(-\frac{1}{L_T}\right) \\ \left(\frac{1}{L_N}\right) & (0) \\ (0) & (0) \end{pmatrix} \tag{2.16}$$

$$((C)) = \begin{pmatrix} (-R_Z) & (+R_Z) & (+1) \\ (-1) & (+1) & (0) \end{pmatrix} \tag{2.17}$$

Bei der Lösung der gekoppelten linearen Differentialgleichungen muß beachtet werden, daß der Eingangsvektor durch logische Signale entsprechend der Zustandsfolge nach Tabelle 2.3 umgeschaltet wird. Aus der Belegung der Matrizen kann gefolgert werden, daß bereits für diese einfache Struktur die manuelle Lösung einen nicht zu vertretenden Aufwand verursacht. Für einen weiter vereinfachten Sonderfall ist das Lösungsergebnis in Form des Verlaufs der Ortszeiger im Bild 2.9 dargestellt worden. Es enthält die Ortszeiger u^{L}_{N}, i^{L}_{SR} und u^{L}_{AP} für den Fall eines kleinen, stark gedämpften Kondensators im ruhenden Koordinatensystem. Im stationären Betrieb entsteht eine sechsseitige Symmetrie der Ortszeiger. Der Stromrichterstrom ist während der Konstantstromphase ein ruhender Zeiger, der während der Kommutierungsphasen auf einer Sechseckseite von Punkt zu Punkt läuft. Ursache für die Bewegung des Stromzeigers ist die Spannungsdifferenz zwischen u^{L}_{AP} und u'^{L}_{SR}. Der Verlauf von u^{L}_{N} und u^{L}_{AP} stimmt außerhalb der Kommutierung überein, ebenso die Ortszeiger i^{L}_{SR} und i^{L}_{N}, da praktisch keine verzweigte Kommutierung stattfindet.

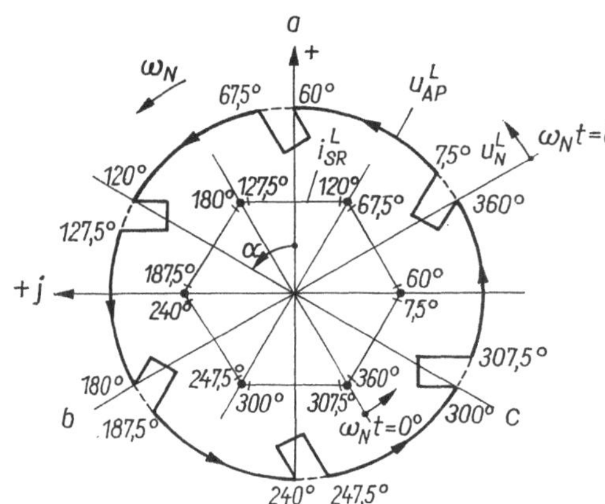

Bild 2.9. Lösungsergebnisse für Zustandsanalyse, stationärer Betrieb

$\alpha = 60°$
$I_d = 0{,}2$
$\mu = 7{,}5°$
$R_Z \to \infty$

Ortszeiger

$u_N{}^{L}$ Netzspannung (rotiert mit ω_N)
$u_{AP}{}^{L}$ Anschlußspannung (rotiert außerhalb der Kommutierung gemeinsam mit $u_N{}^{L}$)
$i_{SR}{}^{L}$ Stromrichterstrom (liegt außerhalb der Kommutierung auf den Sechseckpunkten fest)

Ortszeiger der Zustandsgrößen und ihre Projektion auf eine Achse, die den Zeitfunktionen im Strang oder unter Beachtung der Gleichung

$$u^{L}_{AP\Delta} = j\sqrt{3}\,u^{L}_{AP\curlywedge} \qquad (2.18)$$

auch den verketteten Größen entsprechen, sind für drei verschiedene Anschlußstrukturen in Bild 2.10 dargestellt. Ortszeiger können sowohl im echten System als auch bei simulierten Vorgängen aufgezeichnet werden [2.10]. Bild 2.10 zeigt, wie durch die Kompensationsmaßnahmen die Sinusform (Kreis des Ortszeigers) verschlechtert (Bild 2.10c) oder verbessert (Bild 2.10e) werden kann. Erläuterungen dazu erfolgen erst in den Abschnitten 6. bis 8.

2.3. Manuelle Näherungsmethoden

2.3.1. Vorbemerkungen

Das Beispiel im Abschnitt 2.2.2. hat gezeigt, welcher Aufwand bereits bei sehr einfachen Strukturen nötig wird, um die Zustandsanalyse manuell durchzuführen. Ihre Anwendbarkeit bleibt daher den Simulationsverfahren vorbehalten. Zur Erläuterung des qualitativen Verhaltens von komplizierteren Strukturen, für sehr schnelle und grobe quantitative Aussagen besteht jedoch die Möglichkeit, über die indirekten Methoden der Tabelle 2.2 zu Aussagen über das Verhalten des Systems Netz – Stromrichter – Verbraucher zu gelangen. Die For-

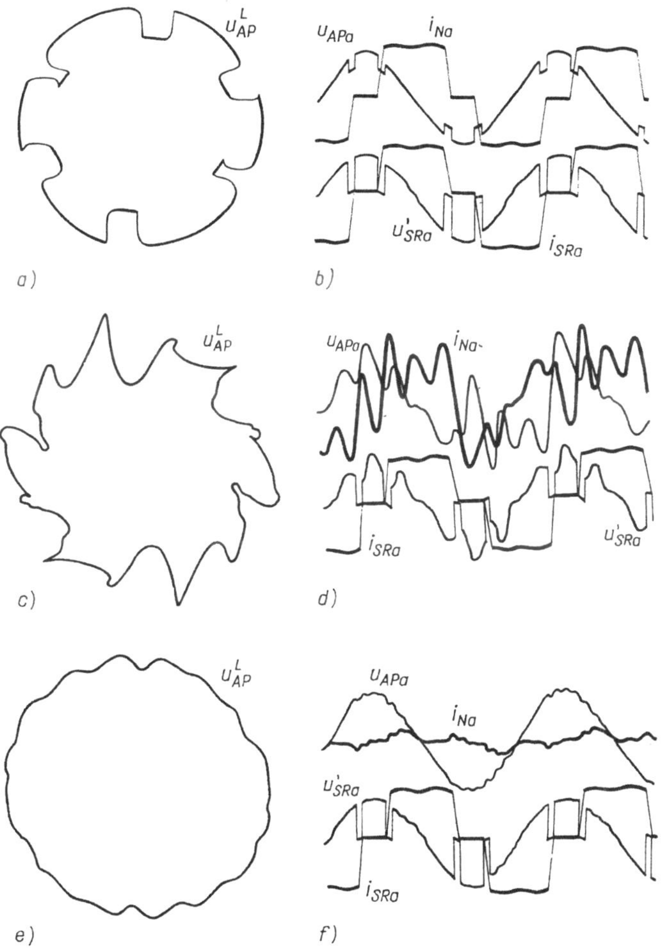

Bild 2.10. Ortszeiger der Anschlußspannung und Zeitfunktionen für verschiedene Strukturen

$\alpha \approx 90°$ $\quad I_d = 0{,}26$

$s_d = 6\%$

a) und b) ohne Kompensation

c) und d) Parallelkompensation $s_C = 0{,}7\%$

e) und f) Parallelkompensation und drei Saugkreise (*SK5, SK7, SK11*) $s_{C\Sigma} = 5\%$

derung nach manueller Lösbarkeit hat eine Reihe von Annahmen zur Folge, deren Gültigkeit vor der Anwendung der indirekten Methoden überdacht werden muß:

1. Der geschlossene Wirkungskreis der energetischen Netzrückwirkungen wird geöffnet. Der Stromrichter ist Ursache von Wirkungen im restlichen System. Die Auswirkungen des geschlossenen Wirkungskreises können mit vermehrtem Aufwand nachträglich durch Iteration eingerechnet werden.
2. Es wird stationärer Betrieb des Systems vorausgesetzt. Da alle indirekten Methoden auf der Zerlegung des gesamten Vorgangs in Teilvorgänge beruhen, die nacheinander berechnet werden, ist diese Annahme notwendig.

3. Das Superpositionsgesetz muß gelten, so daß die Linearität der Systemelemente vorausgesetzt wird.

Indirekte Methoden zur Behandlung von Stromrichter-Netzrückwirkungen sind auf der Basis der Zustandsanalyse möglich, wenn die Zeitfunktionen der Zustandsgrößen in Anteile von Netzfrequenz und durch den Stromrichter verursachte Ausgleichsvorgänge zerlegt werden. Dieser Weg führt zu den sehr anschaulichen Zustandsersatzschaltbildern (Abschnitt 2.3.2.). Die in den bisherigen Arbeiten über Stromrichter-Netzrückwirkungen fast ausnahmslos angewendeten Oberschwingungsersatzschaltbilder beruhen auf der Zerlegung des Stromrichterstroms in ein diskretes Spektrum mit nachfolgender Berechnung der Ausbreitung der Stromharmonischen in das übrige System. Diese als Frequenzanalyse bezeichnete Methode wird im Abschnitt 2.3.3. behandelt.

2.3.2. Zustandsersatzschaltbilder

Im stationären Betrieb des linearen Systems Netz – Stromrichter – Verbraucher auftretende Verzerrungen von Zustandsgrößen können durch Zerlegung der Zeitfunktionen in einen harmonischen Vorgang von Grundfrequenz (Netzfrequenz) und überlagerte Ausgleichsvorgänge beschrieben werden. Die Berechnung der Amplituden und Phasenwinkel der netzfrequenten Anteile erfolgt nach den bekannten Regeln der Verarbeitung von Wechselgrößen als Zeitzeiger. Im Stromrichterabzweig wird durch Einführen der transienten Stromrichterspannung, die im Konstantstromzustand mit der Anschlußspannung übereinstimmt, angenommen, daß er sich am Grundfrequenzverhalten des Systems nicht beteiligt. Die bei der Zerlegung der transienten Stromrichterspannung nach Gl. (2.10) entstehende Kommutierungsspannung wird für zwei Zustandsersatzschaltbilder genutzt. Da alle grundfrequenten Spannungen in diesen Ersatzschaltbildern entfallen, beschreiben sie passive *R-L-C*-Netzwerke, die durch eine sprung- oder impulsförmig genäherte Kommutierungsspannung gespeist werden. Die sich ergebenden Strom- und Spannungszeitfunktionen sind Ausgleichsvorgänge im Sinne der Zerlegung; sie werden durch die hochgestellten Indizes (⎾) und (⌋⌊) für Sprung- oder Impulsantwort gekennzeichnet und müssen danach zum Gesamtvorgang überlagert werden.
Interessiert man sich für den Verlauf der Zustandsgrößen während der Kommutierung, so wird der im Bild 2.3 sichtbare Ausschnitt der Sinusspannung u_k vereinfacht als Sprung angesetzt, was eine lineare Kommutierung zur Folge hat. Der Fehler ist bei Steuerwinkeln um 90° vernachlässigbar. Der entscheidende Vorteil dieser Betrachtungsweise ist die leichte Berechenbarkeit der Sprungantwort mit den Methoden der Systemanalyse. Die Sprunghöhe wird nur vom Steuerwinkel abhängig:

$$u_k^{(\lrcorner\ulcorner)} = \frac{U_N}{\sqrt{2}} \sin\alpha\, s(t) \tag{2.19}$$

mit

$$s(t) = \begin{cases} 0 & t < 0 \\ 1 & t \geqq 0 \end{cases}$$

Im Unterbereich der LAPLACE-Transformation gilt für u_k

$$u_k^{(\lrcorner\ulcorner)}(p) = \frac{U_N}{\sqrt{2}} \sin\alpha\, \frac{1}{p} \tag{2.20}$$

Es soll nochmals betont werden, daß die Ursache-Wirkungs-Betrachtung die Öffnung des geschlossenen energetischen Wirkungskreises voraussetzt.
Die Gültigkeit des Zustandsersatzschaltbildes ist beendet, wenn der abkommutierende Strom »Null« erreicht hat. Für unverzweigten Kommutierungskreis ist die Kommutierungsdauer t_μ analytisch berechenbar,

$$t_\mu = \frac{10\ \text{ms}}{180^\circ}\left[\arccos\left(\cos\alpha - \frac{\sqrt{2}I_d}{U_N}(L_N + L_T)\,\omega_N\right) - \alpha\right] \tag{2.21}$$

wobei hier die wahre sinusförmige Kommutierungsspannung berücksichtigt wird. Bei verzweigtem Kommutierungskreis muß die Kommutierungsdauer durch Einsetzen des Randwerts $i_{SR}(t_\mu) = I_d$ in die Zeitfunktion des aufkommutierenden Stroms bestimmt werden. Nach Gl. (2.19) werden die größten Ausgleichsvorgänge bei $\alpha = 90^\circ$ erwartet. Die meisten Untersuchungen mit Zustandsersatzschaltbildern dienen der worst-case-Abschätzung, so daß im weiteren stets von diesen Steuerwinkeln ausgegangen wird. Die Gl. (2.21) vereinfacht sich dann zu

$$t_{\mu(\alpha=90^\circ)} = \frac{20\ \text{ms}}{180^\circ}\arcsin\left(\frac{\sqrt{2}\,I_d}{2U_N}(L_N + L_T)\,\omega_N\right) \tag{2.22}$$

und die Annahme linearer Kommutierung ist sehr gut erfüllt.
Als Beispiel für einen verzweigten Kommutierungsvorgang wird die Parallelkompensation eines Stromrichters behandelt. Die Zerlegung in Grundschwingungs- und Zustandsersatzschaltbilder erfolgt wie oben beschrieben (Bild 2.11). Da die Kommutierungsdauer nur Bruchteile der Periodendauer der Eigenschwingung zwischen L_N und C beträgt, soll auf den

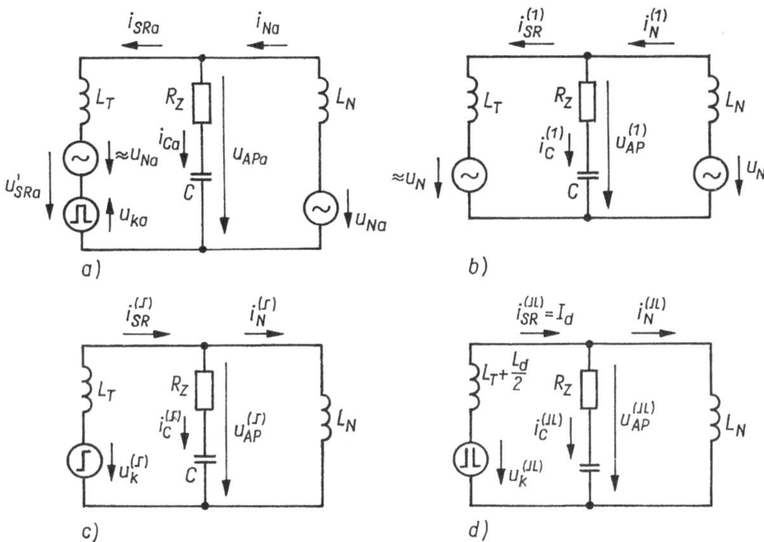

Bild 2.11. Ableitung von Zustandsersatzschaltbildern zur manuellen Näherungsrechnung

(⨍) Index für Sprungkomponenten (1) Index für Grundschwingung
(⅃L) Index für Impulskomponenten

Der Strangindex *a* wurde in einigen Bildern weggelassen!

a) Struktur entsprechend Bild 2.5
b) Ersatzschaltbild für Grundschwingungen
c) Zustandsersatzschaltbild Kommutierung
d) Zustandsersatzschaltbild Konstantstrom

Einfluß von R_Z verzichtet werden. Als Eigenfrequenzen der Anordnung nach Bild 2.11c bestehen die Werte Eigenfrequenz des Parallelschwingkreises ω_P

$$\omega_p^2 = \frac{1}{L_N C} \tag{2.23}$$

und Eigenfrequenz des Kommutierungskreises ω_k

$$\omega_k^2 = \frac{L_N + L_T}{L_N L_T C} \tag{2.24}$$

Der Strom $i_{SR}^{(\Gamma)}$ kann im Unterbereich wie folgt beschrieben werden:

$$i_{SR}^{(\Gamma)}(p) = \frac{U_N}{\sqrt{2} L_T} \frac{p^2 + \omega_p^2}{p^2(p^2 + \omega_k^2)} \tag{2.25}$$

Die Rücktransformation ist über Partialbruchzerlegung leicht möglich.

$$i_{SR}^{(\Gamma)}(p) = \frac{U_N}{\sqrt{2}(L_N + L_T)\,p^2} + \frac{U_N L_N \omega_k}{\sqrt{2} L_T(L_N + L_T)\,\omega_k(p^2 + \omega_k^2)} \tag{2.26}$$

$$i_{SR}^{(\Gamma)}(t) = \frac{U_N}{\sqrt{2}(L_N + L_T)}\,t + \frac{U_N L_N}{\sqrt{2} L_T(L_N + L_T)\,\omega_k} \sin \omega_k t \tag{2.27}$$

Die Anschlußspannung $u_{AP}^{(\Gamma)}$ kann über die Spannungsteilerregel ebenfalls im Unterbereich leicht formuliert werden:

$$u_{AP}^{(\Gamma)}(p) = \frac{U_N}{\sqrt{2} C L_T p(p^2 + \omega_k^2)} \tag{2.28}$$

und ist über Partialbruchzerlegung rücktransformierbar:

$$u_{AP}^{(\Gamma)}(t) = \frac{U_N L_N}{\sqrt{2}(L_N + L_T)} [1 - \cos \omega_k t] \tag{2.29}$$

Zur Berechnung des Ausgleichsvorgangs im Kondensator dient die Stromteilerregel

$$i_C^{(\Gamma)}(p) = \frac{U_N \omega_k}{\sqrt{2} \omega_k L_T(p^2 + \omega_k^2)} \tag{2.30}$$

die nach Rücktransformation die Beziehung

$$i_C^{(\Gamma)}(t) = \frac{U_N}{\sqrt{2} \omega_k L_T} \sin \omega_k t \tag{2.31}$$

ergibt. Der Netzstrom ergibt sich aus dem Knotenpunktsatz und kann bereits im Zeitbereich formuliert werden:

$$i_N^{(\Gamma)}(t) = \frac{U_N}{\sqrt{2}(L_N + L_T)} \left[t - \frac{1}{\omega_k} \sin \omega_k t\right] \tag{2.32}$$

Die Berechnungsergebnisse für weitere wichtige Strukturen enthält Tabelle 2.4. Die numerische Auswertung der Gleichungen für das Beispiel Parallelkompensation zeigt Bild 2.12, das gleichzeitig auch den noch zu behandelnden Konstantstromzustand enthält. Als Zahlenwerte wurden verwendet:

$U_{Nn} = 380$ V; $\quad I_d = 170$ A;

$L_N = 0{,}35$ mH; $\quad L_T = 0{,}99$ mH; $\quad C = 660\ \mu$F;

$\omega_p = 6{,}63\ \omega_N$; $\quad \omega_k = 7{,}72\ \omega_N$

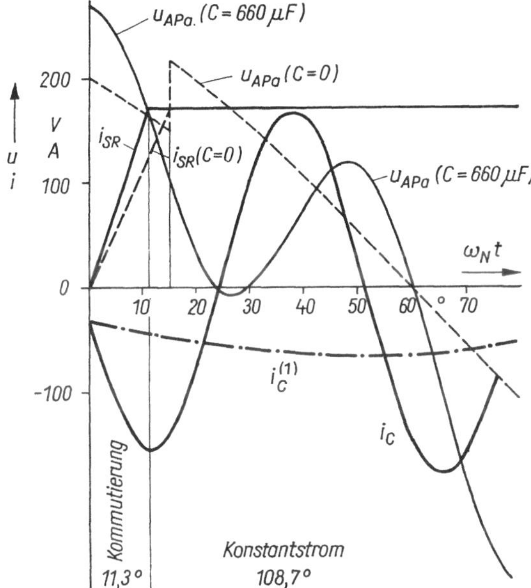

Bild 2.12. Ergebnis der manuellen Näherungsrechnung mit Hilfe der Zustandsersatzschaltbilder nach Bild 2.11 für Parallelkompensation

—— zusammengesetzter Vorgang
-.- Grundschwingungsanteil
--- Vorgänge ohne Kompensation

Als Ergebnis zeigt sich, daß die Kommutierungsdauer durch den schwingenden Anteil in Gl. (2.27) normalerweise verkürzt wird. Ist der Kondensator so groß, daß er während der Kommutierung nur unwesentlich Ladung austauschen kann, so ist die Kommutierungsdauer näherungsweise allein durch L_T bestimmbar [2.11]. Der Kondensator entkoppelt den Stromrichter während der Kommutierung vom Netz. Es gilt dann

$$t_\mu \approx \frac{\sqrt{2} L_T I_d}{U_N} \tag{2.33}$$

Diese Entkopplung wirkt sich auch auf die Anschlußspannung aus. Die in der transienten Stromrichterspannung u'_{SR} enthaltenen Kommutierungseinbrüche werden nicht nur wie im Fall der unverzweigten Kommutierung (vgl. Tabelle 2.4) auf einen durch das Spannungsteilerverhältnis $L_N/(L_N + L_T)$ angebbaren Wert abgebaut, sondern wesentlich mehr verringert. Bei hinreichend großem Parallelkondensator verschwinden die Kommutierungseinbrüche in der Anschlußspannung vollends.

Aus der Sicht der Kommutierung wirken sich Parallelkondensatoren meist günstig aus. Nur für den Fall, daß sehr kleine Kapazitäten am Anschlußpunkt wirken, kann es zur ungewollten Verlängerung der Kommutierungsdauer kommen. Bild 2.13 enthält Meß- und Rechenergebnisse dazu (vgl. auch Bild 6.11). Praktische Bedeutung hat dieser Fall, wenn Wechselwirkungen von Stromrichtern und Kabelnetzen untersucht werden (vgl. Abschnitt 6.4.) und wenn Stromrichter an der Wechselrichtertrittgrenze arbeiten.

Nach Beendigung der Kommutierung wirkt im Stromrichterabzweig die große Glättungsdrossel in Reihe mit der Abzweiginduktivität. Mit der Annahme $L_d \to \infty$ schaltet sich der Stromrichterabzweig in seiner dynamischen Wirkung ab. Alle anderen Zustandsgrößen können frei weiterschwingen, wobei die Anfangswerte über die Kommutierung eingeschaltet werden. Im Zustandsersatzschaltbild (Bild 2.11 d) wird das Einstellen der Anfangswerte über den Kommutierungsimpuls $u_k^{(\lrcorner\llcorner)}(t)$ bewirkt:

$$u_k^{(\lrcorner\llcorner)}(t) = L_k I_d \delta(t) \tag{2.34}$$

Tabelle 2.4. Kennwerte der Kommutierung bei Anwendung des Zustandsersatzschaltbildes (vgl. Bild 2.11c)

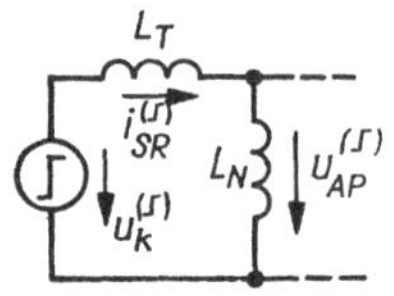

Zustandsersatzschaltbild	Kommutierung $0 < t < t_\mu$	
L_T, $i^{(\Gamma)}_{SR}$, L_N, $u^{(\Gamma)}_{AP}$, $u^{(\Gamma)}_k$	$i^{(\Gamma)}_{SR}(t) = \dfrac{U_N}{\sqrt{2}\,L_k}\,t \quad (\alpha = 90°)$ $u_{AP}(t) = u^{(\Gamma)}_k l_d \quad (\alpha = 90°)$	$t_\mu = \dfrac{I_d\sqrt{2}}{U_N} L_k$
Struktur	**L_k, l_d**	**Bemerkungen**
ohne Kompensation	$L_k = L_N + L_T$ $l_d = L_N/(L_N + L_T)$	
Drehfeldmaschine parallel 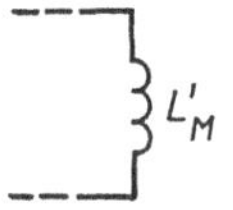 L'_M	$L_k = L_N/L'_M + L_T$ $l_d = L^*_N/(L^*_N + L_T)$	$L^*_N = \dfrac{L_N L'_M}{L_N + L'_M}$
Kondensatorkompensation 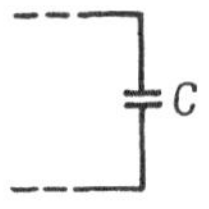 C	$L_k = L_T$ $l_d = 0$	gilt nur für $C \to \infty$ (Kurzschluß am Kondensator)
Saugkreiskompensation 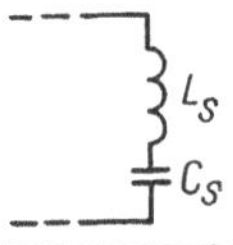 L_S, C_S	$L_k = L_N/L_S + L_T$ $l_d = L^*_N/(L^*_N + L_T)$	$L^*_N = \dfrac{L_N L_S}{L_N + L_S}$ gilt nur für $C \to \infty$

mit

$$\delta(t) = \begin{cases} 0 & t \neq 0 \\ \infty & t = 0 \end{cases}$$

Im Unterbereich gilt

$$u_k^{(\rfloor \lfloor)} = L_k I_d \tag{2.35}$$

Im Gegensatz zur direkten Zustandsanalyse, welche die Energieänderung während der Kommutierung als Vorgang exakt beschreibt, begnügt sich der Ansatz im Ersatzschaltbild mit der Annahme, die Kommutierungsenergie würde im Sinne der Abtasttheorie in unendlich kurzer Zeit ausgetauscht. Zur Korrektur des mathematischen Impulses $\delta(t)$ dient die zur Kommutierung des Gleichstroms notwendige Spannungszeitfläche F^u, die vom Steuerwinkel unabhängig ist:

$$F^u = \int_0^{t_\mu} u_k(t)\,\mathrm{d}t = L_k I_d \tag{2.36}$$

Soll mit diesem Ersatzschaltbild der gesamte Verlauf der Vorgänge bis zum stationären Zustand gerechnet werden, so ist zu beachten, daß die Impulsantworten entsprechend Tabelle 2.3 für abwechselnd unterschiedliche Zeitdauern (120°, 60°) gelten. Werden unge-

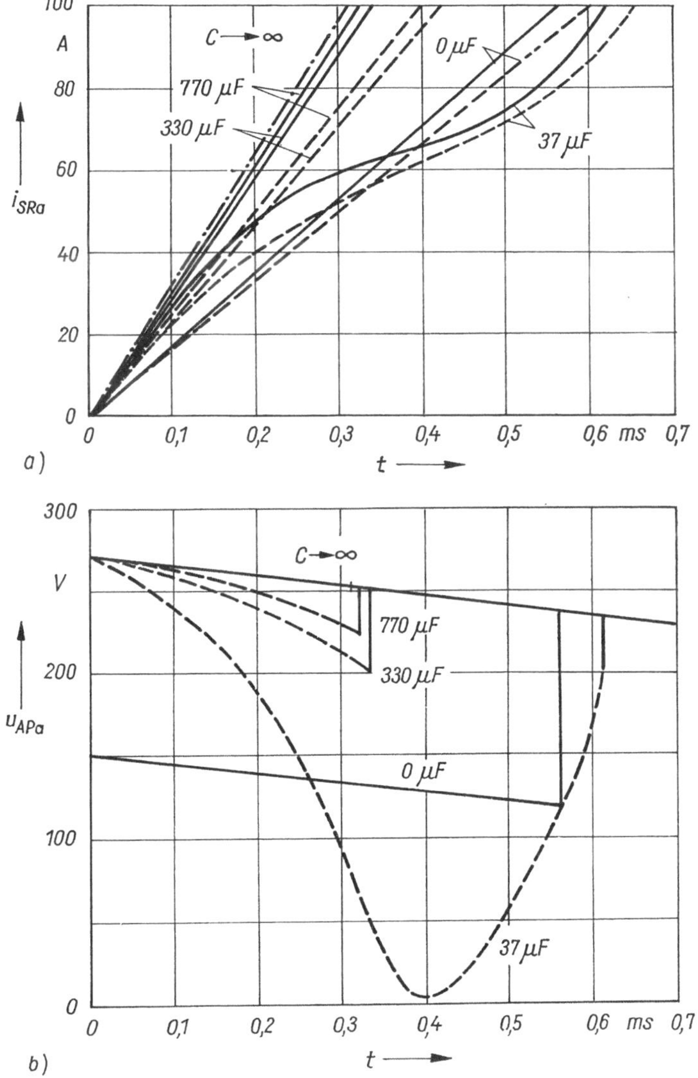

Bild 2.13. Vergleich Rechnung – Messung bei Parallelkompensation (Zeitachse gilt nur für $0 \leqq t \leqq t_{\mu}$!)

--- Messung —— Rechnung -.- Rechnung $C \to \infty$

a) Stromrichterstrom (Aufkommutierung auf 100 A)

b) Anschlußspannung für $U_{Na} = 220$ V

dämpfte Vorgänge betrachtet, so ist die Überlagerung der phasenverschobenen Impulsantworten mit Hilfe des Verschiebungssatzes zu beachten. Bei hinreichender Dämpfung der Ausgleichsvorgänge genügt die einmalige Berechnung. Die Höhe der im stationären Betrieb auftretenden Ausgleichsvorgänge ist ganz wesentlich davon abhängig, ob das Verhältnis von Kommutierungsabstand zur Periodendauer der Ausgleichsvorgänge so beschaffen ist, daß ein erneuter Kommutierungsimpuls gleichphasig wirkt (Resonanz) oder durch einen Phasen-

sprung zur Verringerung der Amplitude beiträgt. Die manuelle Berechnung mehrerer sich überlagernder Ausgleichsvorgänge ist trotz starker Vereinfachungen mit erheblichem Aufwand verbunden, so daß Rechnungen über mehrere Perioden den Simulationsprogrammen überlassen werden. Im weiteren werden die Rechnungen für ein Intervall vorgestellt.
Für den Fall des nicht wirksamen Parallelzweigs $R_Z - C$ im Bild 2.11 d gilt für den Stromverlauf $i_{SR} = i_N$ im Unterbereich

$$i_{SR}^{(\lrcorner\llcorner)} = i_N^{(\lrcorner\llcorner)}(p) = \frac{u_k^{(\lrcorner\llcorner)}(p)}{p(L_T + L_d/2 + L_N)} \tag{2.37}$$

Als Kommutierungsinduktivität ist hier die Reihenschaltung aller im Kreis liegenden Induktivitäten einzusetzen, so daß gilt:

$$u_k^{(\lrcorner\llcorner)}(p) = I_d\left(L_T + \frac{L_d}{2} + L_N\right) \tag{2.38}$$

$$i_{SR}^{(\lrcorner\llcorner)}(p) = \frac{I_d}{p} \tag{2.39}$$

und nach Rücktransformation

$$i_{SR}^{(\lrcorner\llcorner)}(t) = I_d s(t) \tag{2.40}$$

Die Anschlußspannung wird mit der Spannungsteilerregel berechnet:

$$u_{AP}^{(\lrcorner\llcorner)}(t) = I_d L_N \delta(t) \tag{2.41}$$

Da die Impulsfunktion im betrachteten Zeitraum identisch Null ist, bringt der Impuls in dieser Struktur keine Wirkung hervor. Ausgleichsvorgänge sind nur zu erwarten, wenn schwingungsfähige Strukturen im Ersatzschaltbild enthalten sind.
Bei hinreichender Größe des Parallelkondensators C und vernachlässigbarer Größe von R_Z im Bild 2.11 d ergibt sich am Anschlußpunkt näherungsweise ein Kurzschluß während der Kommutierung. Die Netzinduktivität ist am Kommutierungsvorgang nicht beteiligt, so daß gilt:

$$L_k = L_T + L_d/2 \tag{2.42}$$

Im Ersatzschaltbild können Schwingungen mit den beiden Eigenfrequenzen ω_e und ω_p auftreten:

$$\omega_e^2 = \frac{L_T + L_d/2 + L_N}{L_N(L_T + L_d/2)\,C} \tag{2.43}$$

$$\omega_p^2 = \frac{1}{L_N C} \tag{2.44}$$

Für den vorausgesetzten Grenzfall $L_d \to \infty$ geht Gl. (2.43) in Gl. (2.44) über, so daß beide Eigenfrequenzen gleich werden. Für den Stromrichterstrom kann im Unterbereich geschrieben werden:

$$i_{SR}^{(\lrcorner\llcorner)}(p) = \frac{I_d(p^2 + \omega_p^2)}{p(p^2 + \omega_e^2)} \tag{2.45}$$

Die Rücktransformation liefert für endliche Werte von L_d den Ausdruck

$$i_{SR}^{(\lrcorner\llcorner)}(p) = I_d \frac{L_T + L_d/2}{L_T + L_d/2 + L_N} s(t) + I_d \frac{L_N}{L_T + L_d/2 + L_N} \cos \omega_e t \tag{2.46}$$

mit einem sprungförmigen und einem mit ω_e schwingenden Anteil. Den Nachweis solcher Schwingungen im Stromrichterstrom bei nichtidealer Glättung erbringt das in der Laboranlage fotografierte Bild 2.14. Mit der Annahme $L_d \rightarrow \infty$ vereinfacht sich der Stromverlauf zum Konstantstrom der Höhe I_d [vgl. Gl. (2.40)].

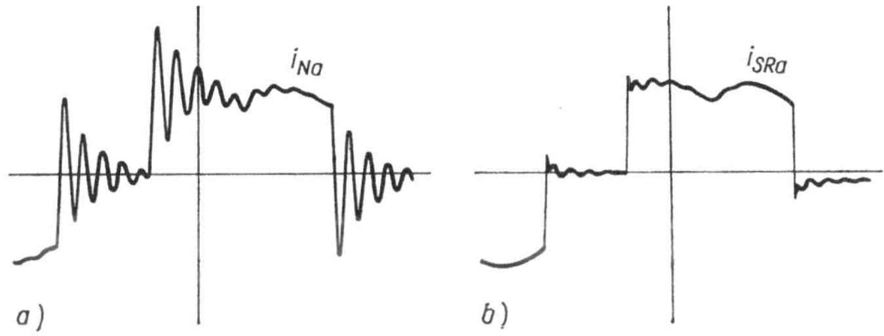

Bild 2.14. Übertragung von Schwingvorgängen in den Gleichstrom und Stromrichterstrom
$\alpha = 90°$ $s_C = 0{,}1\,\%$
$s_d = 6\,\%$
a) Netzstrom
b) Stromrichterstrom

Der Verlauf des Ausgleichsvorgangs in der Anschlußspannung wird über die Spannungsteilerregel berechnet. Es gilt im Unterbereich

$$u_{AP}^{(\lrcorner\llcorner)}(p) = \frac{I_d(L_T + L_d/2)\,\omega_e}{(L_T + L_d/2)\,\omega_e C(p^2 + \omega_e^2)} \tag{2.47}$$

und nach Rücktransformation

$$u_{AP}^{(\lrcorner\llcorner)}(t) = \frac{I_d}{\omega_e C} \sin \omega_e t \tag{2.48}$$

und für $L_d \rightarrow \infty$

$$u_{AP}^{(\lrcorner\llcorner)}(t) = \frac{I_d}{\omega_p C} \sin \omega_p t \tag{2.49}$$

Neben der Verzerrung der Anschlußspannung durch $u_{AP}^{(\lrcorner\llcorner)}(t)$ ist es notwendig, den im Kondensatorzweig fließenden Strom mit Hilfe der Stromteilerregel zu berechnen. Wird hierbei sofort $L_d \rightarrow \infty$ vorausgesetzt, so gilt im Unterbereich

$$i_C^{(\lrcorner\llcorner)}(p) = \frac{I_d p}{p^2 + \omega^2{}_p} \tag{2.50}$$

und nach Rücktransformation

$$i_C^{(\lrcorner\llcorner)}(t) = I_d \cos \omega_p t \tag{2.51}$$

Der Kondensatorstrom enthält demnach außer dem Grundschwingungsanteil den mit der Kreisfrequenz ω_p schwingenden Wechselstrom mit der durch I_d vorgegebenen Amplitude. Im praktischen Fall entstehen durch R_Z gedämpfte Schwingungen, die eine erhebliche Vergrößerung des Effektivstroms und damit der thermischen Beanspruchung des Kondensators verursachen.

Die im Bild 2.12 dargestellten Verläufe zeigen ein Rechenergebnis für die Zustandsfolge einer Kommutierung und eines Konstantstromabschnitts. Es muß beachtet werden, daß u. U. eine große Zahl von Zustandsfolgen berechnet werden muß, wenn ein stationärer Zustand erreicht werden soll. Die Annahme über die nur von U_N und α abhängige Sprunghöhe muß durch den zu Beginn der Kommutierung vorhandenen wahren Wert von u_{AP} korrigiert wer-

den, bis der Vorgang stationär wird. Da manuelle Berechnungen nur zur groben Abschätzung dienen sollen, genügt meist das im Bild 2.12 dargestellte Ergebnis. Die vergleichende Auswertung von Rechnung und Messung zeigt eine gute Übereinstimmung hinsichtlich Amplitude der Ausgleichsvorgänge und ihrer Frequenz [2.11], [2.12]. Als Beweis soll auch Bild 2.15 dienen, das mit gleichen Parametern wie Bild 2.12 am Analogrechner simuliert wurde.
Für die am häufigsten vorkommenden Strukturen enthält Tabelle 2.5 die Bestimmungsgleichungen für die Ausgleichsvorgänge der Konstantstromphase.

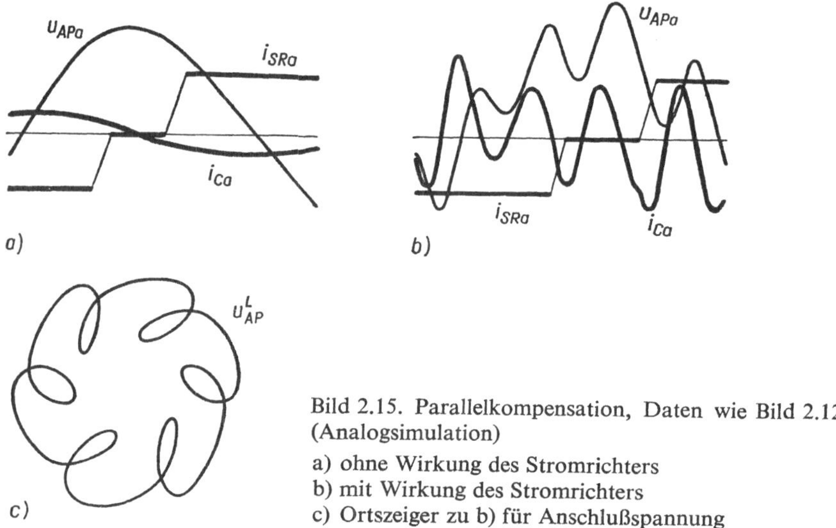

Bild 2.15. Parallelkompensation, Daten wie Bild 2.12 (Analogsimulation)
a) ohne Wirkung des Stromrichters
b) mit Wirkung des Stromrichters
c) Ortszeiger zu b) für Anschlußspannung

Tabelle 2.5. Impulsantworten für Zustandsersatzschaltbild Konstantstrom (vgl. Bild 2.11 d)
Das Symbol (⌋⌊) wurde teilweise weggelassen!

Struktur	$i_{SR}^{(\lrcorner\llcorner)}$, $u_{AP}^{(\lrcorner\llcorner)}$, $i_{C}^{(\lrcorner\llcorner)}$, $i_{SR}^{(\lrcorner\llcorner)}(t)$	Bemerkungen
$L_T+0{,}5L_d$, $i_{SR}^{(JL)}$, $u_{AP}^{(JL)}$, JL, $u_k^{(JL)}$, L_N	$i_{SR} = I_d s(t)$ $u_{AP} = I_d L_N \delta(t)$	ohne Kompensation
$L_T+0{,}5\,L_d$, JL, L_N, C	$i_C(t) = I_d \cos \omega_p t$ $u_{AP}(t) = \dfrac{I_d}{\omega_p C} \sin \omega_p t$	Kondensatorkompensation $\omega_p^2 = \dfrac{1}{L_N C}$ für $L_d \to \infty$
$L_T+0{,}5\,L_d$, JL, L_N, L_S, C_S	$i_S = \dfrac{I_d L_N}{(L_N + L_S)} \cos \omega_p t$ $u_{AP} = \dfrac{I_d \omega_p L_N L_S}{(L_N + L_S)} \sin \omega_p t + \dfrac{I_d L_N L_S}{(L_N + L_S)} \delta(t)$	$\omega_p^2 = \dfrac{1}{(L_N + L_S)_C}$ für $L_d \to \infty$ Saugkreiskompensation

2.3.3. *Oberschwingungsersatzschaltbilder*

Im stationären Betrieb des linearen dreiphasigen Systems Netz – Stromrichter – Verbraucher auftretende Verzerrungen der Zustandsgrößen können durch Zerlegung der Zeitfunktionen nach Fourier in ein diskretes Spektrum beschrieben werden. Aus Symmetriegründen enthalten diese Spektren nur die sogenannten charakteristischen Harmonischen des Stromrichters mit den Ordnungszahlen

$$\nu \begin{array}{l} \rightarrow 5 \quad 11 \quad 17 \quad 23 \quad 29 \quad 35 \quad 41 \quad 47 \\ \rightarrow 7 \quad 13 \quad 19 \quad 25 \quad 31 \quad 37 \quad 43 \quad 49 \end{array}$$

wobei die Harmonischen der oberen Zeile ein Gegensystem und die der unteren Zeile ein Mitsystem bilden. Diese Art der Beschreibung ist so alt wie die Stromrichtertechnik selbst und gehört daher zum klassischen Instrumentarium der damit beschäftigten Ingenieure. Im Normalfall werden die Aussagen auf das Amplitudenspektrum beschränkt, zumal auch in die spektral orientierten Kenngrößen der Elektroenergiequalität und Netzrückwirkung (vgl. Abschnitt 1.2.3.) keine Phaseninformation eingeht. Die für die spektrale Analyse typischer Kurvenverläufe notwendigen Beziehungen wurden in Tabelle 2.6 zusammengefaßt (vgl. auch [1.6]).

Die klassischen Darstellungen des netzseitigen Verhaltens des Stromrichterabzweigs gehen davon aus, daß der Kommutierungsvorgang unverzweigt abläuft. Das Spektrum des Netzstroms kann dann in Abhängigkeit von Steuerwinkel α und Kommutierungsinduktivität $L_K = L_N + L_T$ als eine unveränderliche Größe betrachtet werden. Da in ähnlicher Weise wie bei den Zustandsersatzschaltbildern im Normalfall mit idealer Glättung gerechnet werden soll, wird mit $L_d \rightarrow \infty$ ein unendlicher Innenwiderstand des Stromrichters konstatiert und als Ersatzschaltung die Superposition von Stromquellen mit unterschiedlicher Frequenz eingeführt. Bild 2.16 zeigt das Oberschwingungsersatzschaltbild und das Grundschwingungsersatzschaltbild für eine Bild 2.11 entsprechende Struktur. Wird für die Amplituden der Stromharmonischen der Wert des Spektrums für unverzweigte Kommutierung eingesetzt, wie er z. B. aus der IEC-Publ. 146 [2.13] oder der TGL 200-0608 [2.14] entnommen werden kann, so bedeutet das eine Öffnung des im Abschnitt 2.2. erläuterten energetischen

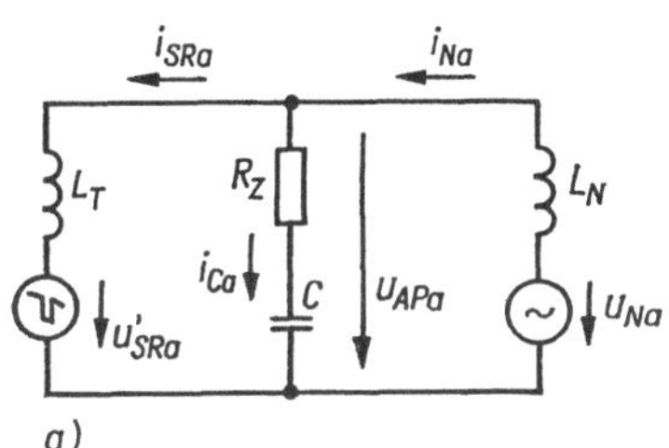

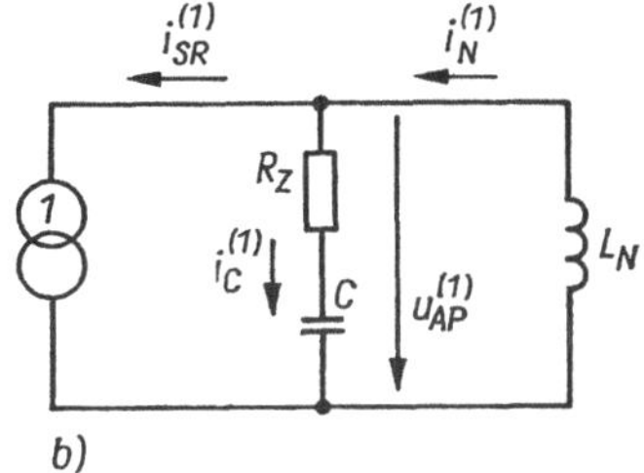

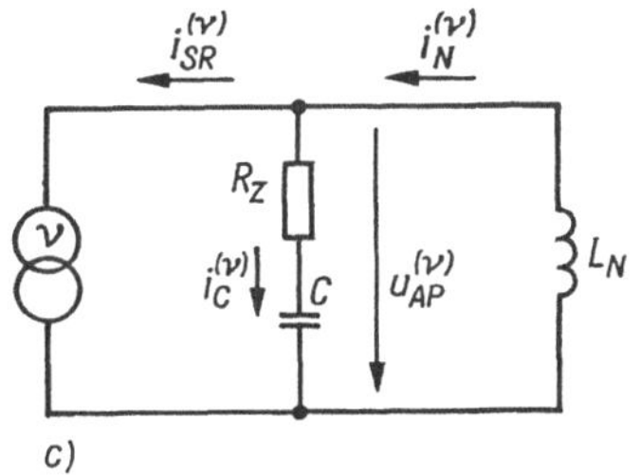

Bild 2.16. Ableitung der Oberschwingungsersatzschaltbilder aus dem Ersatzschaltbild der Anschlußstruktur

a) Struktur entsprechend Bild 2.5
b) Ersatzschaltbild für Grundschwingung
c) Ersatzschaltbild für Harmonische

Tabelle 2.6. Zusammenstellung der FOURIER-Analysenergebnisse für typische Stromrichterzeitfunktionen

Verlauf — **Mathematische Beschreibung**

Stromrichterstrom ($\mu = 0$)

$$i(t) = \begin{cases} -I_d \text{ für } -\frac{5}{6}\pi < \omega_N t < \frac{1}{6}\pi;\ \frac{7}{6}\pi < \omega_N t < \frac{11}{6}\pi \ldots \\ 0 \text{ für } -\frac{1}{6}\pi < \omega_N t < \frac{1}{6}\pi \\ +I_d \text{ für } +\frac{1}{6}\pi < \omega_N t < \frac{5}{6}\pi \ldots \end{cases}$$

$$i(t) = \frac{4I_d}{\pi} \sum_{\nu = 2k+1}^{\infty} \frac{1}{\nu} \cos \nu \frac{\pi}{6} \sin \nu\omega_N t$$

$$k = 0, 1, 2, \ldots$$

Stromrichterstrom ($\mu \neq 0$)

$$i(t) = \frac{4I_d}{\pi\mu} \sum_{\nu = 2k+1}^{\infty} \frac{\sin \nu\left(\frac{\pi}{6} + \mu\right) - \sin \nu \frac{\pi}{6}}{\nu^2} \sin \nu\omega_N t$$

$$k = 0, 1, 2, \ldots$$

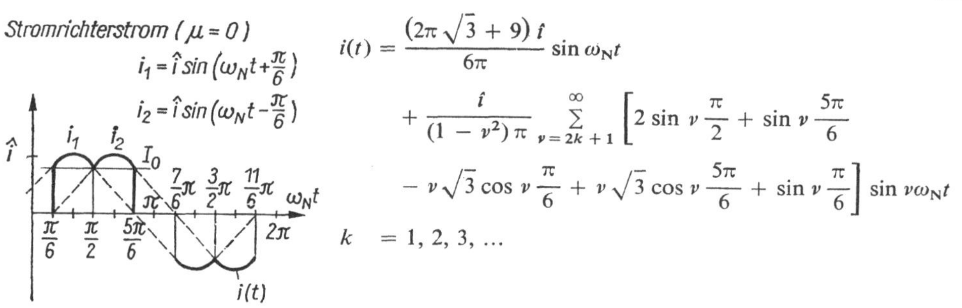

$$i(t) = \frac{(2\pi\sqrt{3} + 9)\,\hat{\imath}}{6\pi} \sin \omega_N t$$

$$+ \frac{\hat{\imath}}{(1 - \nu^2)\pi} \sum_{\nu = 2k+1}^{\infty} \left[2 \sin \nu \frac{\pi}{2} + \sin \nu \frac{5\pi}{6} - \nu\sqrt{3} \cos \nu \frac{\pi}{6} + \nu\sqrt{3} \cos \nu \frac{5\pi}{6} + \sin \nu \frac{\pi}{6}\right] \sin \nu\omega_N t$$

$$k = 1, 2, 3, \ldots$$

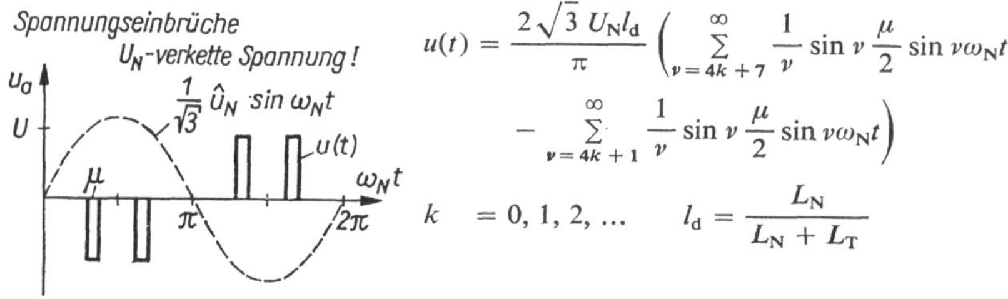

$$u(t) = \frac{2\sqrt{3}\, U_N l_d}{\pi} \left(\sum_{\nu = 4k+7}^{\infty} \frac{1}{\nu} \sin \nu \frac{\mu}{2} \sin \nu\omega_N t - \sum_{\nu = 4k+1}^{\infty} \frac{1}{\nu} \sin \nu \frac{\mu}{2} \sin \nu\omega_N t \right)$$

$$k = 0, 1, 2, \ldots \qquad l_d = \frac{L_N}{L_N + L_T}$$

Tabelle 2.6 (Fortsetzung)

Zahlenbeispiele	ν	1	5	7	11	13	17	19
a)	$\hat{\imath}^{\nu}/I_d$	1,103	−0,221	−0,158	+0,100	+0,085	−0,065	−0,058
b) $\mu = 10°$	$\hat{\imath}^{\nu}/I_d$	1,042	−0,246	−0,072	−0,090	−0,007	−0,029	+0,023
c) $I_d = I_0 + 0{,}09\hat{\imath}$	$\hat{\imath}^{\nu}/\hat{\imath}$	1,055	−0,239	−0,120	+0,095	+ 0,068	−0,060	−0,037
d) $\mu = 10°$, $I_d = 1$	$\hat{u}_a^{(\nu)} \Big/ \frac{\sqrt{2}}{\sqrt{3}} U_N$	−0,118	−0,114	+0,111	+0,101	−0,094	−0,079	+0,071

Ordnungszahlen charakteristischer Stromrichter harmonischer

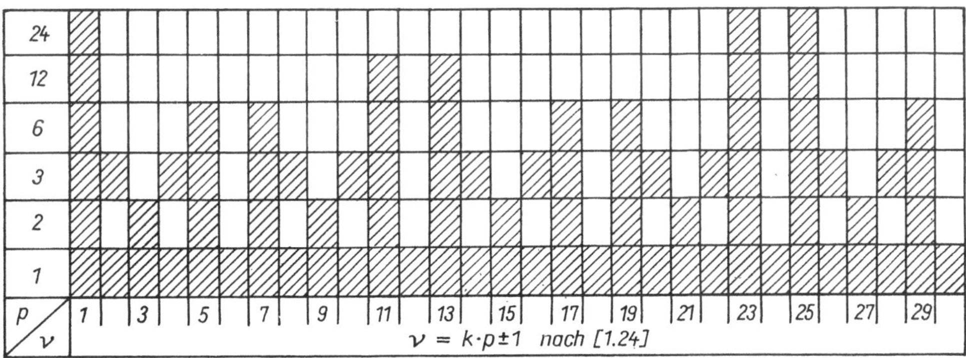

Wirkungskreises und damit eine Näherung. Aus dem geschlossenen Wirkungskreis wird eine offene Struktur, bei der die Stromharmonischen als Ursache für zu berechnende Wirkungen in anderen Zweigen angesetzt werden. Die Näherung wird vor allem dann recht ungünstig sein, wenn sich durch Parallelresonanz im belastenden Zweipol hohe Impedanzwerte ergeben. In diesem Fall wird der Stromrichter über Änderung der Kurvenform und damit des Spektrums reagieren und nicht als Konstantstromquelle wirksam sein.

Oberschwingungsersatzschaltbilder werden zur Berechnung der Ausbreitung von Stromharmonischen in die an der Anschlußstruktur beteiligten Zweige verwendet. Die Trennung in einfrequente Vorgänge ermöglicht eine Anwendung bekannter Verfahren der Wechselstromlehre [1.18]. Von besonderem Vorteil ist die Möglichkeit, frequenzabhängige Parameter einführen zu können. So kann z. B. der Stromverdrängungseffekt in Leitern oder Wicklungen als Frequenzabhängigkeit des ohmschen Widerstands formuliert werden [2.15].

Als Nachteil der Zerlegung in Harmonische muß angeführt werden, daß die Anschaulichkeit gegenüber der Methode der Zustandsersatzschaltbilder geringer ist. Es gelingt meist nicht, aus den vorhandenen Aussagen auf die Kurvenform zu schließen, da die Phaseninformation fehlt oder nur mit hohem Aufwand zu berechnen ist. Auch die spektrale Messung ist stets aufwendiger als die Aufnahme von Zeitfunktionen. Als Möglichkeit zur Verbesserung des Oberschwingungsersatzschaltbildes besteht der Weg, endliche Innenwiderstände für die Stromquellen einzuführen. Mit der experimentellen Ermittlung solcher verbesserten Modelle befaßt sich RUMPEL [2.16], der die spektrale Darstellung der Stromrichterwirkungen auf einem Netzanalysator nachbildet. Die Anwendung der Zustandsbeschreibung wird hierfür jedoch günstigere Möglichkeiten bieten, wie im Abschnitt 2.5.3. gezeigt werden wird.

2.3.4. *Näherungsrechnung Stromrichter – Saugkreis – Netz*

In diesem Abschnitt sollen die Zustands- und Oberschwingungsersatzschaltbilder auf ein gleiches Zahlenbeispiel angewendet werden, um anschaulich Aufwand, Aussagekraft und Grenzen der beideen behandelten Verfahren aufzuzeigen. Zuvor wird mit Tabelle 2.7 der qualitative Vergleich der Verfahren durchgeführt.
Im Beispiel werden die gleichen Daten benutzt, wie sie Bild 2.12 zugrunde liegen. Dadurch besteht die Möglichkeit des quantitativen Vergleichs von Parallelkompensation und Saugkreiseinsatz. Die Anschlußstruktur kann in den nachfolgenden Abschnitten mit gleichen

Tabelle 2.7. Vergleich manueller Näherungsverfahren

	Zustandsanalyse	Frequenzanalyse
manuelle Näherungslösung für stationären Betrieb durch	Zustandsersatzschaltbilder	Oberschwingungsersatzschaltbilder
Prinzip	Zerlegung in grundfrequenten Anteil und Ausgleichsvorgänge Kommutierung: L_T, $u^{(\sqcap)}$ Konstantstrom: $L_T + \frac{L_d}{2}$, $u^{(\sqcap\sqcup)}$, L_N, L_{SK}, C_{SK}, C_{PK}	Zerlegung in Harmonische $i^{(1)}$, $i^{(\nu)}$, L_N, L_{SK}, C_{SK}, C_{PK}
math. Basis	Systemanalyse	symbolische Methode
Vorteile	• physikalisch anschaulich • Grundlage für Simulation • meßtechnisch gut prüfbar	• weitgehend bekannt • frequenzabhängige Parameter möglich
Nachteile	• Wirkungskreis offen • keine frequenzabhängigen Parameter möglich	• Wirkungskreis offen • physikalisch wenig anschaulich • hoher meßtechnischer Aufwand
Anwendung bevorzugt für	Abschätzung der Größe von Ausgleichsvorgängen	Abschätzung der Ausbreitung von Harmonischen

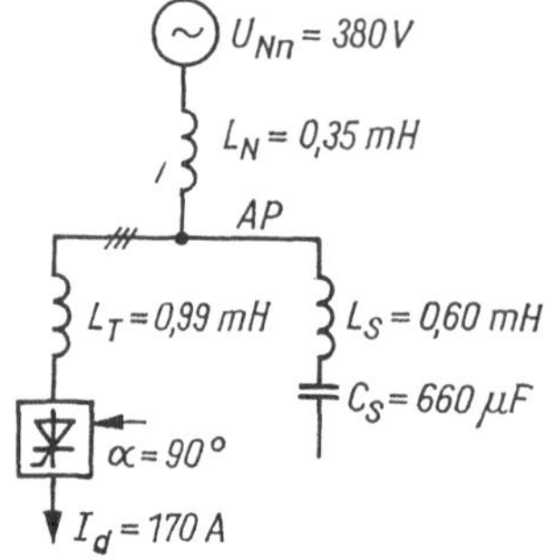

Bild 2.17. Anschlußstruktur Saugkreiskompensation (Zahlenbeispiel Modellanlage)

Daten simuliert werden und ist als Laboranlage vorhanden, so daß auch Vergleiche der unterschiedlichen Beschreibungsverfahren anschaulich möglich werden. Für die manuelle Näherungsgrechnung wird grundsätzlich der dämpfende Einfluß ohmscher Widerstände vernachlässigt. Mit erhöhtem Rechenaufwand können Widerstände sowohl in die Zustandsersatzschaltbilder als auch in die Oberschwingungsersatzschaltbilder aufgenommen werden. Die ungedämpften Vorgänge liegen meist erheblich auf der sicheren Seite, trotzdem sind abschätzende Aussagen möglich. Die vollständigen Daten enthält Bild 2.17, das auch die Struktur des Systems zeigt.

1. *Zustandsersatzschaltbilder*

Mit den Daten von Bild 2.17 ergibt sich ohne Saugkreiskompensation eine Kommutierungsdauer von 0,85 ms nach Gl. (2.22).
Die Kommutierungsdauer wird durch die verzweigte Kommutierung auf 0,77 ms verkürzt (vgl. Tabelle 2.4). Für diese Zeit gilt

$$i_{SR}^{(\lrcorner\!\ulcorner)} = 219{,}9\,\frac{\mathrm{A}}{\mathrm{ms}} \cdot t \tag{2.52}$$

$$u_{AP}^{(\lrcorner\!\ulcorner)} = 49{,}17\ \mathrm{V} \cdot s(t) \tag{2.53}$$

so daß sich der Kommutierungseinbruch sowohl in der Breite als auch in der Tiefe gegenüber dem unkompensierten Fall verringert. Der Kondensatorstrom ist Teil einer Sinuskurve mit der Kreisfrequenz $4{,}23\omega_N$.

$$i_c^{(\lrcorner\!\ulcorner)} = 64{,}7\ \mathrm{A} \sin 4{,}23\omega_N t \tag{2.54}$$

Während der Konstantstromphase besteht eine Schwingung mit der Kreisfrequenz $\omega_p = 4{,}02\omega_N$

$$i_{SR}^{(\lrcorner\llcorner)} = I_d s(t) \tag{2.55}$$

$$u_{AP}^{(\lrcorner\llcorner)} = 47{,}5\ \mathrm{V} \sin 4{,}02\omega_N t \tag{2.56}$$

$$i_c^{(\lrcorner\llcorner)} = 62{,}2\ \mathrm{A} \cos 4{,}02\omega_N t \tag{2.57}$$

Die Überlagerung dieser Verläufe mit den Grundschwingungen

$$u_{AP}^{(1)} = 310{,}3\ \mathrm{V} \sin(\omega_N t + 120°) \tag{2.58}$$

$$i_c^{(1)} = 64{,}3\ \mathrm{A} \sin(\omega_N t + 210°) \tag{2.59}$$

ist im Bild 2.18 dargestellt. Bei einem Vergleich mit Bild 2.12 fällt die erheblich geringere Amplitude der Ausgleichsvorgänge in der Konstantstromphase auf, die zu einer geringeren thermischen Beanspruchung des Saugkreiskondensators (Stromteilung zwischen L_N und L_S) gegenüber dem Parallelkondensator führt. Erkauft wird diese Wirkung mit dem geringeren Abbau der Kommutierungseinbrüche während der Kommutierungsphase.

2. *Oberschwingungsersatzschaltbild*

Zur Bestimmung der Effektivwerte der Stromharmonischen wurden die Diagramme der IEC-Publikation 146 [2.13] benutzt. Dazu wurden der Steuerwinkel 90° und der relative Gleichspannungsabfall der Drehstrombrückenschaltung benötigt. Wird bei der Kommutierungsinduktivität die Wirkung des Saugkreises auf die Kommutierung gleich eingerechnet, so gilt

$$d_x = 0{,}5\,\frac{\sqrt{2} I_d \omega_N (L_N \| L_S + L_T)}{U_{Nn}} \tag{2.60}$$

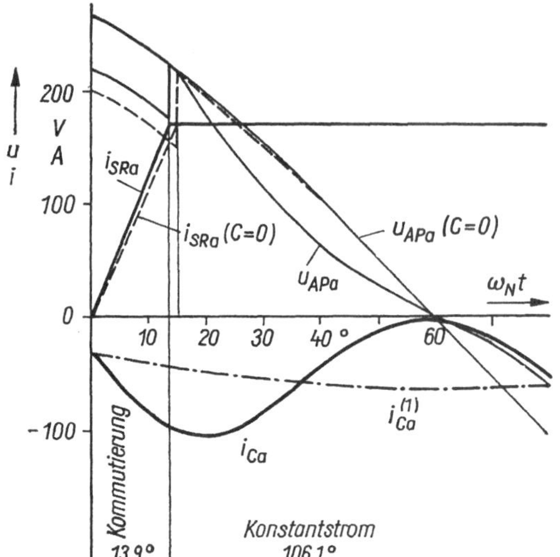

Bild 2.18. Ergebnis der manuellen Näherungsrechnung mit Hilfe der Zustandsersatzschaltbilder und Bild 2.11 für Struktur nach Bild 2.17

—— zusammengesetzter Vorgang
–.– Grundschwingungsanteil
--- Vorgang ohne Kompensation

und als Zahlenwert ergibt sich $d_x = 12\%$. Die Strompegel enthält Tabelle 2.8.

Die Berechnung der Stromausbreitung geschieht mit Hilfe der Stromteilerregel. Es ergeben sich reelle Ausdrücke für Kondensator- und Netzstrom.

$$\frac{I_C^{(\nu)}}{I_{SR}^{(\nu)}} = \frac{L_N}{L_N + L_S} \frac{1}{1 - \frac{\nu_p^2}{\nu^2}} \tag{2.61}$$

$$\frac{I_N^{(\nu)}}{I_{SR}^{(\nu)}} = \frac{L_s}{L_N + L_S} \frac{1 - \frac{\nu_S^2}{\nu^2}}{1 - \frac{\nu_p^2}{\nu^2}} \tag{2.62}$$

Die Spannungspegel berechnen sich nach der Beziehung

$$U_{AP}^{(\nu)} = \nu \omega_N L_N I_N^{(\nu)} \tag{2.63}$$

Die numerische Auswertung ist ebenfalls in Tabelle 2.8 enthalten.

Tabelle 2.8. Beispiel Saugkreiskompensation, Ergebnisse der Frequenzanalyse

ν	1	5	7	11	13	17	19	23	25	Maßeinheit
$I_{SR}^{(\nu)}$	132,5	24,9	16,7	8,9	6,5	3,3	2,3	0,7	0,1	A
$I_c^{(\nu)}$	48,7	25,9	9,2	3,8	2,6	1,3	0,9	0,3	0,05	A
$I_N^{(\nu)}$	83,8	−1,0	7,5	5,1	3,9	2,0	1,4	0,4	0,05	A
$U_{APa}^{(\nu)}$	210,8	−0,6	4,1	6,2	5,5	3,8	2,9	1,0	0,2	V

$U_{APa} = 211{,}1$ V $U_{Na} = 220$ V $k_{AP}^{u(n<25)} = 5{,}0\%$ $I_d = 170$ A
$k_{AP}^{u(11)} = 2{,}9\%$ $\alpha = 90°$
$I_c = 56{,}1$ A $\hat{\imath}_c = 1{,}17$ $d_x = 12\%$

2.4. Simulationsverfahren

2.4.1. Übersicht

Im Abschnitt 2.2.2. war herausgearbeitet worden, daß sich Anschlußstrukturen mit Stromrichtern durch direkte Zustandsbeschreibung vorteilhaft mathematisch modellieren lassen. Die Lösung der Zustandsdifferentialgleichung [2.7], d. h., das Gewinnen von stationären und dynamischen Zeitverläufen im Betrieb und bei Havarien, wird als Simulation bezeichnet. Die notwendigen Integrationen der Zustandsgrößen können entweder elektronisch, möglichst im Echtzeitbetrieb durch die parallel verfügbaren Integratoren eines Analogrechners oder numerisch seriell mit einem Digitalrechner ausgeführt werden [2.9], [2.17]. Beide Rechnerarten sind mit sehr unterschiedlichem Leistungsvermögen verbreitet, wobei in den letzten Jahren dialogfähige Kleinrechner oder Bildschirmterminals von Großrechnern an vielen Ingenieurarbeitsplätzen eingeführt wurden [2.18].
Während Anschlußstrukturen mit mehreren Anschlußpunkten, einem umfangreichen Netzausschnitt bei genauer Betrachtung bis zu einigen Hundert Zustandsgrößen aufweisen können und der Simulation praktisch noch nicht zugänglich sind, können Grundstrukturen bei unterschiedlicher Approximationsgüte in vielen Fällen auch auf Kleinrechnern bearbeitet werden. Eine Übersicht gibt Tabelle 2.9, wobei sich aus der Spalte Zugriff die Aufgabengebiete der Simulation ableiten lassen:

- Grundlagenuntersuchung der Wechselwirkungen zwischen Stromrichter, Netz und Verbrauchern
- Schaffung von allgemeingültigen Projektierungsdiagrammen durch systematische Simulation häufig vorkommender Anschlußstrukturen
- Dialogprojektierung von Anschlußstrukturen

Tabelle 2.9. Zuordnung von Simulationstechnik

Ordnung	Simulation mit ...	Zugriff hat in der Regel ...
<20	Bürocomputer, Kleinrechner	Projektant, Entwickler, Betreiber
	Analogrechner	Entwickler, Forscher
20 ... 40	schneller Großrechner	Entwickler, Forscher
>40	Hybridrechner, Multiprozessorrechner, Modellsimulation (Netzanalysator)	Forscher

Der Gedanke der Abrüstung des Systems ist am Beispiel der Grundstruktur Netz – Stromrichter – Parallelkondensator im Bild 2.19 zu verfolgen. Während in der Approximationsstufe A die inneren Vorgänge in den Ventilzweigen nachgebildet werden und dadurch auch das Verhalten bei Mehrfachkommutierung und nichtidealer Glättung richtig wiedergegeben wird, wird in den Stufen B und C das netzseitige Verhalten des Stromrichters nur pauschal mit dem Modell nach Bild 2.4 beschrieben. Der Einbuße an Aussagekraft steht die Lauffähigkeit auf kleineren Rechnern oder die verkürzte Rechenzeit gegenüber.

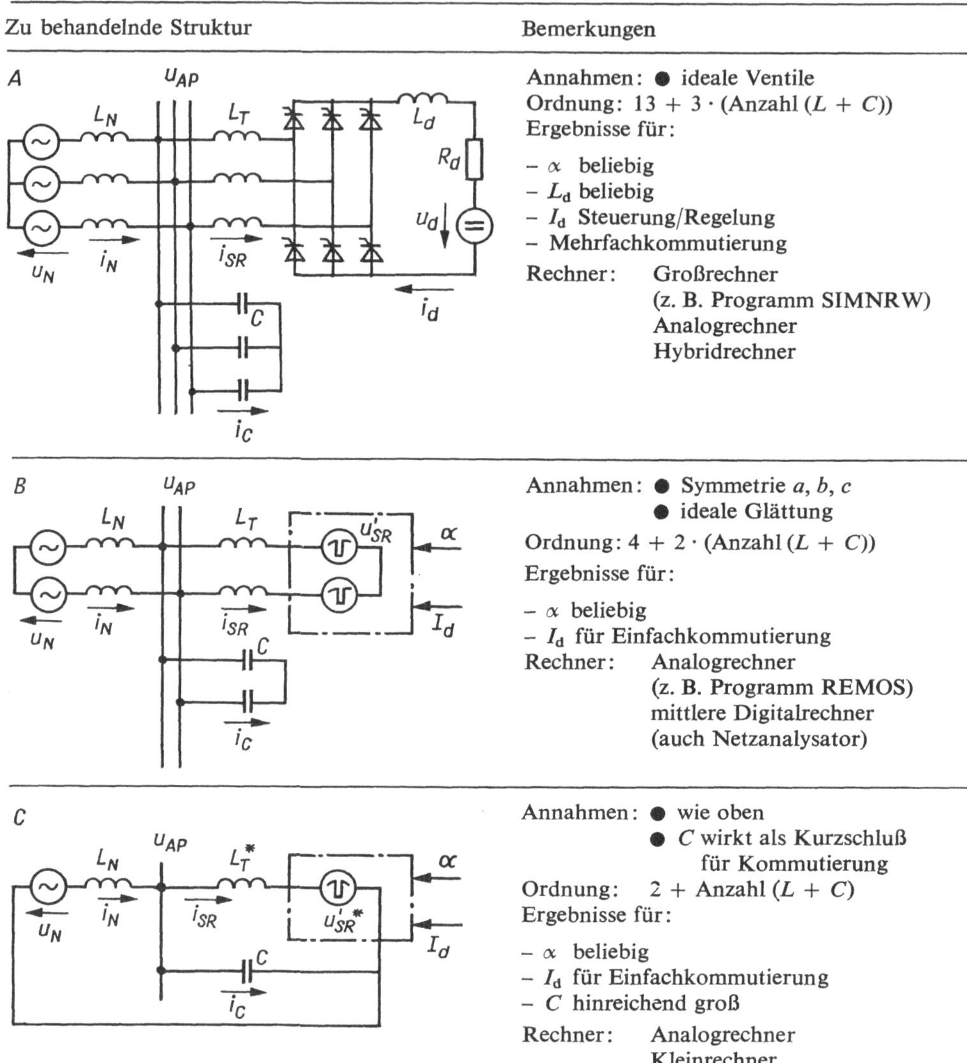

Zu behandelnde Struktur	Bemerkungen
A	Annahmen: ● ideale Ventile Ordnung: 13 + 3 · (Anzahl (L + C)) Ergebnisse für: – α beliebig – L_d beliebig – I_d Steuerung/Regelung – Mehrfachkommutierung Rechner: Großrechner (z. B. Programm SIMNRW) Analogrechner Hybridrechner
B	Annahmen: ● Symmetrie a, b, c ● ideale Glättung Ordnung: 4 + 2 · (Anzahl (L + C)) Ergebnisse für: – α beliebig – I_d für Einfachkommutierung Rechner: Analogrechner (z. B. Programm REMOS) mittlere Digitalrechner (auch Netzanalysator)
C	Annahmen: ● wie oben ● C wirkt als Kurzschluß für Kommutierung Ordnung: 2 + Anzahl (L + C) Ergebnisse für: – α beliebig – I_d für Einfachkommutierung – C hinreichend groß Rechner: Analogrechner Kleinrechner (z. B. Programm BAPSI)

Bild 2.19. Programmierweisen einer Anschlußstruktur (Resistanzen weggelassen!)

Die Entscheidung Analogrechner oder Digitalrechner fällt immer häufiger zugunsten des Digitalrechners aus, was neben subjektiven Gründen wie Verfügbarkeit und Vertrautheit vor allem auf den gewachsenen Komfort bei der Eingabe (bedienfreundlicher Dialogbetrieb über Bildschirm) und verbesserte graphische Ausgabemöglichkeiten zurückzuführen ist. Dadurch ist die Anschaulichkeit der Ergebnisse mit denen des Analogrechners vergleichbar.
Der Analogrechner behauptet vor allem wegen der Möglichkeit der Echtzeitsimulation dort seinen Platz, wo große Variantenzahlen zur Herstellung von Projektierungshilfen gerechnet werden müssen. In den folgenden Abschnitten wird auf beide Techniken eingegangen. Der Einsatz von Hybridrechnern ist dann vorteilhaft, wenn die Integration großer Mengen von

Zustandsgrößen in Echtzeit dem Analogteil übergeben wird und die Einstelloperationen für Struktur sowie Parameter und die Auswertung der Ergebnisse der Digitalteil bearbeitet [2.19].

Auf der Basis Frequenzbeschreibung bestehen ebenfalls umfangreiche Digitalprogramme zur Berechnung der Impedanz-Frequenz-Charakteristik von Netzen [2.20] bis [2.22], wobei Stromrichter als Stromquellen von Harmonischen im geöffneten Wirkungskreis angenommen werden. Eine mögliche Verbesserung der Aussagefähigkeit wird in [2.23] vorgestellt, wobei eine Kombination von Zustands- und Frequenzbeschreibung mit iterativer Arbeitsweise in den stationären Vorgang konvergiert.

2.4.2. *Analoge Zustandssimulation*

Im Mittelpunkt des zu entwickelnden Analogprogramms steht der Stromrichterabzweig, da alle anderen Zweige lineare, analoge, kontinuierliche Elemente enthalten, deren Darstellung auf dem Analogrechner als hinreichend bekannt angenommen werden kann [2.24], [2.25]. Bei konsequenter Verfolgung der Unterprogrammtechnik entsteht ein aus beliebigen Programmbausteinen kombinierbares Gesamtprogramm. Für das Analogprogramm REMOS, das hier beschrieben werden soll, wurden tschechoslowakische Analogrechner MEDA-T eingesetzt, wobei sowohl die langsamen Rechner MEDA 42 TA als auch die schnellen iterativen Rechner MEDA 41 TC zur Anwendung kamen. Letztere Rechner gestatten den Echtzeitbetrieb des Simulationsprogramms.

Bevor auf die Verwirklichung des Unterprogramms Stromrichterabzweig näher eingegangen wird, soll mit Bild 2.20 eine Übersicht über die Struktur des Gesamtprogramms gegeben

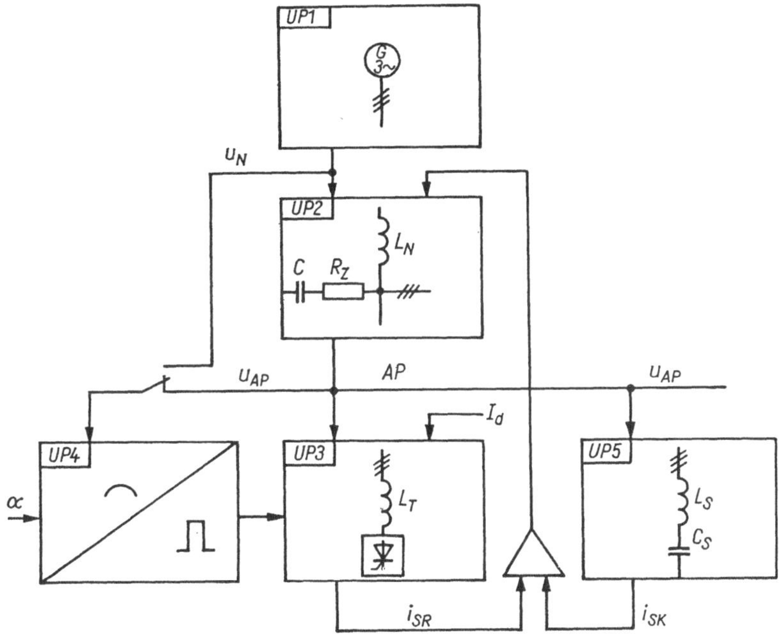

Bild 2.20. Analogprogramm REMOS – Grobstruktur

werden [2.26]. Durch die dem physikalischen Wirkmechanismus angepaßte Zerlegung des Systems entsteht eine Bild 2.5 entsprechende Struktur, nur daß sich hier hinter jedem Block ein Unterprogramm verbirgt. Die im Signalflußbild vorhandenen Wirkungskreise werden im Koppelplan als Verbindungen ausgeführt. Auf die Wirkung des Ansteuerwirkungskreises wird meist verzichtet, indem das Ansteuergerät (UP4) direkt an die unverzerrte Netzspannung angeschlossen wird.

In Abhängigkeit von der Aufgabenstellung sind sehr unterschiedliche Möglichkeiten zur analogen Simulation von Stromrichtern bekanntgeworden [2.27] bis [2.29]. Im vorliegenden Fall ist es wichtig, mit möglichst wenigen Integratoren für die Stromrichternachbildung auszukommen, um möglichst viele andere Speicherelemente des Systems auf dem Rechner unterzubringen. Aus dieser Forderung entstanden die im Bild 2.21 dargestellten Koppelpläne,

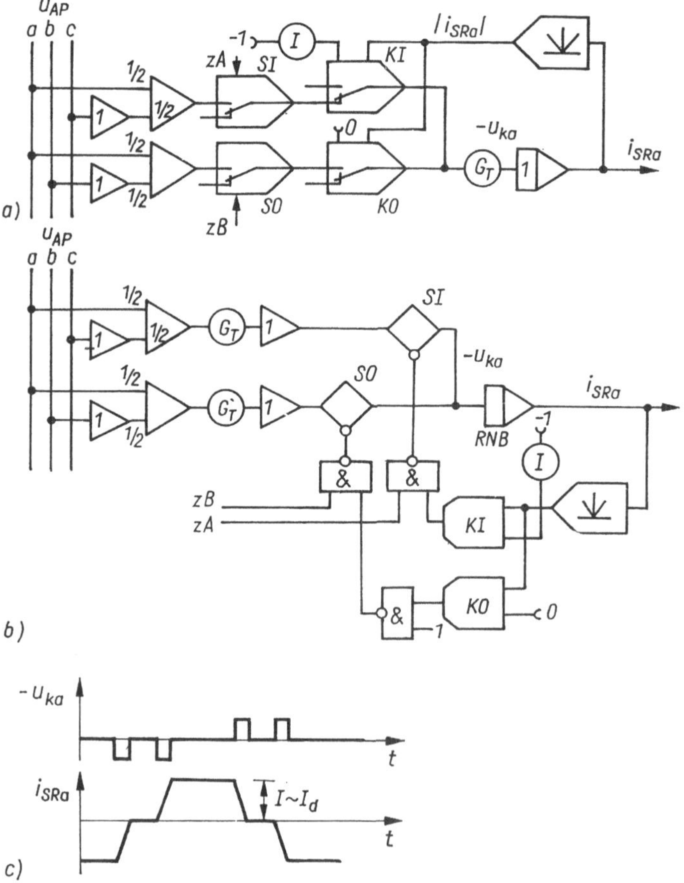

Bild 2.21. Zur Simulation des Stromrichterabzweigs (vgl. Bild 2.4)

SI	Schalter für Aufkommutierung	zA, zB	Steuerimpulse
SO	Schalter für Abkommutierung		$I = I_d/I_{max}$
KI	Komparator für Ende Aufkommutierung		$G_T \rightarrow k_o U_{max}/\lambda I_{max} L_T$
KO	Komparator für Ende Abkommutierung		

a) Koppelplan mit Relaiskomparatoren

b) Koppelplan mit elektronischen Schaltern und Komparatoren

c) Zeitfunktionen u_{ka} und i_{SRa}

die nur einen Integrator für die Abzweiginduktivität benötigen. Der Koppelplan verwirklicht den im Bild 2.4c entwickelten Signalflußplan. Der Unterschied zwischen beiden gezeigten Varianten besteht nur darin, daß beim langsamen Rechner Relaiskomparatoren und beim iterativen Rechner elektronische Schalter und Komparatoren eingesetzt werden. Die als Ausschnitt aus den Anschlußspannungen nach Tabelle 2.3 zu bildende Kommutierungsspannung u_k wird mit Hilfe von *SI* (Aufkommutierung) und *SO* (Abkommutierung) so lange an einen Integrator gelegt, bis der Strom (i_{SR}) den Wert $\pm I_d$ (Aufkommutierung) oder *O* (Abkommutierung) erreicht hat. Zur Erfassung des Kommutierungsendes dienen die Komparatoren *KI* und *KO*. Die Höhe des Gleichstroms ist am Eingang von *KI* einstellbar.
Die Bildung der logischen Signale *zA* und *zB*, die den Beginn eines Kommutierungsvorganges einleiten, wird dem Unterprogramm-Ansteuergerät (UP4) übertragen. Bild 2.22 zeigt, daß hier ebenfalls die spezifischen Möglichkeiten der unterschiedlichen Rechner genutzt werden. Während beim langsamen Rechner das klassische Sägezahnprinzip verwirklicht wird, das

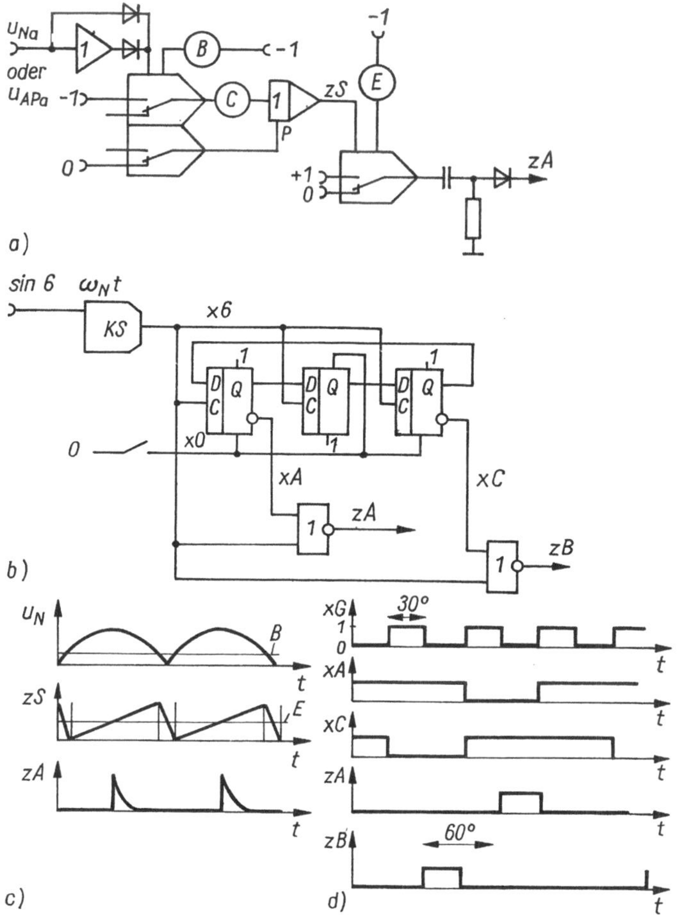

Bild 2.22. Zur Bildung der Steuersignale

a) Sägezahnvariante mit Relaiskomparatoren
b) Schieberegistervariante mit *D*-Triggern und Logik
c) Signaldiagramm für a)
d) Signaldiagramm für b)

auch Untersuchungsmöglichkeiten für die Wirkung von Filterkreisen im Synchronisiereingang u_{APa} bietet, geht die Zündimpulsbildung beim iterativen Rechner von einer Sinusspannung mit sechsfacher Frequenz aus, die, umgewandelt in ein Rechteck, über ein Schieberegister und logische Glieder verteilt wird. Die Kommutierungsdauer ist damit auf 30° beschränkt. Der wesentliche Vorteil dieser Variante ist es, daß keine Integratoren für das Ansteuergerät benötigt werden.

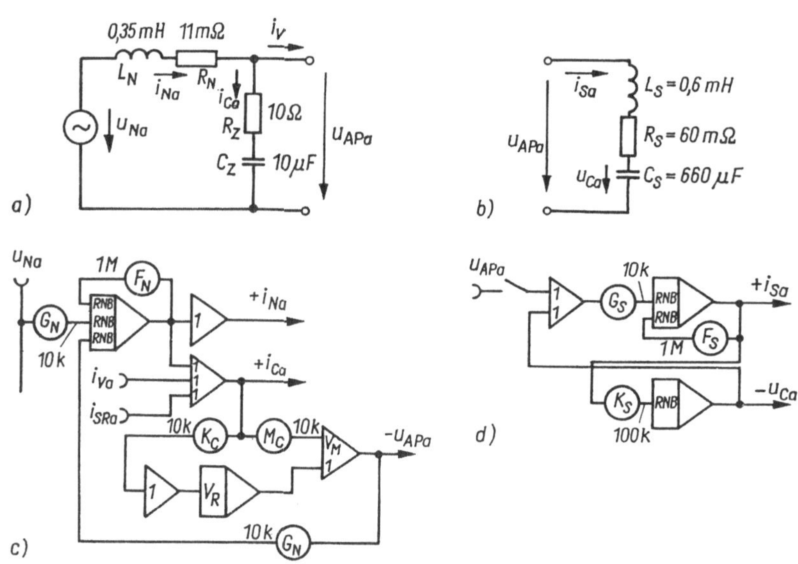

Pot.-Nr.	Größe	Gleichung	Wert	Bemerkungen
P42	G_N	$G_N = \frac{k_0 U_{max}}{\lambda I_{max} L_N}$	0,592 · 100 (10k)	$k_0 = 10\,ms, \lambda = 1$ $U_{max} = 622\,V$
P51	F_N	$F_N = \frac{k_0 \omega_N}{\lambda} \left(\frac{r}{x}\right)_N$	0,314 (1M)	$I_{max} = 300\,A$
P63	K_C	$K_C = \frac{k_0 I_{max}}{\lambda U_{max} C_Z}$	0,965 · 500	$V_R = 500$
P43	M_C	$M_C = \frac{I_{max} R_Z}{U_{max}}$	0,965 · 10	$V_M = 10$
P11	G_S	$G_S = \frac{k_0 U_{max}}{\lambda I_{max} L_S}$	0,346 · 100 (10k)	$\nu = 5{,}06$
P52	F_S	$F_S = \frac{k_0 R_S}{\lambda L_S}$	1,000 (1M)	$G_S K_S = \frac{k_0^2 \nu^2 \omega_N^2}{\lambda^2}$
P21	K_S	$K_S = \frac{k_0 I_{max}}{\lambda U_{max} G_S}$	0,731 · 10 (100k)	

e)

Bild 2.23. Simulation von Netzzweig und Saugkreis

a) Ersatzschaltbild Netzzweig
b) Ersatzschaltbild Saugkreis
c) Koppelplan für a)
d) Koppelplan für b)
e) Liste der Einstellwerte

Bei der Zusammenschaltung der Unterprogramme ist die Nachbildung des Anschlußpunkts besonders interessant. Eine Möglichkeit zur Bildung der Strangspannung u_{APa} zeigt Bild 2.23. Um ein arbeitsfähiges Programm zu ermöglichen, wird die Struktur nach Bild 2.8 programmiert, bei der ein *RC*-Glied parallel am Anschlußpunkt fest eingeschaltet bleibt. Bild 2.23e stellt die zur Einstellung der Koeffizienten stets notwendige Parameterliste für das Beispiel $U_{Na} = 220$ V, $U_{max} = 622$ V, $I_{max} = 300$ A, $L_N = 0{,}35$ mH, $C = 10\,\mu$F und $R_Z = 2\,\Omega$; $k_0 = 0{,}01$ s und $\lambda = 1$ dar. Mit diesen Werten entspricht der *RC*-Zweig etwa dem Verhalten der Trägerstaueffektbeschaltung der Ventile und kann in seinem Einfluß vernachlässigt werden.

Der Parallelbetrieb weiterer Verbraucher oder Stromrichter ist jetzt ohne weiteres möglich [2.30]. Eine andere Programmvariante umgeht das *RC*-Glied, indem mit Hilfe offener Verstärker in impliziter Programmierung gearbeitet wird [2.26].

Wegen der Verknüpfung der Kommutierungsspannungen aus zwei Strängen der Anschlußspannung ist es erforderlich, das gesamte Programm zweisträngig (falls Gl. (2.1) gilt) oder dreisträngig aufzubauen. Damit steigt der Bedarf an Integratoren stark an. Mit der Voraussetzung, daß alle in der Struktur vorkommenden Kapazitäten während der Kommutierung als Kurzschluß wirken (vgl. Abschnitt 2.3.2.), kann eine nur einsträngige Simulation vorgenommen werden. Es ist dann möglich, die Kommutierungsspannung aus zwei Strängen der ohnehin dreisträngig vorhandenen Netzspannung u_N zu bilden und dafür eine Abzweiginduktivität einzusetzen, die bei Parallelkompensation L_T und bei Saugkreiseinsatz $L_T + L_N/L_S$ entspricht. Die Anschlußspannung wird in gleicher Weise wie bisher gebildet.

Mit dem vorgestellten Programm wurden sehr umfangreiche Nutzrechnungen durchgeführt.

Bild 2.24. Arbeit am Echtzeitsimulationsprogramm
(*Foto:* H. W. Sütterlin – Bildjournalist VDJ-Dresden)

Die meisten der in den nachfolgenden Abschnitten angegebenen Projektierungshilfsmittel sind mit seiner Hilfe entstanden. Einen Eindruck vom Programmaufbau vermittelt Bild 2.24, das die Echtzeitvariante zeigt. Als Auswertegeräte dienen hier Effektivwertmeßgeräte, Bildschirme und Meßgeräte für Kenngrößen der Netzrückwirkungen. Da Simulationsergebnisse in allen Abschnitten zur Illustration verwendet werden, kann an dieser Stelle auf ein Demonstrationsbeispiel verzichtet werden.

2.4.3. Vereinfachte digitale Zustandssimulation

Zur unmittelbaren Dialogprojektierung von häufig wiederkehrenden Anschlußkonfigurationen mit Stromrichter wurde die im Bild 2.19 gezeigte einsträngige Variante der Stromrichterprogrammierung für den Bürocomputer Robotron A5120 in der Programmiersprache BASIC aufbereitet und als Programm BAPSI an einer Reihe von Strukturen erfolgreich getestet [2.31]. Kernstück des Programms ist eine auf ganzzahlige Winkelschritte zugeschnittene RUNGE-KUTTA-Prozedur zur Integration der Zustandsgleichungen, die vertretbare Rechenzeiten für die quasistationäre Simulation von zwei bis zwölf Minuten je Arbeitspunkt je nach Strukturumfang ermöglicht. Der Verlauf des Stromrichterstroms wird in Abhängigkeit von den Anschlußbedingungen unter der Annahme während der Kommutierung als Kurzschluß wirkender Kapazitäten näherungsweise berechnet und abgespeichert. Bild 2.25

UP0 DIALOGEINGABE
- Menütabellen Stromrichterart
  Art der Anschlußstruktur
- Dateneingabe Struktur/Arbeitspunkt

UP1,1 ... 1,8 STRUKTURVORBEREITUNG
- Aufbau der Felder für i_{SR}
- Aufbau der Felder für Struktur

UP2 INTEGRATION UND ANALYSE
- Integration der Zustandsgrößen
- Auswertung der Netzrückwirkungen

UP3 AUSGABE
- Protokolldruck Verzerrung/Beanspruchung
- Kurvendruck

Bild 2.25. Struktur Dialogsimulationsprogramm BAPSI

zeigt den wegen des begrenzten Hauptspeicherumfangs segmentierten Aufbau des Programms. Besonderer Wert wurde auf Bedienfreundlichkeit gelegt, die durch Menütabellen und umfangreiche Textaufschriften erreicht wird. Als Stromrichterarten sind zugelassen:

- zweipulsige halb- und vollgesteuerte Stromrichter
- sechspulsige Stromrichter mit Stern/Stern-Trafo oder ohne Trafo
- sechspulsige Stromrichter mit Stern/Dreieck-Trafo
- zwölfpulsige Stromrichter

Als Strukturarten werden angeboten:

- ohne Kompensation
- mit Kondensatorkompensation
- mit Saugkreiskompensation (1 bis 4 Saugkreise)
- mit Stromresonanzanordnung

Der Gleichstrom muß so aus einer angebotenen Tabelle ausgewählt werden, daß sich ein ganzzahliger Kommutierungswinkel ergibt. Der Steuerwinkel ist von Null bis 150 Grad beliebig einzugeben. Zur Eingabe der Struktur dienen die im Abschnitt 3.1. definierten normierten Kenngrößen.
Simulationsergebnisse werden in den Abschnitten 6. und 7. zur Illustration verwendet, so daß hier auf Beispiele verzichtet wird. Eine Wiedergabe von Programmtexten oder Protokolldrucken ist im vorgegebenen Rahmen nicht möglich.

2.4.4. *Digitale Netzwerksimulation*

Das Gegenstück zu den bisher vorgestellten Simulationsprogrammen mit idealer Glättung bildet das Programm SIMNRW von Siebert, das die Eigenschaften der Ventilzweige und des Gleichstromkreises berücksichtigt [2.5], [2.6].
Das Programm beruht auf dem von Vökler [2.32] bis [2.34] entwickelten allgemeinen Simulationsprogramm für Stromrichtersysteme. Der modulare Aufbau und der hohe Eingabekomfort ließen die Anwendung sinnvoll erscheinen. Es wurde vor allem dahingehend erweitert, daß

- bis zu 80 Zweigen im Programm zugelassen wurden
- bis zu fünf Stromrichtern mit unabhängigen Steuerimpulsen versorgt werden können

Tabelle 2.10. Programmierbare Elemente des digitalen Simulationsprogramms SIMNRW

Element	Mögliche Teilelemente	Erläuterung
Normalzweig	Widerstand Induktivität Kapazität Spannungsquelle	magnetische Kopplung mehrerer Zweige, stromabhängige Induktivität in einem Zweig ist möglich
Thyristorzweig	Thyristor mit Haltestrom, Schleusenspannung und Bahnwiderstand Zweiginduktivität	Schalter mit verschiedenem *R–L* für Sperr- und Durchlaßzustand, Impulssteuerung
Diodenzweig	wie Thyristorzweig	permanenter Steuerimpuls
Ansteuergerät	2×6 Steuerimpulse mit $60°$ Nachimpuls	Synchronisation auf Spannungsquelle in Normalzweigen
Harmonische Analyse	maximal 3 Zweiggrößen	
Stromregelung	–	Berechnung der Gegenspannung für Sollstrom, Iteration
Tabellendruck	Spannungen Ströme di/dt	maximal 22 Zweiggrößen mit vorgegebener Druckschrittweite

- eine Iterationsschleife zur Einstellung des geforderten Gleichstroms besteht
- Auswertungsprogramme die Berechnung von Kenngrößen der Netzrückwirkung ermöglichen.

Eine Übersicht über die möglichen programmierbaren Elemente enthält Tabelle 2.10.

Im Programmaufbau können drei große Teile erkannt werden. Im ersten Teil werden, angekündigt durch spezielle Steuerkarten, alle benötigten Daten in den Rechner übernommen. Dazu zählen die Elemente der Schaltung, die Strukturmatrix, die Anfangswerte sowie Angaben über die auszuführenden Rechnungen und den Ergebnisdruck. Im zweiten Teil erfolgt die Integration der Zustandsgrößen mit dem Ergebnisdruck in der geforderten Druckschrittweite als Tabelle oder Kurve. Der dritte Teil enthält die Weiterverarbeitung der Zeitverläufe zu Kenngrößen, beispielsweise über die harmonische Analyse. Als Beispiel für ein Simulationsergebnis kann auf Bild 2.2 verwiesen werden.

Als ein weiteres Beispiel dient Bild 2.26, das zeigt, daß auch hier im Grenzfall mit idealer Glättung gearbeitet werden kann.

Netzwerkanalyseprogramme dieser Art sind auch in der Literatur mehrfach beschrieben worden [2.35] bis [2.37].

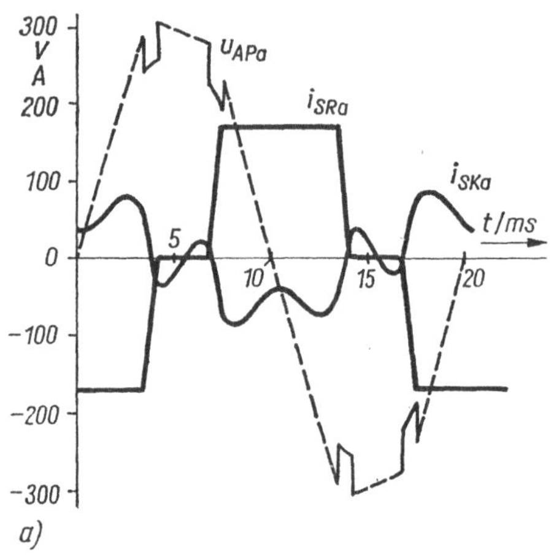

Bild 2.26. Vergleich Simulation – Messung

$\alpha = 90°$ $s_C = 2\%$
$s_d = 6\%$ $\nu = 5$
$l_d = 0{,}26$ $\varrho_{SK} = 16$

a) Ergebnis der Digitalsimulation

$k_{AP}{}^{u} = 5{,}7\%$ $k_{AP}{}^{u(7)} = 2{,}7\%$
$k_{AP}{}^{u(5)} = 1{,}0\%$

b) Messung an der Modellanlage

$k_{AP}{}^{u} = 5{,}7\%$ $k_{AP}{}^{u(7)} = 2{,}6\%$
$k_{AP}{}^{u(5)} = 0{,}8\%$

2.5. Modellverfahren

2.5.1. Übersicht

Für die Untersuchung von Stromrichter-Netzrückwirkungen ohne Zugriff zur Originalanlage sind neben den Simulationstechniken auch physikalische Modellanlagen einsetzbar. Mit ihrer Hilfe lassen sich stationäre und dynamische Messungen ausführen, die weitgehend mit

den Effekten der praktischen Anlagen behaftet sind (nichtideale Glättung, Wirkung einer Trägerstaueffektbeschaltung, Stromverdrängung). Als physikalische Modelle sind einerseits Modellstromrichteranlagen aus handelsüblichen Stromrichtern zusammensetzbar und zusammen mit Verbrauchern und Kompensationsmitteln unter Beachtung eines Modellmeßstabs betreibbar [2.39], andererseits existieren zur Netzuntersuchung vorgesehene dreisträngige Netzanalysatoren, die mit speziellen Bausteinen zur Stromrichternachbildung ergänzt werden können [2.39].
Ein dritter Weg besteht in der Ausrüstung von Analogrechnern mit speziellen Hardware-Bausteinen zur Nachbildung von Stromrichtern [2.40], [2.41].
Allgemeine Forderungen an solche physikalische Modelle sind:

- übersichtlicher, nutzerfreundlicher Aufbau mit Zugriff zu allen interessierenden Meßgrößen
- einfache und in möglichst weiten Grenzen mögliche Verstellung der Anlagenparameter zur Anpassung an unterschiedlichste Vorbilder

Trotz des erheblichen Bau- und Betreuungsaufwands werden Modellanlagen insbesondere für die Erforschung des Verhaltens großer Systeme, für stochastische und Sensibilitätsuntersuchungen ihre Bedeutung beibehalten.

2.5.2. *Modellstromrichteranlage*

Die Modellstromrichteranlage der Sektion Elektrotechnik der TU Dresden wurde in erster Linie zur Überprüfung der Simulationsergebnisse, aber auch für Ausbildungszwecke errichtet. Der Schwerpunkt liegt bei dieser Anlage auf der Zusammenarbeit von Stromrichtern mit Leistungskondensatoren, rotierenden Maschinen und leistungselektronischen Kompensationsmitteln. Den Übersichtsschaltplan der Anlage zeigt Bild 2.27. Zwei Umkehrstromrichter von 85 kVA und 200 kVA Nennleistung werden über ein Bolzenfeld, das mit verschiedenen Induktivitäten ausgerüstet ist, von zwei Transformatoren gespeist. Die Einspeisungen können gleichphasig oder mit 30° Phasenverschiebung gewählt werden, so daß auch zwölfpulsige Netzrückwirkungen untersucht werden können. Der Anschlußpunkt kann mit einer Kondensatorbatterie und/oder mit Saugkreisen verbunden werden. Es sind zwei Saugkreise für die 5. Harmonische ($\nu_{SK} = 4{,}4$ bis 5,3 variabel) und je einer für die 7., 11. und 13. Harmonische vorhanden. Durch eine Verbindung des Anschlußpunktes mit einem Motorenprüfstand ist auch der Anschluß anderer Verbraucher möglich. Die Ansteuergeräte wurden so modifiziert, daß gesteuerter oder geregelter Betrieb gefahren werden kann. Der Arbeitspunkt ist durch die Belastungsmaschinensätze wählbar. Für viele Untersuchungen genügt es, die Stromrichter hinter der Glättungsdrossel kurzzuschließen und bei Steuerwinkeln um 90° zu arbeiten. Ein im Netzzweig vorhandenes Blindleistungsmeßglied gestattet es, z. B. einen kurzgeschlossenen Stromrichter als Stellglied zur Blindleistungsregelung zu verwenden (induktiver Blindstromrichter, vgl. Abschnitt 9.). Alle Ströme werden über Wandler erfaßt.

2.5.3. *Netzanalysator*

Der Netzanalysator ist ein dreiphasig ausgeführtes verdrahtungsprogrammierbares Analogmodell, das vorrangig zur Behandlung von Einschwingvorgängen bei Schaltbehandlungen, Wanderwellen und zur Untersuchung der Resonanzfähigkeit ausgedehnter Netzstrukturen entwickelt wurde. Die Anwendung zur Nachbildung von Stromrichter-Netzrückwirkungen

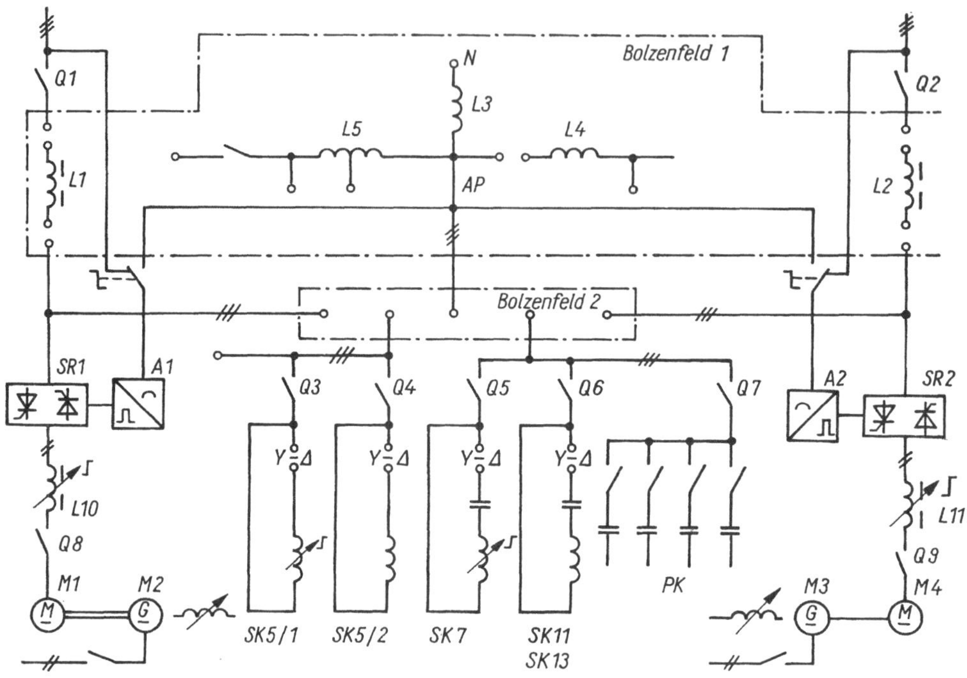

Bild 2.27. Modellstromrichteranlage (Leistungsmaßstab 1:10)
U_{Nn} = 380 V f_n = 50 Hz L_N = 350 μH S_k'' = 1,445 MVA
I_d = 0,1 bis 1,0 in Stufen einstellbar
s_d = 0 bis 7% α = 30 bis 150° stufenlos einstellbar
Abstimmfrequenz der Saugkreise teilweise in Stufen verstimmbar

wurde von Rumpel [2.16] erprobt, wobei die Probleme der Stromrichternachbildung mit Hilfe von Oberschwingungsersatzschaltbildern zu lösen versucht wurden. Erste Untersuchungen, das Prinzip der Zustandsanalyse auf den Netzanalysator zu übertragen, wurden von Drechsler [2.39] mit Erfolg durchgeführt. Es wurde eine direkte Kopplung des Echtzeitsimulationsprogramms REMOS (vgl. Abschnitt 2.4.2.) mit dem Netzanalysator durchgeführt. Mit dem Bau selbständiger Stromrichter-Modellbausteine kann der Netzanalysator an beliebigen Anschlußpunkten mit Stromrichtern ausgerüstet werden, so daß eine exaktere Nachbildung umfangreicher Strukturen möglich wird [2.42].
Eine wesentliche Grundlage der Modellierung ist die Festlegung optimaler Maßstabsfaktoren für Spannung, Strom, Impedanz und Zeit [2.43]. Da alle Bausteine für Echtzeitbetrieb ausgelegt sind, erwies sich die Wahl

$$m_R = m_t = 1$$

als am zweckmäßigsten, weil sich dabei die auf eine Spannungsebene umgerechneten Originalwerte für R, L und C ergeben. Die Prinzipschaltung für den dreisträngig aufgebauten Stromrichter-Modellbaustein zeigt Bild 2.28.
Wesentlicher Unterschied gegenüber dem Analogprogramm ist die notwendige Umwandlung der Spannung i_{SR} am Ausgang des Stromintegrators in einen real in das Netzwerk am Anschlußpunkt einzuspeisenden nichtsinusförmigen Strom. Zu diesem Zweck muß eine dynamisch hochwertige Stromquelle Bestandteil der Stromrichternachbildung sein [2.44]. Der energetische Wirkungskreis schließt sich mit der Bildung der die Kommutierung antreibenden

Spannungen u_k aus den Anschlußspannungen in gleicher Weise wie im Bild 2.4. Auch dieses Modell unterliegt der Einschränkung idealer Glättung im Gleichstromkreis. Die Ansteuerung der elektronischen Schalter zur Betätigung des Stromintegrators wird in ähnlicher Weise wie im Bild 2.22 gelöst, so daß nur die analogen Größen für Steuerwinkel α und Gleichstrom I_d vorgegeben werden müssen.

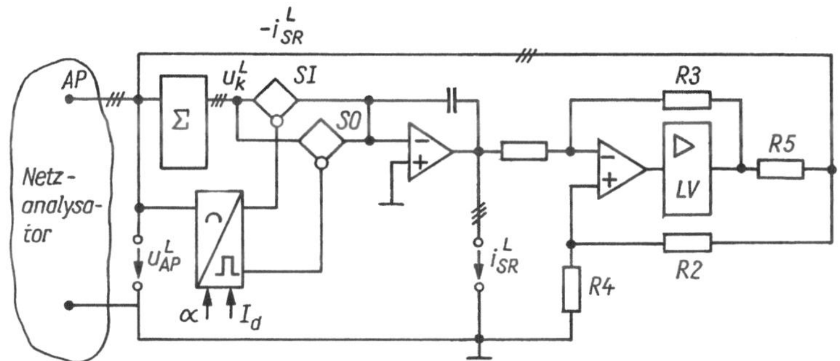

Bild 2.28. Modellbaustein Stromrichter (B6C-Schaltung) für Netzanalysator
SI, SO elektronische Schalter *LV* Leistungsverstärker

Zur Erzeugung einer gering verzerrten, dreisträngigen 50-Hz-Sinusspannung ist ein digital speicherbehaftet aufgebauter Generator vorhanden. Zur Steuerung der Anlage und zur Erleichterung der Messung und Auswertung von Kenngrößen der Elektroenergiequalität wurden ein Mikrorechner und weitere digitale Funktionsgruppen entwickelt, wie sie in Tabelle 2.11 zusammengestellt sind [2.45], [2.46].

Tabelle 2.11. Zum Aufbau des Elektroenergiequalitätsmodells

Teilaufgabe	Lösung mit ...	Bemerkungen
Netzspannungs-erzeugung	digitalem Sinusgenerator (dreisträngig)	beliebige Unsymmetrie möglich Klirrfaktor < 0,2%
Leitungen, Kabel, Transformatoren, Kondensatoren, Saugkreise lineare Abnehmer	dreisträngigen Bausteinen des Netzanalysators	Modellbausteine müssen für den Frequenzbereich geeignet sein
Stromrichter	dreisträngiger Modellbaustein nach Bild 2.28	nur ideale Glättung möglich α, I_d beliebig steuerbar
Messung und Auswertung	*A/D*-Wandler und Mikrorechnermeßsystem	Auswerte-Software zur Informationsverdichtung vorhanden
Steuerung	Mikrorechner digitale Handsteuerung Zufallszahlengenerator	Monte-Carlo-Simulation möglich (Echtzeitbetrieb)

In der vorliegenden Ausbaustufe des Elektroenergiequalitätsmodells können insbesondere die nachfolgend genannten Aufgabenstellungen bearbeitet werden:

- Zusammenwirken von Stromrichteranlagen an unterschiedlichen, nicht entkoppelten Anschlußpunkten

- Beeinflussung der Netzrückwirkungen durch die realen Eigenschaften ausgedehnter Netze, insbesondere im Frequenzbereich von einigen kHz
- stochastische Überlagerung von Netzrückwirkungen
- Auswirkungen unsymmetrischer Netzeigenschaften und unsymmetrischer Belastungen

Als Beispiel sollen Untersuchungsergebnisse über den Einfluß des Anschlusses einer sehr großen zwölfpulsigen Gleichrichteranlage an ein ausgedehntes 30-kV-Industrienetz vorgestellt werden. Bild 2.29 zeigt das zusammengefaßte Übersichtsschaltbild der Anschluß-

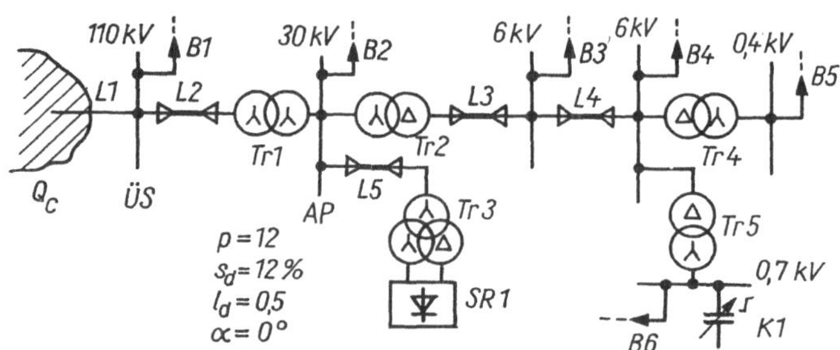

Bild 2.29. Übersichtsplan des modellierten Netzes
Q_c Ladeleistung des 110-kV-Netzes (variabel)
B1 bis *B6* Netzbelastungen
K1 Kondensatorkompensation

struktur. Der Stromrichter arbeitet technologisch bedingt mit einem konstanten Gleichstrom, der einem Leistungsverhältnis von 12% entspricht. Wesentliche Kapazitäten werden durch die Ladeleistung des teilweise verkabelten 110-kV-Netzes, die Mittelspannungskabel und eine steuerbare Kompensationsanlage *K1* zu berücksichtigen sein. Die Belastungen *B1* und *B6* werden als resultierende Netzbelastung zusammengefaßt. Ausgewählte Ergebnisse von Originalmessung und Messung am Modell zeigt Bild 2.30. Bei Konzentration auf den Anschlußpunkt wurde festgestellt, daß sich bei Nachbildung der verteilten Ladeleistung im 110-kV-Netz eine gute Übereinstimmung der Kurvenverläufe und Spektren der Anschlußspannung ergibt (Teilbilder *a*, *b*, *c*). Pegel von Harmonischen mit Werten unter 0,2% wurden weggelassen. Eine Verschiebung der Resonanzlage des vorgeordneten Netzes bewirkt eine erhebliche Veränderung der Verzerrung. Ausgewiesen wird das im Teilbild *d*, wo sich bei Änderung der Ladeleistung der Klirrfaktor vergrößert.
Das Abschalten der nachgeordneten Netze am Transformator *Tr2* bewirkt ebenfalls eine Vergrößerung des Klirrfaktors am Anschlußpunkt, wobei die Grenzwerte für Industrienetze überschritten werden. Die nachgeordneten Netze wirken demzufolge dämpfend für die Ausgleichsschwingungen, die durch die Kommutierungsvorgänge des Stromrichters angestoßen werden. Die Resonanzlage des mit *K1* behafteten NS-Netzes ist für die Verzerrung am Anschlußpunkt ohne Bedeutung. Andererseits stößt der Stromrichter gerade diesen Reihenresonanzkreis mit den Streuinduktivitäten der Transformatoren *Tr2*, *Tr5* als *L* und der Kapazität von *K1* als *C* zu Schwingungen mit erheblicher Amplitude an, wie im Teilbild *d*, Variante *6* nachgewiesen wird (vgl. Abschnitt 8.2.). Der Betrieb der Kompensationsanlage *K1* ist wegen dieser Verzerrung im NS-Netz und der damit verbundenen thermischen Überlastung der Kondensatoren nicht zulässig. Abhilfe bringt hier der Umbau zur Saugkreisanlage.
Wenn die Grenzen der Verzerrung am Anschlußpunkt überschritten werden, kann durch den Einbau einer MS-Saugkreisanlage Verzerrung abgebaut werden. Ihre Auslegung muß in

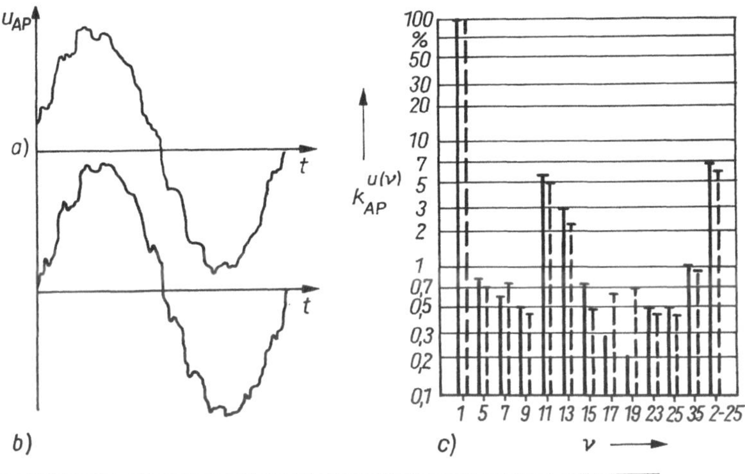

Var.	U_{Nn} in kV	Begrenzter Klirrfaktor		Q_c in Mvar	Netzstruktur
		Original	Modell		
1	110	3.1	3,2	19,1	Netz nach Bild 2.29
2	30	5,0	4,9	19,1	$K1$ = 0 kvar
3	30	6,8	6,6	15,9	
4	30	7,3	7,5	15,9	Netz ab $Tr2$ abgeschaltet
5	6	4,8	4,9	19,1	Netz vollst., $K1$ = 0 kvar
6	0,66	13,5	13,2	19,1	Netz vollst., $K1$ = 250 kvar

d)

Bild 2.30. Vergleich von Modellrechnungen und Messungen am Originalnetz

a) Kurvenform Original (Variante *3*)

b) Kurvenform Modell (Variante *3*)

c) Vergleich der Spektren (Pegel $<0{,}2\,\%$ weggelassen)

d) Tabelle von Klirrfaktormessungen bei verschiedenen Netzzuständen und in verschiedenen Spannungsebenen

—— Original   – – – Modell

erster Linie im Zusammenhang mit der Blindleistungsbilanz gesehen werden. Eine Erprobung der Saugkreiswirkung im Modell ist möglich.

Die Grenzen der Übereinstimmung von Modell und Original liegen insbesondere in der Unmöglichkeit, exakte Dämpfungswerte für einzelne Zweige und die Leitungsnachbildung bereitzustellen, und in der Annahme ideal geglätteten Gleichstroms im Stromrichterbaustein. In vielen Fällen wird sich ein Vorgehen anbieten, bei dem die Modelleigenschaften durch Variation an Originalmessungen angepaßt werden und dadurch die Wirkung von Maßnahmen zur Beherrschung am Modell vorhergesagt wird.

2.6. Meßverfahren

2.6.1. Übersicht

Die meßtechnische Erfassung von Kenngrößen der Stromrichter-Netzrückwirkungen wird in verschiedenen Stadien des Entwurfs und Betriebs von Stromrichteranlagen erforderlich. Es können unterschieden werden:

1. *Betriebsmessungen*: Das sind fortlaufende Messungen weniger ausgewählter Kenngrößen der Elektroenergiequalität und der Beanspruchung von Betriebsmitteln mit meist schreibenden Meßwerken oder die periodische Aufnahme dieser Größen und Ausgabe über Meßwertdrucker mit dem Ziel, die Einhaltung von Grenzwerten an der Übergabestelle, am Anschlußpunkt oder an einem Betriebsmittel zu überwachen. Zur Zeit sind solche Messungen noch sehr wenig verbreitet.

2. *Inbetriebnahmemessungen*: Das sind einmalige Messungen, die durch den Errichter der Anlage durchgeführt oder veranlaßt werden mit dem Ziel, bei allen vorhersehbaren Anschlußkonfigurationen und Lastzuständen die Funktionsfähigkeit der Stromrichter- und der Kompensationsanlagen nachzuweisen. Sie umfassen Messungen der Netzimpedanz, der Impedanz von passiven Kompensationsanlagen, der Elektroenergiequalität, der Strom- und Spannungsbeanspruchungen der Betriebsmittel sowie der Leistungsbilanz. Mit ihrer Hilfe werden Ergebnisse der Vorausberechnung der Gesamtanlage überprüft. Positiv verlaufene Inbetriebnahmemessungen sind die Voraussetzung für die Übergabe der Anlage an den Nutzer. Ihre Ergebnisse vervollständigen den Erfahrungsschatz der Projektierungsingenieure, außerdem können sie zu Hinweisen über die Fahrweise der Anlage im Normal- und Havariebetrieb verarbeitet werden.

3. *Labormessungen*: Das sind sowohl Messungen an Laborstromrichteranlagen entsprechend Abschnitt 2.5., die ähnlich wie Inbetriebmessungen und mit gleicher Meßtechnik ablaufen, aber auch Messungen an analogen Modellen, wie sie der Analogrechner und der Netzanalysator darstellen. Für letztere Messungen ist es erforderlich, daß die Meßgeräte für die Signalpegel der Modellanlagen geeignet sind und die Modelle im Echtzeitbetrieb arbeiten können.

4. *Steuerungsmessungen*: Das sind Messungen von Größen, die mit dem Ziel ihrer unmittelbaren Beeinflussung durch Steuerung oder Regelung durchgeführt werden. Typische Meßgrößen sind hier Blind- und Wirkleistung im Netzzweig, die zum Zwecke der dynamischen Kompensation für die Steuerung der Blindstromrichter erfaßt werden, oder Kenngrößen der Elektroenergiequalität, wenn diese durch geeignete Stellglieder beeinflußt werden können (vgl. Abschnitt 8.3.).
   An Steuerungsmeßverfahren werden meist höchste dynamische Anforderungen gestellt.

Eine Zusammenstellung der für die genannten Meßaufgaben in Frage kommenden Meßgrößen enthält Tabelle 2.12. Dabei zeigt es sich, daß die Meßgrößen stets die gleichen sind, so daß sich die nachfolgenden Ausführungen nach Meßgrößen am besten gliedern lassen. Allen Meßgrößen ist gemeinsam, daß die beteiligten Zustandsgrößen des Systems nichtsinusförmig sind und sich in der Regel stochastisch ändern. Die Meßgrößen sind daher selbst ebenfalls stochastische Größen. Die Kennzeichnung von Messungen durch Extremwerte oder Mittelwerte ist dabei zur Zeit übliche Praxis, solange die stochastische Bewertung der Elektroenergiequalität noch nicht allgemein verbreitet ist. Auch für stochastische Aussagen können die vorgestellten Meßverfahren verwendet werden [1.29].

Tabelle 2.12. Übersicht über zu messende Kenngrößen

Meßaufgabe	Betriebsmessung	Inbetriebnahme- und Labormessung	Steuerungsmessung
1. Beanspruchung von Betriebsmitteln	– Effektivwerte U, I – stochastische Kenngrößen	– Effektivwerte – Scheitelwerte – Zeitfunktionen	– Effektivwerte (Strom- und Spannungsregelung)
2. Elektroenergiequalität	– Klirrfaktoren k^u_{AP}, k^u_{US}	– Klirrfaktoren k^u, k^i – Pegel von Harmonischen $k^{u(\nu)}$ – Augenblickswertabweichung a_{max} – Spannungsschwankungen Δ_u, $\Delta^{(1)}_u$	– Klirrfaktor (Verzerrungsregelung)
3. Impedanz	nicht üblich	– Frequenzgang der Impedanz	entfällt
4. Leistung	– Wirkleistung – Blindleistung – Leistungsfaktor – Verschiebungsfaktor	dgl.	dgl. (dynamische Kompensation)

In den letzten Jahren ist in der gesamten Meßtechnik der Wandel von der Analog- zur Digitaltechnik zu beobachten. Auch für die in Tabelle 2.12 aufgeführten Meßgrößen wurde dieser Übergang weitgehend vollzogen. Während in der Analogtechnik für jede Meßgröße spezielle Meßgeräte erforderlich waren [2.47], ergibt sich beim Einsatz von Mikrorechnern die Möglichkeit, universelle, programmierbare Meßsysteme aufzubauen, die insbesondere bei Labor- und Inbetriebnahmemessungen die Arbeit entscheidend erleichtern [2.48]. Mit der Einführung von Mikrorechnern in die Wartenräume der Elektroenergieverteilungszentralen wird auch eine Betriebsmessung der obengenannten Meßgrößen als Nebenaufgabe dieser Rechner möglich. Die prinzipielle Struktur eines Mikrorechnermeßgeräts zeigt Bild 2.31.

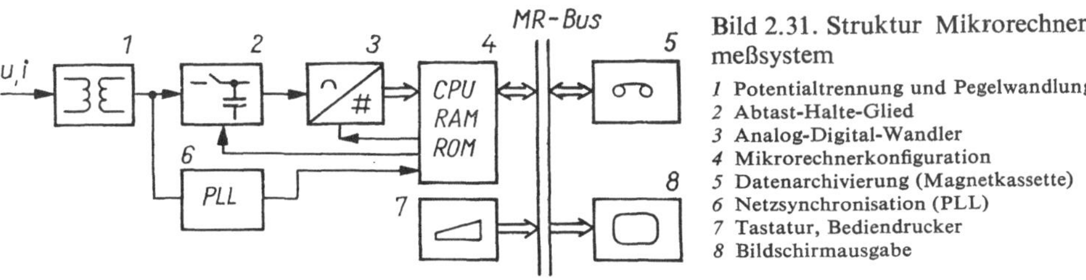

Bild 2.31. Struktur Mikrorechnermeßsystem

1 Potentialtrennung und Pegelwandlung
2 Abtast-Halte-Glied
3 Analog-Digital-Wandler
4 Mikrorechnerkonfiguration
5 Datenarchivierung (Magnetkassette)
6 Netzsynchronisation (PLL)
7 Tastatur, Bediendrucker
8 Bildschirmausgabe

Für schnelle Steuerungsmessungen und billige Betriebsmeßgeräte sind nach wie vor analoge Strukturen und einfache digitale Hardware-Strukturen ohne Mikrorechner in der Anwendung. Tabelle 2.13 ermöglicht eine Übersicht über Meßverfahren und ihre Realisierung mit verschiedenen technischen Möglichkeiten.

Tabelle 2.13. Übersicht über Meßverfahren

Meßgröße	Meßverfahren	Eignung
1. Elektroenergiequalität	● Analyse im Frequenzbereich (Filterverfahren)	
– Pegel von Harmonischen	– mit Modulation und Festfilter (Durchlaufanalysator)	A
	– mit abstimmbarem Filter oder mehreren Festfiltern	M, A
	– über Leistungsdichte	DS
	● Analyse im Zeitbereich (analytische Verfahren)	
	– Multiplikator-Analysator	A, DH
	– FOURIER-Analysator (FFT)	DS
– Klirrfaktor	● Kompensationsmethode (Brückenverfahren)	M, A
	● analytische Methode	DS
– maximale Augenblicks-wertabweichung	● oszillografische Methode	M
	● analytische Methode	DS
– Spannungs-schwankung	● Analogspeicher	A
	● analytische Methode	DS
	● Flickerdosis	DH
2. Impedanz	● aktive Messung	
	– mit Sinustestfunktion	M, A
	– mit Impulstestfunktion	A, DH
	● passive Messung	DS
3. Leistung	● kontinuierliche Verfahren	
	– direkte Verfahren	DS, A
	– indirekte Verfahren (Phasendrehverfahren)	A
	● diskontinuierliche Verfahren	
	– Phasenwinkelauswertung	DH, DS
	– gesteuerte Integration	DH

M manuelle Messung; DH Digitaltechnik, Hardwarestruktur;
A Analogtechnik; DS Digitaltechnik, Softwarestruktur

2.6.2. *Messung der Elektroenergiequalität*

Zur Messung von Qualitätskenngrößen werden mit Mikrorechnern ausgerüstete intelligente Meßgeräte industriell gefertigt (z. B. NOWA-1 [2.40]) oder individuell aus handelsüblichen mikroelektronischen Funktionsgruppen in einer Bild 2.31 entsprechenden Struktur zusammengestellt. Die verschiedenen Lösungen unterscheiden sich in der Abtastfrequenz des Netzvorgangs (512, 1024 oder 2048 Stützstellen je 20 ms), im digitalen Auflösungsvermögen (8 bis 12 Bit) und in der Fähigkeit der Synchronisation mit dem speisenden Netz (PLL-Synchronisation) auch bei variabler Netzfrequenz (Umrichterspeisung). Eine besonders hochwertige Lösung mit mehreren Rechnern wird in [2.50] beschrieben, wobei die spektrale Auswertung bis 5 kHz und einer 12 Bit entsprechenden Auflösung in nur 8 ms für den Zweck einer Stromrichtersteuerung erreicht wird.

Auch wesentlich einfachere Strukturen mit 8-Bit-Mikrorechnern gestatten die Analyse der Spannungen und Ströme bei 512 Stützstellen bis zur oberen Grenzfrequenz von 2,5 kHz ($\nu = 50$) in einigen Sekunden, was für Inbetriebnahmemeßgeräte völlig ausreichend ist. Von großer Bedeutung ist es, daß sich die im Hauptspeicher befindlichen Abtastwerte der Vorgänge nicht nur der schnellen Fourieranalyse (FFT) unterziehen lassen, sondern auch für die Berechnung von Leistungskenngrößen, der Augenblickswertabweichung und zur Erzeugung eines sauberen stehenden Bildes im Sinne eines Transientenspeichers zur Verfügung stehen. Der zur Analyse eingesetzte Mikrorechner gestattet darüber hinaus auch weitere in-

telligente Funktionen, wie automatische Wiederholung des Meßvorgangs, Grenzwertüber wachung und Kommunikation mit weiterer Datentechnik.
In den meisten Anwendungsfällen genügt die Ausrüstung des Meßsystems mit nur einem Spannungs- und einem Stromkanal, wobei der Spannungskanal für die Aufnahme der normalen Niederspannungspegel bis 660 V und der Spannungswandlerausgangsspannung 60 bzw. 100 V geeignet sein sollte und der Stromkanal Wandlerströme normaler .../1A- und .../5A-Wandler aufnehmen muß [2.47]. Die Forderung nach Auswertung von Unsymmetrien, wie sie z. B. beim Einsatz von Lichtbogenöfen oder Schweißanlagen wesentlich sind, kann nur durch Erhöhung der Anzahl der Eingangskanäle erfüllt werden, wobei u. U. im Multiplexbetrieb mit niedrigerer Abtastrate gearbeitet werden kann.
Zur Analog-Digital-Wandlung müssen Schaltkreise eingesetzt werden, die bei einer Auflösung von 10 bis 12 Bit eine Umwandlungszeit von weniger als 15 μs bei 1024 Stützstellen und weniger als 30 μs bei 512 Stützstellen besitzen.
Die Organisation der Datenübertragung in den Arbeitsspeicher, die Analyse der Datenfelder, die Berechnung der Qualitätskenngrößen und die Ausgabe auf den Bildschirm bzw. Drucker übernimmt das Meßprogramm (z. B. INTMESS [2.51]). Zur Übersicht dient das im Bild 2.32 dargestellte Struktogramm für eine einkanalige Messung.
Als Beispiel für ein vereinfachtes digitales Oberschwingungsmeßgerät, das ohne Mikrorechner auskommt, wird im Bild 2.33 eine Struktur vorgestellt, die je nach der Anzahl der vorhandenen gleichartigen Kanäle die parallele Auswertung der Pegel eines Vorgangs ermöglicht. Der zeitliche Verlauf der Fourierkoeffizienten kann gemessen oder geschrieben werden, wobei die Ordnungszahl an einem Ziffernvorwahlschalter eingestellt wird. Auch hier erfolgt die automatische Nachführung der Analysefrequenz auf ein Vielfaches der Netzfrequenz durch PLL [2.52].

Hardware

PLL-Synchronisation der Abtastfrequenz $f_A = 2^n \cdot f_N (n = 8, 9, 10)$ Abtastung und Zwischenspeicherung *DMA* – Datentransfer in Hauptspeicher des Mikrorechners

Software

Soll Zeitfunktion dargestellt werden?	Programm INTMESS 1
UP ZEITFUNKTION	
UP EFFEKTIVWERTBERECHNUNG	
UP FFT – HARMONISCHE ANALYSE	
UP KLIRRFAKTORBERECHNUNG	
UP AUGENBLICKSWERTABWEICHUNG	
Soll Histogramm dargestellt werden?	
UP HISTOGRAMM $C(\nu)$	
Sind alte Meßwerte gespeichert?	
UP SCHWANKUNGSBERECHNUNG	
UP AUSGABE *EEQ* – PROTOKOLL	

Bild 2.32. Aufbau eines einkanaligen Meßprogramms für Anschlußspannung (vgl. Bild 2.31)

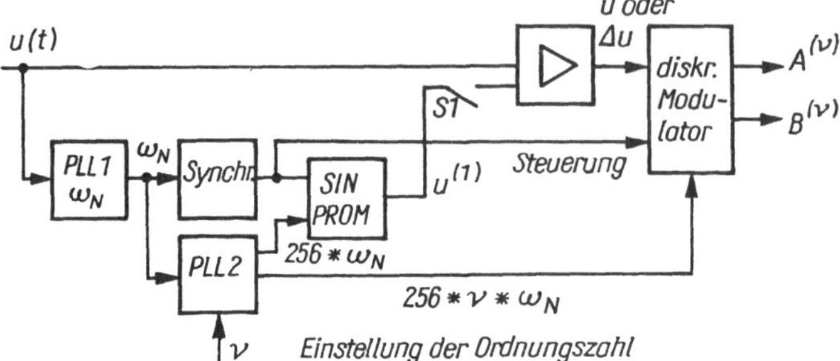

Bild 2.33. Digitales Oberschwingungsmeßgerät (ein Kanal)

2.6.3. *Messung der Netzimpedanz*

Zur Messung der Frequenzabhängigkeit der Netzimpedanz oder von Abzweigimpedanzen können einerseits zweikanalige (Strom und Spannung) Oberschwingungsmeßgeräte Verwendung finden, wenn die höheren Harmonischen z. B. durch Stromrichterbetrieb bereits vorhanden sind oder, wie bei den aktiven Verfahren, künstlich als Oberschwingung sinusförmig oder als Spektrum impulsförmig eingespeist werden. Am bekanntesten wurde dabei das Verfahren nach Müller [2.53]. Die Einspeisung einer ausreichend großen Oberschwingungsleistung ist ein schwer zu beherrschendes Anpassungsproblem, wenn auf eingeschaltete Netzknoten eingespeist werden soll. Wesentlich einfacher ist die Ermittlung von Impedanzverläufen, wenn die zu betrachtenden Zweige vom Netz abgetrennt werden können. Das ist bei Saugkreisanlagen der Fall. Bild 2.34 zeigt eine Meßschaltung zur Aufnahme der Frequenzkennlinien einer Saugkreisanlage. Die Oberschwingungsleistung wird direkt in den Leistungskreis eingespeist.

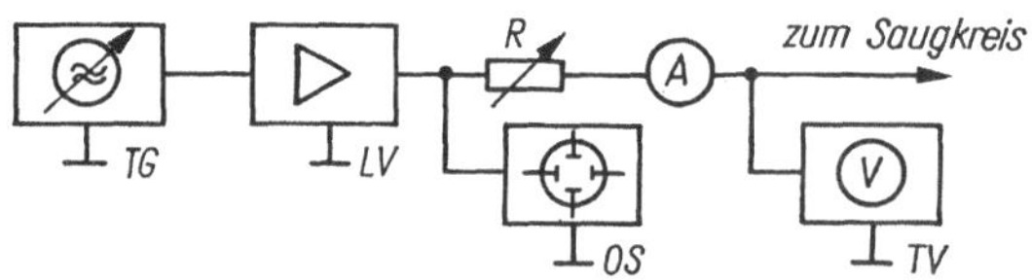

Bild 2.34. Meßschaltung zur Aufnahme der Frequenzkennlinien passiver Netzwerke

TG Tonfrequenzgenerator
LV Leistungsverstärker
OS Oszilloskop
TV Transistorvoltmeter
R Lastwiderstand

2.6.4. *Leistungsmessung*

Die Leistungsmessung erfordert die multiplikative Verarbeitung von Strom und Spannung, wobei beide Größen durch energetische Netzrückwirkungen verzerrt sein können. Während analoge Multiplizierer die Echtzeitverarbeitung der Zeitfunktionen ohne Mühe schaffen, bestehen bei der digitalen Signalverarbeitung Zeitprobleme. Wird die Leistungsmessung auf eine Messung der Phasenverschiebung und der Amplituden zurückgeführt, so entsteht eine Totzeit zwischen zwei Messungen, die zur Signalverarbeitung genutzt werden kann. Für Inbetriebnahmemessungen werden meist alle Leistungsgrößen wie Schein-, Wirk-, Blind- und Verzerrungsleistung gesucht, außerdem Verschiebungs- und Leistungsfaktor. Dafür werden keine dynamischen Forderungen gestellt.

Bei der für Regelzwecke notwendigen Blindleistungsmessung können zwei Fälle unterschieden werden. Sind die Stellglieder langsam, z. B. über elektromechanische Schalter betätigte Kondensatorenstufen. so genügt eine langsame Messung. Das Schema eines Meßglieds, das auch gleichzeitig die Zu- und Abschaltung der Kompensationsstufen übernimmt, zeigt Bild 2.35b [2.54]. Die dynamische Blindleistungskompensation dagegen kann nur mit schnellen Meß- und Stellgliedern verwirklicht werden. Zur schnellen Signalverarbeitung werden hier analoge Multiplizierer eingesetzt. Die Blindleistungsmessung geschieht durch multiplikative Verknüpfung eines Strangstromes mit einer dazu um 90° gedrehten Spannung (indirektes Verfahren).

Das dabei entstehende Gleichglied ist

$$Q = \frac{1}{2} \hat{u}\hat{\imath} \sin \varphi \tag{2.63}$$

Die gleichzeitig entstehende Komponente mit doppelter Netzfrequenz muß möglichst beseitigt werden. Zur Phasendrehung werden entweder Verzögerungsglieder eingesetzt, die jedoch die Dynamik verschlechtern, oder es wird die im Drehstromsystem vorhandene natürliche 90°-Phasenverschiebung von Strang- und verketteter Größe ausgenutzt [2.55]. Neben diesen auf 90° Phasendrehung beruhenden Verfahren besteht das direkte Verfahren zur Blindleistungsmessung nach der Gleichung

$$Q = \sqrt{S^2 - P^2} \tag{2.64}$$

Hierfür ist der Aufwand am Multiplizieren noch größer. Bild 2.36 zeigt eine Gegenüberstellung beider Möglichkeiten [2.56], [2.57]. Das direkte Verfahren ist mit geringem Mehraufwand zu einem universellen Inbetriebnahme-Leistungsmeßgerät zu qualifizieren [2.47]. Je nach Schalterstellung werden die Oberschwingungen mit verarbeitet oder nicht. Bei den indirekten Verfahren bewirken Oberschwingungen einen Wechselanteil im Blindleistungssignal, der jedoch für Regelungszwecke mit geringer Zeitkonstante zu glätten ist.

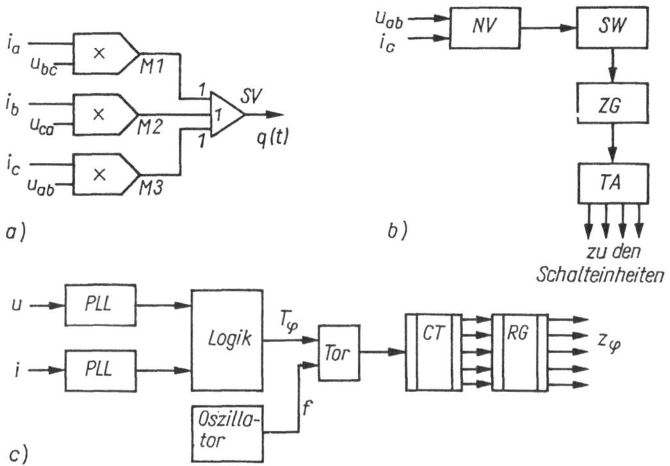

Bild 2.35. Anordnungen zur Blindleistungsmessung für Steueraufgaben

M1 bis *M3*	analoge Multiplizierer	*TA*	Taktausgabeverteiler
SV	Summierverstärker	*PLL*	Phasenregelkreis
NV	Nullpunktverarbeitung	*CT*	Zähler
SW	Schwellwertschalter	*RG*	Register
ZG	Zeitglied		

a) dynamisch hochwertige Messung (Phasendrehverfahren)
b) langsame Phasenwinkelmessung
c) dynamisch hochwertige Phasenwinkelmessung

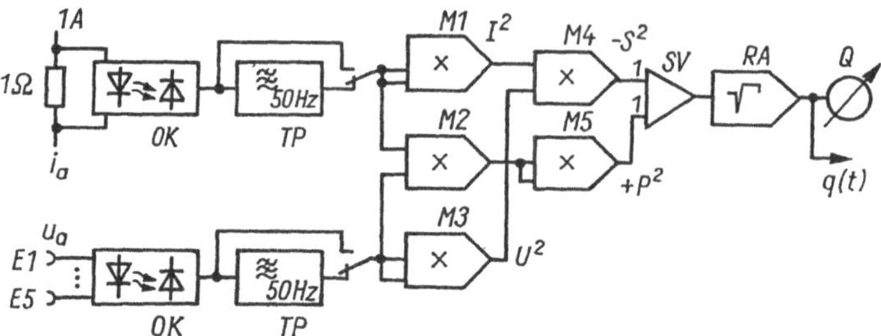

Bild 2.36. Blindleistungsmessung nach dem Effektivwertverfahren *OK* Optokoppler

OK Optokoppler
TP Tiefpaß
M1 bis *M5* Multiplizierer
SV Summierverstärker
RA Radizierglied

In der Tendenz wird auch bei der Leistungsmessung immer mehr digitale Meßwertverarbeitung betrieben, zumal die Abtastung und Speicherung der Meßwerte von Strom und Spannung aus Gründen der Elektroenergiequalität ohnehin meist erforderlich ist. Leistungsmessung bedeutet dann die Schaffung von Meßwertverarbeitungsprogrammen unter Beachtung der Leistungsdefinitionen bei verzerrter Spannung und verzerrtem Strom in symmetrisch und unsymmetrisch belasteten Zweigen [2.58] bis [2.60].

3. Netzseitige Einsatzbedingungen und ihre Beschreibung

3.1. Definition und Kenngrößen

3.1.1. Definition

Die Netzrückwirkungen netzgelöschter Stromrichter hängen auf Grund des im Abschnitt 2.2.1. behandelten physikalischen Wirkmechanismus auf der einen Seite von Phasenlage und Dauer der Kommutierungsvorgänge in vorhandenen Stromrichtern, auf der anderen Seite von Anordnung, Eigenschaften und Kenngrößen der am Anschlußpunkt verbundenen Zweige des Gesamtsystems ab. Diese Abhängigkeit ist eindeutig und reproduzierbar, d. h., in jeder bekannten Struktur sind die Kenngrößen der Netzrückwirkungen entsprechend Abschnitt 1.2. bei Kenntnis der Betriebsart der Stromrichter vorherbestimmbar. Die Gesamtheit der durch Kenngrößen und Schaltbilder darstellbaren notwendigen Information über die Systemstruktur und die Betriebsart der Stromrichter wird unter dem Sammelbegriff »Netzseitige Einsatzbedingungen« oder »Anschlußbedingungen« zusammengefaßt.
Schon bei der Vorstellung typischer Anschlußstrukturen im Abschnitt 1.4. war deutlich geworden, daß die Anzahl der beteiligten Systemelemente in praktischen Fällen sehr hoch ist. Daraus folgt die Notwendigkeit,

- möglichst viele Zweige geeignet zusammenzufassen, um die Struktur übersichtlicher zu gestalten,
- Teilstrukturen so herauszulösen, daß der dabei entstehende Fehler durch vernachlässigte Wechselwirkungen in vertretbaren Grenzen bleibt, und
- die vorhandenen Stromrichter in möglichst wenige Ersatzstromrichter zusammenzufassen, deren Wirkung die Netzrückwirkungen im vollständigen System hinreichend beschreibt.

Wird dieses Ziel erreicht, so können auf die dann noch übrigbleibende zusammengefaßte Struktur die Beschreibungsverfahren des Abschnitts 2. angewendet werden.

3.1.2. Kenngrößen des Stromrichters oder Ersatzstromrichters

Der Stromrichterabzweig (vgl. Bild 1.10) enthält eine Abzweiginduktivität L_T. Diese Induktivität wird entweder in Gestalt einer Kommutierungsdrossel vor den Stromrichter geschaltet, wenn Direktanschluß am Anschlußpunkt vorgesehen ist, oder entspricht der Streureaktanz des Stromrichtertransformators. Im letzteren Fall werden die ventilseitigen Größen des Stromrichters auf die Anschlußspannungsebene umgerechnet. Aus den Nenndaten des Stromrichtertransformators kann die Abzweiginduktivität wie folgt errechnet werden:

$$L_T = \sqrt{z_T^2 - r_T^2}\,\frac{U_{Nn}^2}{\omega_N S_{Tn}} \tag{3.1}$$

wobei z_T die bezogene Trafoimpedanz oder Nennkurzschlußspannung $u_k = z_T$ und r_T die von den Wicklungsverlusten abhängige bezogene Traforesistanz ist. Bei Mittel- und Hochspannungsnetzen wird r_T meist vernachlässigt [3.1].

Der Steuerwinkel α des Stromrichters ist eine weitere Kenngröße des Stromrichterabzweiges. Er dient als Stellgröße für den Eingriff in die Energieübertragung und wird praktisch immer indirekt durch eine Stromregelung vorgegeben (vgl. Bild 2.5). Für die Belange der Netzrückwirkungen soll mit α als unabhängiger Eingangsgröße gerechnet werden. Der Steuerwinkel bestimmt den Blindleistungshaushalt einer Struktur. Sein Einfluß auf die Verzerrung der Anschlußspannung ist im normalen Steuerbereich von 30° bis 150° so wenig veränderlich, daß zur Vereinfachung der Beschreibung oft der ungünstigste Steuerwinkel $\alpha = 90°$ angesetzt wird. Von Bedeutung ist der Steuerwinkel vor allem beim Problem der Bildung des Ersatzstromrichters (vgl. Abschnitt 3.4.).

Eine weitere, den Betriebszustand des Stromrichterabzweiges kennzeichnende Größe ist der Mittelwert des Gleichstroms I_d. Er wird von der angeschlossenen Gleichstromlast bestimmt und ist in den meisten Fällen zeitlich veränderlich, wobei sowohl stochastische als auch deterministische Zeitfunktionen typisch vorkommen. Die Bahnstromversorgung im Bild 1.23 ist für den erstgenannten Fall, die Schachtförderanlage im Bild 1.22 für den letzteren Fall kennzeichnend.

Während die absoluten Größen L_T, α und I_d geeignet sind, um die Eigenschaften eines bestimmten Stromrichterabzweiges darzustellen, werden für eine allgemeingültige Beschreibung bezogene Größen von Vorteil sein. Sie verfolgen das Ziel, die netzseitigen Wirkungen des Stromrichters unabhängig von Stromrichterleistung und Anschlußspannung zu formulieren. Zur Kennzeichnung der »Härte« des Drehstromsystems dient die fiktive Leistung S_k'' des Anfangskurzschlußwechselstroms I_k''

$$S_k'' = \frac{1{,}1\,U_{Nn}^2}{Z_N} = \sqrt{3}\,U_{Nn} I_k'' \tag{3.2}$$

wobei Z_N die für das Mitsystem gültige Netzersatzimpedanz ist.

Sie eignet sich sehr gut als Bezugsgröße für Leistungen in den am Anschlußpunkt angeschlossenen Zweigen.

So kann aus dem Gleichstrom I_d durch Verknüpfung mit der ideellen Leerlaufgleichspannung U_{dio} die ideelle Gleichstromleistung P_{do} gebildet werden:

$$P_{do} = U_{dio} I_d \tag{3.3}$$

Das Verhältnis dieser beiden fiktiven Leistungen wird Stromrichter-Leistungsverhältnis s_d genannt.

$$s_d = \frac{P_{do}}{S_k''} \tag{3.4}$$

Maßgebend für das Leistungsverhältnis ist die Netzkurzschlußleistung S_k'' am Anschlußpunkt des Stromrichters, also vor den Kommutierungsdrosseln oder dem Stromrichtertransformator. Etwas problematisch ist die Beantwortung der Frage, welches I_d des Stromrichters eingesetzt werden soll. Das Leistungsverhältnis kann als lastabhängige Zeitfunktion $s_d(t)$ oder durch die Definition von Fest- und Mittelwerten angegeben werden. Soll z. B. der

Klirrfaktor der Anschlußspannung k^u_{AP} einer Struktur überprüft werden, so wird das $I_d = I_{d\,max}$ entsprechende Leistungsverhältnis $s_{d\,max}$ zugrunde gelegt. Soll dagegen die Auswirkung des Stromrichters auf die thermische Beanspruchung von Leistungskondensatoren betrachtet werden, so wird der aus einem Lastspiel gebildete Effektivwert von $I_d(t)$ das beste Maß für diese Stromrichterrückwirkung sein. Mit der Festlegung eines Nenngleichstroms I_{dn} liegt auch die netzseitige Impedanz Z_{SRn} des Stromrichters fest, die als Bezugsbasis für Rechnungen mit bezogenen Impedanzen dient. Dann gilt ein fester Zusammenhang zwischen Nennleistungsverhältnis s_{dn} und bezogener Netzimpedanz z_N.

$$s_{dn} = 0{,}868 z_N \tag{3.5}$$

mit

$$z_N = \frac{Z_N}{Z_{SRn}} \tag{3.6}$$

und

$$Z_{SRn} = \frac{U^2_{Nn}}{1{,}05 U_{dio} I_d} = \frac{U_{Nn}}{\sqrt{3} I_{SRn}} \tag{3.7}$$

Die Abzweiginduktivität ist Bestandteil eines induktiven Spannungsteilers aus der Netzinduktivität L_N:

$$L_N = \frac{1{,}1 U^2_{Nn}}{\omega_N S''_k} \sin\left(\arc\tan\left[\frac{1}{(r/x)_N}\right]\right) \tag{3.8}$$

und der Abzweiginduktivität L_T, an dem aus der Sicht des Stromrichters die in der transienten Stromrichterspannung enthaltenen Kommutierungsimpulse gegen das starre Netz hin abgebaut werden.

Das Induktivitätsverhältnis l_d

$$l_d = \frac{L_N}{L_N + L_T} = \frac{x_N}{x_N + x_T} \tag{3.9}$$

das auch als Reaktanzverhältnis angegeben werden kann, ist ein Maß für diesen Abbaueffekt und damit für die verbleibende Tiefe der Kommutierungseinbrüche in der Anschlußspannung. Durch die Kenngrößen α, s_d und l_d ist die Wirkung eines Stromrichterabzweigs allgemeingültig beschreibbar. So kann beispielsweise die Kommutierungsdauer bei unverzweigter Kommutierung am induktiven Netz mit der umgeformten Gleichung (2.21) berechnet werden:

$$t_\mu = \frac{10\ \text{ms}}{180°}\left[\arc\cos\left(\cos\alpha - 1{,}152\frac{s_d}{l_d}\right) - \alpha\right] \tag{3.10}$$

Über den Parallelbetrieb mehrerer Stromrichterabzweige und ihre Zusammenfassung zu einem Ersatzstromrichter informiert Abschnitt 3.4.

3.1.3. *Kenngrößen anderer Zweige*

Ein weiterer wichtiger Zweig des Systems ist der den Anschlußpunkt speisende Netzzweig. Als erste Näherung wurde bisher angenommen, daß er durch die Netzkurzschlußleistung S''_k nach Gl. (3.2) und damit durch eine verlustbehaftete Induktivität als Netzersatzgröße gekennzeichnet wird [vgl. Gl. (3.8)].

Der Anteil der Netzverluste wird üblicherweise als Resistanz-Reaktanz-Verhältnis $(r/x)_N$ angegeben:

$$(r/x)_N = r_N/x_N = \frac{r_N}{\sqrt{z^2_N - r^2_N}} \tag{3.11}$$

Zur Behandlung energetischer Netzrückwirkungen ist diese Näherung weitgehend verwend bar. Auf die exaktere Behandlung und Zusammenfassung vorgelagerter Netze geht Abschnitt 3.3. näher ein. An dieser Stelle soll jedoch bereits darauf hingewiesen werden, daß maximale Netzrückwirkungen bei relativ schwachen Netzen entstehen. Da bei Kurzschlußberechnungen die Näherungen stets angesetzt werden, um die maximale Kurzschlußleistung zu erhalten, müssen Angaben, die aus derartigen Berechnungen stammen, mit Vorsicht für Netzrückwirkungsprobleme verwendet werden.

Als eine weitere Gruppe von Abzweigen vom Anschlußpunkt treten passive und aktive ohmsch-induktive Verbraucher auf. Aktive Abzweige enthalten eine Spannungsquelle und relativ geringe Impedanzen. Hauptsächliche Vertreter sind Drehfeldmaschinen. Sie unterstützen beim Kommutierungskurzschluß den speisenden Netzzweig und werden deshalb bezüglich dieser lastunabhängigen Wirkung mit in den Netzzweig einbezogen (vgl. Abschnitt 3.2.). In ihrer lastabhängigen Wirkung werden sie nach ihrem Wirk- und Blindleistungsbedarf mit allen anderen passiven Verbrauchern zu einem Ersatzzweipol aus L und R zusammengefaßt. Dieser Zweipol dient bei Simulation oder Modelluntersuchungen zur Nachbildung des Lastflusses und damit zur Einstellung der realen Grundschwingungsspannung am Anschlußpunkt. Auf die Form der Ausgleichsvorgänge hat er wegen der meist großen Induktivität keinen Einfluß.

Auch für diese Abzweige kann ein Leistungsverhältnis und ein Resistanz-Reaktanz-Verhältnis eingeführt werden:

$$s_V = \frac{\sum_j S_{Vj}}{S_k''} \tag{3.12}$$

$$(r/x)_V = \frac{\sum S_{Vj} \cos \varphi_j}{\sum S_{Vj} \sin \varphi_j} \tag{3.13}$$

Die Annahme einer R-L-Reihenschaltung geht davon aus, daß reine ohmsche Verbraucher selten vorkommen, und liegt bezüglich der Netzrückwirkungen auf der sicheren Seite, da Ausgleichsvorgänge durch reine ohmsche Parallelwiderstände gedämpft werden. Zu beachten ist, daß bei den mehrfrequenten Vorgängen im betrachteten System eine äquivalente Umrechnung von Reihen- in Parallelschaltung nicht möglich ist.

Zur Kompensation von Blindleistung werden am Anschlußpunkt Zweige mit Leistungskondensatoren betrieben, wobei sowohl Saugkreise als auch reine Kondensatorzweige vorkommen. Aus der Strangkapazität C (*Achtung:* Bei Dreieckschaltung gilt $C_{\curlywedge} = 3C_{\Delta}$!) und der Netznennspannung wird dann die fiktive ideelle Kondensatorleistung Q_{Ci} gebildet,

$$Q_{Ci} = U_{Nn}^2 \omega_N C \tag{3.14}$$

die, bezogen auf die Netzkurzschlußleistung als Kenngröße, das Kondensator-Leistungsverhältnis s_c bildet.

$$s_C = \frac{Q_{Ci}}{S_k''} \tag{3.15}$$

Saugkreise sind Reihenschwingkreise, bei denen die Eigenfrequenz auf eine Ordnungszahl ν

$$\nu = \frac{1}{\omega_N \sqrt{L_{SK} C_{SK}}} \tag{3.16}$$

abgestimmt wird. Diese Ordnungszahl, die auch nicht ganzzahlig sein kann, ist ebenfalls eine Kenngröße der netzseitigen Einsatzbedingungen. Die Güte eines Saugkreises ist von seiner Resistanz abhängig und wird durch die Resonanzschärfe ϱ_{SK} angegeben:

$$\varrho_{SK} = \frac{\nu \omega_N L_{SK}}{R_{SK}} = \frac{\nu x_{SK}}{r_{SK}} \tag{3.17}$$

Die Resonanzschärfe wird wesentlich durch Spulengüte und Zuleitungsresistanzen festgelegt.
Bei Kondensatorzweigen wird die dämpfende Reihenresistanz R_Z (vgl. Bild 2.11) durch die Kenngröße

$$\frac{P_{VZ}}{Q_{C1}} = R_Z \omega_N C = \frac{r_Z}{x_C} \tag{3.18}$$

einbezogen.

3.2. Parallelarbeit von Stromrichtern und rotierenden Maschinen

Der Parallelbetrieb von Stromrichtern und Drehstrommaschinen am gleichen Anschlußpunkt kommt in Industrienetzen fast immer vor, wobei normalerweise Asynchronmotoren, in selteneren Fällen Synchronmotoren eingesetzt werden. Die folgenden Ausführungen gelten für eine linearisierte Grundwellen-Asynchronmaschine [3.2].

3.2.1. Auswirkungen auf die Einsatzbedingungen

Die Läuferzeitkonstante der Käfigläufermaschinen liegt im Leistungsbereich von 10 bis 1000 kW zwischen 0,1 s und 3 s, womit mit hinreichender Genauigkeit das Gleichungssystem für konstante Läuferflußverkettung gilt.

$$u_{AP}^{L} = u_S^{L} = i_S^{L} R_S + \left(L_S - \frac{L_h^2}{L_L}\right) \frac{di_S^{L}}{dt} \tag{3.19}$$

Wenn auch hier wieder von der Zerlegung in grundfrequente Anteile und überlagerte Ausgleichsvorgänge ausgegangen wird, kann das Ersatzschaltbild der Asynchronmaschine stark vereinfacht werden. Bild 3.1a zeigt die Darstellung nach Gl. (3.19). Für die Ausgleichsvorgänge, die z. B. in Gestalt der Kommutierungseinbrüche in der Anschlußspannung auftreten, wirkt die transiente Induktivität L'_M:

$$L'_M = \left(L_S - \frac{L_h^2}{L_L}\right) \tag{3.20}$$

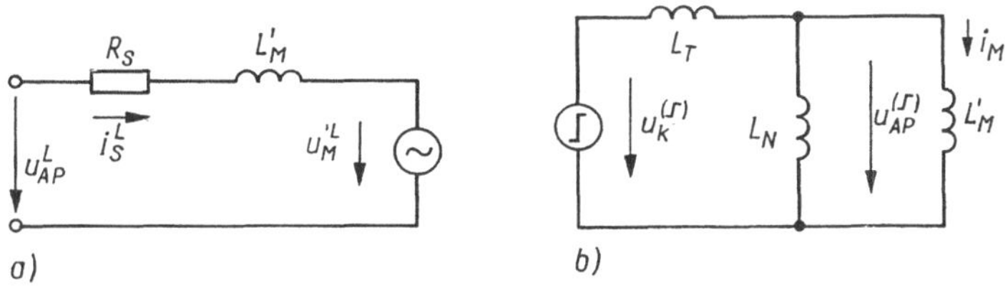

Bild 3.1. Parallelbetrieb Stromrichter – Asynchronmaschine (Läuferflußverkettung wird als konstant vorausgesetzt)
a) transientes Ersatzschaltbild der Asynchronmaschine
b) Zustandsersatzschaltbild Kommutierung

Das Zustandsersatzschaltbild für Kommutierung (Bild 3.1b) gestattet es, den Einfluß des parallelen Zweigs auf den Kommutierungsvorgang zu bestimmen. Die Parallelschaltung von L_N und L'_M bewirkt eine Verringerung der Kommutierungsdauer und eine Verringerung des Induktivitätsverhältnisses l_d am Anschlußpunkt. In der anschließenden Konstantstromphase treten keine Schwingungen auf, da keine Kapazitäten im Kreis vorhanden sind. Asynchronmaschinen unterstützen mit ihrer in den Streuwegen gespeicherten magnetischen Energie die Kommutierungsvorgänge unabhängig vom Schlupf. Es ist für praktische Berechnungen zweckmäßig, diesen Effekt als Vergrößerung der Netzkurzschlußleistung aufzufassen [3.1] und den aktiven Zweig Asynchronmaschine dann durch einen passiven R-L-Zweig zu ersetzen, bei dem R_M und L_M aus dem Arbeitspunkt berechnet werden. Auf diese Weise wird die schwierige Darstellung und Berechnung von u'_M umgangen. Beachtet werden muß, daß oft in den Angaben von S''_k bereits der Einfluß der Drehstrommaschinen (aus der Kurzschlußberechnung nach [3.1]) enthalten ist. Dann darf verständlicherweise die Netzkurzschlußleistung nicht nochmals vergrößert werden. Die aus den Anlaufströmen berechenbare transiente Reaktanz ergibt gesättigte Werte. Für die Wirkung gegenüber Impulsspannungen sind aber besser ungesättigte Werte anzusetzen. Durch Messungen an der Modellstromrichteranlage wurde die gute quantitative Übereinstimmung mit Rechnungen nach diesem Konzept bestätigt [2.5].

Das transiente Verhalten der Synchronmaschinen kann in gleicher Weise beschrieben werden. Zu beachten ist, daß beim Vorhandensein von Dämpferkäfigen die subtransienten Induktivitäten wirksam werden. Bei Schenkelpol-Synchronmaschinen kann die magnetische Unsymmetrie durch die Näherung

$$L''_M \approx \frac{1}{2}\left(L''_d + \sqrt{L''_d L''_q}\right) \tag{3.21}$$

berücksichtigt werden [3.3].

3.2.2. Auswirkungen auf die Maschinen

Die nach Berücksichtigung des transienten Verhaltens der Maschinen noch verbleibende Verzerrung der Anschlußspannung führt in Maschinen zur Verlustvergrößerung. Bei der Betrachtung der Einzelverluste kann festgestellt werden, daß sich die Reibungsverluste nicht und die Eisenverluste nur vernachlässigbar ändern [2.5]. Durch den Kommutierungsvorgang wird in der Asynchronmaschine ein etwa rechteckförmiger Zusatzstrom hervorgerufen, der zu einer Vergrößerung der Kupferverluste führt. Seine Größe ergibt sich aus der Stromteilerregel und dem Stromrichterstrom.

$$i_M = i_{SR} \frac{L_N}{L_N + L'_M} \tag{3.22}$$

Die Berechnung der deswegen verringerten Stromgrundschwingung, die eine gleiche Verlustleistung erzeugt, ist mit der Zerlegung des Zusatzstroms in Harmonische möglich:

$$\frac{I_M}{I_{Mn}} = \sqrt{1 - \sum_{\nu=2}^{\infty} \left(\frac{I_{M\nu}}{I_{Mn}}\right)^2} \tag{3.23}$$

Die numerische Auswertung ergibt für eine Anlage mit $s_d = 8\,\%$ für eine 90-kW-Asynchronmaschine bei Nennbetrieb einen Zahlenwert $I_M/I_{Mn} = 0{,}99$. Diese Reduktion ist durch eine Verminderung des Nenndrehmoments um den Faktor $r_i = I_M/I_{Mn}$ zu erreichen.

Einen weiteren Einfluß auf die Kennlinie der Asynchronmaschine hat die Spannungsabsenkung durch die Kommutierungseinbrüche. Sie kann mit dem Reduktionsfaktor r_u

ausgedrückt werden:

$$\frac{U_{AP}^{(1)}}{U_N} = r_u \approx 1 - \frac{3}{2\pi} l_d \mu \tag{3.24}$$

Insgesamt muß das Nenndrehmoment gegenüber starrem Netz reduziert werden:

$$\frac{M_n^*}{M_n} = \frac{I_M}{I_{Mn}} \frac{U_{AP}^{(1)}}{U_N} = r_i r_u \tag{3.25}$$

Die Spannungsabsenkung beeinflußt Anlauf-, Sattel- und Kippmomente mit dem Quadrat des Spannungsreduktionsfaktors:

$$\frac{M_k}{M_{kn}} = r_u^2 \tag{3.26}$$

Für den Fall eines Niederspannungs-Anschlußpunkts enthält Tabelle 3.1 die Reduktionsfaktoren r_u und r_i.

Für den Fall, daß Kompensationsanlagen und/oder Regeltransformatoren dafür sorgen, daß die Grundschwingungsabsenkung reduziert wird, tendieren die notwendigen Reduktions-

Tabelle 3.1. Reduktionsfaktoren für Stromvergrößerung r_i und Spannungsverringerung r_u für Drehstrom-Asynchronmotoren am NS-AP, Trafoleistung 1600 kVA, $u_k = 6\%$, $x_N = 2\%$; $\alpha = 90°$; $S_{Tn} = 1{,}05 P_{do} + S_{ASM}$

P_{do}/S_{Tn}	0	0,2	0,4	0,6	0,8	1,0
r_i	1	1,000	0,999	0,996	0,992	0,985
r_u	1	0,992	0,984	0,976	0,968	0,960
M_n'/M_n	1	0,992	0,983	0,972	0,961	0,946
M_k/M_{kn}	1	0,984	0,968	0,953	0,937	0,922

Tabelle 3.2. Thermisches Grenzmoment einer Asynchronmaschine KMR 112 M6 für unterschiedlich verzerrte Anschlußspannungen $U_{Nm} = 380$ V; $M_n = 30$ Nm; $\cos \varphi_n = 0{,}81$; nach [3.4] (Angaben in %)

Kenngrößen der Einsatzbedingungen		Kenngrößen der Netzrückwirkungen							Thermisches Grenzmoment
		Pegel der Anschlußspannung $k_{AP}^{u(\nu)}$					k_{AP}^u	U_{AP}/U_{Nn}	
$\alpha = 90°$	ν	1	5/7	11/13	17/19	23/25			M_n'/M_n
$s_d = 2\%$ $l_d = 0{,}2$ $s_c = 0$		97,80	2,22 2,19	2,10 2,04	1,90 1,82	1,64 1,54	5,5	97,95	97,58
$s_d = 3\%$, $l_d = 0{,}4$ $s_c = 0$		96,70	3,47 3,37	3,27 3,22	3,10 3,03	2,87 2,78	8,9	97,69	96,47
$s_d = 1\%$, $l_d = 0{,}5$ $s_c = 0{,}5\%$		99,85	1,09 1,20	2,96 3,02	1,91 1,02	0,69 0,77	5,4	99,08	99,33
$s_d = 1\%$, $l_d = 0{,}5$ $s_c = 3{,}6\%$		99,75	6,77 1,13	0,55 0,18	< 0,1		7,0	102,28	99,32

faktoren noch weiter gegen eins. Die Berechnung des thermischen Grenzmoments der Asynchronmaschinen bei beliebig verzerrter Anschlußspannung ist manuell nicht mehr möglich. Es kann ein von HERMEYER entwickeltes Berechnungsprogramm eingesetzt werden [3.4]. Die Ergebnisse für einige charakteristisch verzerrte Anschlußspannungen enthält Tabelle 3.2. Auch hier zeigt sich die geringe Zusatzbeanspruchung von Drehfeldmaschinen bei durch Netzrückwirkung verzerrter Spannung. Die bisher im Standard geforderte praktisch sinusförmige Spannung mit nur 5% Augenblickswertabweichung gemäß Gl. (1.8) kann danach ohne Nachteile als Spannung mit z. B. 5% Klirrfaktor nach Gl. (1.12) aufgefaßt werden. Über weitergehende Einzelheiten der Abstimmung von Standards berichtet Abschnitt 4.1.

3.3. Zur Bildung des rückwirkungsfreien Netzausschnitts

3.3.1. Aufgabenstellung

Stromrichter werden als Stellglieder für Antriebe, elektrotechnische und elektrotechnologische Prozesse an alle Spannungsebenen in sehr unterschiedlich aufgebauten Netzen angeschlossen. Einige Strukturen wurden als Beispiele bereits im Abschnitt 1.4. vorgestellt. Nach den Erkenntnissen des Abschnitts 2. muß die gegebene Anschlußstruktur so umgewandelt werden, daß eine nach außen praktisch rückwirkungsfreie Struktur entsteht. Eine wichtige Nebenforderung besteht darin, die Struktur so weit wie möglich abzurüsten, um den Berechnungs- und Beschreibungsaufwand in zumutbaren Grenzen zu halten. In Abhängigkeit von einem betrachteten Anschlußpunkt können

- vorgeordnete Netze,
- nebengeordnete Netze und
- unterlagerte Netze

unterschieden werden. Der als praktisch rückwirkungsfrei betrachtete Netzausschnitt enthält alle nach Zusammenfassung noch notwendigen Elemente, durch deren Zusammenarbeit

- der Leistungsfluß von der Übergabestelle zu den Verbrauchergruppen (Wirk- und Blindleistung) und
- die Elektroenergiequalität

hinreichend bestimmt sind.

Bei der Bildung des rückwirkungsfreien Netzausschnitts ist zu beachten, daß in den meisten Fällen Änderungen des Schaltzustands beim Betrieb der Netze oder im Störungsfall vorkommen. Außerdem entstehen Änderungen durch Ausbau oder Rekonstruktion. Es ist bei der Berechnung der Kenngrößen netzseitiger Einsatzbedingungen vom Normalbetriebszustand auszugehen.

Insbesondere bei großen Stromrichter-Leistungsverhältnissen kann es zweckmäßig oder sogar notwendig sein, dieses worst-case-Konzept zugunsten von Maßnahmen im Störungsfall (Leistungsreduktion der Stromrichter, Netzumschaltungen) zu verlassen.

3.3.2. Behandlung vorgeordneter Netze

Die am Anschlußpunkt parallel betriebenen Verbraucher erhalten ihre Energie vom vorgeordneten Netz. Die Einspeisung erfolgt in der Regel über Transformatoren aus der nächsthöheren Spannungsebene (vgl. Bilder 1.21, 1.23, 1.25), wobei deren Impedanzen den wesentlichen Anteil an der Netzimpedanz bewirken. Das übrige vorgeordnete Netz besteht aus weiteren Transformatoren, Generatoren, Freileitungs- und Kabelstrecken, deren Zusammenfassung zu wenigen konzentrierten Schaltelementen notwendig ist, wenn nicht auf ihre umfassende Darstellung mit Hilfe von Netzmodellen zurückgegriffen werden kann.

Aus der Sicht der Netzrückwirkungen erscheint als wesentliche Eigenschaft des vorgeordneten Netzes seine Resonanzfähigkeit, die durch das Zusammenwirken unterschiedlich angeordneter Ersatzinduktivitäten und -kapazitäten begründet ist. Unter der Annahme, daß das Netz am Anschlußpunkt als linearer Zweipol aufgefaßt werden kann, geschieht die Zusammenfassung nach PFEILER [1.19] durch den Ansatz des harmonischen Netzkapazitätseinflußfaktors.

$$\underline{K}_N = \frac{\underline{Z}_N^{(\nu)}}{\underline{Z}_N^{(1)}} \tag{3.27}$$

Auch mit mehrfachen Resonanzstellen behaftete Kreise können schrittweise auf die einfache einfrequente Struktur zurückgeführt werden [3.5]. Werden die Ersatzelemente des Netzes mit R_i, L_i, C_N und die des Anschlußtransformators mit R_j, L_j bezeichnet, so ergibt sich die im Bild 3.2 dargestellte Struktur eines T-Vierpols mit u_N als Eingangs- und u_{AP} als Ausgangsspannung. Die Netzeigenfrequenz wird durch

$$\omega_i^2 = \frac{1}{L_i C_N} \tag{3.28}$$

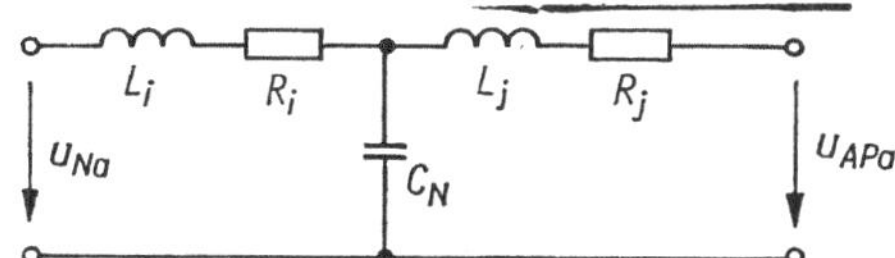

Bild 3.2. Netzzweig mit einer Resonanzmöglichkeit
$L_i + L_j = L_N$
$R_i + R_j = R_N$
C_N Netzersatzkapazität

gegeben. Neben der meist als Ordnungszahl ν_i angegebenen Resonanzlage ist für die Auswirkungen von Stromrichtern auf die Anschlußspannung bei resonanzbehaftetem Netz das Induktivitätsverhältnis l_i wichtig.

$$l_i = \frac{L_i}{L_i + L_j} = \frac{L_i}{L_N} \tag{3.29}$$

Es bestimmt die Lage der Netzersatzkapazität in der Ersatzschaltung, die bei der Zustandsbeschreibung wieder näherungsweise als Kurzschluß aufgefaßt werden darf. Durch die Angabe normierter Kennlinien für die harmonischen Impedanzen der Netzersatzschaltung kann – unter Beachtung der eingeschränkten Gültigkeit der Oberschwingungsersatzschaltbilder des Stromrichterabzweigs – eine manuelle Analyse resonanzbehafteter Strukturen vorgenommen werden.

Beachtenswert sind die Resonanzmöglichkeiten nur dann, wenn sie im Bereich der energetischen Netzrückwirkungen liegen ($\nu_i < 25$) und das Induktivitätsverhältnis hinreichend groß ist ($l_i > 0{,}1$). So ist z. B. für die Freileitung im Bild 2.28 die meßbare Resonanzstelle bei etwa 9 kHz die Ursache für die im Bild 2.30 beobachtbaren Ausgleichsvorgänge. Die in diesem Frequenzbereich wirksamen hohen Dämpfungen, deren Erfassung und Nachbildung problematisch ist, sorgen meist für eine ausreichende Auslöschung. Außerdem ist durch den Abspanntransformator vor dem Anschlußpunkt der Wert für l_i hinreichend klein. In diesem wie auch in vielen anderen Fällen genügt es, das vorgeordnete Netz als ohmsch-induktiven Netzzweig aufzufassen ($C_N \to 0$).

Der Sonderfall eines den Anschlußpunkt speisenden langen Kabels führt zu geringen Werten für ν_i und Werten für l_i nahe bei eins. Er kann dann mit guter Näherung als Parallelkompen-

sation des Anschlußpunkts behandelt werden. Abschnitt 6.4. wird die sich dabei ergebenden Kabelschwingungen näher erläutern.
Sind in dem einem betrachteten Anschlußpunkt vorgelagerten Netz wesentliche Kapazitäten z. B. in Form von Kompensationsanlagen vorhanden und/oder haben Stromrichter dort ihren Anschlußpunkt, so ist dieses Netz notwendigerweise in die Betrachtung einzubeziehen. Das ursprünglich betrachtete Netz kann dann nach den Ausführungen von Abschnitt 3.3.4. als unterlagertes Netz behandelt werden.

3.3.3. Behandlung nebengeordneter Netze

Nebengeordnete Netze entstehen, wenn das vorgeordnete Netz mehrere Sektionen oder Blöcke mit gleicher oder unterschiedlicher Spannungsebene speist, die nicht gekoppelt gefahren werden (vgl. Bild 1.24). Die gegenseitige Beeinflussung kann dann nur über das vorgeordnete Netz erfolgen. Die Beeinflussung ist um so geringer, je härter das vorgeordnete Netz ist. Damit wird die Kopplung immer weniger wirksam, je größer der Unterschied der Spannungsebenen zwischen den betrachteten Netzen und dem vorgeordneten Netz wird. So kann z. B. im Bild 1.24 berechtigt angenommen werden, daß über das einspeisende 110-kV-Netz keine Beeinflussung benachbarter Sektionen erfolgt.
Wird eine Beeinflussung nebengeordneter Netze vermutet, dann ist das vorgeordnete Netz mit den unterlagerten Netzen vollständig nachzubilden (vgl. Bild 2.28). In Anlagen mit unruhigen Verbrauchern (Lichtbogenöfen, Blockwalzwerke) werden diese in einem unruhigen Block zusammengefaßt, der getrennt kompensiert und möglichst ohne Auswirkungen auf benachbarte Blöcke angeschlossen wird.
Bei der Vorausberechnung von Netzrückwirkungen muß beachtet werden, daß meist Kopplungen zwischen nebengeordneten Netzen bestehen, die im Störungsfall eingelegt werden können. Die Netzrückwirkungen können durch solche Strukturänderungen u. U. nicht mehr für die volle Stromrichterleistung beherrscht werden, so daß sich gesonderte Festlegungen für diese Fälle als notwendig erweisen.

3.3.4. Behandlung unterlagerter Netze

Unterlagerte Netze sind mit dem behandelten Netz über einen Transformator verbunden. Sind als dessen Belastung nur lineare Verbraucher mit ohmsch-induktivem Verhalten vorhanden, so kann das unterlagerte Netz mit in den Lastzweig integriert werden. Eine Besonderheit stellen solche unterlagerten Netze dar, die Leistungskondensatoren enthalten (vgl. Bild 2.28). Die Reihenschaltung der Transformatorstreuinduktivität mit den – meist auch noch stufig schaltbar ausgeführten – Leistungskondensatoren stellt einen durch die Last bedämpften Reihenschwingkreis dar, der in Resonanz geraten kann. In solchen Fällen ist eine Einbeziehung des unterlagerten Netzes in die Systembetrachtung unumgänglich. Es existieren dafür spezielle Unterprogramme im Analogprogramm REMOS, digitale Simulationsmöglichkeiten und die Nachbildung am Netzanalysator. Die Behandlung dieses Sonderfalls erfolgt im Abschnitt 8.2.
Ebenso häufig kommt es vor, daß im unterlagerten Netz Stromrichter angeschlossen werden. In vielen Fällen ist der im unterlagerten Netz sich ergebende Ersatzstromrichter in seinem Leistungsverhältnis so klein (etwa $s_d < 0{,}5\,\%$), daß er gegenüber den im Hauptnetz vorhandenen Stromrichtern vernachlässigt werden kann. Anderenfalls ist wieder die volle Struktur zu behandeln.
Die Ergebnisse der letzten drei Abschnitte sollen mit einem Bild abschließend zusammengefaßt werden. Bild 3.3 zeigt schematisch die Netzarten und die Zusammenfassung zu einem

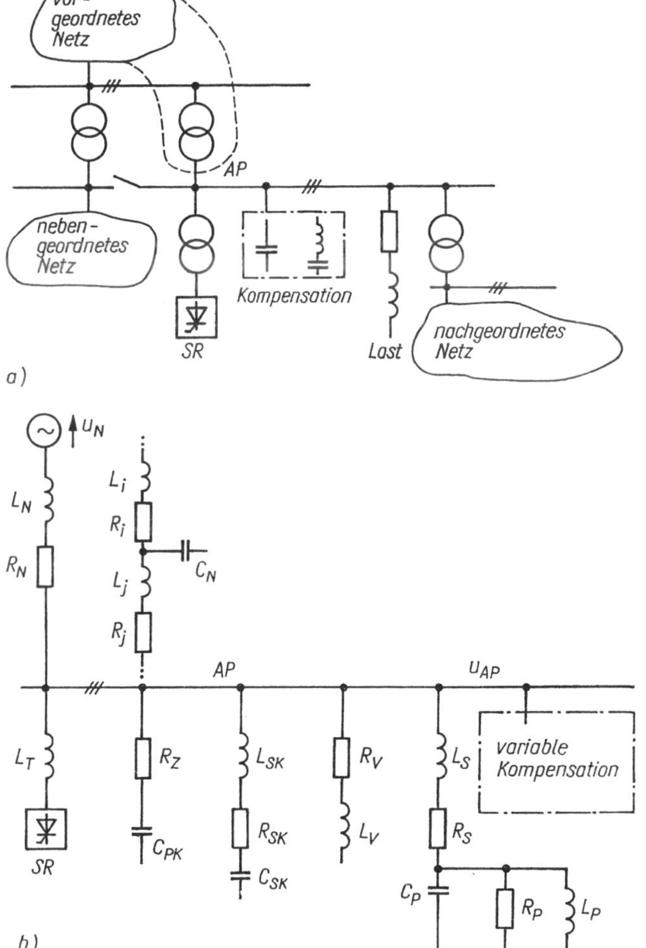

Bild 3.3. Zur Bildung des rückwirkungsfreien Netzausschnitts

a) Ausgangsstruktur mit verschiedenen Spannungsebenen
b) rückwirkungsfreie zusammengefaßte Struktur mit einem Ersatzstromrichter

nach außen rückwirkungsfreien Netzausschnitt, wie er allen weiteren Abschnitten als Grundlage dienen wird. Die Einspeisung erfolgt wahlweise über ein ohmsch-induktives Netz oder ein Netz mit einer Resonanzstelle. Am Anschlußpunkt werden der sechs- oder zwölfpulsige Ersatzstromrichter, eine passive Last, ein Leistungskondensatorzweig mit Reihenwiderstand, ein oder mehrere Saugkreise, eine dynamische Kompensationseinrichtung und ein resonanzfähig gekoppeltes untergeordnetes stromrichterfreies Netz wahlweise angeschlossen. Die weitere Gliederung behandelt nacheinander die Strukturen

- Stromrichter ohne Leistungskondensatoren (Abschn. 5.)
- Stromrichter mit Parallelkompensation (Abschn. 6.)
- Stromrichter mit Saugkreiskompensation (Abschn. 7.)
- Stromrichter mit Saugkreis- und Parallelkompensation (Abschn. 8.)
- Stromrichter mit resonanzfähiger Kopplung (Abschn. 8.)
- Stromrichter mit dynamischer Kompensation (Abschn. 9.)

im Hinblick auf Analyse und Entwurf.

In sehr vielen Strukturen sind mehrere Stromrichter an einem Anschlußpunkt angeschlossen. Die Behandlung des Parallelbetriebs und die Zusammenfassung zu einem Ersatzstromrichter ist der letzte Schritt, der zur Vorbereitung der Behandlung spezieller Strukturen noch gegangen werden muß.

3.4. Zur Bildung des Ersatzstromrichters

3.4.1. Grundlagen des Parallelbetriebs von Stromrichtern

Sind an einem Anschlußpunkt mehrere Stromrichter angeschlossen, so entstehen die Netzrückwirkungen physikalisch durch die Überlagerung aller Vorgänge, die während der Kommutierungs- und Konstantstromphasen der beteiligten Stromrichter im energetischen Wirkungskreis ablaufen. Ihre Vorausberechnung ist bereits bei mehr als zwei bis drei Stromrichterabzweigen auch mit großem Simulationsaufwand praktisch nicht mehr möglich. Dazu kommt noch, daß sich sowohl Steuerwinkel als auch Gleichstrom der Teilstromrichter nur in wenigen Fällen determiniert vorhersagen lassen. Der Errichter einer Stromrichteranlage benötigt aber

- für die Kontrolle der Einhaltung von Grenzwerten der Stromrichter-Netzrückwirkungen,
- für die Aussage, ob eine Kompensationsanlage erforderlich ist und welche Struktur sie haben soll, und
- für die Bemessung der Kompensationsanlage

Aussagen über die resultierende Wirkung der Teilstromrichter am Anschlußpunkt hinsichtlich Blindleistungsbedarf und Verzerrung der Anschlußspannung.
Solche Aussagen werden nachfolgend zusammengetragen, wobei zuerst der deterministische Parallelbetrieb zweier Teilstromrichter ohne und mit Kondensatoren in der Anschlußstruktur und danach für viele Stromrichter die statistische Überlagerung der Wirkungen betrachtet wird. Bei zwei Stromrichtern ist die Zustandsbeschreibung sowohl über Zustandsersatzschaltbilder als auch durch Simulation das zweckmäßigste Verfahren. Mit zunehmender Zahl von Stromrichtern wird jedoch die Zustandsbeschreibung wegen der wachsenden Zahl der Umschaltungen zu schwerfällig. Die statistische Überlagerung erfolgt deswegen über die phasenrichtige Addition der Harmonischen und anschließende Rückrechnung in einen sechs- oder zwölfpulsigen Ersatzstromrichter. Mathematisches Hilfsmittel ist dabei die Monte-Carlo-Simulation [3.6], [3.7].

3.4.2. Zustandsbeschreibung

Zwei Teilstromrichter, die durch ihre Kenngrößen s_d, I_d und α eindeutig gekennzeichnet sind, arbeiten an einem aus einem induktiven Netz gespeisten Anschlußpunkt zunächst ohne weitere Verzweigungen zusammen. Dieses System kann sehr einfach und genau mit Zustandsersatzschaltbildern beschrieben werden, da zwischen den Kommutierungen keine Aussgleichvorgänge entstehen [3.8]. Im Bild 3.4 wird diese Struktur dargestellt und gezeigt, welche Betriebsfälle bei uneingeschränktem Steuerwinkelbereich zu charakteristischen Wirkungen führen. Zur besseren Anschaulichkeit sind nur die Kommutierungsspannungen der als ungestört angenommenen Teilstromrichter dargestellt.

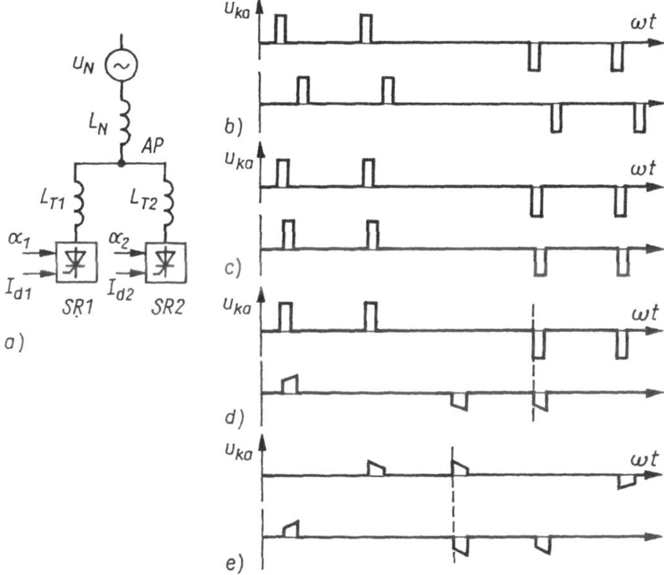

Bild 3.4. Parallelbetrieb zweier Stromrichter am induktiven Netz

a) Struktur: *SR1*, *SR2* Stromrichter in B6C-Schaltung

b) Fall *1*: unabhängige Kommutierungen, $\alpha_1 = 90°$; $\alpha_2 = 105°$

c) Fall *2*: gemeinsame Kommutierungen, $\alpha_1 = 90°$; $\alpha_2 = 93°$

d) Fall *3*: um 60° versetzte Kommutierung, $\alpha_1 = 90°$; $\alpha_2 = 30°$

e) Fall *4*: um 120° versetzte Kommutierung, $\alpha_1 = 150°$; $\alpha_2 = 30°$

Im Bild 3.4b (Fall *1*) ist die Steuerwinkeldifferenz größer als die Kommutierungsdauer, so daß sich ungestörte Kommutierungsabläufe ergeben, wenn ideale Glättung des Gleichstroms vorausgesetzt wird. Im Bild 3.4c ist die Steuerwinkeldifferenz kleiner als die Kommutierungsdauer. Es entsteht ein Abschnitt gemeinsamer Kommutierung (Fall *2*). Die Verläufe der Ströme und Spannungen sind problemlos manuell berechenbar, wenn die abschnittsweise

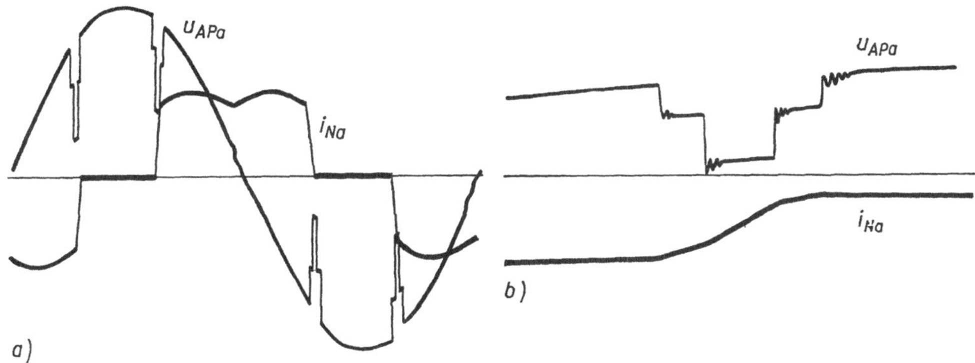

Bild 3.5. Parallelbetrieb zweier gleicher Stromrichter (Fall *2*)

$s_{d1} = s_{d2} = 3\,\%$ $\alpha_1 = 85°$

${}_{d1} = l_{d2} = 0{,}28$ $\alpha_2 = 88°$

a) $u_{APa}(t)$; $i_{Na}(t)$

b) vergrößerter Ausschnitt

gültigen Zustandsersatzschaltbilder nach Abschnitt 2.3.2. verwendet werden. Den Nachweis der Übereinstimmung von Rechnung und Messung erbringt SIEBERT in [2.5].
Zur Veranschaulichung zeigt Bild 3.5 die Zeitfunktionen für Stromrichterstrom und Anschlußspannung für Fall *2* bei zwei gleichen Stromrichtern. Im Ergebnis entsteht eine für den Teilstromrichter verlängerte Kommutierung und eine vergrößerte Augenblickswertabweichung in der Anschlußspannung. Dieses Verhalten muß besonders bei maximaler Wechselrichteraussteuerung beachtet werden, da es zur Überschreitung der Wechselrichtertrittgrenze führen kann. Mit der vereinfachenden Annahme gleicher Stromrichterabzweige ist im Bild 3.6 die Anzahl von Stromrichtern berechnet worden, die bei festliegender Steuerwinkelbegrenzung, gleichem s_d und l_d gleichzeitig an einem Anschlußpunkt betrieben werden kann, ohne daß Wechselrichterkippen befürchtet werden muß.

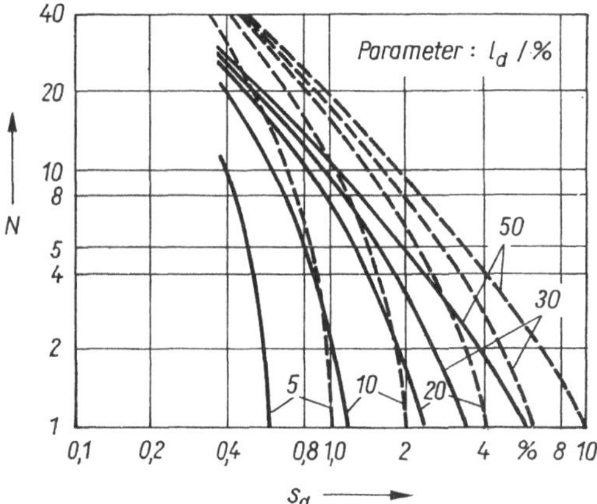

Bild 3.6. Zulässige Anzahl gleicher Stromrichterabzweige an einem Anschlußpunkt bei Wechselrichteraussteuerung Wechselrichterzwangssteuerung ohne Wechselrichterkippen

N Anzahl gleicher Stromrichter
α_{max} Steuerwinkelbegrenzung
l_d, s_d Werte eines Stromrichterabzweigs
—— $\alpha_{max} = 150°$
--- $\alpha_{max} = 140°$

Sind die beteiligten Stromrichterabzweige im Wert l_d sehr unterschiedlich, so läuft der Kommutierungsvorgang zwar prinzipiell in gleicher Weise ab, die Ergebnisse sind jedoch so beschaffen, daß der Stromrichter mit dem großen l_d selbst praktisch keine Änderung der Kommutierung erfährt, der Stromrichter mit dem kleinen l_d jedoch erheblich länger kommutiert. Stromrichter mit großem l_d schreiben demnach die Spannungskurvenform für Stromrichter mit kleinem l_d vor.
Zünden zwei Stromrichter um 60° oder 120° verschoben, so fallen entsprechend Bild 3.4d oder 3.4e zwei Kommutierungsanfänge gleich- oder gegenphasig zusammen. Die gegenseitige Beeinflussung tritt einmal je Halbperiode auf. Bei der Berechnung mit Zustandsersatzschaltbildern ergibt sich, daß im Fall *3* die Kommutierungsdauer durch gleichsinnige Richtung der Kommutierungsströme vergrößert und im Fall *4* verringert wird. Durch die auftretende Verkürzung der Kommutierung hat Fall *4* keine praktischen Konsequenzen. Dagegen kann die Betriebsweise entsprechend Fall *3* dazu führen, daß ein im Steuerbereich $0 \leqq \alpha_1 \leqq 30°$ arbeitender Stromrichter von einem 60° versetzt kommutierenden Stromrichter (z. B. im Anlauf eines Antriebs) eine Verzögerung des vom Ansteuergerät vorgesehenen Zündzeitpunkts erfährt, der dem l_{d2} proportional, höchstens aber so groß, wie die Kommutierungsdauer des störenden Stromrichterabzweigs ist. Die Folge sind Reglerschwingungen im gestörten Abzweig. In ungünstigen Fällen kann es sogar zur Ausblendung von Steuerimpulsen kommen, wenn die Steuerimpulse kürzer als die Verschiebung sind.
Am anderen Ende des Steuerbereichs des nach Fall *3* gestörten Stromrichterabzweigs kann die Verlängerung der Kommutierungsdauer zum Wechselrichterkippen führen. Bild 3.7 veranschaulicht beide Extremfälle durch Darstellung der Zeitfunktionen. Zur Überprüfung des kritischen Falls Wechselrichterkippen kann Bild 3.8 dienen, das die mögliche Größe der

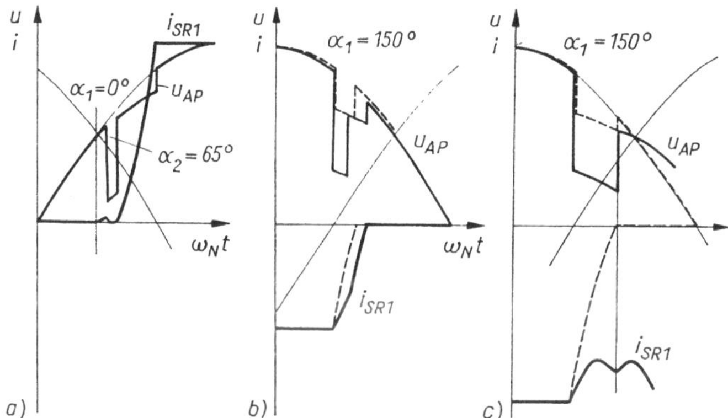

Bild 3.7. Parallelbetrieb zweier Stromrichter mit 60° Steuerwinkeldifferenz (Fall *3*)

—— i_{SR1}, u_{AP} --- i_{SR1}, u_{AP} ungestört

a) Zündverzug durch *SR2* ($\alpha_2 = 65°$)

b) Verlängerung der Kommutierungsdauer durch *SR2* ($\alpha_2 = 90°$)

c) Wechselrichterkippen durch *SR2* ($\alpha_2 = 90°$)

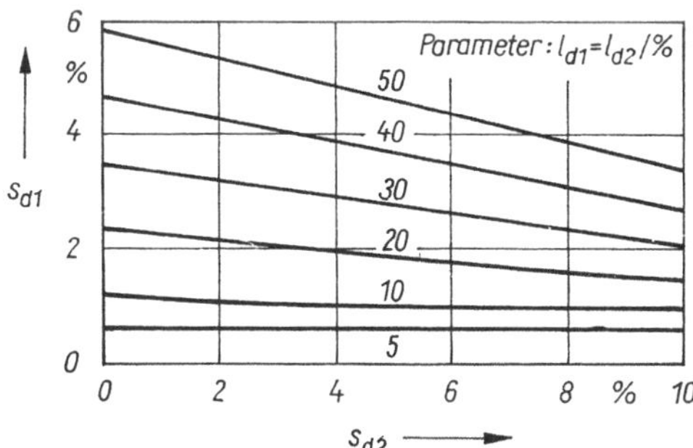

Bild 3.8. Zulässiges Leistungsverhältnis eines Stromrichters bei Wechselrichterzwangssteuerung ($\alpha_1 = 150°$) und Parallelbetrieb weiterer Stromrichter bei $\alpha_2 = 90°$, s_{d2}

Leistungsverhältnisse bei Steuerwinkelbegrenzung auf 150° abzulesen gestattet [2.5]. Es muß noch darauf verwiesen werden, daß beim Einsatz von Leistungskondensatoren in der Anschlußstruktur die Kommutierungsdauern generell verkürzt werden, so daß die hier behandelten kritischen Fälle worst-case-Bedeutung besitzen.

Sind am Anschlußpunkt neben den Stromrichtern noch Kompensationseinrichtungen mit Leistungskondensatoren angeschlossen, so entstehen nach den im Abschnitt 2. behandelten Methoden berechenbare Ausgleichsvorgänge, die sich im linearen System superponieren lassen. Praktisch bedeutsam sind die resultierende Verzerrung der Anschlußspannung und sich daraus ergebende Beanspruchungen von Betriebsmitteln. Zur Nachbildung müssen größtenteils Simulationsverfahren verwendet werden. Die Zahl der Struktur- und Parameterkombinationen ist so hoch, daß eine allgemeingültige Vorausberechnung unmöglich wird. Die Simulation gegebener Anschlußstrukturen mit wenigen Stromrichtern für deterministische Verhältnisse ist jedoch in Sonderfällen nötig. Zwei Simulationsergebnisse sollen das prinzipielle Verhalten resonanzfähiger Strukturen bei Mehrstromrichterbetrieb veranschaulichen. Im Bild 3.9 ist der bezogene Effektivstrom für zwei Kompensationsstrukturen in Abhängigkeit vom Differenzsteuerwinkel für fünf gleiche Stromrichterabzweige dargestellt. Die Verläufe zeigen die durch die phasenverschobene Überlagerung der Ausgleichsvorgänge abnehmende Beanspruchung. Gleiches gilt auch für die Kenngrößen der Anschlußspannung.

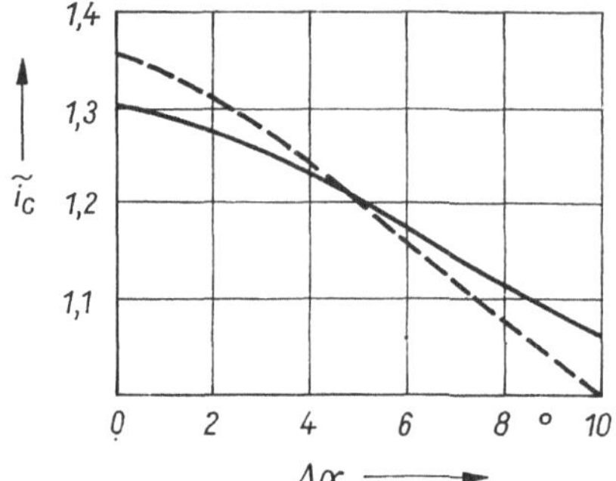

Bild 3.9. Parallelbetrieb fünf gleicher Stromrichterabzweige mit geringen symmetrischen Differenzsteuerwinkeln

$\alpha_1 = 60°$; $\alpha_{2,3} = 60° \pm \Delta\alpha$; $\alpha_{4,5} = 60° \pm 2\Delta\alpha$
—— Saugkreis fünfter Ordnung $s_C = 1{,}5\,\%$; $\varrho_{SK} = 10$; $s_d = 1{,}2\,\%$
--- Parallelkondensator $s_C = 4{,}0\,\%$; $s_d = 0{,}5\,\%$

Die eine allgemeingültige Aussage erlaubende Annahme besteht nun darin, die Beanspruchung und Netzrückwirkung einer Struktur über die im folgenden Abschnitt zu erläuternde statistische Betrachtung *einem* reduzierten Ersatzstromrichter zuzuschreiben.
Während die Steuerwinkel im Bild 3.9 relativ dicht beieinander lagen, zeigt Bild 3.10 das Systemverhalten für zwei gleiche Stromrichterabzweige und große Differenzwinkel, wobei ein Stromrichter bei $\alpha_1 = 90°$, der andere mit variablem Steuerwinkel kommutiert. Hier treten Minima und Maxima auf, die durch die phasen- und frequenzabhängige Verstärkung oder Auslöschung der Ausgleichsvorgänge begründet sind. Die Auslöschung der 5. und 7. Harmonischen bei Differenzsteuerwinkeln um 30° gibt die Berechtigung, einen zwölfpulsigen Ersatzstromrichter (gleicher Steuerwinkel, aber 30° gedrehtes Netz) in Simulationsprogrammen einfacher durch zwei sechspulsige Stromrichter nachzubilden [2.26].

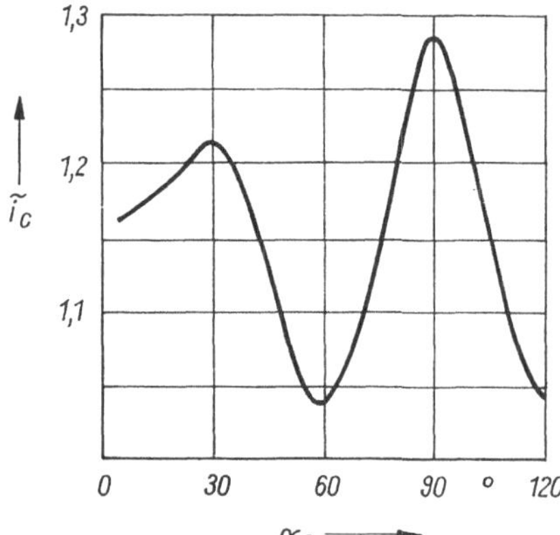

Bild 3.10. Parallelbetrieb zweier gleicher Stromrichterabzweige mit großem Differenzsteuerwinkel

$s_{d1} = s_{d2} = 1{,}8\,\%$
$l_d = 0{,}2$
$\alpha_1 = 90°$
Parallelkondensator $s_C = 2{,}8\,\%$; $P_{vZ}/Q_{Ci} = 2\,\%$

3.4.3. Statistische Beschreibung

Arbeiten an einem betrachteten Anschlußpunkt viele Stromrichter parallel, so ist die Zustandsanalyse des Systems mit einem praktisch nicht bewältigbaren Aufwand verbunden. Mit den Voraussetzungen, daß der speisende Netzzweig induktiv ist, zunächst keine Kompensationseinrichtungen am Anschlußpunkt vorhanden sind und eine gegenseitige Beeinflussung der Kommutierungsvorgänge ausgeschlossen ist, ist für jeden Teilstromrichter über einfache Gleichungen die spektrale Darstellung der netzseitigen Ströme und Spannungen angebbar [3.9] (vgl. auch Abschnitt 5.). Während das Induktivitätsverhältnis der Teilstrom-

richter bei gegebener Netzkurzschlußleistung unveränderlich ist, können s_d und α als zufällige Größen mit vorgebbarer Wahrscheinlichkeitsdichtefunktion behandelt werden [3.10]. Die analytische Berechnung der mehrdimensionalen Wahrscheinlichkeiten des Auftretens der Spannungspegel in der Anschlußspannung über numerische Integration der Faltungsintegrale ist sehr zeitaufwendig und ungenau [3.11]. Auch hierfür ist die Simulation (als *Monte-Carlo-Simulation*) der geschlossenen Lösung vorzuziehen [3.12].
Folgende Arbeitsschritte kennzeichnen die Vorgehensweise bei der *Monte-Carlo-Simulation*:

1. Die Eingangsvariablen (hier α, s_d oder I_d) werden an Hand von problemspezifischen Wahrscheinlichkeitsdichten vorgegeben.
2. Mit einem Zufallszahlengenerator werden gleichverteilte Zufallszahlen erzeugt, aus welchen mit den vorhandenen Wahrscheinlichkeitsdichten problemspezifisch verteilte Zufallszahlen gewonnen werden.
3. Mit diesen Zufallszahlen wird der gewünschte Algorithmus (hier die harmonische Analyse der Anschlußspannung) beliebig oft durchgerechnet. Die Anzahl der Versuche ist so klein wie möglich, aber so groß wie für die Ergebnisgenauigkeit nötig zu wählen.
4. Die Ergebnisse werden klassiert und die daraus entstandenen Wahrscheinlichkeitsdichten und Verteilungsfunktionen ausgedrückt. Daraus läßt sich dann z. B. ablesen, welche Werte die Ausgangsgrößen (hier Pegel der Harmonischen in der Anschlußspannung) bei einer gewählten statistischen Sicherheit nicht überschreiten.

Je nach Umfang des im Punkt *3.* abzuarbeitenden Algorithmus sind zur Monte-Carlo-Simulation programmierbare Tischrechner, Digitalrechner oder hybride Rechenanlagen einsetzbar. Das von SIEBERT [2.5] entwickelte Programm MCSIM nutzt den schnellen Großrechner BESM 6. Der Algorithmus beruht auf der phasenrichtigen Addition der Spannungsharmonischen. Amplitude und Phasenlage werden über gegebene Gleichungen für jeden Stromrichter bei jedem Versuch errechnet und summiert, so daß ein auf den worst-case bezogener Spannungsreduktionsfaktor $f^{u(\nu)}$ für jede Harmonische entsteht. Im folgenden wird mit einigen Ergebnissen die Leistungsfähigkeit des Programms für die Bildung von Ersatzstromrichtern näher behandelt. Weitere Einzelheiten über den Programmaufbau enthält [3.8]. Alle angegebenen Diagramme wurden durch Auswertung von 500 Versuchen gewonnen. Mit dieser Zahl ist die geforderte statistische Sicherheit von 99% erreichbar.

3.4.4. Simulation mit idealisierten Verteilungen

Unter der Voraussetzung, daß alle Stromrichterabzweige mit gleichem I_d und gleichem Bezugsstrom $I_{d\,max}$ am Anschlußpunkt betrieben werden, sind im Bild 3.11 die Verteilungsfunktionen der Reduktionsfaktoren für folgende idealisierte Eingangsverteilungen dargestellt worden:

a) $\alpha = 90°$ und $0 \leqq s_d \leqq s_{d\,max}$ gleichverteilt
b) $0 \leqq \alpha \leqq 90°$ gleichverteilt und $s_d = s_{d\,max}$
c) α und s_d gleichverteilt

Das Ergebnis kann anschaulich durch die Vorstellung der einzelnen Pegel als ruhende Zeiger mit einer $\nu\alpha$ proportionalen Phasenlage und einer s_d proportionalen Amplitude interpretiert werden. Während bei konstantem Steuerwinkel alle Zeiger nahezu gleichphasig sind und sich deshalb der Mittelwert $f^u = 0{,}5$ für gleichverteiltes s_d immer besser ergibt, je mehr Stromrichter beteiligt sind, ist im umgekehrten Fall bei gleicher Amplitude und gleichverteiltem Winkel der Reduktionsfaktor erheblich kleiner, da sich der resultierende Zeiger durch Aus-

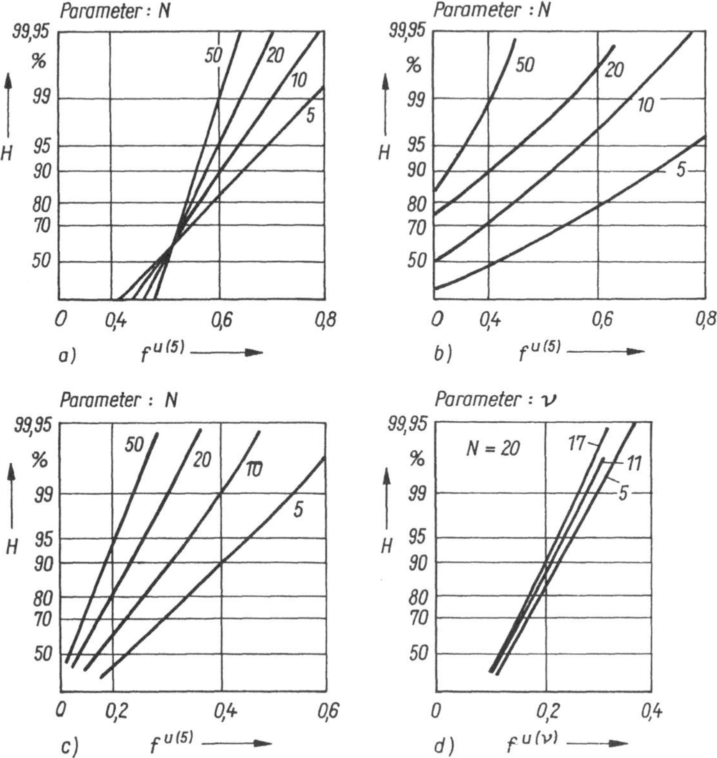

Bild 3.11. Summenhäufigkeit von Reduktionsfaktoren $f^{u(\nu)}$ für die Anschlußspannung
N Anzahl der gleichen Stromrichterabzweige H Summenhäufigkeit

a) $\alpha = 90°$; $0 \leqq s_d \leqq s_{d\,max}$; $f^{u(5)}$
b) $0 \leqq \alpha \leqq 90°$; $s_d = s_{d\,max}$; $f^{u(5)}$
c) $0 \leqq \alpha \leqq 90°$; $0 \leqq s_d \leqq s_{d\,max}$; $f^{u(5)}$
d) wie c), aber verschiedene $f^{u(\nu)}$

löschung gegenphasiger Anteile stark reduziert. Bei der Kombination beider Eingangsverteilungen entstehen nochmals verringerte Reduktionsfaktoren.

Interessant und für die spätere Anwendung bedeutsam ist die im Bild 3.11d gezeigte geringe Abhängigkeit der Reduktionsfaktoren von der Ordnungszahl. Der Unterschied entsteht durch den unterschiedlichen Phasendrehbereich verschiedener Harmonischer. Die Kennlinie $f^{u(5)}$ liegt etwas auf der sicheren Seite. Damit entsteht die Berechtigung, Bild 3.11 zur Bildung eines Ersatzstromrichters zu verwenden, für dessen $s_{d\,ers}$ die Gleichung

$$s_{d\,ers} = f^{u(5)} s_{d\,max} N \tag{3.30}$$

gilt. Der Ersatzstromrichter mit $p = 6$, $s_{d\,ers}$, $l_{d\,ers}$ und α_{ers} geht in die Struktur nach Bild 3.3 ein und dient als Ausgangspunkt für deren deterministische Untersuchung. Der Steuerwinkel a_{ers} wird ebenfalls über das Simulationsprogramm bestimmbar, wenn für $\nu = 1$ die Grundschwingungsleistungen addiert und als auf den worst-case bezogener Reduktionsfaktor f^q angegeben werden. Bild 3.12a enthält den Verlauf von f^q für gleichverteilte Eingangsgrößen.

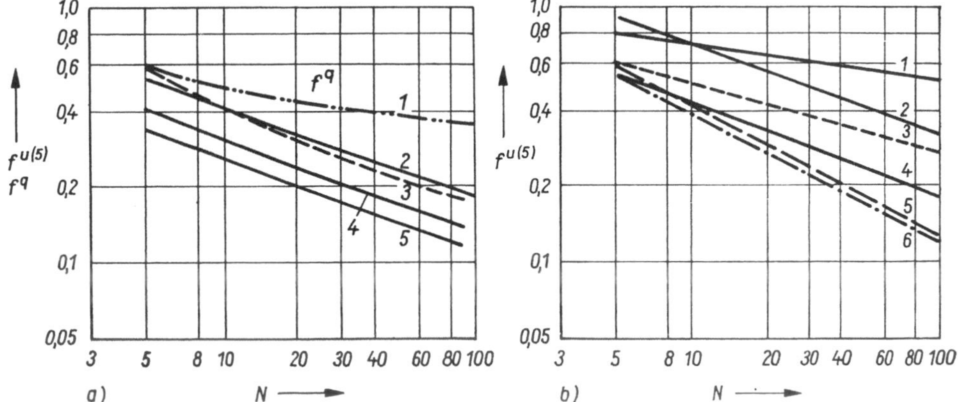

Bild 3.12. Reduktionsfaktoren für gleichverteilte Eingangsgrößen

$f^{u(\nu)}$ Reduktionsfaktoren für Anschlußspannung f^q Reduktionsfaktor für Blindleistung

a) *1* $f^q(N)$; α, s_d gleichverteilt; $0 \leqq \alpha \leqq 90°$
2 $f^{u(5)}$; α, s_d gleichverteilt; $0 \leqq \alpha \leqq 90°$
3 $f^{u(5)}$; α, s_d gleichverteilt; $30 \leqq \alpha \leqq 150°$
1 bis *3* statistische Sicherheit 99%
4 wie *2*, aber statistische Sicherheit 90%
5 wie *2*, aber statistische Sicherheit 80%

b) *1* $\alpha = 90°$; s_d gleichverteilt
2 $0 \leqq \alpha \leqq 90°$; $s_d = s_{d\,max}$
3 wie 4, aber 50% der Stromrichter ungesteuert $\alpha = 0°$
4 $0 \leqq \alpha \leqq 90°$; s_d gleichverteilt
5 wie *4*, aber 50% der Stromrichter andere Trafoschaltgruppe
6 wie *3*, aber 50% der Stromrichter andere Trafoschaltgruppe

Es gilt $\alpha_{ers} \approx \arc\sin f^q$ (3.31)

Die Darstellungsform von Bild 3.12 bringt die wesentliche Einflußgröße N besser zur Geltung. Daher wurden in diesem Bild auch weitere Ergebnisse angegeben. Bild 3.12a zeigt, daß der Einfluß der Größe des Steuerbereichs nur gering ist (Kurven *2* und *3*). Dagegen ist die statistische Sicherheit eine wesentliche Kenngröße (Kurven *2*, *4*, *5*).

Weitere Einflußgrößen wurden im Bild 3.12b deutlich. Neben der bereits aus Bild 3.11 bekannten Tatsache, daß der variable Steuerwinkel zur größeren Reduktion als variable Belastung führt (Kurven *1*, *2*, *4*), wird gezeigt, daß ungesteuerte Stromrichter die Reduktionsfaktoren senken (Kurve *3* gegenüber Kurven *1* und *2*) und der Einsatz gemischter Trafoschaltgruppen (50% Schaltgruppe *Yy0*; 50% Schaltgruppe *Yd5*) eine wesentlich senkende Wirkung auf den Reduktionsfaktor der fünften und siebenten Harmonischen hat. Letztere Wirkung beruht auf der teilweisen Auslöschung der im Zwölfpulsbetrieb wegfallenden Harmonischen durch $\nu \cdot 30°$ Phasendrehung im Transformator. Der Wirkung der unterschiedlichen Trafoschaltgruppen kann in etwa entsprochen werden, wenn in die Struktur nach Bild 3.3 zwei sechspulsige, um 30° unterschiedlich angesteuerte Ersatzstromricher eingeführt werden, von denen jeder eine Stromrichtergruppe mit gleichen Transformatoren verkörpert. Diese Anordnung wird auch als quasi-zwölfpulsiger Ersatzstromrichter bezeichnet.

Mit einem Zahlenbeispiel soll dieser Abschnitt abgeschlossen werden. An einem Niederspannungs-Anschlußpunkt mit $S_k'' = 15$ MVA arbeiten 20 gleiche Stromrichterantriebe im Einquadrantenbetrieb mit stark schwankenden Drehzahlen und Momenten. Der maximale Gleichstrom (Strombegrenzung) beträgt 100 A ($s_{d\,max} = 0{,}34\%$, $l_d = 0{,}3$). Aus Bild 3.12a folgt $f^u = 0{,}32$ (Kurve *2*) und $f^q = 0{,}43$ (Kurve *1*), womit sich mit Gln. (3.30) und (3.31) der Ersatzstromrichter $p = 6$ mit $s_{d\,ers} = 0{,}32 \cdot 0{,}34\% \cdot 20 = 2{,}18\%$ und $\alpha_{ers} = 25°$ ergibt. Mit diesen Werten wird die weitere Berechnung von Netzrückwirkungen ausgeführt.

3.4.5. Simulation mit praxisnahen Verteilungen

Die Annahme idealisierter Verteilungen geschah, um möglichst allgemeingültige Aussagen treffen zu können. Die Treffsicherheit der Simulationsergebnisse kann verbessert werden, wenn praxisnahe Verteilungen für Steuerwinkel und Leistungsverhältnis aus dem vorliegenden Anlagenprojekt ermittelt und der Simulation zugrunde gelegt werden. Leider sind die Möglichkeiten der Anlagengestaltung so vielfältig und ihre Einflüsse so schwerwiegend, daß die Allgemeingültigkeit verlorengeht. Die folgenden Ausführungen beschränken sich daher auf Bemerkungen zu wesentlichen Einflußgrößen und beziehen sich auf das konkrete Beispiel kontinuierliches Walzwerk (vgl. Bild 1.24).

Die Verteilungen für Leistungsverhältnis und Steuerwinkel bei günstigstem und ungünstigstem Walzprogramm zeigt Bild 3.13. Die Antriebe besitzen kombinierte Anker- und Feldstellung, wodurch sich bei hohen Geschwindigkeiten ein geringer Steuerwinkelbereich ergibt (Bild 3.13 b). Bild 3.14 zeigt Simulationsergebnisse für verschiedene Reduktionsfaktoren. Es wird deutlich, daß sich größere Unterschiede zwischen den Harmonischen ergeben können als bei Gleichverteilungen (Bild 3.14 a). Auch der Einfluß verschiedener Trafoschaltgruppen wirkt sehr unterschiedlich auf die Reduktionsfaktoren. Die genauere Aussage von Bild 3.14 geht verloren, wenn die Bildung des Ersatzstromrichters mit Gl. (3.30) vorgenommen wird. Unter Umständen ist dann die weitere Bearbeitung mit Oberschwingungsersatzschaltbildern zweckmäßig. Da der erhebliche Aufwand für die Simulation mit praxisnahen Verteilungen nur bei Großanlagen gerechtfertigt ist, wird im Normalfall auf die Aussagen des Abschnitts 3.4.4. zurückgegriffen.

Bei den hier gezeigten Simulationsergebnissen wird stets davon ausgegangen, daß alle Stromrichter von gleicher Leistung sind. In einer getrennten Untersuchung wurde die Berechtigung dieser Annahme nachgewiesen. Der Einfluß der Anzahl der Stromrichter vergleichbarer Leistung ist stets erheblich größer als der Einfluß der Absolutleistung [2.5].

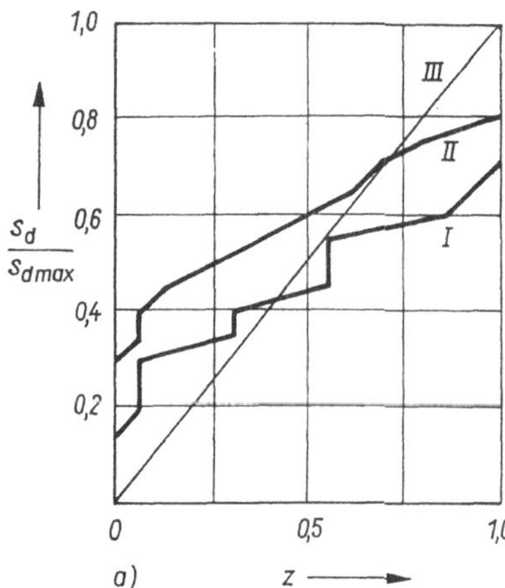

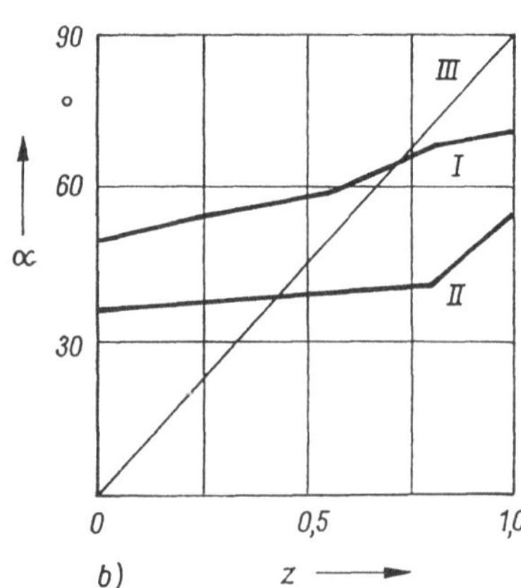

Bild 3.13. Praxisnahe Verteilung für Belastung und Steuerwinkel (Beispiel Konti-Walzwerk)
I leichtestes Walzprogramm *II* härtestes Walzprogramm *III* Gleichverteilung

a) Belastung b) Steuerwinkel

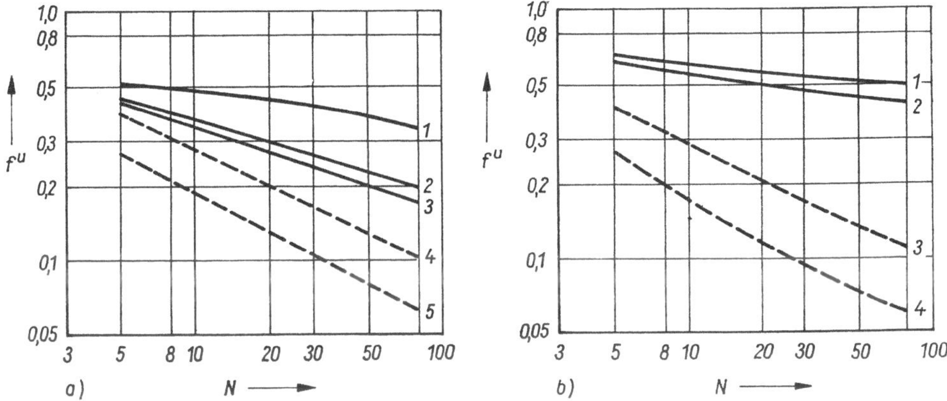

Bild 3.14. Reduktionsfaktoren für praxisnahe Verteilungen

—— gleiche Trafoschaltgruppen
--- 50% andere Schaltgruppe

a) Walzprogramm *I*

1 $\nu = 5$ *2* $\nu = 13$ *3* $\nu = 17$ *4* $\nu = 17$ *5* $\nu = 5$

b) Walzprogramm *II*

1 $\nu = 5$ *2* $\nu = 13, 17$ *3* $\nu = 17$ *4* $\nu = 5$

Das Problem der Bildung eines sechs- oder quasi-zwölfpulsigen Ersatzstromrichters aus einer Anzahl parallelarbeitender Stromrichter wird mit dem im Bild 3.15 dargestellten Arbeitsprogramm abschließend zusammengefaßt. Es zeigt die möglichen Wege, durch Verwendung vorhandener Diagramme, durch Simulation oder durch Schätzung zu einem Stromrichter zu gelangen, der die Wirkungen der Stromrichterabzweige am Anschlußpunkt zusammenfaßt und es gestattet, mit Hilfe der Struktur von Bild 3.3 die Probleme der Parallelarbeit mit Kompensationsstrukturen als Einstromrichterproblem aufzufassen und zu lösen.

3.5. Anwendungsbeispiele

3.5.1. Stromrichter am Niederspannungsnetz

Das Anwendungsbeispiel bezieht sich auf Bild 1.21. Für eine Papiermaschine mit Gleichstrom-Mehrmotorenantrieb sind die Kenngrößen der netzseitigen Einsatzbedingungen und die Größe eines Ersatzstromrichters zu ermitteln. Der betrachtete Anschlußpunkt wird aus dem 10-kV-Netz über einen Transformator (1 MVA, $z_T = 6\%$) eingespeist. Die Stromrichter-Blindleistung wird in Stufen durch NS-Saugkreise (6 × 80 kvar) kompensiert. Am betrachteten Block sind keine weiteren Verbraucher angeschlossen. Die minimal betriebsmäßig auftretende Netzkurzschlußleistung wurde mit Gl. (3.2) aus den Induktivitäten des 10-kV-Netzes und des Transformators sowie deren Resistanzen zu 9 MVA berechnet. Damit ergaben sich die Stromrichter-Leistungsverhältnisse nach Gl. (3.4), die im Bild 1.21 eingetragen wurden. Die Zusammenfassung der neun etwa gleich großen Stromrichter mit $s_{d\,max} = 5{,}74\%$ zu einem Ersatzstromrichter ist hier durch die Überlegung möglich, daß die Belastung der Antriebe nur wenig schwankt und auch die Steuerwinkel sehr eng beieinander liegen. Liegt der Arbeitspunkt bei 0,5 $I_{d\,max}$ und $\alpha = 30°$, so ergibt sich ein Ersatzstromrichter mit $s_{d\,ers} = 2{,}8\%$, $I_{d\,ers} = 0{,}4$ und $\alpha_{ers} = 30°$. Das vorgeordnete Netz wird als resonanzfrei betrachtet.

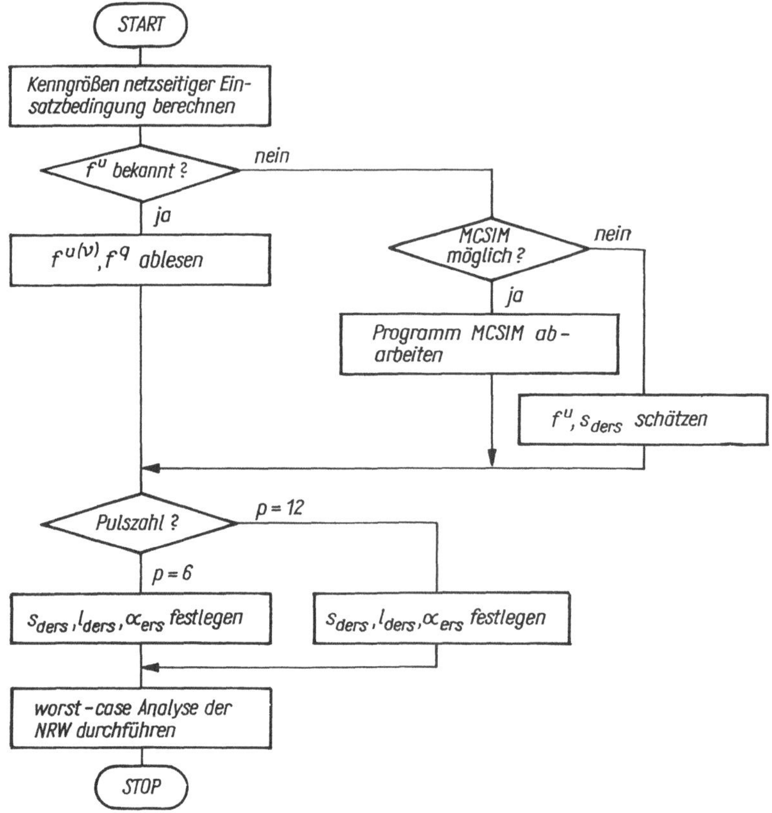

Bild 3.15. Arbeitsprogramm Bildung des Ersatzstromrichters

Das Induktivitätsverhältnis l_{ers} ist ein Schätzwert, der die mögliche gemeinsame Kommutierung mehrerer Antriebe berücksichtigt. Die einzelnen Kommutierungsdrosseln sind für $l_d = 0{,}25$ ausgelegt. Die Saugkreisanlage mit sechs auf 220 Hz abgestimmten Stufen hat die nach Gl. (3.15) bis (3.17) ermittelten und im Bild 1.21 eingetragenen Kenngrößen der Einsatzbedingungen.

3.5.2. Stromrichter am Mittelspannungsnetz

Das Anwendungsbeispiel bezieht sich auf Bild 1.22. Eine Fördermaschine wird aus einem 6-kV-Netz mit betriebsmäßig minimaler Netzkurzschlußleistung von 150 MVA gemeinsam mit einer großen Asynchronmaschine gespeist. Die Asynchronmaschine läuft als Antrieb eines Schachtlüfters ständig, so daß ihre die Netzkurzschlußleistung vergrößernde Wirkung mit eingerechnet wurde. Aus dem Förderspiel sind die Eingangsgrößen des Stromrichters exakt berechenbar. Im Bild 1.22 wurden nur einige Ergebnisse eingetragen, die zur Berechnung der Kenngrößen netzseitiger Einsatzbedingungen nötig sind. Der Steuerwinkel α, der ebenso wie der Gleichstrom variabel ist, wurde hier ersatzweise so festgelegt, daß der mittlere Blindleistungsbedarf der Schachtförderanlage gerade bei $s_{d\ eff}$ und α_{ers} entsteht. Die Kenngrößen der Saugkreise ergeben sich nach Gl. (3.15) bzw. (3.17).
Das Beispiel Schachtförderanlage wird in den Abschnitten 5. bis 7. noch mehrfach Gegenstand der Betrachtung sein.

4. Beherrschung von Stromrichter-Netzrückwirkungen

4.1. Stromrichter-Netzrückwirkungen in der Standardisierung

4.1.1. Übersicht

Beherrschung von Stromrichter-Netzrückwirkungen heißt, die leitungsgebundene energetische Verträglichkeit aller am System Stromrichter–Netz–Abnehmer beteiligten Komponenten in jedem Betriebszustand zu gewährleisten. Das wird erreicht, wenn die Störfestigkeitspegel der Komponenten (hier insbesondere der Stromrichter) jederzeit über den Werten liegen, die sich aus der durch resultierende Störwirkungen (hier Stromrichter-Netzrückwirkungen) geminderten Elektroenergiequalität ergeben. Das zulässige Niveau von Qualität und Festigkeit bestimmt ganz wesentlich die Aufwendungen zu seiner Einhaltung (Kompensationsmaßnahmen), die Auswirkungen bei der Energieverteilung (Netzverluste) und -anwendung (ökonomischer Schaden durch Qualitätsminderung) [4.1].
Die hohen Zuwachsraten bei der Anwendung der Leistungselektronik sind notwendigerweise von Standardisierungsbemühungen für die Seiten Elektroenergiequalität und Störfestigkeit begleitet, wobei im Rahmen von IEC die technischen Komitees TC 77 (Electromagnetic Compatibility) und TC 22 (Power Electronics) zuständig sind. Für die RGW-Länder werden die Standardisierungsfragen von der Vereinigung INTERELEKTRO wahrgenommen, und im westeuropäischen Rahmen entstehen die CENELEC-Normen. Auf nationaler Ebene wird eine Vielfalt unterschiedlichster Normen, Richtlinien und Empfehlungen angetroffen, von denen eine Reihe mit beispielgebendem Charakter in Tabelle 4.1 zusammengestellt wurde. In der DDR ist der FUA 0.7 »Elektroenergiequalität« für die Qualitätsseite und der FUA 1.10 »Stromrichter« für die Störfestigkeitsseite zuständig.
Aus der Analyse der Literatur gehen deutlich zwei unterschiedliche Wege zur Standardisierung hervor:

1. Gewährleistung zulässiger Netzrückwirkungen durch Beschränkung der Anschlußleistung von Stromrichtern
2. Gewährleistung zulässiger Netzrückwirkungen durch Festlegen der Elektroenergiequalität am Anschlußpunkt

Auf Grund der in den ersten Abschnitten behandelten Eigenschaften der Netzrückwirkungen sind gleichzeitig mit der Leistungsbeschränkung vielfältige Bedingungen anzugeben (Netzart, Spannungsebene, Kompensationsstruktur, Resonanzeigenschaften des Netzes, Art der Stromrichter, Betriebsweise der Stromrichter), während sich das bei Angabe von Kenngrößen der Elektroenergiequalität auf Netzart und Spannungsebene beschränkt. Es bleibt dann Aufgabe des Errichters, aus der Kenntnis des Gesamtsystems die Maßnahmen abzuleiten, die für den Betrieb jetzt nicht mehr beschränkter Stromrichterleistungen erforderlich werden. Der zweite Weg hat auch noch den Vorteil, daß er die volkswirtschaftlich notwendige Abstimmung zwischen allen Beteiligten erzwingt.

Tabelle 4.1. Zusammenstellung von Standards, Vorschriften und Richtlinien

Kurzbezeichnung/Quelle	Land	Kurzcharakteristik
		1. Elektroenergiequalität
GOST 13109-67 [4.2]	SU	Kenngrößen und Grenzwerte EEQ für öffentliche Netze Meßvorschriften, organisatorische Vorschriften – Standard
BEC Rec. G.5/3 [4.3]	GB	Kenngrößen und Grenzwerte für Harmonische im öffentlichen Netz Grenzwerte für SR-Anschluß – Richtlinie
IEEE-Guide [4.4]	USA	Kenngrößen und Grenzwerte EEQ für verschiedene Netzarten Anwendungshinweise zur Verträglichkeit – Richtlinie
IEC-TC77 (Secr.) 47 [4.5]		Kenngrößen und Verfahren zur Verträglichkeit Anwendungsbeispiele – Richtlinie
IEC-Publ. 555 [4.6]		Kenngrößen und Grenzwerte EEQ für SR-Geräte Meßvorschriften, Anwendungshinweise
IEC-Publ. 725 [4.7]		Bezugsimpedanz für öffentliche NS-Netze – Geräte
EN 50.006 [4.8]		Kenngrößen und Grenzwerte EEQ für SR-Geräte Meßvorschriften, Anwendungshinweise – Standard
Richtlinie EEQ [4.9]	DDR	Kenngrößen und Grenzwerte EEQ für öffentliche Netze Anwendungshinweise – wird in TGL überführt
VDEW-Richtlinie NRW [4.10]	BRD	Beurteilungsgrundsätze EEQ, Anschlußgrenzen für SR Gegenmaßnahmen – Richtlinie
		2. Störfestigkeit von Stromrichtern
IEG-TC22B (Secr.) 56 [4.11]		Kenngrößen und Störfestigkeitspegel, Störfestigkeitsklassen Anwendungshinweise – Richtlinie
DIN 57160 [4.12]	BRD	Kenngrößen und Störfestigkeitspegel Anwendungshinweise – Standard
TGL 200-0608/03 [4.13]	DDR	Kenngrößen und Störfestigkeitspegel – Standard
		3. Anschlußgrenzen für Stromrichter
		s. auch [4.3], [4.6], [4.8], [4.10]
INTERELEKTRO [4.14]		Grenzleistungstabelle, Gegenmaßnahmen
Projektierungsrichtlinien NRW [4.15], [4.16], [4.17]	DDR	Anschlußkenngrößen, Entwurfsabläufe Anschlußdiagramme

4.1.2. *Aussagen zur Elektroenergiequalität*

Die Analyse bestehender Standards, Richtlinien und Empfehlungen einerseits und das Einbringen der Erfahrungen und Vorstellungen der Betreiber, Errichter und der Energieversorgungsbetriebe in die Arbeit der FUA »Elektroenergiequalität« andererseits führte dazu, für die DDR den Weg der Standardisierung der Qualität mit den Schwerpunkten

1. Schaffung einer Richtlinie Elektroenergiequalität für öffentliche Netze und Überführung in einem Standard
2. Harmonisierung der für die Störfestigkeit der Betriebsmittel geltenden Standards mit Orientierung an der Standardqualität
3. Schaffung eines Systems von Projektierungsvorschriften für die Auslegung von Anschlußstrukturen mit Stromrichtern und ähnlichen Abnehmern

seit 1980 in Angriff zu nehmen [4.18].

Die Fixierung von Grenzwerten der Minderung der Elektroenergiequalität ist ein technisch-ökonomischer Kompromiß zwischen Lieferer und Abnehmern von Elektroenergie, dessen Lage ganz erhebliche Auswirkungen auf den Errichtungsaufwand der Abnehmeranlage und die Energieübertragungsverluste hat.

Die Aufgabe Standardisierung der Elektroenergiequalität sollte sich nicht nur auf die Fixierung von Werten beschränken. Bestandteil eines entsprechenden Standards müßten auch wichtige Festlegungen zu Verfahrensfragen sein. Die Verantwortung für auftretende Netzrückwirkungen trägt der Errichter der Abnehmeranlage. In der Projektierungsphase wird durch Vorausberechnung das Niveau der Netzrückwirkungen festgelegt und durch Inbetriebnahmemessungen überprüft. Da die Projektierungsverfahren alle mit Sicherheiten arbeiten, werden die projektierten Werte im Betrieb in der Regel unterschritten [4.19].

Wegen der Vielfalt möglicher Einsatzbedingungen sollte der Standard die Möglichkeit der Vereinbarung abweichender Werte zulassen. Weiterhin sollte das Verursacherprinzip in öffentlichen Netzen durchgesetzt werden, wonach jedem Abnehmer nur die Möglichkeiten durch ihn verursachter Qualitätsminderung zugestanden werden, die seinem Anteil an der Netzleistung entsprechen. Wegen der im Abschnitt 3.4. dargelegten gegenseitigen Auslöschung von Netzrückwirkungen ist eine statistische Betrachtung der Systeme notwendig. Aus gleichem Grunde können zentrale Kompensationsanlagen in öffentlichen Netzen, die entsprechend dem Verursacherprinzip von den Abnehmern mitfinanziert werden, zu insgesamt günstigeren Lösungen führen [4.20].

Die Werte festzulegender Qualitätskenngrößen werden maßgeblich durch die Netzart beeinflußt. Es sind zu unterscheiden:

1. *Öffentliche Netze*: Das sind in Rechtsträgerschaft der Energieversorgungsbetriebe stehende Netze, für die jederzeit neue Lieferer-Abnehmer-Beziehungen entstehen können. In ihnen gelten die höchsten Qualitätsmaßstäbe. Alle Arten von Betriebsmitteln und Verbrauchern müssen ohne Einschränkung ihrer bestimmungsgemäßen Aufgaben funktionsfähig sein.
2. *Industrienetze*: Das sind in Rechtsträgerschaft von Betrieben stehende Netze mit im Normalfall mehreren Spannungsebenen, bei denen zum Zwecke vermehrten Stromrichteranschlusses an interne Anschlußpunkte geringere Qualitätsmaßstäbe angelegt werden als an öffentliche Netze. Die als Folge davon in geringem Umfang auftretenden Beeinträchtigungen von Nicht-Stromrichter-Verbrauchern werden in Kauf genommen. An der Übergabestelle gilt jedoch das Qualitätsniveau öffentlicher Netze.
3. *Stromrichternetze*: Das sind Teilnetze eines Industrienetzes, in denen ausschließlich Stromrichterlast vorhanden ist. Es brauchen nur die für die Störfestigkeit der Stromrichter notwendigen Qualitätsforderungen eingehalten zu werden. In solchen Netzen können die

Tabelle 4.2. Zusammenstellung von Grenzwerten zur Elektroenergiequalität

1. EEQ-Aussagen in GOST 13.109-67 Ausgabe 1979 [4.2] öffentliche Netze

Kenngröße	Grenzwerte	Bemerkungen
Frequenzabweichung Δf	$\pm 0{,}1$ Hz $\pm 0{,}2$ Hz	gemittelt auf 10 min, dauernd gemittelt auf 10 min, zeitweilig
Frequenzschwankung $\Delta f'$	0,2 Hz	
Spannungsabweichung ΔU	-5%, $+10\%$ -5%, $+5\%$ $-2{,}75\%$, $+5\%$ zuzügl. -5% für Ausgleichsvorgänge	für Motoren für sonstige Abnehmer für Beleuchtungsanlagen an den Geräteklemmen
Spannungsschwankung $\Delta u'$	Flickerkurve	
Gegenspannungs-unsymmetrie a_2^u	2%	dauernd
Spannungsklirrfaktor σ! (ν unbegrenzt)	5%	$\sigma^u = k^u/k^{u(1)}$
Pegel von Harmonischen	nicht festgelegt	alle Grenzwerte sollen mit einer
Augenblickswertabweichung	nicht festgelegt	Integralwahrscheinlichkeit von 95% eingehalten werden!

2. EEQ-Aussagen in BEC Rec. G 5/3 [4.3] öffentliche Netze

		0,4 kV	6 bis 11 kV	30 bis 66 kV	110 bis 132 kV	SR-Anlagen großer Leistung
Spannungsklirrfaktor k_{AP}^u ($\nu \leqq 19$)		5%	4%	3%	1,5%	
Pegel von Harmonischen $k_{AP}^{u(\nu)}$						
ungeradzahlig		4%	3%	2%	1%	
geradzahlig		2%	1,75%	1%	0,5%	
SR-Anschluß ohne Vereinbarung möglich bis kVA:						SR-Geräte kleiner Leistung bei Drehstromanschluß
netzgelöschte SR	$p = 3$	8	85	–	–	
	$p = 6$	12	130	–	–	
	$p = 12$	–	250	–	–	
Drehstromsteller						
vollgesteuert		14	150	–	–	
halbgesteuert		10	100	–	–	
SR-Anschluß mit Nachweis EEQ möglich bis kVA:						SR-Anlagen mittlerer Leistung
netzgelöschte SR	$p = 3$	–	400	1200	1800	($p = 3$)
	$p = 6$	100	800	2400	4700	nur ungesteuert!
ungesteuert	$p = 6$	150	1000	3000	5200	Reduktionsfaktoren für
	$p = 12$	150	1500	3800	7500	Parallelarbeit von Teil-
ungesteuert	$p = 12$	300	3000	7600	15000	stromrichtern sind
Drehstromsteller						angegeben
vollgesteuert		100	900	–	–	
halbgesteuert		85	600	–	–	

Kommutierungsdrosseln extrem klein bemessen werden (vgl. Abschnitt 5.3.). Die Ansteuergeräte können u. U. im übergeordneten Netz synchronisiert werden (Edelnetz).

4. *Bordnetze*: Das sind Drehstromnetze von Schiffen und Fahrzeugen, in denen Stromrichter arbeiten. Sie verfügen meist nur über eine Spannungsebene. Aus der Sicht der Qualitätsmaßstäbe tendieren sie je nach Forderungen zu *1.* oder *2.* Die Frequenzkonstanz ist meist erheblich geringer.

Ein wesentlicher Nebeneffekt der Fixierung von Qualitätsmaßstäben besteht darin, daß mit ihrer Hilfe über Modellrechnungen verallgemeinerungsfähige Diagramme entstehen können, mit denen gegenüber der bisherigen Praxis einfacher und treffsicherer projektiert werden kann. Die in den Abschnitten 5. bis 8. abzuleitenden Anschlußdiagramme enthalten Linien gleicher Elektroenergiequalität in Abhängigkeit von Kenngrößen netzseitiger Einsatzbedingungen [4.2].

Die quantitativen Festlegungen erfolgten nach den Vorbildern [1.42], [4.2], [4.3] und [4.22] bis [4.25] sowie auf Grund einer Reihe von Grundsatzuntersuchungen und Simulationen von typischen Anschlußstrukturen. In Tabelle 4.2 werden die Aussagen des sowjetischen Qualitätsstandards [4.2] und die der britischen Empfehlung [4.3] vorgestellt.

Die vorliegenden Erkenntnisse wurden 1981 in der vorläufigen Richtlinie Elektroenergiequalität [4.9] zusammengefaßt und seitdem für die Bearbeitung von Anschlußbegehren und die Projektierung von Anschlußstrukturen zugrunde gelegt. Die Beschränkung auf öffentliche Netze machte es erforderlich, Erweiterungen der Aussagen für Industrienetze, die schon in der Vorbereitungsphase zu dieser Richtlinie vorhanden waren, beizubehalten und in die Projektierungsrichtlinien [4.15] bis [4.17] aufzunehmen. Die Richtlinien enthalten die Berechnungs- und Entwurfsgrundlagen, Arbeitsabläufe und Projektierungsdiagramme für allgemeine oder spezielle Anschlußstrukturen mit Stromrichtern. Das Vorhandensein einer EEQ-Richtlinie hat auch die Entwicklungsarbeiten auf dem Gebiet der Nieder- und Mittelspannungskompensationsanlagen stimuliert. Eine Übersicht über gegenwärtig verbindliche Grenzwerte der Elektroenergiequalität ermöglichen die Tabellen 4.3 und 4.4. Die Überführung von [4.9] in einen DDR-Standard ist vorgesehen.

4.1.3. *Aussagen zur Störfestigkeit*

Die Funktionsfähigkeit einer Betrachtungseinheit kann – hier eingeschränkt auf die Störwirkungen durch eine verminderte Elektroenergiequalität – nur bis zu gewissen Grenzwerten gewährleistet werden. Diese Grenzwerte sind in der Regel in den »Allgemeinen Technischen Forderungen« der Erzeugnisstandards standardisiert [4.12], [4.27], [4.28].

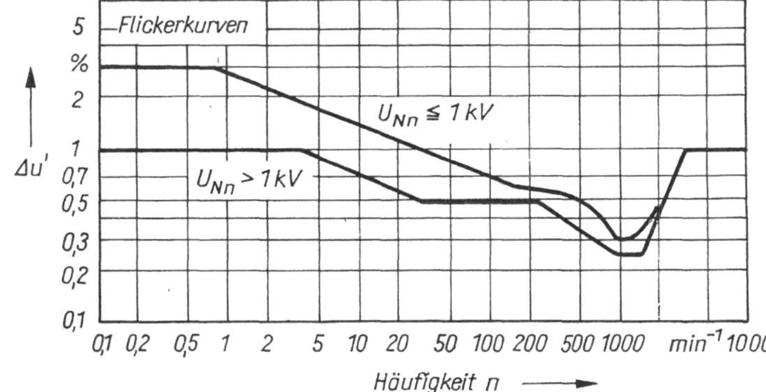

Tafelbild 4.3a. Ergänzung zur Tabelle 4.3

Tabelle 4.3. Richtwerte Elektroenergiequalität für öffentliche Netze nach [4.9]

Qualitätsfaktor				Grenzwerte						Bemerkungen					
Spannungsabweichung ΔU				$\pm 5\%$ für $U_{Nn} \leqq 1$ kV nach Vereinbarung für $U_{Nn} > 1$ kV						Wiederholdauer > 1 min – ELW [4.26]					
Spannungsschwankung $\Delta u'$				-5% bis 5 s für $U_{Nn} \leqq 1$ kV -3% bis 5 s für $U_{Nn} > 1$ kV -7% für alle U_{Nn} s. Flickerkurven Flickerdosis $\leqq (0{,}3\,\%)^2$ min						– einmalige Vorgänge (Anlauf) – seltenes Ereignis (Havarie) – periodisch mit konstanter Amplitude – veränderliche Amplitude					
Spannungskurvenformverzerrung				diskrete Klirrfaktoren $k_{AP}^{u(\nu)}$ in % (Pegel von Harmonischen)						die Grenzwerte sind unabhängig voneinander einzuhalten					
ν	1	3	5	7	9	11	13	15	17	10	21	23	25	2–25	$k_{AP}^{u(<25)}$
$U_{Nn} \leqq 1$ kV	99,87	2,5	3,0	3,0	0,2	2,0	2,0	0,2	1,0	1,0	0,25	0,5	0,5	5,0	
$U_{Nn} > 1$ kV	99,95	1,0	2,0	2,0	–	1,0	1,0	–	0,5	0,5	–	0,2	0,2	4,0	
maximale Augenblickswertabweichung a_{max}				für geradzahlige Harmonische 0,2% für $U_{Nn} \leqq 1$ kV $\leqq 20\%$ bis 1,5 ms $\leqq 5\%$ über 1,5 ms						$k_{AP}^{u(1)}$ – Verzerrungsfaktor $k_{AP}^{u(<25)}$ – begrenzter Klirrfaktor					
Spannungssymmetrie a_2^u, a_0^u				$U_2/U_{Nn} = a_2^u \leqq 1\%$ für $U_{Nn} \leqq 1$ kV $\leqq 3\%$ $\leqq 0{,}5\%$ für $U_{Nn} > 1$ kV $U_0/U_{Nn} = a_0^u \leqq 3\%$ für $U_{Nn} \leqq 1$ kV						in Netzen mit Drehstrommotoren in sonstigen Netzen Nullspannungsunsymmetrie					

Tabelle 4.4. Richtwerte Elektroenergiequalität für Industrienetze nach [4.15]

Qualitätsfaktor	Grenzwerte	Bemerkungen
Spannungsabweichung ΔU Spannungsschwankung Δu	s. Tabelle 4.3 -7% bis 5 s für $U_{Nn} \leqq 1$ kV -5% bis 5 s für $U_{Nn} > 1$ kV sonst gilt Tabelle 4.3	– einmalige Vorgänge (Anlauf)
Spannungskurvenformverzerrung	diskrete Klirrfaktoren (Pegel von Harmonischen) $k_{AP}^{u(\nu)}$ in %	– Grenzwerte sind unabhängig voneinander einzuhalten

ν	1	3	5	7	9	11	13	15	17	19	21	23	25	2–25 $k_{AP}^{u(<25)}$
$U_{Nn} \leqq 1$ kV	99,50	5	8	8	1	5	5	0,5	1,5	1,5	0,2	1,5	1,5	10
$U_{Nn} > 1$ kV	99,82	3	5	5	0,5	3	3	0,2	1,5	1,5	0,2	1,2	1,2	7

Qualitätsfaktor	Grenzwerte	Bemerkungen
maximale Augenblickswertabweichung a_{max}	für geradzahlige Harmonische 0 5% $\leqq 30\%$ für $U_{Nn} \leqq 1$ kV $\leqq 20\%$ für $U_{Nn} > 1$ kV	$t \leqq 1{,}5$ ms
	$\leqq 50\%$ für Stromrichternetze	
Spannungsunsymmetrie a_2^u, a_o^u	$U_2/U_{Nn} = a_2^u \leqq 2\%$ $\leqq 3\%$ $U_o/U_{Nn} = a_o^u \leqq 3\%$	– in Netzen mit Drehstrommotoren – in sonstigen Netzen

Im Sinne des bereits beschriebenen Verträglichkeitsmodells ist zu fordern, daß die Störfestigkeitspegel auf alle Fälle über den für die »Standardqualität« der Elektroenergie festgelegten Werten liegen. Das sollten mindestens die EEQ-Werte für öffentliches Netz sein, wenn z. B. Stromrichtergeräte »über den Ladentisch« verkauft werden, können aber auch die Werte für Industrienetze sein, um eine eingeschränkte Funktionsfähigkeit auch für diesen häufigen Einsatzfall zu vermeiden.
Wegen des Fehlens von Qualitätsfestlegungen in der Vergangenheit sind teilweise widersprüchliche Störfestigkeitspegel für unterschiedliche Abnehmergruppen entstanden [4.18]. Für Stromrichter entstand aus der Zusammenarbeit der TC 77 und TC 22 mit [4.11] erstmalig der Vorschlag, Stromrichter nach unterschiedlichen Störfestigkeitsklassen auszulegen.

Tabelle 4.5. Störfestigkeit von Stromrichtern nach [4.11]
(Achtung! Es werden damit nicht die Forderungen von IEC 555 [4.6] und IEC 725 [4.7] erfüllt!)

Kenngröße	Störfestigkeitsklasse	*A*		*B*		*C*	
	Störfestigkeitspegel	*F*	*T*	*F*	*T*	*F*	*T*
Frequenzschwankung $\Delta f'$	%	±2	–	±2	–	±1	–
Änderungsgeschwindigkeit	$\% \cdot s^{-1}$	±2	–	±1	–	±1	–
Phasenunsymmetrie	grd. el.	–	15	–	5	–	5
Spannungsabweichung ΔU	%	±10	–	+10, –5	–	+10, –5	–
Spannungsschwankung $\Delta f'$ (0,01 ... 0,6) s GR	%	–	±15	–	±10	–	±10
dgl. bei WR-Betrieb	%	–	±10	–	±5	–	±5
Gegenspannungs-unsymmetrie a_2^u	%	2	–	2	–	1	–
dgl. kurzzeitig <0,5 s *GR*	%	–	5	–	2	–	1
bei WR-Betrieb	%	–	2	–	2	–	1
Spannungsklirrfaktor k_{AP}^u	%	10	–	10	–	5	–
Pegel von Harmonischen geradzahlig	%	2	–	2	–	1	–
dgl. ungeradzahlig	%	5	–	5	–	2	–
Augenblickswert-abweichung a_{max}	%	–	100	–	40	–	20
Kommutierungswinkel μ	grd. el.	–	60	–	30	–	10
Komm.-Fläche $a_{max}\,\mu/10$	% grd. el.	–	420	–	120	–	20

Damit wird der Hersteller der Stromrichter in die Lage versetzt, nur so viel zur Sicherung der Fremdstörfestigkeit aufzuwenden, wie es für den vorgesehenen Einsatzfall (Anschlußpunkt) notwendig ist. Während die Klasse *B* weitgehend mit der bisher geübten Praxis übereinstimmt, ermöglicht die Klasse *A* eine Variante für den Einsatz in Stromrichternetzen und Klasse *C* eine Variante Stromrichtergerät für öffentliches Netz.
Zur Quantifizierung der Störschwelle für Qualitätsfaktoren der Elektroenergie sind drei unterschiedliche Pegel definiert worden:

F (Functional) *Funktionsgrenzwert*, bis zu dessen Höhe der Stromrichter keinerlei Funktionsstörungen aufweisen darf

T (Tripping) *Abschaltgrenzwert*, bei dessen Überschreiten Schutzeinrichtungen ansprechen dürfen und dadurch die Funktionsfähigkeit vorübergehend unterbrochen wird

D (Damage) *Zerstörungsgrenzwert*, bei dessen Überschreiten der Stromrichter zerstört wird und die Funktionsfähigkeit nur durch Reparatur wiederhergestellt werden kann.

Die Zuordnung von Pegel und Klassen kann Tabelle 4.5 entnommen werden.

4.2. Wege zur Beherrschung – eine Übersicht

Die Wege zur Beherrschung von Stromrichter-Netzrückwirkungen sind sehr vielgestaltig und durch heute verfügbare Bauelemente der Energie- und Informationstechnik so aussichtsreich, daß keine Bedenken für die Zukunft zu bestehen brauchen. Zur ersten Orientierung dient Bild 4.1. Ordnendes Prinzip sind die beiden heute gleichberechtigten Ziele Verringerung des Blindleistungsbedarfs und Gewährleistung der Elektroenergiequalität an der Übergabestelle. Die Mehrzahl der Wege geht von der Idee her auf die Anfänge der Stromrichtertechnik zurück. Bedingt durch den Entwicklungsstand der Bauelemente und die Anforderungen durch Vorschriften, wandelt sich das Interesse an den gezeigten Wegen.
Gegenwärtig werden im mittleren Leistungsbereich vorwiegend vollgesteuerte netzgelöschte sechspulsige Stromrichter angeschlossen. Höherpulsige, halb- oder folgegesteuerte Stromrichter, Pulsstromrichter und Drehstromsteller bleiben Sonderanwendungen vorbehalten. Die Gesetzeskraft von [4.26] und sonst fehlende Qualitätsvorschriften haben bewirkt, daß in Industrienetzen das Schwergewicht eindeutig auf dem Einsatz von Leistungskondensatoren liegt. Nur in wenigen Fällen sind bereits Einrichtungen zur dynamischen Kompensation notwendig. Die optimale Auslegung zentraler Kompensationsanlagen mit Kondensatoren bleibt auch dann im Zentrum des Interesses, wenn erwartete Entwicklungen leistungselektronischer Blind- und Kompensationsstromrichter erfolgreich sind, da letztere nur im Parallelbetrieb mit Kondensatoranlagen wirksam werden können [4.20].
Der Weg der netzrückwirkungsorientierten Steuerung von Stromrichteranlagen erscheint vor allem bei solchen Anlagen erfolgversprechend, bei denen der technologische Prozeß die Möglichkeit zuläßt, die Stellgrößen für α und i_d nach übergeordneten Netzrückwirkungsgesichtspunkten zu beeinflussen. Dem Weg der Verstärkung der Netze sind enge technische und ökonomische Grenzen gesetzt.

4.3. Stromrichter mit verminderten Netzrückwirkungen

4.3.1. Höherpulsige netzgelöschte Stromrichter

Der Übergang zu höherpulsigen Stromrichterschaltungen bewirkt Gleichgrößen mit geringerer Welligkeit und führt auf der Netzseite zur Auslöschung einzelner Stromharmonischer im Netzstrom. Im Spektrum einer idealen zwölfpulsigen Schaltung sind nur die durch

$$\nu = 12k \pm 1 \quad (k = 0, 1, 2 \ldots) \tag{4.1}$$

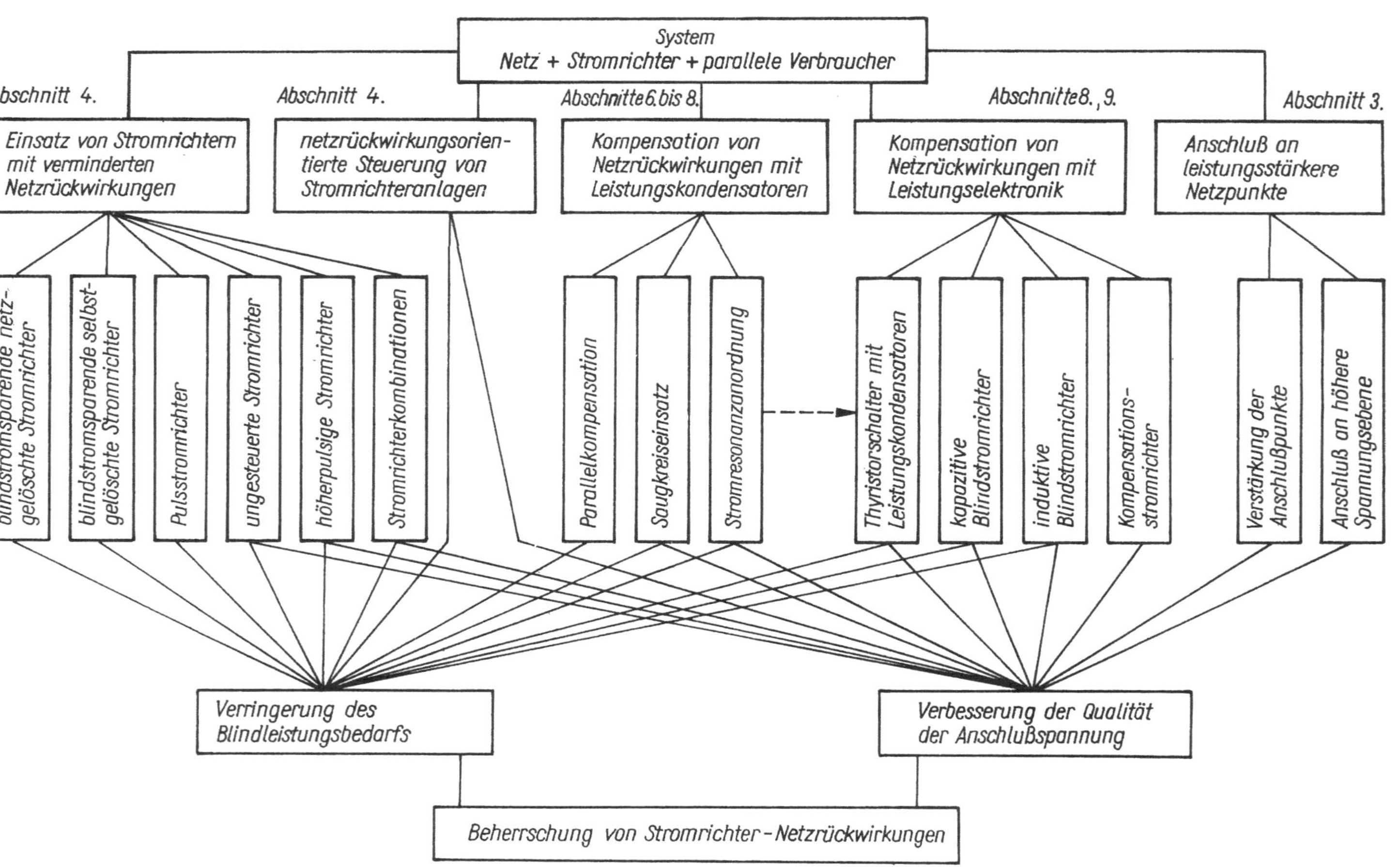

Bild 4.1. Wege zur Beherrschung von Stromrichter-Netzrückwirkungen

gegebenen Harmonischen vorhanden. An zwölfpulsige Schaltungen wird nur gedacht, wenn in B6C-Schaltung eine Reihen- oder Parallelschaltung von Ventilen notwendig wird, was heute im Leistungsbereich $P_{do} > 1{,}5$ MW der Fall ist. Mit geringfügigen Modifikationen (Vierfachimpulse bei Reihenschaltung, Saugdrossel bei Parallelschaltung) sind solche Schaltungen aus Standardstromrichtern zu kombinieren [4.29]. Bild 4.2 zeigt zwei Varianten und den Verlauf netzseitiger Größen. Der gezeigte Dreiwicklungstransformator kann auch in zwei Transformatoren (Schaltgruppen *Yy0* und *Dy5* oder gleiche Trafos mit $\pm 15°$ Schwenkzipfeln) aufgelöst werden. Bedingt durch die um 30° versetzten Einspeisungen entstehen fünf Kommutierungseinbrüche je Halbperiode in der Strangspannung. Strukturen mit Leistungskondensatoren, deren Eigenfrequenzen bei $\nu = 5$ oder 7 liegen, sind dadurch nicht mehr resonanzgefährdet. Die erste Resonanzmöglichkeit besteht bei $\nu = 11$.
Beim Betrieb zwölfpulsiger Stromrichter an einem Anschlußpunkt, der mit sechspulsigen Verzerrungen behaftet ist, entsteht die unangenehme Eigenschaft, daß die Zwölfpulsigkeit verlorengeht. Aus dem gleichen Grunde ist es aus der Sicht der Netzrückwirkungen nicht sinnvoll, noch höhere Pulszahlen anzustreben [4.30]. Praktische Bedeutung besitzen zwölfpulsige Stromrichterantriebe für Fördermaschinen und bei Blockwalzwerken sowie ungesteuerte zwölf- und höherpulsige Stromrichter für Bahnstromversorgung und elektrochemische Prozesse.

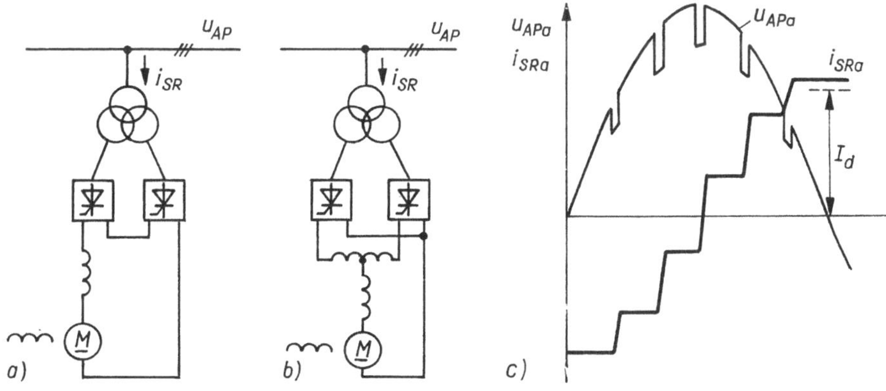

Bild 4.2. Zwölfpulsige Stromrichter
a) B6.2 S15 Reihenschaltung zweier Brücken
b) B6.2/15 Parallelschaltung mit Saugdrossel
c) Zeitfunktionen u_{APa}, i_{SRa} für $\alpha = 90°$; $I_d = 0{,}2$; $s_d = 3{,}6\%$

4.3.2. *Blindstromsparende netzgelöschte Stromrichter*

Die insbesondere beim Anlauf von Antrieben große Steuerblindleistung vollgesteuerter Stromrichter hat einen hohen Kompensationsaufwand zur Folge. Die Schaltungstechniker haben sich daher stets bemüht, Schaltungen mit geringerem und/oder weniger mit dem Steuerwinkel veränderlichem Blindleistungsbedarf zu finden. Ohne zu Lösungen mit Zwangslöschung von Ventilen überzugehen, können die im Bild 4.3 zusammengestellten Prinzipien gefunden werden [1.5]:

a) Folgesteuerung sechspulsiger Stromrichter B6CsB6C
b) halbgesteuerte Drehstrom-Brückenschaltung B6HK

c) Drehstrom-Brückenschaltung mit ungesteuertem Freilaufventil B6CF
d) Drehstrom-Brückenschaltung mit gesteuerten Freilaufventilen [4.31]
e) Drehstrom-Brückenschaltung mit unsymmetrischer Ansteuerung [4.32]

Den zugehörigen Blindleistungsbedarf unter der Annahme einer Kommutierungsblindleistung, die einem Anfangskommutierungswinkel von $\mu_0 = 30°$ entspricht ($s_d = 2{,}3\,\%$, $l_d = 0{,}2$), zeigt das Kreisdiagramm Bild 4.3e. Dabei wird der Grad der Blindleistungsein-

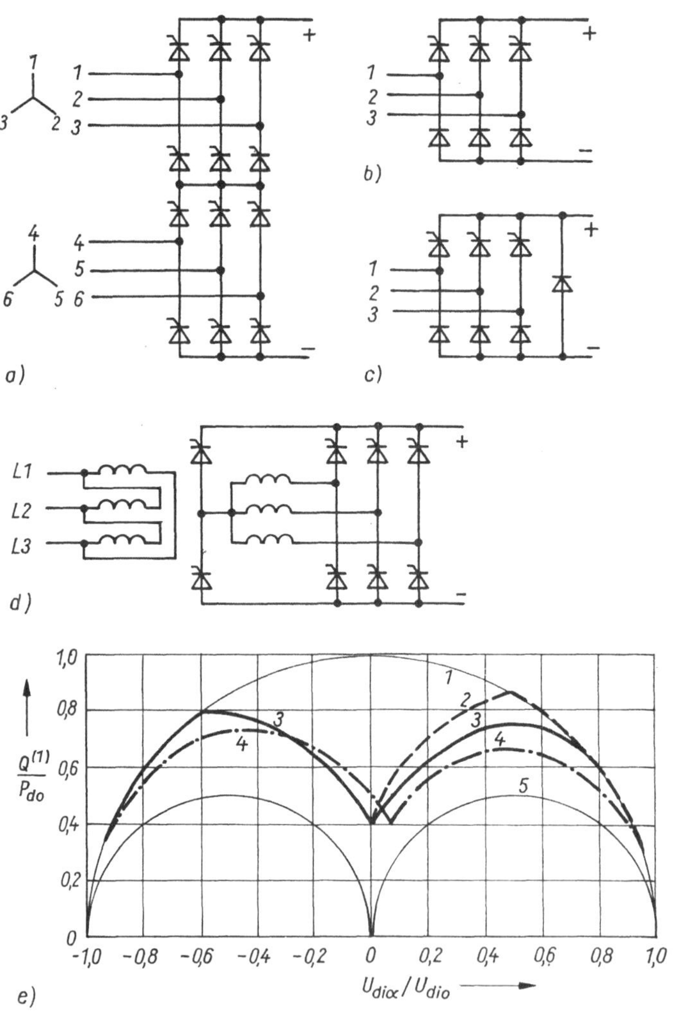

Bild 4.3. Blindstromsparende netzgelöschte Stromrichter

a) B6CsB6C Folgesteuerung zweier Brücken
b) B6HK halbgesteuerte Brücke
c) B6HKF halbgesteuerte Brücke mit Freilaufventil
d) Brückenschaltung mit gesteuerten Freilaufventilen
e) relativer Blindleistungsbedarf bei Aussteuerung (Kreisdiagramme) $s_d = 3\,\%$; $l_d = 0{,}26$

1 B6C-Schaltung
2 B6CF-Schaltung
3 B6CF-Schaltung mit gesteuerten Freilaufventilen
4 B6CsB6C-Schaltung
5 wie *4*, aber ideale Kommutierung

sparung deutlich. Während ein ungesteuertes Freilaufventil erst bei einem Steuerwinkel von $\alpha > 60°$ zu wirken beginnt und Wechselrichterbetrieb verbietet, beginnt die Wirkung der mit zwei gesteuerten Ventilen und Trafo *Dy0* ausgerüsteten Schaltung a) schon bei $\alpha = 30°$. Bei der halbgesteuerten Schaltung b) kann ein ungesteuertes Freilaufventil zwar nicht den Blindleistungsbedarf weiter senken, aber den Steuerbereich nach unten vergrößern. Die halbgesteuerte Schaltung und alle Schaltungen mit Freilaufventilen haben wegen verkürzter Ventilleitdauer die unangenehme Eigenschaft, ein stark aussteuerungsabhängiges, mit geradzahligen Harmonischen ($\nu = 2, 4, 8$) behaftetes Netzstromspektrum und auf der Gleichstromseite dementsprechende Wechselspannungen dreifacher Netzfrequenz auszubilden. Das erklärt, weshalb B6HK-Schaltungen keine Bedeutung erlangen konnten. Die Folgesteuerung von Drehstrombrücken, die auch auf noch mehr Brücken erweitert werden kann, hat Bedeutung für große Antriebe, die häufig anlaufen. So kann der Blindleistungsbedarf beim Anlauf einer Schachtfördermaschine auf 50 bis 60% herabgesetzt werden [1.49]. Die Netzrückwirkungen bleiben sechspulsig bis auf bestimmte Steuerwinkeldifferenzen ($\Delta\alpha = 30°$), wo quasizwölfpulsiger Betrieb vorliegt (vgl. Abschnitt 3.42.). Vorteile weisen die Schaltungen a) und c) deswegen auf, weil Serienausführungen von B6C-Schaltungen zur Anwendung gelangen können, während bei Schaltung d) und bei der unsymmetrischen Steuerung ein erheblicher Zusatzaufwand durch Modifikation der Ansteuergeräte entsteht.

4.3.3. Selbstgelöschte Stromrichter

Wird das Konzept netzgelöschter Stromrichter verlassen, so sind zahlreiche Schaltungsanordnungen möglich, mit denen eine Drehstrom-Gleichstrom-Übertragung bei sehr geringem Blindleistungsbedarf und möglichst vernachlässigbarer Verzerrung der Anschlußspannung erreicht wird. Es ist auch möglich, Blindleistung abzugeben. Den größten Anstoß bekam die Entwicklung netzrückwirkungsarmer Stromrichter in den letzten Jahren durch die Forderung nach netzfreundlichen leistungselektronischen Traktionsantrieben [4.33]. Sowohl die ein- als auch dreiphasige Energiewandlung über Stromrichter wird von PFEIFFER in [4.34] theoretisch analysiert, wobei sich die folgenden Ausführungen auf Drehstromvarianten beschränken.

Die Speisung eines Gleichstromverbrauchers aus dem Drehstromnetz erfolgt über den Leistungsübertrager *LÜ*, wie er im Bild 4.4 dargestellt ist. Nach [4.34] werden dafür zwei Typen festgelegt, die durch

- Umwandlung der sinusförmigen Anschlußspannung in einen konstanten Gleichstrom und Rückwirkung über den Netzstrom (Typ *1*) und
- Umwandlung eines sinusförmigen Netzstromes in eine konstante Gleichspannung und Rückwirkung auf die Anschlußspannung (Typ *2*)

gekennzeichnet sind. Sind die Übertragungsfaktoren für Strom und Spannung konstant bzw. unter Berücksichtigung der Netzrückwirkungen wenigstens näherungsweise konstant, so kommt es zu den bekannten Eigenschaften des netzgelöschten Stromrichters (Typ *1*) mit entsprechenden Netzrückwirkungen. Netzrückwirkungen können durch die netzoptimale Fahrweise des Leistungsübertragers vermieden werden.

Wenn der Leistungsübertrager keine Energiespeicher besitzt, muß gelten:

$$p_a + p_b + p_c = p_d = U_d I_d \tag{4.2}$$

$$\frac{3}{2} \hat{u}_1 \hat{\imath}_1 \cos \varphi_1 = U_d I_d \tag{4.3}$$

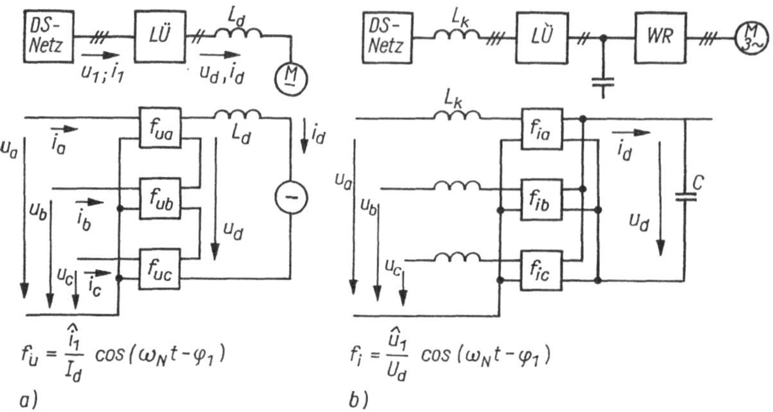

Bild 4.4. Typen netzrückwirkungsfreier Stromrichter

LÜ Leistungsübertrager *WR* Wechselrichter

a) Typ *1* b) Typ *2*

Durch Annahme von Symmetrie im Drehstromsystem ist es möglich, die Leistung $P_d = U_d I_d$ durch Verteilung auf drei Stränge bereitzustellen. Die stetige Stellung der übertragenen Leistung ist ebenso möglich wie die Gewährleistung reiner Sinusgrößen im Primärnetz, wenn ein zeitlich veränderlicher Übertragungsfaktor für Strom und Spannung möglich ist:

$$f_u = \frac{U_d}{\hat{u}_1}; \qquad f_i = \frac{I_d}{\hat{i}_1}; \qquad f_u f_i = 1 \tag{4.4}$$

Die Übertragungsfaktoren sind technisch auf $|f_u|, |f_i| \leq 1$ begrenzt. Da die Kommutierungsvorgänge in jedem Fall eine Kommutierungsspannung benötigen, wird aus Bild 4.4 bereits deutlich, daß Typ *1* mit wechselspannungsseitiger Kommutierung, Typ *2* mit gleichspannungsseitiger Kommutierung arbeiten muß, da jeweils Eingangsspannung und Ausgangsspannung nicht Null werden können. Netzoptimale Fahrweise heißt dann: Die Übertragungsfaktoren werden netzsynchron, sinusförmig und mit dem Strom phasengleich (Steuerfunktion). Bei Gegenspannung im Gleichstromkreis ergeben sich weitere lastabhängige Einschränkungen.
Die technische Realisierung netzoptimaler Stromrichter wirft zwei Probleme auf:

1. Verwirklichung der theoretischen Steuerfunktion in der Informationstechnik
2. Verwirklichung der Steuerfunktion in einem aus möglichst wenigen Ventilen bestehenden Leistungsteil

Da die Steuerfunktion für passive Last eine über die Halbperiode festliegende Funktion ist, genügt es, sie in einem durch die leistungselektronische Schaltung vorgegebenen Raster zu speichern und periodisch abzufragen (Mikrocontroler). Im Fall aktiver Last wird eine laufende Berechnung in Abhängigkeit von Lastdaten nötig (Mikrorechner). Auch eine selbsttätige Nachführung der Steuerfunktion im Sinne einer Regelung ist möglich, wobei allerdings Stabilitätsprobleme bei Umkehr der Leistungsrichtung bestehen [4.35].
Die Umsetzung der Steuerfunktionen im Leistungsteil gelingt, wenn die Übertragungsfaktoren der Stromrichterschaltung stetig oder quasistetig und kontinuierlich oder quasikontinuierlich verändert werden können. Es werden in Betracht gezogen:

- transformatorische Änderung der Übersetzung (kontinuierlich, aber quasistetig)
- Pulsverfahren (quasikontinuierlich, aber stetig)

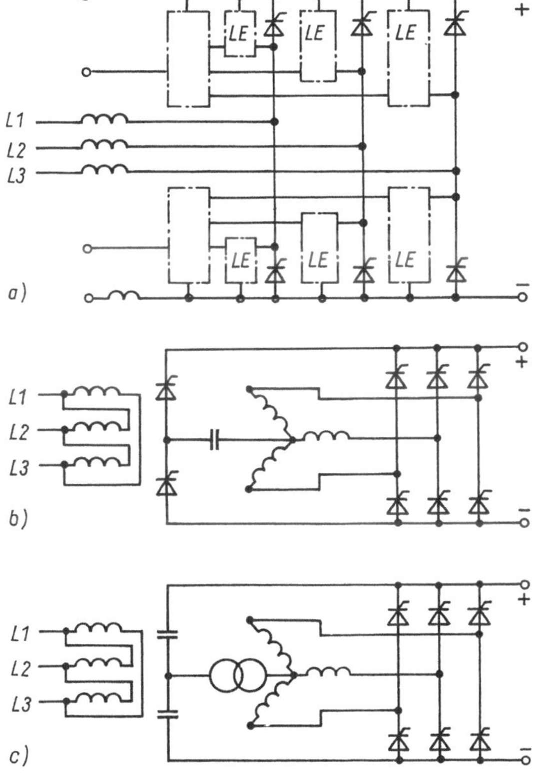

Bild 4.5. Stromrichter mit verminderten Netzrückwirkungen
a) Pulsgleichrichter mit gleichspannungsseitiger Löschung
b) selbstgelöschte Drehstrom-Brückenschaltung
c) Einspeisung von Netzstromharmonischen

In [4.34] wird eingeschätzt, daß die transformatorische Lösung (z. B. in [4.36]) nur für Typ *1* und dann Erfolgsaussichten hat, wenn Transistoren oder abschaltbare Thyristoren als Schalter eingesetzt werden können. Damit ist die Leistung eingeschränkt. Der Übergang zur Pulstechnik [4.37] ist für beide Typen möglich. Die Grundlagen der für den Typ *1* notwendigen Zwangslöschung auf der Wechselstromseite sind bekannt und erprobt [4.38] bis [4.40].
Als Übertragungsglied vom Typ *2* mit Gleichspannungskommutierung eignen sich als Pulsgleichrichter betriebene Pulswechselrichter, bei denen an Stelle der Drehstrommaschine das Drehstromnetz tritt [4.41] bis [4.43]. Bild 4.5a zeigt die Prinzipschaltung, die sich zur Speisung von Gleichspannungs-Zwischenkreisen eignet. Es muß beachtet werden, daß durch den nur quasikontinuierlichen Betrieb Netzrückwirkungen von Pulsfrequenz entstehen, die jedoch mit Filterkreisen dann einfach zu bekämpfen sind, wenn die Pulsfrequenz hoch ist. Aus gleichem Grund eignen sich auch nur Steuerverfahren mit konstanter Pulsfrequenz. Wegen des erheblichen Aufwandes für die Kommutierung wurden bisher vorzugsweise einphasige Varianten für Triebfahrzeuge erprobt [4.33]. Eine Drehstromvariante mit hohem Ventilaufwand ist in [4.44] vorgestellt worden. Zusammenfassend kann eingeschätzt werden, daß der Aufwand für Drehstrom-Pulsgleichrichter auch in absehbarer Zeit so hoch bleibt, daß sie keine erwägenswerte Alternative zum netzgelöschten Stromrichter sind. In speziellen Anwendungsfällen, insbesondere zur Speisung von Zwischenkreisen für Drehstrom-Umrichter, wo zwei nahezu gleiche Stromrichter das Drehstromnetz mit einer Drehfeldmaschine verbinden, ohne Blindleistung und Netzrückwirkungen zu verursachen, können die Kosten gerechtfertigt sein. Eine andere Einsatzmöglichkeit mit größerer Perspektive könnten netzrückwirkungsfreie, dynamisch hochwertige Blind- und Kompensationsstromrichter auf

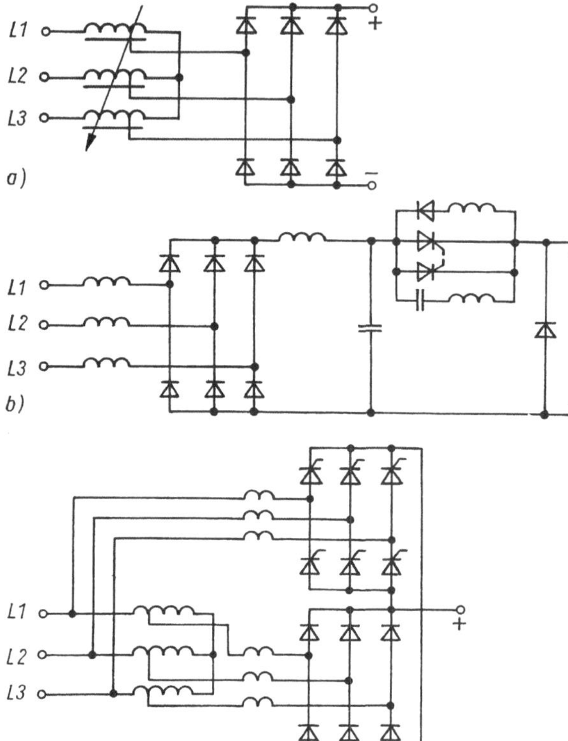

Bild 4.6. Stromrichter mit verminderten Netzrückwirkungen
a) Stelltransformator mit ungesteuertem Gleichrichter
b) ungesteuerter Gleichrichter mit Pulssteller
c) Umkehrstromrichter mit ungesteuerter und gesteuerter Brücke zur Speisung von Konstantspannungs-Zwischenkreisen für Umrichter ($p = 12^*$)

Pulsgleichrichterbasis sein. Hier werden sehr hohe Leistungen gefordert (10 MVA und mehr), die noch weiter verbesserte Bauelemente voraussetzen. Da Blindstromrichter mit passiven Kreisen abgeschlossen sind, kann das harmonische Steuerverfahren stark vereinfacht werden.

Neben den Pulsverfahren gibt es eine Reihe spezieller Lösungen für netzrückwirkungsarme Stromrichter, wovon hier zwei ausgewählt und als Prinzipschaltbild im Bild 4.5 dargestellt sind. Bei der zwangsgelöschten Drehstrom-Brückenschaltung [4.45] können mit zwei Löschventilen im Summenlöschverfahren die Brückenhälften im Gegentakt gelöscht werden (Bild 4.5b). Die Kommutierung kann nur bis zu einem Mindeststrom gewährleistet werden, so daß auch hier die Speisung von Antrieben kaum möglich wird. Der Zusatzaufwand für eine laststromunabhängige Kommutierung ist beträchtlich. Zur Speisung von Gleichstromzwischenkreisen kann die Schaltung eingesetzt werden. Der Nachteil des Auftretens durch drei teilbarer Harmonischer im Netzstrom kann mit einem Transformator geeigneter Schaltgruppen abgebaut werden. Auch hiermit ist Blindstromrichterbetrieb möglich.

Ein anderer Vorschlag geht dahin, die dem Netzstrom fehlenden Anteile in Form von Stromharmonischen phasenrichtig einzuspeisen [4.46] (Bild 4.5c). Der Aufwand für die notwendigen Stromquellen wird als praktisch nicht akzeptabel eingeschätzt.

Eine noch andere Lösungsmöglichkeit zum Abbau von Blindleistung und Netzrückwirkungen besteht darin, mit ungesteuerten Gleichrichtern auszukommen. Bild 4.6 zeigt mögliche Varianten. Die stufige oder stetige Verstellung am Transformator entspricht den meist vorliegenden Anforderungen nach Stellgeschwindigkeit nicht (Bild 4.6a), so daß auf Gleichstrom-Pulssteller (Bild 4.6b) orientiert werden muß. Der ungesteuerte Stromrichter nimmt nur Kommutierungsblindleistung auf und verzerrt die Anschlußspannung erheblich weniger.

Energierückspeisung ist hier nicht möglich. Mit dem verstärkten Einsatz von gepulsten Drehstrom-Umrichter-Antrieben ist die Zwischenkreisspannung konstant. Als eine netzrückwirkungsarme Anordnung ist die Antiparallelschaltung aus ungesteuerter Brücke und Wechselrichter mit Spartransformator zur Kreisstrombegrenzung einsetzbar, die wegen der Stromwinkeldifferenz $\Delta\alpha = 30°$ quasizwölfpulsiges Verhalten besitzt (Bild 4.6c – $p = 12^*$).

4.4. Netzrückwirkungsorientierte Steuerung von Stromrichteranlagen

Die im Abschnitt 3.4. behandelte deterministische Überlagerung und damit teilweise Auslöschung von Stromrichter-Netzrückwirkungen kann in Anwendungsfällen, bei denen die Stellgrößen Steuerwinkel und Strom nach übergeordneten Gesichtspunkten frei vorgebbar sind, gezielt ausgenutzt werden. Zwei mögliche Strukturen für unterschiedliche Zielstellungen zeigt Bild 4.7.

In Bild 4.7a besteht das Ziel darin, quasizwölfpulsige Netzrückwirkung zu erreichen. Die beiden dargestellten Antriebe haben jeder ein Leistungsverhältnis, das ihre Zusammenarbeit mit einem Parallelkondensator gestattet. Werden sie gleichzeitig betrieben, so müßte zu einer Saugkreisanlage übergegangen werden. Die Installation einer Saugkreisanlage kann umgangen werden, wenn über eine Steuerung oder Regelung des netzseitigen Stromrichters von Antrieb *2* dafür gesorgt wird, daß beide netzseitigen Stromrichter mit gleichen Steuerwinkeln arbeiten. Da der Antrieb *2* über einen Pulswechselrichter gespeist wird, ist eine derartige Regelung in gewissen Grenzen möglich. Eine weitere Forderung ist noch, daß die Trafoschaltgruppen unterschiedlich und die Lastspiele der Antriebe möglichst gleich sind. Durch Regelung auf gleichen Steuerwinkel werden die fünfte und siebente Harmonische weitestgehend kompensiert, so daß Resonanzen mit diesen Ordnungszahlen nicht auftreten können. Als Modifikation ist es möglich, an Stelle des Kondensators Verzerrungskenngrößen zu messen [4.47]. Das beschriebene Steuerverfahren eignet sich vorzugsweise für gering schwankende Belastungen. Neben dem gezeigten Pulswechselrichter ist das Prinzip auch bei Antrieben mit geregeltem Motorfeld anwendbar.

Zur Gewährleistung der zusätzlichen netzrückwirkungsorientierten Steuerung mehrerer Antriebe bei Einhaltung der dominierenden antriebsspezifischen Forderungen ist ein erheblicher informationstechnischer Aufwand einerseits und eine den erweiterten Stellbereichen angepaßte Auslegung der Leistungsteile andererseits erforderlich. Der erstgenannte Aufwand wird u. U. erheblich weniger sichtbar, wenn durchgängig moderne digitale Steuerungstechniken eingesetzt werden.

Antriebssysteme mit mehreren, nicht deterministisch stoßförmig belasteten oder anlaufenden Antrieben (z. B. Pressenstraßen, mehrere Schachtförderanlagen, Nahverkehrssysteme) verursachen bei Ausrüstung mit vollgesteuerten Stromrichtern im ungünstigsten Fall unzulässig hohe Blindlaststöße, zu deren Kompensation dynamische Kompensationseinrichtungen vorgesehen werden müßten. Bild 4.7b zeigt am Beispiel Pressenstraße, wie mit einer übergeordneten Steuerung der ungünstigste Fall vermieden werden soll. Voraussetzung ist auch hier, daß die von der Steuerung befohlene Zeitverzögerung der Kupplungsbetätigung das technologische Ergebnis nicht nachteilig beeinflußt. Auf dynamische Kompensationseinrichtungen kann dann verzichtet werden. Die Mindestqualität der Anschlußspannung wird dadurch und durch die Wirkung einer Saugkreisanlage eingehalten.

Ein noch anderer Weg bei gleicher Zielstellung wurde in [4.48] beschrieben. Dadurch, daß bei Kurbelpressen ein Schwungrad als Energiespeicher vorhanden ist, kann die vom Gleichstrom-Regelantrieb aufgenommene Leistung durch eine antriebsspezifische Zusatzelektronik so vergleichmäßigt werden, daß die im Bild 4.7b gezeigte Steuerung überflüssig wird. Zur Lösung dient eine an den technologischen Prozeß angepaßte adaptive Strombegrenzung.

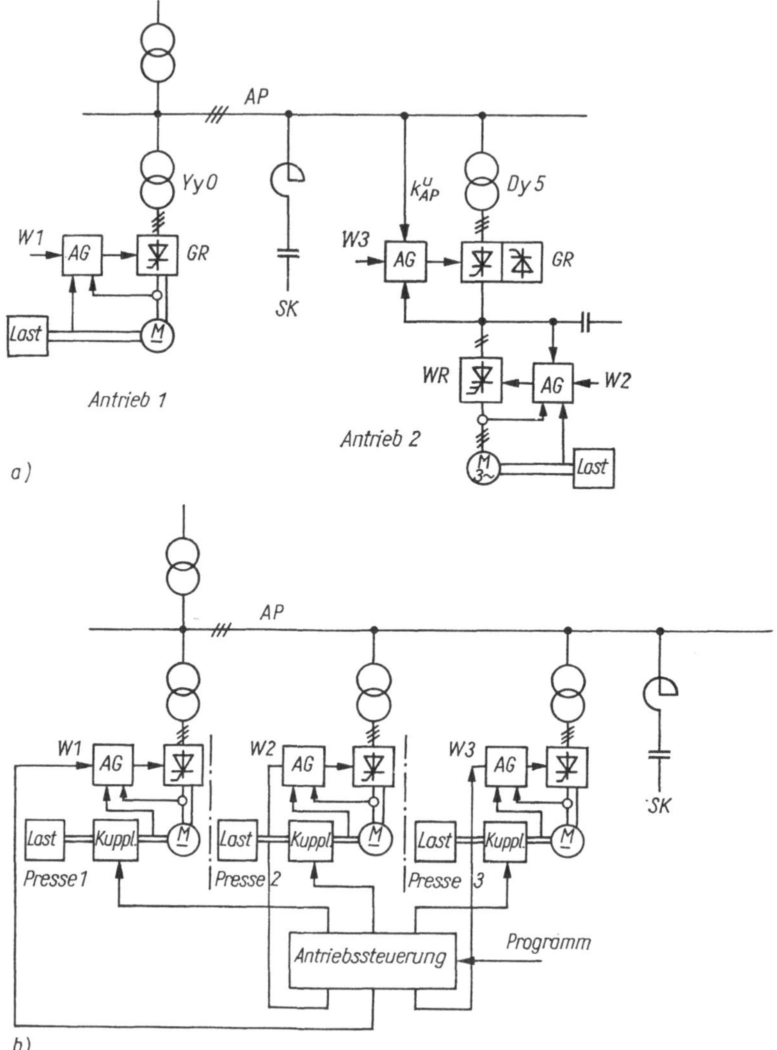

Bild 4.7. Netzrückwirkungsorientierte Steuerung mehrerer Stromrichter

AG Ansteuergerät *W1* bis *W3* Führungsgrößen

a) Minimierung der Verzerrung der Anschlußspannung durch k^u_{AP} – Regelung mit Antrieb *2* als Stellglied

b) Vergleichmäßigung des Blindleistungsbedarfs durch Steuerung der Kupplungen der Pressen *1* bis *3*

4.5. Kompensation von Netzrückwirkungen

Die in den vorangegangenen Abschnitten behandelten Methoden zur Verringerung von Netzrückwirkungen sind leider meist so aufwendig oder mit anderen schwerwiegenden Nachteilen behaftet, daß sie praktisch nur in Sonderfällen zum Einsatz gelangen. Das Ziel, eine ausreichende Elektroenergiequalität zu gewährleisten und gleichzeitig Forderungen an den Leistungsfaktor zu erfüllen, erreicht der Errichter gegenwärtig und wohl auch in absehbarer Zukunft vor allem durch Kompensationseinrichtungen [4.49], [4.50].

4.5.1. Kompensationseinrichtungen – Übersicht

Mit dem Begriff Kompensationseinrichtungen werden alle Funktionselemente und -gruppen zusammengefaßt, die der Errichter einer Abnehmeranlage zusätzlich vorsehen muß, um für einen festgelegten Netzpunkt die Elektroenergiequalität zu gewährleisten. Am Beispiel einer vollständig aufgerüsteten Kompensationseinrichtung zeigt Bild 4.8, in welche Bestandteile eine Zergliederung erfolgen kann, welche abgerüsteten Varianten ausgeführt werden können und in welchem der nachfolgenden Abschnitte die Auslegung der entsprechenden Strukturen behandelt wird.

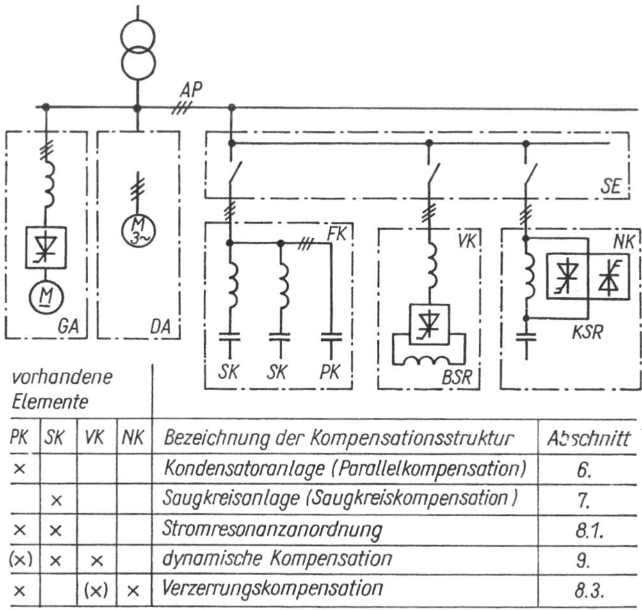

PK	SK	VK	NK	Bezeichnung der Kompensationsstruktur	Abschnitt
×				Kondensatoranlage (Parallelkompensation)	6.
	×			Saugkreisanlage (Saugkreiskompensation)	7.
×	×			Stromresonanzanordnung	8.1.
(×)	×	×		dynamische Kompensation	9.
×		(×)	×	Verzerrungskompensation	8.3.

Bild 4.8. Struktur und Elemente einer vollständig aufgerüsteten Kompensationseinrichtung

GA Gleichstromantrieb } als Verbraucher
DA Drehstromantrieb } als Verbraucher
SE Schalteinrichtung
FK Festkompensation
VK variable Kompensation
NK gesteuerter Saugkreis
BSR Blindstromrichter
KSR Kompensationsstromrichter

In diesem Abschnitt soll nur eine Übersicht über die Vielfalt schaltungstechnischer Möglichkeiten, ihre Vor- und Nachteile sowie ihr Hauptanwendungsgebiet gegeben werden. Es ist möglich und üblich, in Abnehmeranlagen mit mehreren Spannungsebenen auch mehrere Kompensationseinrichtungen vorzusehen. Nach der Art ihrer Kompensationsaufgabe werden

- Einzelkompensation,
- Gruppenkompensation und
- Zentralkompensation

unterschieden [1.18].

Tabelle 4.6. Vergleich von Einrichtungen zur Festkompensation

	Kondensatoranlage	Filterkreisanlage		Stromresonanzanordnung
		verdrosselte Kondensatoren	Saugkreise	
Prinzipschaltbild	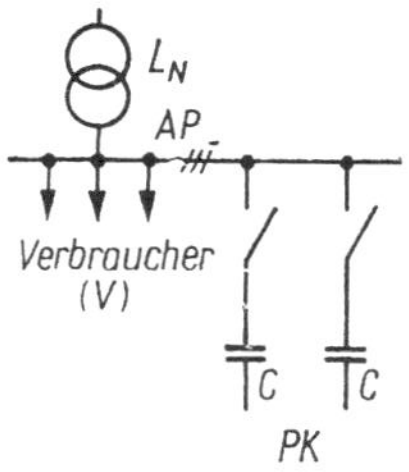 L_N, AP, Verbraucher (V), C, C, PK	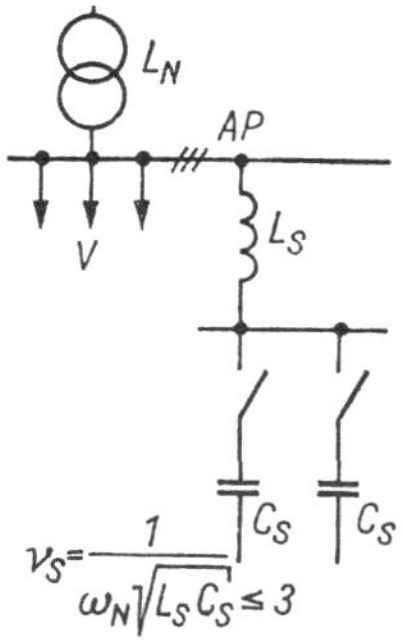 L_N, AP, V, L_S, C_S, C_S, $\nu_S = \frac{1}{\omega_N \sqrt{L_S C_S}} \leq 3$	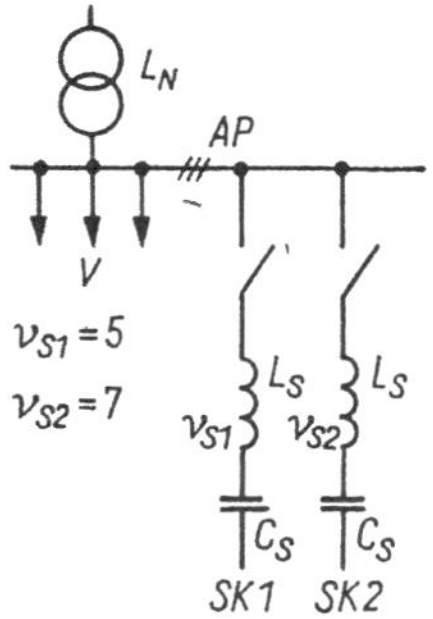 L_N, AP, V, $\nu_{S1} = 5$, $\nu_{S2} = 7$, L_S, L_S, ν_{S1}, ν_{S2}, C_S, C_S, SK1, SK2	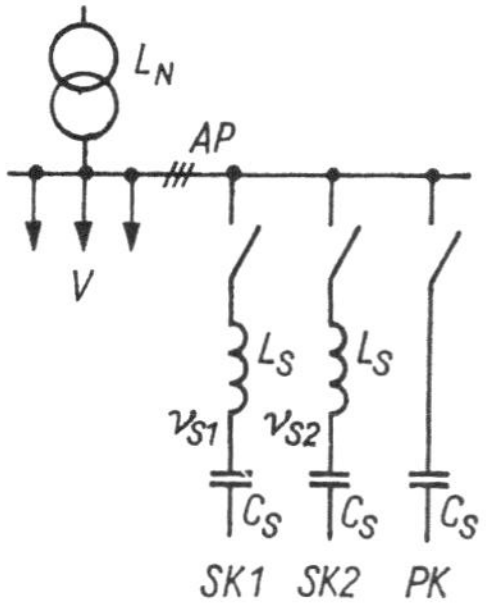 L_N, AP, V, L_S, L_S, ν_{S1}, ν_{S2}, C_S, C_S, C_S, SK1, SK2, PK
Vorteile	● einfach und billig ● vollständiger Abbau von Kommutierungseinbrüchen	● keine Resonanzgefahr	● praktisch keine Resonanzgefahr ● gute Filterwirkung	● gute Spannungsqualität
Nachteile	● Parallelresonanzgefahr L_N/C (therm. Überlast, große Verzerrung)	● großer Drosselaufwand ● wenig Filterwirkung	● unvollständiger Abbau von Kommutierungseinbrüchen	● hohe Resonanzgefahr
Bemerkungen	● Serienerzeugnisse für NS und MS verfügbar	● hohe Spannungsbeanspruchung des Kondensators bei geringer thermischer Auslastung	● Saugkreise für charakteristische Harmonische vorsehen ● Ordnungszahl induktiv verstimmt ausführen	● möglichst viele große Saugkreise ausführen ● C_{min} beachten
Einsatzgebiet	bei geringen Stromrichter-Leistungsverhältnissen $s_d < (1 \dots 2)\%$	in Sonderfällen	bei großen Stromrichter-Leistungsverhältnissen	bei hohem Blindleistungsbedarf und hohen Qualitätsforderungen

Tabelle 4.7. Vergleich von Einrichtungen zur variablen Kompensation

	Direkte Kompensation		Kompensation mit Richtungsumkehr		Indirekte Kompensation		
Prinzipschaltbild	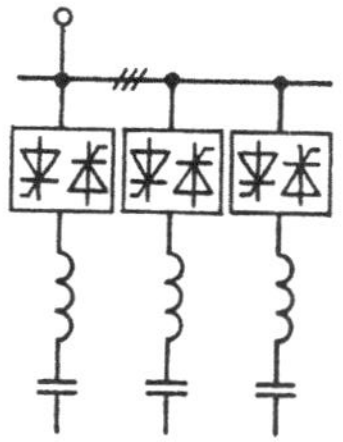	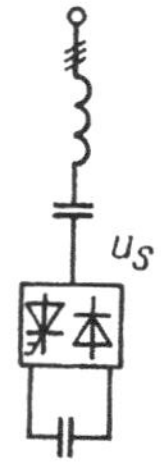 u_S				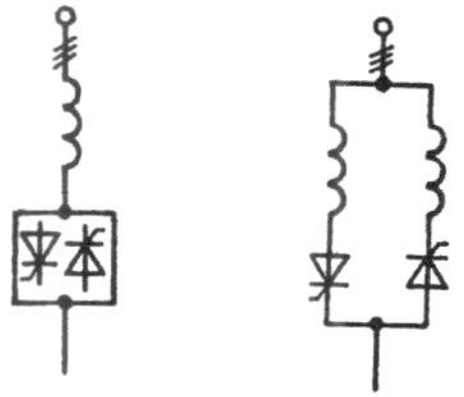	
Bezeichnung	thyristorgeschaltete Saugkreise	gesteuerter Saugkreis	kapazitiver Blindstromrichter	rotierender Phasenschieber	induktiver Blindstromrichter	spannungsgesteuerte Drossel	Transduktor
Vorteile	● unsymmetrische Steuerung möglich ● geringe Verluste	● stufenlose Steuerung	● halbe Bauleistung durch Richtungsumkehr ● extrem schnell		● normaler Stromrichter	● unsymmetrische Steuerung möglich ● keine Verzerrung	● Freiluftaufstellung möglich
Nachteile	● nicht extrem schnell ● Stufigkeit ● für MS mit Trafo	● hoher Aufwand für Pulstechnik		● Wartung ● mäßig schnell	● hoher Ventilaufwand		● mäßig schnell
Bemerkungen	● seit 10 Jahren bewährt	● Versuchsstadium	● Industrieeinsatz absehbar	● Einsatz geht zurück	● keine Betriebserfahrungen	● NS-Anlagen verfügbar ● MS-Direktanschluß möglich	● seit 10 Jahren bewährt
Einsatzgebiete	E-Stahlwerke		große und schnelle Antriebe (Walzwerke)		große und schnelle Antriebe E-Stahlwerke		

Festkompensation ist notwendiger Bestandteil jeder Kompensationsanlage. Sie wird als Parallelkompensation mit Leistungskondensatoren in den in Tabelle 4.6 vorgestellten Varianten ausgeführt [4.51].
Für Abnehmer mit nur wenig veränderlichem oder durch den Effekt der statistischen Überlagerung vieler Verbraucherströme vergleichmäßigtem Blindleistungsbedarf genügen Festkompensationsanlagen, wobei mit wachsendem Anteil von Stromrichtern immer mehr Anlagen als Saugkreisanlagen ausgeführt werden müssen, wenn nicht durch eine Einrichtung zur Verzerrungskompensation die thermische Gefährdung unverdrosselter Leistungskondensatoren verhindert wird.
Einrichtungen zur variablen Kompensation besitzen ein Stellglied, das die Variation des Blindleistungsbedarfs in Stufen oder stufenlos ermöglicht. Tabelle 4.7 vermittelt die Übersicht, wobei die Einteilung nach dem Wirkprinzip der Kompensation erfolgt. Wesentliche Anforderung und damit auch Unterscheidungsmerkmal ist die Schnelligkeit, wobei unterschieden werden:

1. *Einrichtungen mit Schützensteuerung* (geeignet zur Anpassung der Kompensationsleistung an den Tagesgang des Blindleistungsbedarfs – Ausregelzeit einige Sekunden und mehr)
2. *Einrichtungen mit elektromagnetischen Stellgliedern* (geeignet für die mittelschnelle dynamische Kompensation – Ausregelzeit 40 bis 100 ms – Synchronmaschinen, Transduktoren)
3. *Einrichtungen mit leistungselektronischen Stellgliedern* (geeignet für schnelle dynamische Kompensation – Ausregelzeit 5 bis 40 ms – Thyristorschalter, -steller und -stromrichter)

Die erreichbare Schnelligkeit ist durch die diskontinuierliche Arbeitsweise der Stromrichterschaltungen und durch die Schnelligkeit der Meßglieder begrenzt. Die erreichbaren Ausregelzeiten sind jedoch für vorkommende Aufgaben ausreichend.
Einen Sonderfall der variablen Kompensation stellt die Reihenkompensation dar, bei der eine laststromabhängige Blindleistungsbereitstellung und damit Spannungsstützung erfolgt [1.18]. Für industrielle Abnehmeranlagen werden Reihenkondensatoren bisher nur selten ausgeführt.

Tabelle 4.8. Einrichtungen zur Verzerrungskompensation

	Einkopplung der Impulse	Ausschalten der Saugkreisdrossel
Prinzipschaltbild	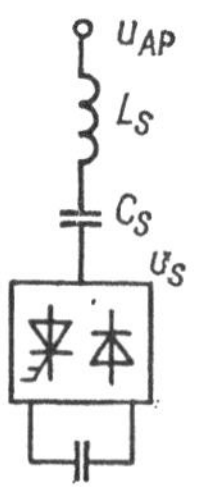 u_{AP}, L_S, C_S, u_S	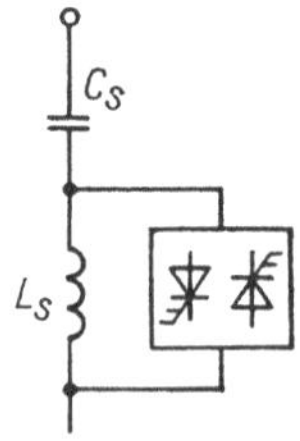 C_S, L_S
Vorteile	● kann gleichzeitig als Stellglied zur variablen Kompensation dienen	● Schalterspannung gering
Nachteile	● hoher Aufwand Pulswechselrichter	● konstante Kompensationsleistung
Bemerkungen	für MS-Anwendung lohnend	für NS-Anwendung mit Transistorschalter

Einrichtungen zur Verzerrungskompensation versuchen, durch eine Stromeinspeisung in den Anschlußpunkt die durch Stromrichter verursachten schnellen Stromänderungen zu kompensieren. Diese Einspeisung gelingt durch gesteuerte Saugkreise und Kompensationsstromrichter [4.52]. Auf diesem Wege ist die Leistungselektronik in der Lage, die durch sie verursachten Netzrückwirkungen weitgehend abzubauen. Die dazu notwendigen Strukturen befinden sich noch im Versuchsstadium. Eine Übersicht über lohnende Varianten gibt Tabelle 4.8.

4.5.2. *Konstruktive Gestaltung*

Für die konstruktive Gestaltung von Kompensationseinrichtungen haben sich die in Tabelle 4.9 als Übersicht dargestellten vier Bauweisen herausgebildet, wobei der Trend eindeutig zum Einsatz anschlußfertig lieferbarer Anlagen geht. Lediglich bei MS-Anlagen werden Luft-

Tabelle 4.9. Bauweisen von Kompensationseinrichtungen

	Konstruktionsprinzip (Beispiel)		Geeignet für
Modulare Bauweise	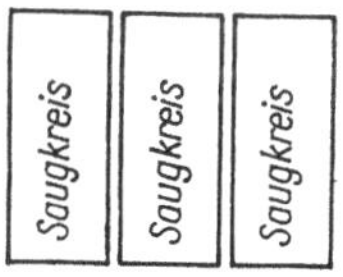 Saugkreis / Saugkreis / Saugkreis Schrankbauweise 1 Schrank (800 · 800 · 200) mm	z. B. ISA 2000-SS 160-kvar-Saugkreisfelder [7.0]	NS-Kompensations-einrichtungen Stromrichter bis 500 kW
Gruppen-bauweise	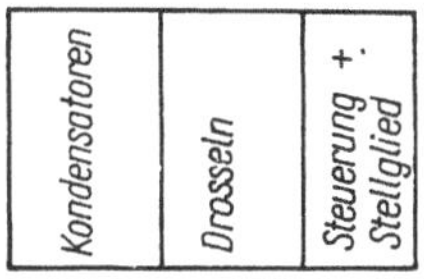 Kondensatoren / Drosseln / Steuerung + Stellglied Schrankbauweise (3000 · 860 · 2000) mm	z. B. PLYCOS 1315 dynamische Kompensation 315 kvar [9.0]	NS-Kompensations-einrichtungen große Stromrichter
Montage-bauweise	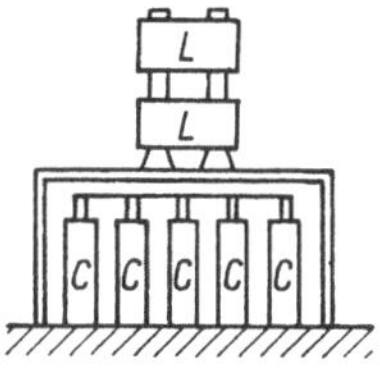 L / L / C C C C C offene Gestelle (evtl. Freiluftaufstellung)	z. B. MS-Saugkreisanlage	MS-Kompensations-einrichtungen (auch für HS üblich) HGÜ-Stromrichter
kombinierte Bauweise	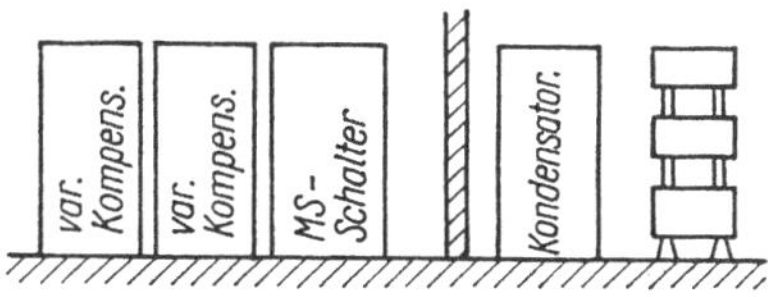 var. Kompens. / var. Kompens. / MS-Schalter / Kondensator	z. B. MS-Anlage zur dynamischen Kompensation	MS-Kompensations-einrichtungen große Stromrichter

drosseln aus Gründen des Streufelds und der Abführung der Verlustleistung noch getrennt montiert. In Schrankbauweise passen sich Kompensationseinrichtungen gut in die Gestaltung der Stromrichter- und Schaltanlage ein. Bei MS-Anlagen wird die räumlich getrennte Aufstellung der Leistungskondensatoren verlangt, so daß die kombinierte Bauweise entsteht.

Bezüglich der Aufstellungsart wird in industriellen Anlagen die Innenraumaufstellung bevorzugt. Lediglich Öltransformatoren und Transduktoren werden häufig im Freien aufgestellt. Die Freiluftaufstellung von Leistungskondensatoren kommt nur im Ausnahmefall in Frage.

Da Kompensationseinrichtungen meist im Zusammenhang mit Schaltanlagensystemen entwickelt werden, ist die Schutzproblematik eng mit der Schutzkonzeption innerhalb dieser Systeme verbunden. Besonderheiten entstehen zum Schutz der Leistungskondensatoren und der Thyristorstellglieder. Eine grobe Übersicht über zur Zeit übliche Schutzeinrichtungen für Festkompensation und Stellglieder zur variablen Kompensation gibt Tabelle 4.10. Weitere Einzelheiten werden in den entsprechenden nachfolgenden Abschnitten behandelt.

Tabelle 4.10. Schutzeinrichtungen

	Festkompensation	Variable Kompensation
Schutz gegen	Technik	
	Kondensatoranlagen Saugkreisanlagen	Blindstromrichter Thyristorsteller Thyristorschalter
Kurzschluß	Schmelzsicherungen Leistungsschalter	IS-Begrenzer Halbleitersicherungen Schnellschalter Leistungsschalter
Überstrom	Überstrom-Zeitrelais Kondensator-Aufbauschutz Kondensator-Schutzrelais	Strombegrenzung Überstrom-Zeitrelais
Überspannung	Überspannungs-Zeitrelais	Ventilbeschaltung Überspannungsbegrenzer Hilfsventile

5. Stromrichter-Netzrückwirkungen ohne Leistungskondensatoren im Netzausschnitt

5.1. Problemstellung

Der nach außen rückwirkungsfreie Netzausschnitt (vgl. Bild 3.3) wird in diesem Kapitel sehr stark vereinfacht. Alle Leistungskondensatoren werden gestrichen, so daß ein ohmsch-induktiver Netzzweig über den Anschlußpunkt zwei Verbraucherzweige speist, wovon einer den Ersatzstromrichter entsprechend Abschnitt 3.4. und einer den resultierenden passiven Verbraucher darstellt. Die Literatur wendet dieser Struktur sehr große Aufmerksamkeit zu, obwohl wegen der ständig steigenden Zahl von Kompensationsanlagen die genannten Voraussetzungen immer seltener erfüllt werden [5.1] bis [5.6]. Wird weiter angenommen, daß im Netzzweig zwar schwingungsfähige Strukturen vorkommen, diese aber in keine beachtenswerte Wechselwirkung mit dem Stromrichter treten, so liegt diese Struktur immer dann vor, wenn Stromrichter am Anschlußpunkt ohne Kompensation durch Kondensatoren oder Saugkreise betrieben werden.

Als wesentliche Einsatzfälle können genannt werden:

1. Betrieb von Stromrichtern mit kleinem Leistungsverhältnis am öffentlichen Netz ($s_d < 3\%$ für $p = 6$ nach [4.10])
2. Betrieb von ungesteuerten Stromrichtern
3. Betrieb von Stromrichtern in Industrienetzen, deren Blindleistungsbedarf durch Industriekraftwerke oder rotierende Phasenschieber gedeckt werden kann
4. Betrieb von Stromrichtern in Bordnetzen [5.7]

Das Betriebsverhalten der Stromrichterschaltungen wird in Lehrbüchern ausschließlich in dieser Struktur behandelt, wobei besonderer Wert auf die Beschreibung des gesamten Arbeitsbereichs von Leerlauf bis Kurzschluß bei idealer und nichtidealer Glättung gelegt wird [5.8], [5.9]. Für den Problemkreis Netzrückwirkungen ist es ausreichend, sich auf das Betriebsverhalten bei einfacher Kommutierung zu beschränken, so daß die im Abschnitt 2.2. getroffenen Vereinbarungen voll gültig bleiben.

Vor dem Projektierungsingenieur, der als Errichter einer Stromrichteranlage die Verantwortung für die Beherrschung der Netzrückwirkungen trägt, stehen zwei Kategorien von Aufgabenstellungen:

1. *Analyseaufgabe*: darin bestehend, für eine bekannte Struktur und bekannte Größen netzseitiger Einsatzbedingungen die Kenngrößen der Netzrückwirkungen vorauszuberechnen.

2. *Entwurfsaufgabe*: darin bestehend, die Struktur und Kenngrößen netzseitiger Einsatzbedingungen dahin gehend zu variieren, daß festgelegte Grenzen für Kenngrößen von Netzrückwirkungen nicht überschritten und weitere Zwangsbedingungen (z. B. Einhaltung eines mittleren Verschiebungsfaktors, Einsatz fabrikfertiger Kompensationsanlagen) eingehalten werden.

Die Entwurfsaufgabe enthält die Analyseaufgabe implizit. Für die einfache Handhabung durch den Projektierungsingenieur ist es am vorteilhaftesten, die Ergebnisse soweit wie möglich in Diagrammform aufzubereiten und ihre Anwendung an Beispielen vorzuführen. In der weiteren Behandlung muß zwischen dem Fall praktisch idealer Glättung des Gleichstroms und dem Fall nichtidealer Glättung unterschieden werden.

5.2. Analyse der Netzrückwirkungen

5.2.1. Analysehilfsmittel

Zur Analyse der im Bild 5.1 dargestellten Systemstruktur können alle im Abschnitt 2. behandelten Beschreibungsmethoden angewendet werden. Eine Übersicht darüber vermittelt Tabelle 5.1. Häufig auftretende Einsatzbedingungen sind so beschaffen, daß der Einfluß von L_V, R_T und R_N vernachlässigt werden kann. Die Annahme idealer Glättung ist ebenfalls meist berechtigt, so daß eine direkte Berechnung der Zeitfunktionen und ihre harmonische Analyse ohne Simulation möglich ist. In Sonderfällen können zur genauen Berechnung Simulationsverfahren herangezogen werden, wobei für ideale Glättung die Analog-, für nichtideale Glättung die Digitalsimulation vorteilhaft ist.

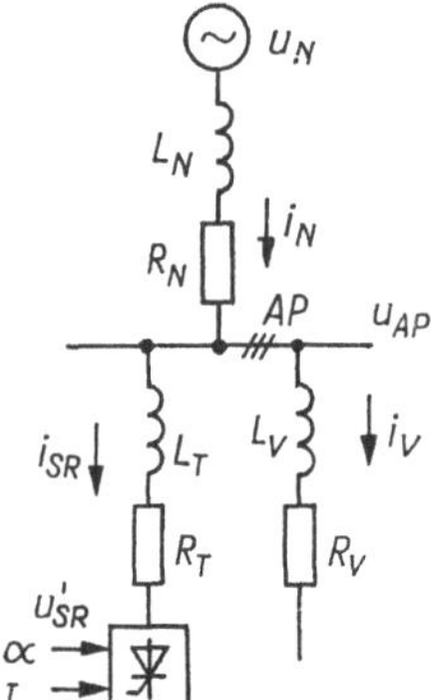

Bild 5.1. Anschlußstruktur Stromrichter ohne Kompensation

5.2.2. Analyse für idealisierte Bedingungen

Als Kenngrößen netzseitiger Einsatzbedingungen werden entsprechend Abschnitt 3. α, s_d, l_d, $(r/x)_N$, s_V, $(r/x)_V$ benötigt. Zur Verminderung der Parameterzahl werden $(r/x)_N$, s_V und $(r/x)_V$ gleich Null gesetzt. Die zu berechnenden Kenngrößen der Netzrückwirkungen sind alle aus dem Verlauf, dem Spektrum oder der Veränderung der Anschlußspannung bestimmbar. Die transiente Stromrichterspannung besteht aus Abschnitten der Netzspannung, wenn keine Kommutierung stattfindet, und aus Abschnitten der Kurve des arithmetischen Mittelwerts mit den anderen Strangspannungen während der Kommutierung (vgl. Bild 2.3).

Tabelle 5.1. Einsatz von Analysehilfsmitteln

Annahmen über Struktur nach Bild 5.1				Geeignete Analysehilfsmittel (+) gut geeignet (0) bedingt geeignet
Stromrichterzweig		Netzzweig	Verbraucherzweig	
$R_T = 0$	ideale Glättung	$R_N = 0$ $R_N \neq 0$	$R_v = 0, L_v \to \infty$	harmonische Analyse nach [3.9] (+) Zustandsersatzschaltbilder (+)
$R_T = 0$		beliebig $R_N/\omega_N L_N < 1$	beliebig $L_v \gg L_N$	Zustandsersatzschaltbilder (+) harmonische Analyse (0)
beliebig		beliebig	beliebig	Analogsimulation (+) Digitalsimulation (0)
beliebig	nicht-ideale Glättung	beliebig	beliebig	Digitalsimulation (+)

Die Anschlußspannung verläuft dazu proportional, nur mit dem Unterschied, daß die Kommutierungseinbrüche mit dem Spannungsteilerverhältnis l_d verkleinert auftreten. Bild 2.3 gilt für Direktanschluß oder Trafoanschluß mit Schaltgruppe *Yy0* oder *Dd0*. Wird an Stelle dessen ein Transformator der Schaltgruppe *Dy5* oder *Yd5* eingesetzt, so entstehen in der Anschlußspannung drei Kommutierungseinbrüche gleicher Dauer, deren Gesamtfläche wieder der Fläche der beiden Einbrüche gleich ist. Den Verlauf der Anschlußspannung zeigt Bild 5.2 für Steuerwinkel $90° - \mu/2$.

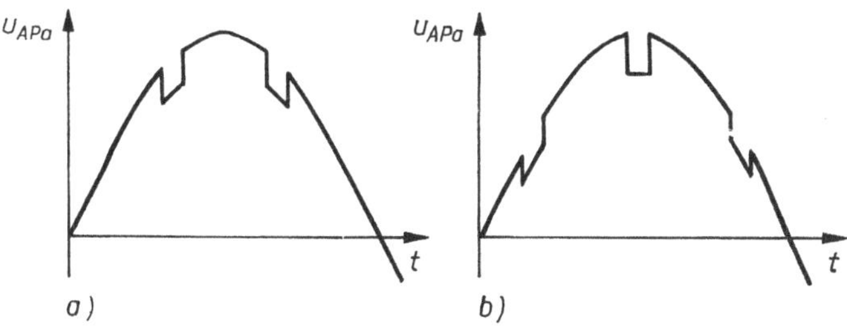

Bild 5.2. Zeitfunktionen der Anschlußspannung

$\alpha = 90° - \mu/2$
$s_d = 3{,}6\,\%$
$l_d = 0{,}2$
$\mu = 12°$

a) Anschluß ohne Transformator oder mit Trafoschaltgruppe *Yy0*
b) Anschluß mit Trafoschaltgruppe *Yd5* oder *Dy5* oder *Dy11*

Als erste Kenngröße der Netzrückwirkungen soll die maximale Augenblickswertabweichung a_{max} nach Gl. (1.8) berechnet werden. Wird vorausgesetzt, daß Scheitelwert und Grundschwingungsamplitude als Bezugswert identisch sind, so liefert jeweils die größere Flanke des Kommutierungseinbruchs den Wert für a_{max}.

$$a_{max} = K l_d \sin(\alpha + \mu) \quad \text{für} \quad 0 \leqq \alpha \leqq 90° - \frac{\mu}{2} \tag{5.1}$$

$$a_{max} = K l_d \sin \alpha \quad \text{für} \quad 90° - \frac{\mu}{2} \leqq \alpha \leqq 180° - \mu \tag{5.2}$$

Der Faktor K ist mit $\sqrt{3}/2$ für die in Stern-Stern und mit 1 für die in Dreieck-Stern geschalteten Transformatoren einzusetzen. Über die Auswertung der Gleichungen informiert Bild 5.3. Bei Thyristorantrieben wird in der Regel der worst-case bei $\alpha \approx 90°$ von Bedeutung sein. Hier ist der Einfluß von s_d über μ praktisch vernachlässigbar.

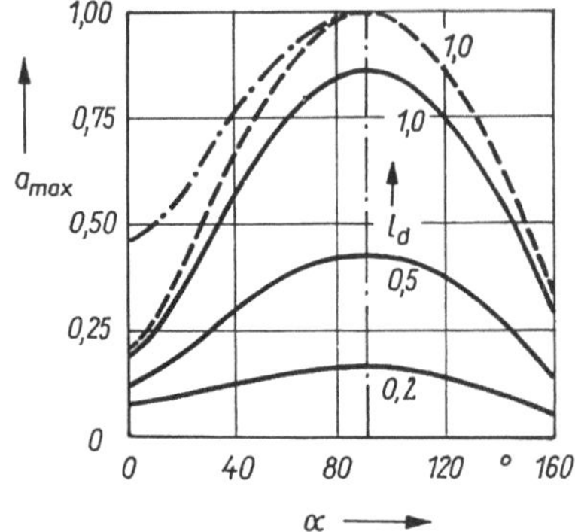

Bild 5.3. Maximale Augenblickswertabweichung der Anschlußspannung

— Trafo $Yy0$, $s_d = 2\%$
--- Trafo $Dy5$ oder $Yd5$, $s_d = 2\%$
-·- Trafo $Dy5$ oder $Yd5$, $s_d = 10\%$

Zur gleichen Kenngrößenkategorie gehört der Betragsflächenfehler nach Gl. (1.9), der sich unabhängig von der Trafoschaltgruppe aus dem Quotienten der Einbruchfläche einer Halbschwingung mit der Fläche der ungestörten Netzspannung ergibt. Da die entstehende Fläche nur von der Kommutierungsinduktivität und dem zu kommutierenden Gleichstrom abhängig ist [vgl. Gl. (2.36)], ist die Rechnung vom Steuerwinkel unabhängig. Eine gute Näherung liefert der Ansatz von Rechtecken bei $\alpha = 90°$:

$$b^u = \frac{\sqrt{3}\pi t_\mu}{T} l_d = \frac{\sqrt{3}}{2} \mu l_d \tag{5.3}$$

Da für $\alpha = 90°$ aus Gl. (3.10) μ bestimmt werden kann,

$$\sin \mu(\alpha = 90) = 1{,}152 \frac{s_d}{l_d} \tag{5.4}$$

ergibt sich für kleine Werte von μ die Beziehung

$$b^u = \frac{\sqrt{3}}{2} 1{,}152 \frac{s_d}{l_d} l_d = s_d \tag{5.5}$$

Die Berechnung spektraler Kenngrößen setzt voraus, daß das Spektrum der durch die Kommutierungseinbrüche verzerrten Anschlußspannung bekannt ist. Die harmonische Analyse gelingt für den Fall idealer Glättung und resistanzfreier Induktivitäten L_N und L'_T geschlossen, wenn die durch sinusförmige Spannungen begrenzten Einbrüche von der ungestörten Netzspannung abgespaltet werden. Nach ZABRODSKI [3.9] gelten dafür die folgenden Gleichungen:

$$u_{APa} = u_{Na} + \Delta u_{APa}^{(1)} + \sum_{\nu=5}^{\infty} \Delta u_{APa}^{(\nu)} \tag{5.6}$$

$$\Delta u_{APa}^{(1)} = \frac{\sqrt{3} U_N l_d}{\sqrt{2}\pi} \{\sin \mu \sin [\omega_N t - (2\alpha + \mu)] - \mu \sin \omega_N t\} \tag{5.7}$$

$$\sum_{\nu=5}^{\infty} \Delta u_{APa}^{(\nu)} = -\frac{2\sqrt{2} U_N l_d}{\pi} \left[\sum_{\nu=5}^{\infty} \cos \frac{\nu\pi}{6} \left\{ \frac{\sin\left((\nu+1)\frac{\mu}{2}\right)}{\nu+1} \sin\left[\nu\omega_N t - (\nu+1)\left(\alpha + \frac{\mu}{2}\right)\right] - \frac{\sin\left((\nu-1)\frac{\mu}{2}\right)}{\nu-1} \sin\left[\nu\omega_N t - (\nu-1)\left(\alpha + \frac{\mu}{2}\right)\right] \right\} \right] \tag{5.8}$$

Während Gl. (5.7) unabhängig von der Trafoschaltgruppe gilt, muß für die mit Gl. (5.8) bestimmbaren Anteile die Phasendrehung durch einen Transformator mit Stern-Dreieck-Wicklung beachtet werden.

Für die praktische Handhabung ist es vorteilhaft, die Gln. (5.7) und (5.8) so umzuformen, daß jede Harmonische getrennt berechenbar wird. Dabei ergeben sich nach SIEBERT [2.5] die übersichtlichsten Ausdrücke, wenn über Real- und Imaginärteil auf Betrag und Phase der Harmonischen geschlossen wird.

$$Re\{U_{\mathrm{APa}}^{(\nu)}\} = \frac{2U_{\mathrm{N}}I_{\mathrm{d}}}{\pi}\cos\frac{\nu\pi}{6}\left\{\frac{\sin\left((\nu+1)\frac{\mu}{2}\right)}{\nu+1}\sin\left[(\nu+1)\left(\alpha+\frac{\mu}{2}\right)\right]\right.$$
$$\left. - \frac{\sin\left((\nu-1)\frac{\mu}{2}\right)}{\nu-1}\sin\left[(\nu-1)\left(\alpha+\frac{\mu}{2}\right)\right]\right\} \tag{5.9}$$

$$I_m\{U_{\mathrm{APa}}^{(\nu)}\} = \frac{2U_{\mathrm{N}}I_{\mathrm{d}}}{\pi}\cos\frac{\nu\pi}{6}\left\{\frac{\sin\left((\nu+1)\frac{\mu}{2}\right)}{\nu+1}\cos\left[(\nu+1)\left(\alpha+\frac{\mu}{2}\right)\right]\right.$$
$$\left. - \frac{\sin\left((\nu-1)\frac{\mu}{2}\right)}{\nu-1}\cos\left[(\nu-1)\left(\alpha+\frac{\mu}{2}\right)\right]\right\} \tag{5.10}$$

Auch hier gelten für $\nu = 1$ vereinfachte Beziehungen:

$$Re\{U_{\mathrm{APa}}^{(1)}\} = \frac{U_{\mathrm{N}}}{\sqrt{3}}\left[1 - \frac{3I_{\mathrm{d}}}{2\pi}(\mu - \sin\mu\cos(2\alpha+\mu))\right] \tag{5.11}$$

$$Im\{U_{\mathrm{APa}}^{(1)}\} = \frac{U_{\mathrm{N}}}{\sqrt{3}}\left[-\frac{3I_{\mathrm{d}}}{2\pi}\sin\mu\sin(2\alpha+\mu)\right] \tag{5.12}$$

Für Transformatoren der Schaltgruppe *Yd5* oder *Dy5* ändern sich in Gln. (5.9) und (5.10) die Faktoren vor den geschweiften Klammern von $2U_{\mathrm{N}}I_{\mathrm{d}}\cos\left(\nu\frac{\pi}{6}\right)/\pi$ in $2U_{\mathrm{N}}I_{\mathrm{d}}\left(\cos\left(\nu\frac{\pi}{3}\right)-1\right)/\sqrt{3}\,\pi$. Die Wirkung dieser Veränderung besteht darin, daß alle durch $\nu = 12\,k \pm 1$ ($k = 0$, 1, 2 ...) gekennzeichneten Harmonischen mit denen der Gln. (5.9) und (5.10) identisch bleiben, alle anderen aber entgegengesetzte Vorzeichen bekommen. Bei gleichem α und μ entsteht damit die zwölfpulsige Netzrückwirkung (vgl. Abschnitt 4.3.1.).

Zusammen mit der Bestimmungsgleichung für den Überlappungswinkel μ

$$\mu = \operatorname{arc\,cos}\left(\cos\alpha - 1{,}152\,\frac{s_{\mathrm{d}}}{l_{\mathrm{d}}}\right) - \alpha \tag{5.13}$$

ergibt sich die Möglichkeit, mit einem programmierbaren Kleinstrechner oder dem Digitalrechner alle spektralen Kenngrößen zu berechnen. Wegen der linearen Abhängigkeit der Pegel der Oberschwingungen von I_{d} genügt die allgemeingültige Berechnung für $I_{\mathrm{d}} = 1$, d. h., es wird die transiente Stromrichterspannung analysiert. Bild 5.4 zeigt Amplituden und zugehörige Phasenwinkel für ausgewählte Harmonische, um einen Eindruck von der Abhängigkeit vom Steuerwinkel und von der gesamten Kommutierungsinduktivität ausgedrückt durch $s_{\mathrm{d}}/l_{\mathrm{d}}$ zu geben. Die Amplituden werden als Kenngröße Pegel nach Gl. (1.11) angegeben. Voraussetzung dafür ist die Berechnung des Effektivwerts nach Gl. (1.10). Es zeigt sich, daß die Pegel bei Steuerwinkeln um 90° (Anlauf von Antrieben) extrem hoch sind und wenig

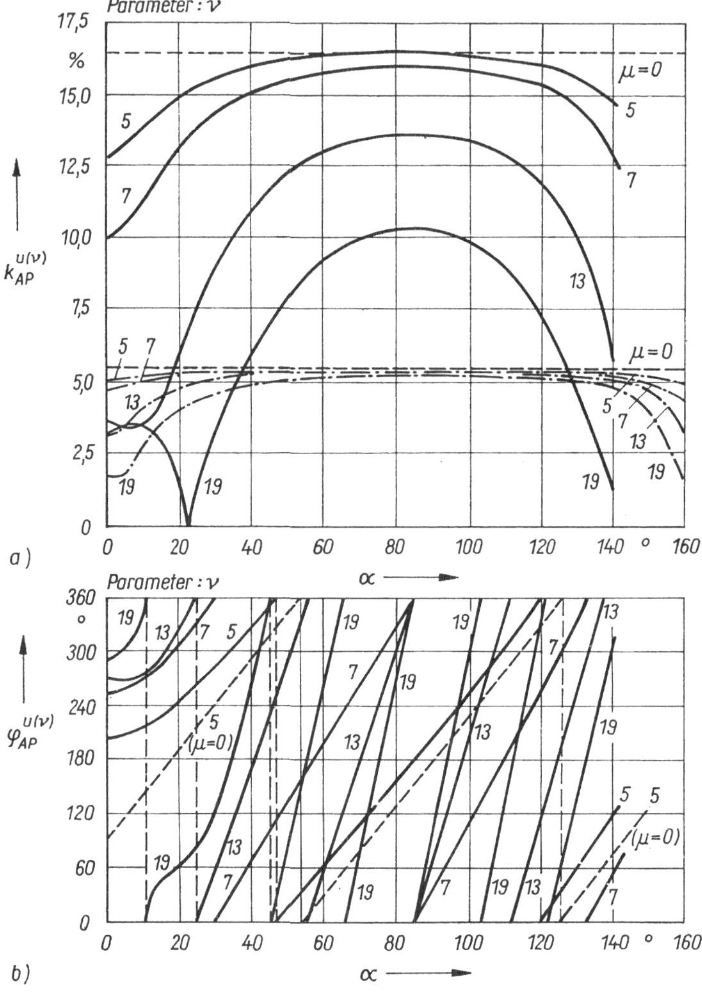

Bild 5.4. Pegel von Oberschwingungen in der Anschlußspannung

—— $s_d/l_d = 15\%$ —·— $s_d/l_d = 5\%$ --- $\mu = 0$

a) Betrag des Pegels für $l_d = 1$

b) Phasenwinkel des Pegels für l_d beliebig

vom Steuerwinkel abhängen. Bei kleinen und großen Steuerwinkeln kommt es zu starken Pegeländerungen vor allem bei höheren Harmonischen. Das Phasendiagramm zeigt, daß sich bei Steuerwinkeln um 90° die Phasenänderung proportional zu ν ergibt. In beide Diagramme wurden auch Kurven für ideale Kommutierung ($\mu = 0°$) eingezeichnet.

Eine weitere wichtige Kenngröße des Spektrums ist der Klirrfaktor. Der totale Klirrfaktor ergibt sich am einfachsten aus dem Grundschwingungsgehalt

$$k_{AP}^{u} = \sqrt{1 - k_{AP}^{u(1)2}} \tag{5.14}$$

Mit ihm wird normalerweise jedoch nicht gerechnet. Zur Berechnung des Grundschwingungsgehalts $k_{AP}^{u(1)}$ dienen die Gln. (5.11) und (5.12). Es ist zu beachten, daß hier das Induktivitätsverhältnis nichtlinear in $k_{\mathrm{AP}}^{u(1)}$ eingeht. Praktisch bedeutsamer ist der begrenzte Klirrfaktor:

$$k_{\mathrm{AP}}^{u(\nu \leq 25)} = \sqrt{\sum_{\nu=2}^{25} k_{\mathrm{AP}}^{u(\nu)2}} \tag{5.15}$$

Er berechnet sich aus den Pegeln der für energetische Netzrückwirkungen maßgebenden Harmonischen. Um eine Vorstellung über die Abhängigkeit des Klirrfaktors von Steuerwinkel und Leistungsverhältnis zu vermitteln, wurde Bild 5.5 gezeichnet. Es gilt für $l_{\mathrm{d}} = 0{,}2$ und zeigt, daß sich das Maximum bei $\alpha = 90° - \mu/2$ immer mehr ausprägt, je größer s_{d} wird. Da bei der Analyseaufgabe häufig der maximale Klirrfaktor gesucht wird, stellt Bild 5.6 die Abhängigkeit für s_{d} und l_{d} dar, wobei deutlich das nichtlineare Verhalten zu erkennen ist. Grundlage des Diagramms ist eine Auswertung der Gln. (5.9) bis (5.13), wobei der Effektivwert nach der folgenden Beziehung berechnet wurde.

$$U_{\mathrm{AP}} = \sqrt{\sum_{\nu=1}^{50} U_{\mathrm{AP}}^{(\nu)2}} \tag{5.16}$$

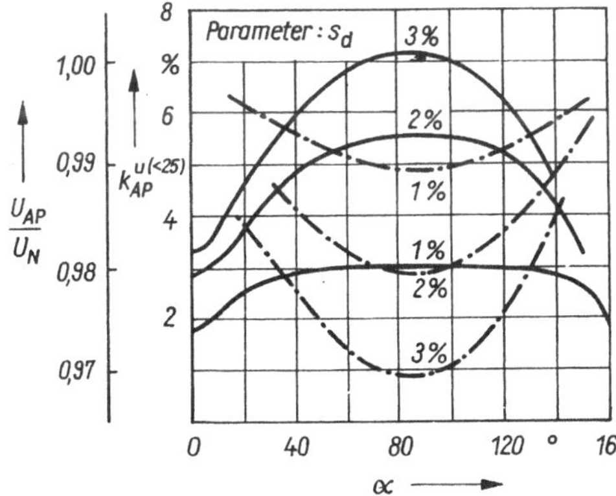

Bild 5.5. Klirrfaktor und bezogener Effektivwert der Anschlußspannung für $l_{\mathrm{d}} = 0{,}2$

—— $k_{\mathrm{AP}}{}^{u}$

-·- $U_{\mathrm{AP}}/U_{\mathrm{N}}$

Die berechneten Kennlinien wurden durch Messung an der Modellanlage und durch Simulation überprüft und bestätigt.

Zu gleichen Ergebnissen gelangt man auch mit dem im Abschnitt 2.3.4. behandelten Oberschwingungsersatzschaltbild, das vom bekannten, in Diagrammform vorliegenden Spektrum des Stromrichterstroms ausgeht [2.13]. Für den dazu benötigten relativen Gleichspannungsabfall d_{x} wird unter Beachtung der Spannungsabfallziffer der B6C-Schaltung $Y = 0{,}5$ der auf den fließenden Gleichstrom bezogene Wert für s_{d} und x_{T} eingesetzt.

$$d_{\mathrm{x}} = Y(1{,}15 s_{\mathrm{d}} + x_{\mathrm{T}}) = Y \frac{1{,}152 s_{\mathrm{d}}}{l_{\mathrm{d}}} \tag{5.17}$$

Die Stromoberschwingungen können in Abhängigkeit von α und d_{x} als auf den Grundschwingungsstrom I_{SR} bezogene Größen abgelesen werden. Der Strompegel ergibt sich durch Multiplikation mit dem Grundschwingungsgehalt $k_{\mathrm{SR}}^{i(1)}$. Der in [2.13] angegebene schaltungsspezifische feste Wert wird im weiteren mit g_{i} bezeichnet.

$$k_{\mathrm{SR}}^{i(\nu)} = \frac{I_{\mathrm{SR}}^{(\nu)}}{I_{\mathrm{SR}}^{(1)}} \frac{I_{\mathrm{SR}}^{(1)}}{I_{\mathrm{SR}}} = \frac{I_{\mathrm{SR}}^{(\nu)}}{I_{\mathrm{SR}}^{(1)}} g_{\mathrm{i}} \tag{5.18}$$

Für den begrenzten Klirrfaktor gilt in Analogie zu Gl. (5.15)

$$k_{\mathrm{SR}}^{i(\nu \leq 25)} = \sqrt{\sum_{\nu=2}^{25} k_{\mathrm{SR}}^{i(\nu)2}} \tag{5.19}$$

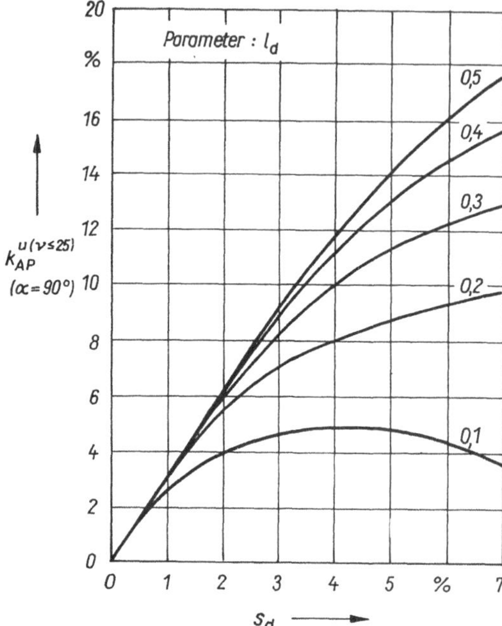

Bild 5.6. Klirrfaktor für $\alpha = 90°$ in Abhängigkeit von s_d und l_d

Die Strompegel sind im linearen System in Spannungspegel am Anschlußpunkt umrechenbar.

$$k_{AP}^{u(\nu)} = 1{,}152 s_d \nu k_{SR}^{i(\nu)} \frac{U_N}{U_{AP}} \tag{5.20}$$

Der Spannungsklirrfaktor ist damit berechenbar.

$$k_{AP}^{u(\nu\leqq 25)} = 1{,}152 s_d \frac{U_N}{U_{AP}} \sqrt{\sum_{\nu=2}^{25} \nu^2 k_{SR}^{i(\nu)2}} \tag{5.21}$$

Da eine Berechnung des Faktors U_N/U_{AP} auf diesem Wege nicht möglich ist, begnügt man sich meist bei solchen Rechnungen mit der Näherung $U_N = U_{AP}$ und korrigiert diesen Fehler durch Weglassen von g_i in Gl. (5.18). Tabelle 5.2 enthält den Vergleich der Werte für ein Zahlenbeispiel.

Als letzte Kenngrößen sind die vom Stromrichterbetrieb verursachten Schwankungen des Effektivwerts und der Grundschwingung nach Gln. (1.14) und (1.15) zu berechnen. Auch hier hilft die Spannungsanalyse weiter. Dient der ungestörte Zustand als Bezugsbasis, so gilt

$$\Delta u = \frac{U_N - U_{AP}}{U_N} = 1 - \frac{U_{AP}}{U_N} \tag{5.22}$$

Die Berechnung von U_{AP} wurde bereits für den Klirrfaktor notwendig. Im Bild 5.5 wurden einige Effektivwertverläufe eingetragen, die erkennen lassen, daß beim Steuerwinkel 90° die größte Effektivwertabsenkung zu erwarten ist.

Die Analyse dieser Maximalwerte kann mit Bild 5.7 erfolgen, das nach Gl. (5.16) berechnet wurde. Das Auftragen von $\Delta u_{max}/s_d$ über s_d ermöglicht eine hinreichende Spreizung der Kurven mit l_d als Parameter. Im gleichen Bild werden Verläufe der Grundschwingungsschwankung angegeben.

$$\Delta u_{max}^{(1)} = \Delta u^{(1)}(\alpha = 90°) = 1 - \frac{U_{AP}^{(1)}}{U_N} \tag{5.23}$$

Tabelle 5.2. Vergleich von Analyseergebnissen

$\alpha = 90°$; $s_d = 3\%$; $l_d = 0{,}2$; $d_x = 8{,}63\%$; $U_N = 380$ V; $\mu_0 = 34{,}16°$; $\mu_{90°} = 9{,}95°$											
ν		1	5	7	11	13	17	19	23	25	
Spannungs-analyse	$U_{AP}^{(\nu)}$	367,52	12,15	11,78	10,72	10,04	8,46	7,58	5,72	4,78	V
	$k_{AP}^{u(\nu)}$	99,74	3,298	3,198	2,910	2,726	2,296	2,058	1,553	1,296	%
		$U_{AP} = 368{,}45$ V $k_{AP}^{u(\leqq 25)} = 7{,}11\%$ $\Delta u = 0{,}9696$ $\Delta u^{(1)} = 0{,}9672$									
Strom-analyse	$I_{SR}^{(\nu)}/I_{SR}^{(1)}$		19,38	13,45	7,78	6,16	4,00	3,17	2,00	1,50	%
	$k_{SR}^{i(\nu)}$	0,967	18,74	13,01	7,52	5,96	3,87	3,07	1,93	1,45	%
	$k_{SR}^{i(\leqq 25)} = 25{,}35\%$			$k_{AP}^{u(\leqq 25)} = 7{,}20\%$ mit $k_{SR}^{i(1)}$ nach [1.5] und U_{AP}/U_N							
	$g_i = 0{,}955$ $(\mu = 0)$			$k_{AP}^{u(\leqq 25)} = 7{,}11\%$ mit g_i und U_{AP}/U_N $k_{AP}^{u(\leqq 25)} = 7{,}22\%$ ohne g_i und U_{AP}/U_N							

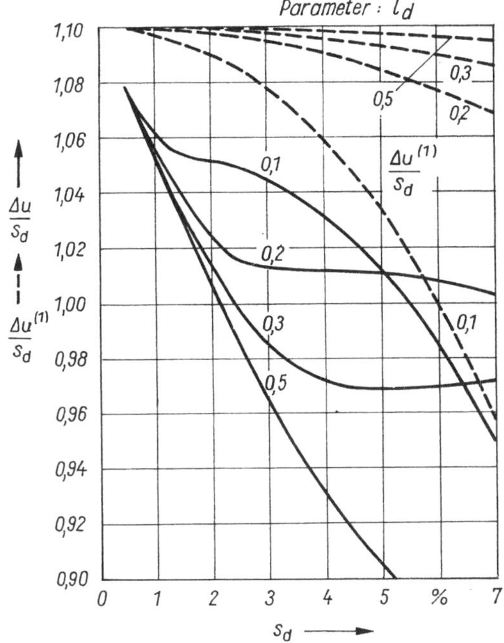

Bild 5.7. Schwankung der Anschlußspannung bei $\alpha = 90°$

—— Δu_{max}
--- $\Delta u_{max}^{(1)}$

Hierfür wurden die Gln. (5.11) und (5.12) ausgewertet. Zur Abschätzung dient oft auch die einfache Näherungsgleichung

$$\Delta u_{max}^{(1)} \approx \frac{g_i I_{SR} \omega_N L_N \sqrt{3}}{U_N} = g_i \cdot 1{,}152 s_d \tag{5.24}$$

Da der Stromrichter bei $\alpha = 90°$ nur Blindleistung aufnimmt, wird eine Abschätzung auch aus der Blindleistungsschwankung ΔQ möglich.

$$\Delta u_{\max}^{(1)} \approx g_{\mathrm{i}} \cdot 1{,}152 \frac{\Delta Q}{S_{\mathrm{k}}''} \tag{5.25}$$

Die Effektivwertschwankung ist stets geringer als die Grundschwingungsschwankung. Welcher Wert für Auswirkungen auf andere Verbraucher wichtig ist, hängt von der Art der Verbraucher ab. Während Beleuchtungsanlagen auf Effektivwertschwankungen reagieren, führen bei Drehfeldmaschinen vor allem Grundschwingungsschwankungen zum Pendeln des Drehmoments.

5.2.3. Analyse für nichtidealisierte Bedingungen

Bereits ohne Parallelschaltung anderer Zweige kann die Analyse der Netzrückwirkungen unter Berücksichtigung der ohmschen Widerstände und der nichtidealen Glättung kaum noch mit Mitteln manueller Berechnung vorgenommen werden. Bei Beschränkung auf nicht ideale Glättung bestehen Näherungslösungen, die von der Analyse des Stromverlaufs ausgehen, der dem idealen Gleichstrom überlagert ist [5.10]. Der Einfluß der Kommutierung ist dabei nicht zu erfassen. Dennoch ergibt sich eine befriedigende Übereinstimmung zwischen der Näherungsrechnung und der exakten Digitalsimulation.
Bei der Simulation ist die Beeinflussung des Gleichstroms durch die Kommutierungsinduktivität und des Kommutierungsvorgangs durch die Glättungsinduktivität im Programm enthalten. Das Problem, den Gleichstrom-Mittelwert festzuhalten, wurde über eine optimal eingestellte Regelschleife im Programm möglich, welche die Gegenspannung als Stellgröße benutzt. Als Abtastzeit zur Messung genügt eine Sechstelperiode. Schwierigkeiten gibt es weniger bei der Simulation als bei einer allgemeingültigen Auswertung und Darstellung, da zu viele Abhängigkeiten vorliegen. In diesem Rahmen soll die prinzipielle Auswirkung nichtidealer Glättung in Form eines Diagramms dargestellt werden (Bild 5.8). Mit wachsender Effektivwertwelligkeit w_{i} des Gleichstroms steigt der Spannungspegel der 5. Harmonischen deutlich an, während die Pegel höherer Ordnung leicht abfallen. Der Klirrfaktor bleibt nahezu konstant. Bild 5.8 ermöglicht auch den Vergleich Näherungsrechnung – Simulation. Die Zeitfunktionen für nichtideale Glättung wurden bereits angegeben (vgl. Bilder 1.11, 2.2). Zur Simulation dient das im Abschnitt 2.4.3. beschriebene Programm SIMNRW. Die Richtigkeit des gewählten Wegs wurde durch das Bekanntwerden von [5.2] bestätigt.
Das Anwachsen der fünften Harmonischen hat Konsequenzen bei der Auslegung von Saugkreisanlagen (vgl. Abschnitt 7.). Als Abhilfemaßnahme empfiehlt sich die gleichmäßige Auf-

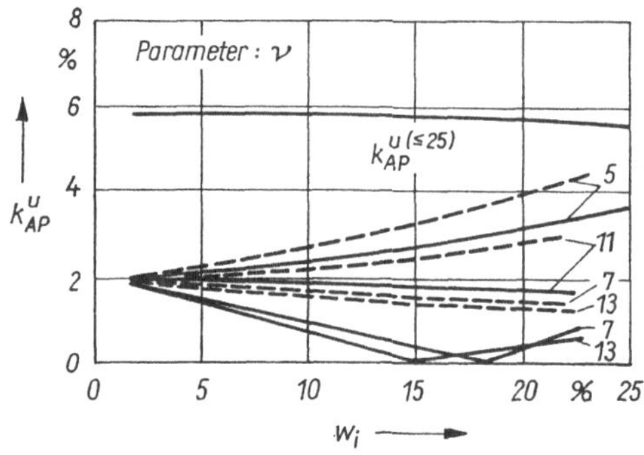

Bild 5.8. Änderung des Spektrums von U_{AP} bei nichtidealer Glättung

$\alpha = 90°$
$s_{\mathrm{d}} = 2\,\%$
$l_{\mathrm{d}} = 0{,}2$
—— Simulation
--- Näherungsrechnung

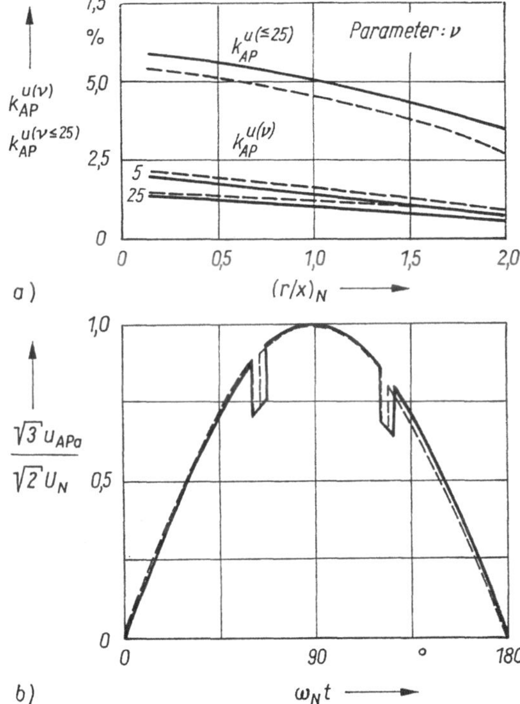

Bild 5.9. Abhängigkeit der Anschlußspannung von der Netzresistanz

a) Kennlinien $k^{u}_{\mathrm{AP}}[(r/x)_{\mathrm{N}}]$

—— Simulation; --- manuelle Näherungsrechnung } berechnet für $s_{\mathrm{d}} = 2\,\%$; $l_{\mathrm{d}} = 0{,}2$; $\alpha = 90°$

b) Kurvenform

—— $(r/x)_{\mathrm{N}} = 0$; --- $(r/x)_{\mathrm{N}} = 2$ } $S_{\mathrm{k}}'' =$ konstant

teilung von Antrieben mit ähnlichem Steuerverhalten auf unterschiedliche Trafoschaltgruppen (Quasi-Zwölfpulsbetrieb) oder der Übergang zur echten Zwölfpulsschaltung.

Eine Reihe weiterer Untersuchungen galt dem Einfluß ohmscher Widerstände im Kommutierungskreis, wie sie vor allem bei der Analyse des Niederspannungsanschlusses vorkommen. Auch dabei wurde eine manuelle Näherungsrechnung mit den Simulationsergebnissen verglichen. Ergebnisse zeigt Bild 5.9. Der wesentliche Einfluß entsteht während des Kommutierungszustands durch die Wirkung der Zeitkonstanten aus L_{N} und R_{N}. Als eine brauchbare Näherung hat sich nach Siebert [2.5] die Reduktion des Leistungsverhältnisses erwiesen.

$$s_{\mathrm{d\,red}} = s_{\mathrm{d}} \sin\left(\arctan 1/(r/x)_{\mathrm{N}}\right) \tag{5.26}$$

Diese Näherung gilt bis etwa $(r/x)_{\mathrm{N}} = 2$. Mit der Wirkung des reduzierten Leistungsverhältnisses nehmen Klirrfaktor und Spannungspegel entsprechend der verringerten Kommutierungsdauer ab. Bild 5.9b zeigt den Zeitverlauf der Anschlußspannung für zwei extreme Fälle. Die Übereinstimmung zwischen Näherungsrechnung und Simulation ist gut.

Die Variationsmöglichkeiten der Bedingungen sind damit bei weitem noch nicht erschöpft. Jedoch übersteigt die Darstellung solcher Fälle wie

- unsymmetrische Steuerimpulse
- unsymmetrische Netzspannungen oder durch einphasige Lasten unsymmetrische Anschlußspannung

den Rahmen dieser Monographie, die sich vor allem den Strukturen mit verzweigter Kommutierung zuwenden möchte.

5.3. Grenzen des Anschlusses ohne Kompensation

5.3.1. Anschlußdiagramm – Hilfsmittel zur Entscheidung

Die Entwurfsaufgabe besteht in der iterativen Abarbeitung der Analyseaufgabe mit dem Ziel, sich durch Variation der Einsatzbedingungen an die Zulässigkeitsgrenze von Netzrückwirkungen heranzutasten. Als Grenze dienen die Toleranzen der Anschlußspannung nach Tabelle 4.3, deren Bedeutung für die Projektierungsarbeit bei der Lösung der Entwurfsaufgabe hier sichtbar wird. Als Kenngrößen netzseitiger Einsatzbedingungen fungieren vor allem α, s_d und l_d, wenn zunächst wieder von idealisierten Bedingungen ausgegangen wird. Für die Darstellung werden Diagramme verwendet, deren Achsen in l_d und s_d geteilt sind. Für den Steuerwinkel wird zur Reduzierung der Abhängigkeiten der ungünstigste Steuerwinkel $\alpha = 90°$ (eigentlich $90° - \mu/2$) eingesetzt. Die Größe einer oder aller Kenngrößen der Netzrückwirkung ließe sich dann als dritte Dimension räumlich modellieren. Diese Art der Darstellung wäre sehr anschaulich und würde sowohl die Entwurfs- als auch jede Analyseaufgabe lösen helfen. Zur Lösung der Entwurfsaufgabe genügt die ebene Projektion des Netzrückwirkungsgebirges durch Darstellung von Höhenlinien. Solche Diagramme werden als Anschlußdiagramme bezeichnet. Die Analysediagramme des vorigen Abschnitts entsprechen dann Höhenprofilen des Gebirges an definierten Schnittflächen.
Die Bilder 5.10 a, b und c zeigen Anschlußdiagramme für Stromrichtereinsatz ohne Kompensation für die Steuerwinkel $\alpha = 0°$ (ungesteuerte Stromrichter), $\alpha = 30°$ und $\alpha = 90°$. Sie enthalten bei Gültigkeit für einen Steuerwinkel und eine festgelegte Pulszahl des Stromrichters Linien, die Punkte für folgende gleiche Netzrückwirkungskenngrößen verbinden:

a) maximale Augenblickswertabweichung a_{max} für beide möglichen Trafoschaltgruppen
b) Betragsflächenfehler b^u
c) Klirrfaktor $k_{AP}^{u(\nu \leqq 25)}$
d) Pegel von Harmonischen $k_{AP}^{u(\nu)}$
e) Effektivwertschwankung Δu
f) Grundschwingungsschwankung $\Delta u^{(1)}$
g) einige kritische Überlappungswinkel μ

Durch die einzelnen Grenzlinien wird das Gebiet des zulässigen Stromrichtereinsatzes eingeengt. Als Variationsmöglichkeiten bieten sich dem Projektanten die Wahl der Kommutierungsdrosseln und die Wahl des Anschlußpunktes, wobei letzterer meist bereits als fest vorgegeben angesehen werden muß.

5.3.2. Auslegung der Kommutierungsdrosseln

Während sich die Induktivität im Stromrichterzweig beim Mittelspannungsanschluß über Transformatoren durch die Wahl des Stromrichtertransformators ergibt und nur durch Zusatzinduktivitäten vergrößern läßt, besteht beim Direktanschluß von Stromrichtern ein Freiheitsgrad in der Auswahl der Kommutierungsdrosseln. Aus der Sicht der Gleichspannungsbildung müssen die Kommutierungsdrosseln so klein wie möglich gehalten werden, trägt ihre Größe doch zum induktiven Gleichstromabfall bei (vgl. Gl. (5.17)). Außerdem wird der Überlappungswinkel bei ungesteuerten Stromrichtern

$$\mu_o = \arccos\left(1 - 1{,}152\,\frac{s_d}{l_d}\right) \tag{5.27}$$

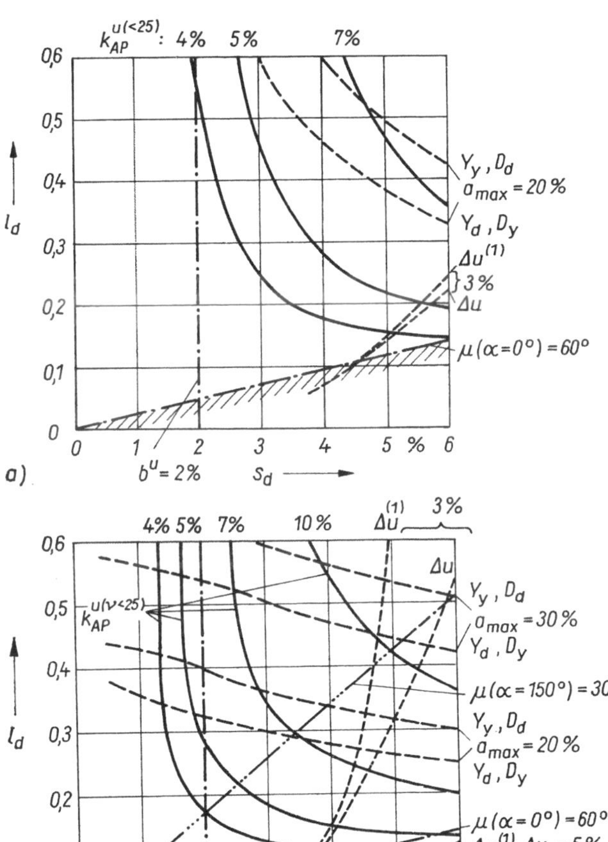

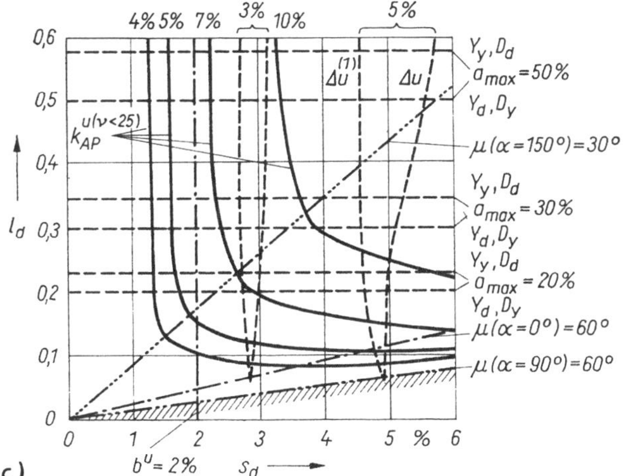

Bild 5.10. Anschlußdiagramme für Stromrichter in B6C-Schaltung ohne Kompensation

—— Klirrfaktorgrenzkennlinien
– – – Kennlinien für Augenblickswertabweichungen
- - - - Kennlinien für Schwankungen
-.- Kennlinien für Kommutierungsdauern und Betragsflächenfehler

a) gültig für $\alpha = 0°$ (ungesteuerter Betrieb)
b) gültig für $\alpha = 30°$
c) gültig für $\alpha = 90°$ $(60° < \alpha < 120°)$

und bei gesteuerten Stromrichtern an der Wechselrichtergrenzlage (vgl. Gl. (5.13)) unzulässig groß, oder der Stellbereich muß reduziert werden. Das führt wiederum vor allem bei Umkehrstromrichtern zu einem vergrößerten mittleren Blindleistungsbedarf. Der Verringerung von L_T und damit Vergrößerungen von I_d sind Grenzen gesetzt, weil je nach Netzart die maximale Augenblickswertabweichung begrenzt ist. Hier erweist sich die in TGL 200-0608 [4.13] festgelegte Größe $a_{max} = 50\%$ als günstig für den Aufbau von Stromrichternetzen. Eine bei modernen Thyristoren meist nicht mehr erreichbare untere Grenze von L_T besteht auch in deren stromanstiegsbegrenzenden Funktion beim Kommutierungsvorgang. In einigen Einsatzfällen wird die Wahl von L_T unter dem Blickwinkel der Selektivität von Schutzeinrichtungen (Schnellschalter, Sicherungen) beeinflußt.

5.4. Beispiel – Anschluß einer Schachtförderanlage

5.4.1. *Aufgabenstellung*

Dieser und die folgenden Abschnitte sollen mit je einem Zahlenbeispiel abgeschlossen werden, das wiederholend den behandelten Stoff zusammenfaßt, die Handhabung der Rechenabläufe und die Anwendung der Anschlußdiagramme zeigt. Dabei soll auf die Anschlußstruktur einer Schachtförderanlage zurückgegriffen werden, wie sie bereits im Bild 1.22 dargestellt wurde. Die nachfolgend genannten Argumente führten zur Auswahl gerade dieser Struktur:

- Gleichstromantriebe für Förderanlagen liegen mit Leistungen von 0,5 bis 5 MW in dem Gebiet, wo energetische Netzrückwirkungen wesentlich sind.
- Das technologische Spiel ist in Form des Fahrprogramms ausreichend bekannt.
- Der Förderantrieb ist meist der einzige wesentliche Stromrichter am Anschlußpunkt.
- Für Förderantriebe sind alle möglichen Kompensationsstrukturen denk- und ausführbar.

Die Anschlußstruktur ohne Kompensation wird noch einmal im Bild 5.11 dargestellt. Die dort angegebenen Daten und das ebenfalls gezeichnete extreme Förderspiel, das im Dauerbetrieb abläuft, werden auch in den Abschnitten 6. bis 8. gültig bleiben. In diesem Abschnitt besteht das Ziel darin, die Anschlußmöglichkeit der Schachtförderanlage ohne Kompensation zu prüfen und extreme Netzrückwirkungen zu berechnen. Für die gegebene Leistung wird der Stromrichter sechspulsig vollgesteuert ausgeführt. Alle weiteren Schritte laufen nach dem im Bild 5.12 dargestellten Arbeitsprogramm ab, das auch bereits die Übergänge zu den Arbeitsprogrammen für die Behandlung von Kompensationsstrukturen enthält.

5.4.2. *Einsatzbedingungen*

Ausgangspunkt der Berechnung ist das Gleichstromersatzschaltbild des Antriebs nach Bild 5.13. Die bekannten Strom- und Spannungsgleichungen des fremderregten Fördermotors werden so umgeformt, daß ein Zusammenhang mit den mechanischen Größen des Förder-

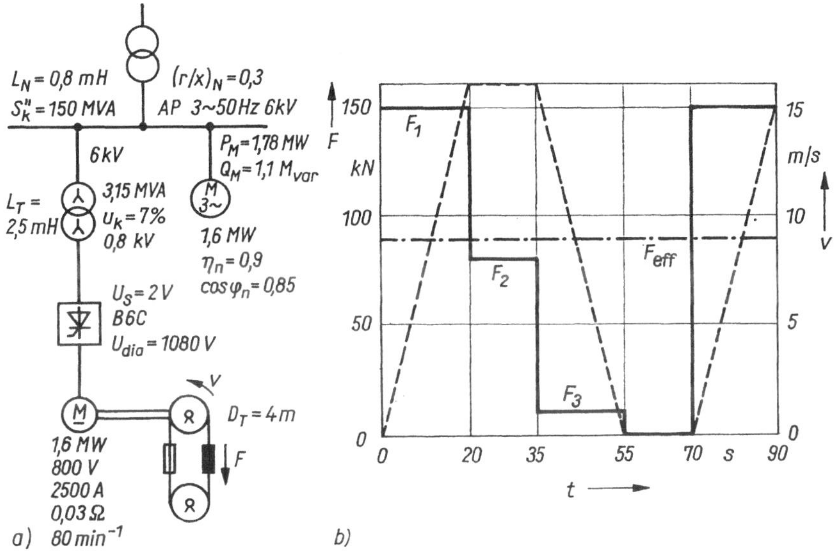

Bild 5.11. Anschluß einer Schachtförderanlage, Aufgabenstellung
a) Struktur und Daten
b) Förderspiel

spiels hergestellt wird [5.11].

$$I_d(t) = \frac{D_T}{2c\Phi} \cdot F(t) \tag{5.28}$$

$$U_d(t) = U_s + I_d(t)\,(R_{ers} + R_M) + U_M(t) \tag{5.29}$$

$$U_M(t) = \frac{2c\Phi}{D_T}\, v(t) \tag{5.30}$$

Der für die Netzrückwirkungen wichtige Steuerwinkel $\alpha(t)$ kann über das Steuergesetz des Stromrichters berechnet werden:

$$\mu(t) = \operatorname{arc\,cos}\left\{\frac{U_s}{U_{dio}} + \frac{(R_{ers} + R_M)\,D_T}{2c\Phi U_{dio}}\,F(t) + \frac{2c\Phi}{D_T U_{dio}}\,V(t)\right\} \tag{5.31}$$

Das Leistungsverhältnis folgt dem Verlauf des Gleichstroms:

$$s_d = \frac{U_{dio}}{S_k''}\, I_d(t) \tag{5.32}$$

Zur Kontrolle der Motorbelastung wird der Effektivwert des Gleichstroms berechnet, der unter dem Nennwert des Motorstroms liegt. Damit wird gleichzeitig für spätere Zwecke das effektive Leistungsverhältnis $s_{d\,eff}$ errechnet:

$$I_{d\,eff} = \sqrt{\frac{1}{T}\int_0^T I_d^2(t)\,dt} \tag{5.33}$$

$$s_{d\,eff} = \frac{U_{dio}}{S_k''}\, I_{d\,eff} \tag{5.34}$$

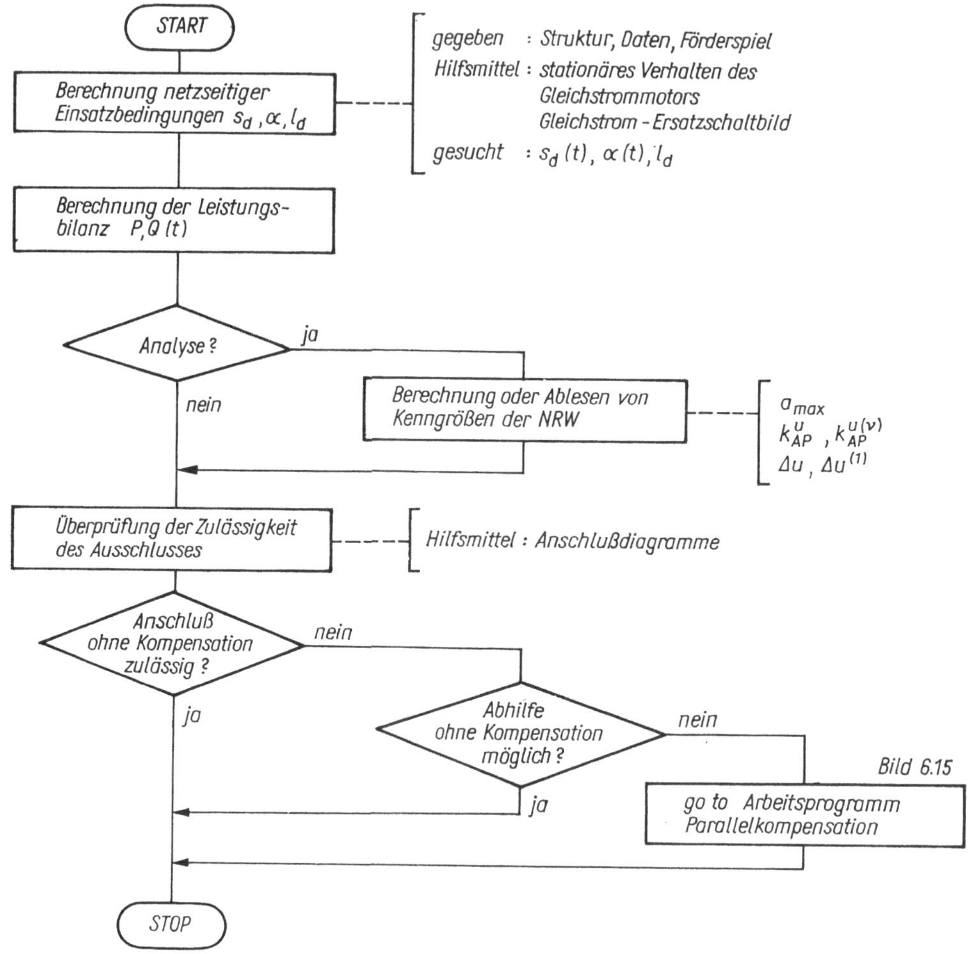

START
Berechnung netzseitiger Einsatzbedingungen s_d, α, l_d
gegeben : Struktur, Daten, Förderspiel
Hilfsmittel : stationäres Verhalten des Gleichstrommotors
Gleichstrom-Ersatzschaltbild
gesucht : $s_d(t)$, $\alpha(t)$, l_d
Berechnung der Leistungsbilanz P, Q (t)
Analyse ?
ja
nein
Berechnung oder Ablesen von Kenngrößen der NRW
a_{max}
k_{AP}^{u}, $k_{AP}^{u(\nu)}$
Δu, $\Delta u^{(1)}$
Überprüfung der Zulässigkeit des Ausschlusses
Hilfsmittel : Anschlußdiagramme
Anschluß ohne Kompensation zulässig ?
nein
ja
Abhilfe ohne Kompensation möglich ?
nein
ja
Bild 6.15
go to Arbeitsprogramm Parallelkompensation
STOP

Bild 5.12. Anschluß einer Schachtförderanlage, Arbeitsprogramm

R_{ers}
R_M
$U_d - U_s$
I_d
U_M
$c\Phi$
$v \sim \omega$
$F \sim I_d$
$c\Phi = \frac{U_n - R_M I_n}{2\pi n_n}$

$$R_{ers} = R_v(r_T + r_N) + R_x(d_x) + R_d(L_d)$$

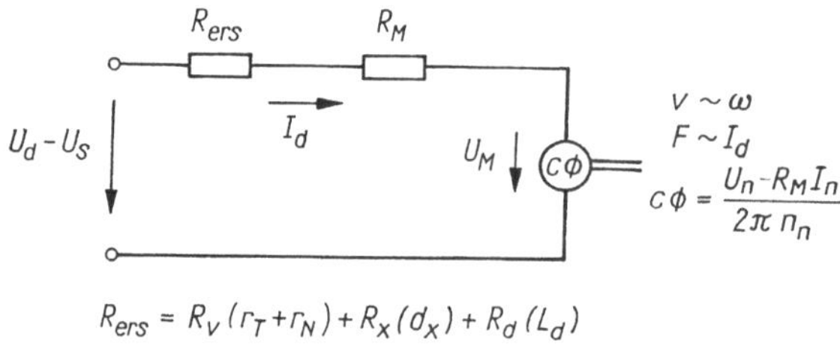

Bild 5.13. Gleichstromersatzschaltbild

R_v Ersatzwiderstand für alle Verlustleistungen
R_x Ersatzwiderstand für Spannungsabfall durch Überlappung
R_d Widerstand der Glättungsdrossel
$c\Phi$ Motorkonstante

Als letzte Einsatzbedingung wird das Induktivitätsverhältnis nach Gl. (3.9) ermittelt. Für die Induktivitäten gelten die Gln. (3.1) und (3.8). Das Resistanz-Reaktanz-Verhältnis des Netzzweigs ergibt sich aus den Anteilen des übergeordneten Netzes und des Abspanntransformators.

$$(r/x)_N = \sum R_N / \sum \omega_N L_N = 0{,}3 \tag{5.35}$$

Zur späteren Behandlung der Blindleistungskompensation ist es erforderlich, den Leistungsbedarf der Förderanlage zu errechnen [5.12]. Für die Darstellung des Verlaufs von Wirk- und Grundschwingungsblindleistung genügen wenige ausgewählte Punkte des Spiels

$$P_{SR}(t) = U_{dio} I_d(t) \cos \alpha(t) \tag{5.36}$$

$$Q_{SR}(t) = U_{dio} I_d(t) \sin \alpha(t) + Q_k(\alpha, \mu) + Q_m \tag{5.37}$$

Dabei ist Q_k die Kommutierungsblindleistung des Stromrichters, die infolge der Überlappung last- und aussteuerungsabhängig aufgenommen wird, und Q_m die Magnetisierungsblindleistung des Stromrichtertransformators, die nur von der resultierenden Anschlußspannung und der Größe des Transformators abhängt. Beide Anteile bleiben im weiteren unberücksichtigt, da sie das Ergebnis nur wenig beeinflussen.

Der zeitliche Verlauf der Kenngrößen netzseitiger Einsatzbedingungen sowie von Wirk- und Steuerblindleistung ist im Bild 5.14 dargestellt.

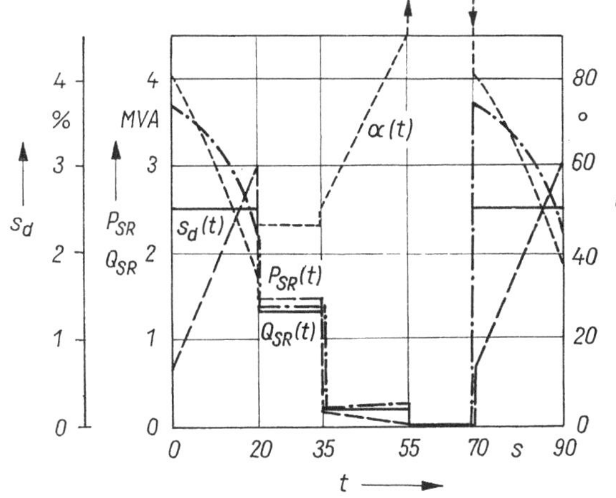

Bild 5.14. Zeitfunktionen der Kenngrößen netzseitiger Einsatzbedingungen und der Leistungen am Anschlußpunkt

5.4.3. *Analyse- oder Entwurfsaufgabe*

Die weiteren Abschnitte von Bild 5.12 sehen bedingt die Analyseaufgabe vor. Mit den Bildern 5.3 bis 5.5 und 5.7 sind Analyseergebnisse z. B. für den Anlaufzustand der Förderanlage zu erhalten. In Tabelle 5.3 wurden einige Ergebnisse zusammengestellt. Die Überprüfung auf Zulässigkeit des kompensationslosen Anschlusses dieser Stromrichteranlage an den Anschlußpunkt geschieht mit dem Anschlußdiagramm Bild 5.10c, das für den Steuerwinkel $\alpha = 90°$ gilt. Als kritischer Arbeitspunkt wird der Anlauf kontrolliert. Es ergibt sich ein für Industrienetzforderungen zulässiger Betrieb. Damit ist aus Gründen der Netzrückwirkungen eine Kompensation nicht notwendig, aber zur Verbesserung des Leistungsfaktors in der Regel vorzusehen [5.13].

Tabelle 5.3. Netzrückwirkungen der Schachtförderanlage nach Bild 5.11

Einsatzbedingungen:

Anlauf: $\alpha = 80°$, $s_d = 2{,}5\%$, $l_d = 0{,}24$, $(r/x)_N = 0{,}3$

Netzrückwirkungen bei Anlauf:

ν	5	7	11	13	17	19	23	25	5 ... 25
$k_{AP}^{u(\nu)}$	2,8	2,7	2,6	2,5	2,4	2,2	2,0	1,9	6,8%

$U_{AP} = 5{,}85$ kV $\quad \Delta u = 2{,}25\%$ $\quad \Delta u^{(1)} = 2{,}74\%$

$a_{max} = 20{,}8\%$ $\quad b^u = 2{,}5\%$ $\quad$ für Industrienetz zulässig!

Mittlerer Leistungsfaktor im Netzzweig:

$Q_N = \bar{Q}_{SR} + Q_M = 2{,}36$ Mvar, $P_N = \bar{P}_{SR} + P_M = 2{,}63$ MW; $\tan\varphi_N = \dfrac{Q_N}{P_N} = 0{,}897$

$\cos\varphi_N = 0{,}74$ Kompensation erforderlich!

6. Kompensation mit Parallelkondensatoren

Zur Kompensation induktiver Blindleistung, die zum Aufbau von Magnetfeldern in Transformatoren, Drosseln, den Leitungsinduktivitäten und rotierenden Maschinen benötigt wird oder durch Anschnittsteuerung leistungselektronischer Stellglieder entsteht, werden übererregte Synchronmaschinen, Blindstromrichter und Leistungskondensatoren eingesetzt. Sie entlasten die Abnehmerzuleitungen, ermöglichen eine höhere Übertragungsleistung der Netze und dienen zur Spannungshaltung [6.1]. Aus der Sicht der Stromrichter-Netzrückwirkungen sind Blindstromrichter zur dynamisch hochwertigen Kompensation und Strukturen mit Leistungskondensatoren zur Mittelwertkompensation bedeutungsvoll. Die Probleme der dynamischen Kompensation werden im Abschnitt 9. behandelt. Leistungskondensatoren werden als Reihenkondensatoren, Parallelkondensatoren oder in Saugkreisanlagen eingesetzt. Während Reihenkondensatoren in Industrienetzen keine Bedeutung haben und daher hier nicht behandelt werden, sind die beiden letzteren Einsatzfälle Gegenstand der Abschnitte 6. und 7. (vgl. Tabelle 4.6).

6.1. Einsatzformen

Die Parallelkompensation entwickelte sich weitgehend unabhängig von der Leistungselektronik. In Industrienetzen haben sich die im Bild 6.1 dargestellten Einsatzformen Einzel-, Gruppen- und Zentralkompensation herausgebildet, für die heute anschlußfertige Baueinheiten für viele Spannungsebenen bereitgestellt werden [6.2]. Die bereits im Abschnitt 2. behandelte Tatsache, daß mit dem Einfügen von Leistungskondensatoren schwach gedämpfte schwingungsfähige Strukturen mit der Gefahr von Resonanzen entstehen, hat sich in stromrichterfreien Netzen nur in Ausnahmefällen störend bemerkbar gemacht. Der Grund ist die wesentlich geringere Intensität der Oberschwingungsausbildung durch nichtlineare Kennlinien von Dynamoblech und Gasentladungsstrecken gegenüber dem Kommutierungsmechanismus netzgelöschter Stromrichter. Probleme entstehen weit häufiger dann, wenn in bereits kompensierten Netzen Antriebe mit Asynchronmaschinen durch Stromrichterantriebe ersetzt werden [6.3], [6.4].

Für die Betrachtung der Stromrichter-Netzrückwirkungen werden die vorhandenen Parallelkondensatoren so zusammengefaßt, daß eine am Anschlußpunkt angeschlossene Ersatzkapazität entsteht. Dieses Vorgehen vernachlässigt die in der realen Struktur vorhandenen

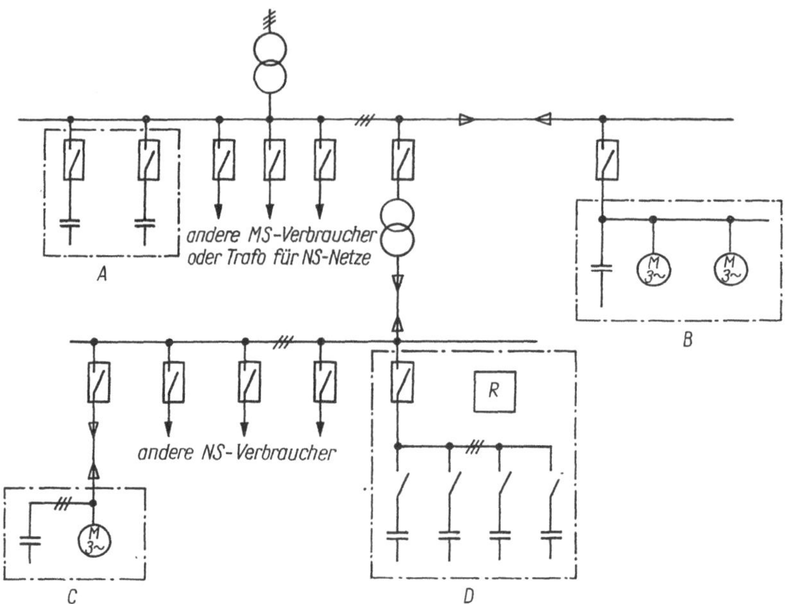

Bild 6.1. Kompensation mit Parallelkondensatoren, Anschlußmöglichkeiten

A MS-Zentralkompensation
B Gruppenkompensation
C Einzelkompensation
D NS-Zentralkompensation mit Blindleistungsregler *R*

Impedanzen der einzelnen Zuleitungen zu den u. U. verteilt angeordneten Kondensatoren. Die Ergebnisse liegen dann auf der sicheren Seite. Sind in Ausnahmefällen genauere Betrachtungen notwendig, so muß die Struktur in der ausführlichen Form mit Hilfe eines Netzanalysators oder digitaler Simulationstechniken behandelt werden. Bei Anschlußpunkten im Mittelspannungsnetz kann es notwendig sein, die Kapazität von Kabelnetzen als Parallelkondensatoren zu behandeln. Über dabei auftretende Besonderheiten berichtet Abschnitt 6.4.

6.1.1. Niederspannungs-Kondensatoranlagen

In NS-Netzen wird vorwiegend Einzel- und Zentralkompensation vorgenommen. Während bei Einzelkompensation Verbraucher und Kondensator gemeinsam geschaltet werden und eine feste Zuordnung von Verbraucher- und Kompensationsblindleistung durch den Projektanten erfolgt, ermöglicht die Zentralkompensation eine je nach der Feinstufigkeit der Kondensatoranlage variable Zuordnung durch den Betreiber. Diese Zuordnung kann manuell oder durch Blindleistungsregler selbsttätig erfolgen [6.5]. Im Rahmen des Innenraum-Schaltanlagensystems ISA 2000 des VEB Starkstromanlagenbau Magdeburg existieren Kondensatorfelder mit und ohne Blindleistungsregler. Eine Übersicht darüber vermittelt Tabelle 6.1 [6.6]. Die Blindleistungsregler haben die Aufgabe, die Kompensationsleistung dem Tagesgang des Blindleistungsbedarfs nachzuführen. Sie arbeiten mit Zeitverzögerungen von 4,40 oder 240 s und sind demnach nicht zur dynamischen Kompensation vorgesehen. Die Ansprechschwelle der Regler ist auf die Stufenleistung der Kondensatoranlage abzustimmen, um einerseits einen guten Leistungsfaktor zu gewährleisten und andererseits Pendelungen auszuschließen. Bewährt haben sich die elektronischen Blindleistungsregler eBR des VEB Elektroanlagenbau Zwickau mit einstellbarer Ansprechschwelle [2.54].

Tabelle 6.1. Übersicht über fabrikgefertigte Kondensatoranlagen

1. NS-Kondensatoranlagen ISA 2000-SK (TGL 26668) *SK4:* Kondensatorenfeld (800 · 400 · 2000) mm U_{Cn} = 400/525/690 V ohne Regler 80 oder 100 kvar mit Regler 140 oder 175 kvar (7 Stufen) *SK8:* Kondensatorenfeld (800 · 800 · 2000) mm U_{Cn} = 400/525/690 V ohne Regler 160 oder 200/240 oder 300 kvar mit Regler 200 oder 250 (5 Stufen) kvar 240 oder 300 (3 Stufen) kvar Festkompensation 160 oder 200 kvar Zusammenstellung zu Anlagen bis 280 oder 350 kvar (*SK4*) 720 oder 900 kvar (*SK8*) Reglerfeld ist linkes Endfeld Kondensatorenfeld enthält: ● horizontale und vertikale Sammelschienen Reglerfeld ist linkes Endfeld Kondensatorenfeld enthält: ● horizontale und vertikale Sammelschienen ● NH-Sicherungen und Schutz für jede Schalteinheit ● NS-Leistungskondensatoren (elektronischen Blindleistungsregler eBR 40) Schutzgrad: IP00/IP20/IP40 (TGL 15165) Einsatzklasse: −10/+35/+20/85//1001 (TGL 9200/08) Hersteller: VEB Starkstromanlagenbau Magdeburg
2. MS-Kondensatoranlage Reihe 10 CSIM (TGL 26055) CSIMK 1-12/25 — 60.6750 – Kondensatorzelle mit geschl. Sternpunkt (650 · 1400 · 2000) mm — 60.6751 – Kondensatorzelle mit geöffn. Sternpunkt 60.9750/51 – Kabelendzellen links/rechts Kondensatorzelle enthält: ● 6 Stück Bausteinkondensatoren LKCI (3,64 ... 10,5) kV ● 3 Stück Sicherungen HWsF (16 ... 80) A ● 3 Stück Schichtwiderstände zur Entladung CSIM 1-12/25 Schalterzelle enthält: ● Leistungsschalter, Erdungstrenner, Einkern-Stromwandler, Spannungswandler, Überstrom-Zeit-, Überspannungs-, Unterspannungsauslösung, Strommesser Schutzgrad: IP00/IP20 (TGL 15165) Einsatzklasse: Hersteller: VEB »Otto Buchwitz« Starkstromanlagenbau Dresden

Die in EGS-Schränken eingebauten dreiphasigen Leistungskondensatoren können mit Schalt- und Schützfeldern zur Schaltanlage kombiniert werden. Die im oberen Feldteil durchgehende horizontale Sammelschiene ermöglicht die problemlose Aneinanderreihung mehrerer Felder gleicher Tiefe.

6.1.2. Mittelspannungs-Kondensatoranlagen

Wegen des größeren Raumbedarfs von MS-Schaltern sind MS-Kondensatoranlagen in Schalt-, Kabelend- und Kondensatorzellen getrennt. Vorschriften fordern die Aufstellung der Kondensatorzellen in besonderen Räumen, die von der Schaltanlage über Kabel erreicht werden. Die eingesetzten Leistungsschalter müssen in der Lage sein, Leistungskonden-

satoren rückzündungsfrei zu schalten. Für Mittelspannungen bis 10 kV kann eine Kondensatoranlage entsprechend Tabelle 6.1 aus Zellen der CSIM-Reihe des VEB »Otto Buchwitz« Starkstromanlagenbau Dresden zusammengestellt werden [6.7].
Die Größe der Schalteinheiten ist durch die Leistung der Bausteinkondensatoren, die geforderte Aufstellung von mindestens zwei Kondensatorzellen nach unten auf 300 kvar und nach oben durch das Schaltvermögen des ausgewählten Leistungsschalters begrenzt (max. 800 A). Die Kondensatorzellen können auch mit offenem Sternpunkt geliefert werden, so daß der Abgang zu Saugkreisdrosseln über Kabel möglich wird. Zum Schutz der Kondensatorzellen sind Schmelzsicherungen für je zwei Bausteinkondensatoren gemeinsam und ein Kondensator-Aufbauchschutz vorgesehen. Überstrom-, Über- und Unterspannungsauslösung übernimmt die Leistungsschalterzelle. Zur Anpassung der Kondensatorleistung an den wechselnden Bedarf werden mehrere Schalteinheiten unterschiedlicher Größe projektiert, die in Abhängigkeit vom Leistungsfaktor der Einspeisung manuell von der Schaltwarte zu- und abgeschaltet werden.

6.1.3. Leistungskondensatoren und ihre elektrische Festigkeit

Neben den beschriebenen fabrikgefertigten Kondensatoranlagen werden vielfach auch individuelle Projekte notwendig. Das gilt vor allem für die Einzelkompensation von Verbrauchern, für den Anschluß an höhere Mittelspannungen und für Saugkreisanlagen. Eine Übersicht über einsetzbare Leistungskondensatoren gibt Tabelle 6.2 [6.8], [6.9].
Leistungskondensatoren sind passive Bauelemente, für deren elektrische Festigkeit die in Tabelle 4.1 gegebenen Werte nach TGL 200-8264/01 [4.4] verbindlich sind. Die Verluste im Dielektrikum konnten durch den Einsatz moderner Werkstoffe erheblich verringert werden ($\tan\delta < 0{,}01$). Perspektivisch erscheint der Entwurf thermisch noch höher auslastbarer Kondensatoren möglich. Die thermische Grenze wird durch den meßtechnisch leicht zugänglichen Effektivstrom mit dem dauernd zulässigen Wert $1{,}3 I_{Cn}$ gegeben. Wegen der mit $1/\nu$ fallenden Impedanz des Kondensators wird diese Grenze beim Vorhandensein verzerrter Anschlußspannungen recht schnell erreicht. Dazu kommt die lineare Abhängigkeit des Stroms von der Spannung bei sinusförmiger Anschlußspannung, die entsprechend der zulässigen oberen Betriebsspannung von $1{,}1\,U_{Nn}$ bereits einen um den gleichen Faktor erhöhten Strom zur Folge hat. Im weiteren wird stets mit der thermischen Grenze $1{,}3 I_{Cn}$ operiert, wobei sich I_{Cn} auf Nennkapazität bezieht. Die zugelassene obere Betriebskapazität von $1{,}1\,C_n$ und die obere Betriebsspannung heben sich in ihrer Wirkung auf die thermische Grenze etwa auf.
Die Spannungsfestigkeit der Leistungskondensatoren wird durch Prüfung des Isolationspegels mit dem Anlegen einer Prüfwechselspannung vom mindestens 2,15fachen Wert der Nennspannung für 10 s nachgewiesen. Zur Entlastung sind bei abschaltbaren Kondensatoren stets Entladewiderstände vorzusehen, die eine Entladung auf 50 V bei NS-Kondensatoren in 1 min, bei MS-Kondensatoren in 5 min ermöglichen müssen.

6.2. Analyse von Beanspruchung und Netzrückwirkungen

6.2.1. Analysehilfsmittel

Methoden zur Analyse des energetischen Wirkungskreises, der aus dem diskontinuierlich arbeitenden Stromrichter, dem linearen, vorerst ohmsch-induktiv vorausgesetzten Netzzweig und dem Parallelkondensatorzweig besteht und im Bild 6.2 dargestellt ist, wurden im Ab-

Tabelle 6.2. Übersicht über Leistungskondensatoren

Nebenschlußkondensatoren über 20 kvar bis 1 kV nach TGL 43050

U_{Cn}		Q_{Cn}				
		20 kvar	25 kvar	33,5 kvar	40 kvar	50 kvar
400 V		398	498	662	797	996
525 V	C in μF	231	289	385	462	578
690 V		134	167	233	268	334

LKU Kunststoffilm-Papier-Dioctylphthalat-Dielektrikum
LPO Kunststoffilm-Papier-Mineralöl-Dielektrikum ≦2 W/kvar
LKM Kunststoffilm-Mineralöl-Dielektrikum T(selbstheilend) ≦0,5 W/kvar
Aufstellungskategorie nach TGL 9200/01: *A* Außenraumklima: II
I Innenraumklima: III
Schaltart: *E* Einphasenkondensator mit zwei Anschlüssen
D Dreiphasenkondensator in Dreieckschaltung

Nebenschlußkondensatoren über 1 kV

U_{Cn}		Q_{Cn}		
		50 kvar	100 kvar	150 kvar
3,15 kV		16,05	32,10	48,15
3,64 kV		12,00	24,00	36,00
6,07 kV	C in μF	4,33	8,66	13,00
6,30 kV		4,00	8,00	12,00
10,50 kV		1,44	2,88	4,32
12,50 kV		1,02	2,03	3,05

LPX Kunststoffilm-Papier-Phenylxylyäthen-Dielektrikum ≦0 8 W/kvar (oder mit Isopropyldiphenyl)

Saugkreiskondensatoren über 1 kV

U_{Cn}		Q_{Cn}			
		40 kvar	80 kvar	120 kvar	Abgleichkondensator
4,5 kV		6,3	12,6	18,9	3,0
7,5 kV	C in μF	2,3	4,5	6,8	1,5
12,0 kV		0,9	1 8	2,7	0,5

SPX Kunststoffilm-Papier-Phenylxylyäthen-Dielektrikum ≦0 8 W/kvar (oder mit Isopropyldiphenyl)
Aufstellungskategorie: *I* Innenraumklima
F Freiluft
Schaltart: *E* Einphasenkondensator mit isoliertem Gehäuse
EP Einphasenkondensator ein Pol mit Gehäuse verbunden

schnitt 2. behandelt. Eine Übersicht über ihre Anwendung vermittelt Tabelle 6.3. Die analoge Echtzeitsimulation oder die digitale Simulation am Kleinrechner erwiesen sich als treffsichere Analysehilfsmittel. Die notwendigen Annahmen $R_T = 0$ und $L_d = \infty$ sind in vielen Fällen zulässig. Lediglich zur Analyse von Vorgängen bei geringer Glättung der Gleichgrößen ist eine ausführliche Digitalsimulation erforderlich. Die manuellen Rechenverfahren

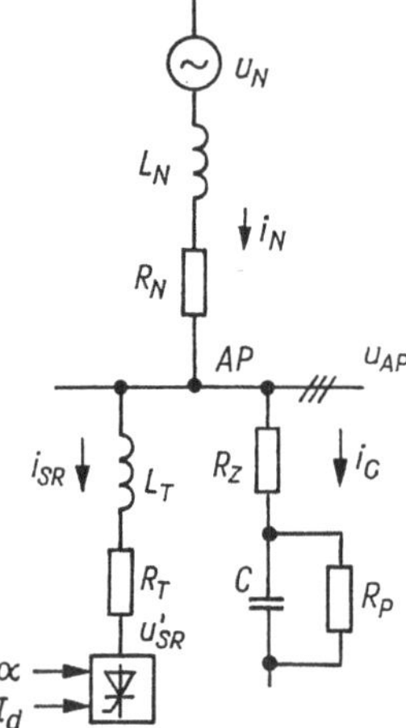

Bild 6.2. Anschlußstruktur Stromrichter mit Parallelkompensation

Tabelle 6.3. Auswahl von Analysehilfen

Angaben über Struktur nach Bild 6.2			Geeignete Analysehilfsmittel
Stromrichter-abzweig	Netzzweig	Kondensator-abzweig	(+) gut geeignet (0) bedingt geeignet
$R_T = 0$ $L_d \to \infty$	$R_N = 0$	$R_z = 0$ $R_p \to \infty$	Zustandsersatzschaltbilder (0) Oberschwingungsersatzschaltbilder (0)
$R_T = 0$ $L_d \to \infty$	$R_N \neq 0$	$R_z \neq 0$ $R_p \to \infty$	Analogsimulation (+) Kleinrechnersimulation (+)
$R_T \neq 0$ L_d bel.	beliebig	$R_z \neq 0$ R_p bel.	digitale Netzwerksimulation (+)

sind nur für Überschlagsrechnungen verwendbar, da bei ihnen eine Öffnung des Wirkungskreises oft große Fehler bewirkt. Außerdem ist die erforderliche Superposition von Zeitfunktionen oder Harmonischen recht aufwendig.

6.2.2. *Nachweis der Resonanzfähigkeit*

Im Konstantstromzustand bildet die Kapazität C des Parallelkondensators zusammen mit der Netzinduktivität L_N einen durch die Widerstände R_N, R_Z und R_P gedämpften Schwingkreis, der durch die Kommutierungsvorgänge des Stromrichters erzwungene Schwingungen ausführt. Die Eigenfrequenz der Struktur wird vom Stromrichter bei idealer Glättung nicht beeinflußt. Ihre Ordnungszahl ν_p kann aus Gl. (2.23) abgeleitet werden:

$$\nu_p = \frac{1}{\omega_N \sqrt{L_N C}} = \frac{1}{\sqrt{1{,}1\ s_c}} \tag{6.1}$$

Der Schwingungsanstoß erfolgt im Rhythmus von Netzfrequenz und Pulszahl des Stromrichters mit vom Steuerwinkel, vom Gleichstrom und vom Induktivitätsverhältnis abhängiger Intensität. Es stellen sich stationäre, durch Ausgleichsvorgänge verzerrte Kurvenformen für die Ströme i_N, i_C und die Spannungen u'_{SR}, u_{AP} ein, die geschlossen nicht berechenbar sind.

Wird ihre Berechnung einem Simulationsprogramm überlassen, so beschränkt sich die Aufgabe des Bedienenden auf die meßtechnische Analyse der Kurvenform. Besonders wichtig sind dabei die Analyse des Kondensatorstroms, dessen Effektivwert stationär die thermische Festigkeit des Kondensators unterschreiten muß, und der Anschlußspannung, die nur zulässige Qualitätsänderungen erfahren darf. Zur Veranschaulichung dienen Aufzeichnungen der gemessenen oder simulierten Zeitfunktionen.
Besonders kritische Verzerrungen und Beanspruchungen ergeben sich bei Resonanzen, d. h., wenn ν_p mit den Ordnungszahlen ν charakteristischer Stromrichterharmonischer zusammenfällt. Die Resonanzüberhöhung wird wesentlich durch vorhandene Dämpfungswiderstände bestimmt. Die für ideale Resonanz erforderlichen Kondensator-Leistungsverhältnisse am Anschlußpunkt enthält Tabelle 6.4.

Tabelle 6.4. Kondensator-Leistungsverhältnisse für Resonanz

$\nu = \nu_p$	5	7	11	13	17	19	23	25
s_C in %	3,64	1,86	0,75	0,54	0,31	0,25	0,17	0,15

Während bei grobstufigen Kondensatoranlagen die Schalteinheiten in ihrer Größe so ausgelegt werden können, daß sich im Betrieb Leistungsverhältnisse im Zwischenresonanzgebiet ergeben, ist bei feinstufigen und geregelten Anlagen ein Durchfahren von Resonanzen nicht vermeidbar. Zur Abschätzung gilt unter Beschränkung auf die Steuerblindleistung und Vorgabe eines im Netzzweig nach der Kompensation vorhandenen Verschiebungsfaktors $\cos \varphi_N$

$$Q_C = Q_{SR} - Q_{N\,zul} \tag{6.2}$$

$$Q_C/P_{do} = \frac{s_C}{s_d} = \sqrt{1 - \left(\frac{U_d}{U_{dio}}\right)^2} - \frac{U_d}{U_{dio}} \tan \varphi_N \tag{6.3}$$

Der mit Gl. (6.3) berechnete Kompensationsgrad ist in Abhängigkeit vom Aussteuerungsgrad des Stromrichters im Bild 6.3a dargestellt. Direkt damit im Zusammenhang steht die

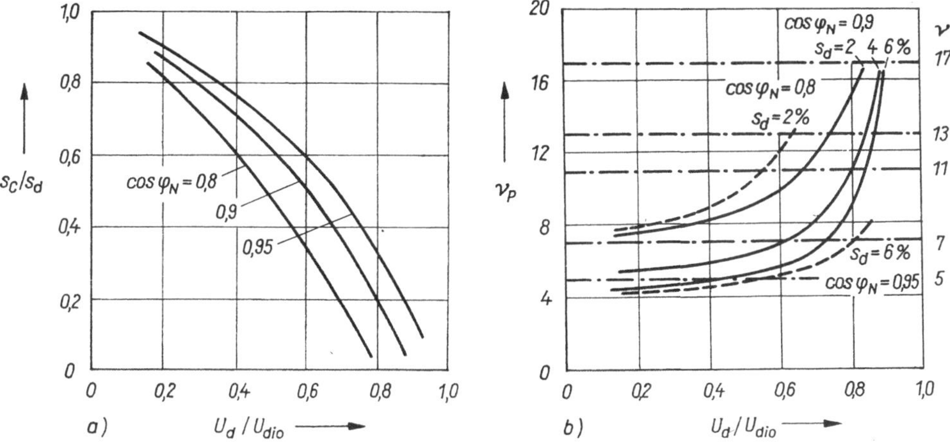

Bild 6.3. Abhängigkeit der Kompensation vom Aussteuerungsgrad
a) Kompensationsgrad
b) Ordnungszahl der Eigenfrequenz

k_{AP}^{u} = 19,7 % , a_{max} = 29 %
100
%
20
10
5
2
1
0,5
0,2
$k_{AP}^{u(\nu)}$
i_{SRa}
u_{APa}
1 5 7 11 13 17 19 23 25
ν
a)
k_{AP}^{u} = 17,8 % , a_{max} = 24 %
b)
k_{AP}^{u} = 10,7 % , a_{max} = 26 %
c)
k_{AP}^{u} = 12,5 % , a_{max} = 14 %
d)

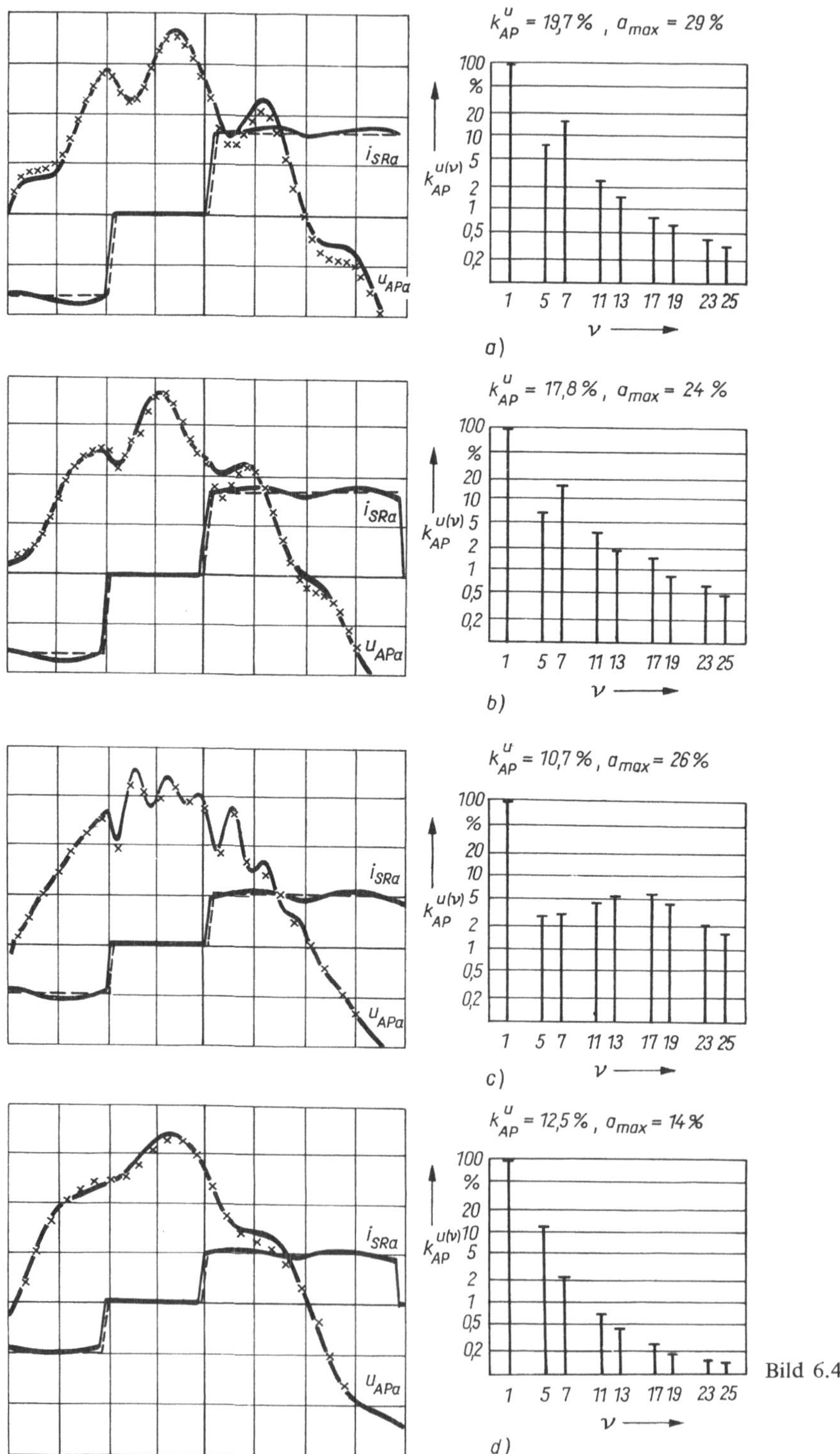

Bild 6.4

Eigenfrequenz ν_p der Anordnung, die für einige Parameter im Bild 6.3 b in ihrer Lage zu den Resonanzlinien gezeichnet wurde [6.3]. Bei genaueren Berechnungen können Kommutierungsblindleistung und Stufigkeit der Kondensatoranlage berücksichtigt werden.

Zur Demonstration charakteristischer Kurvenverläufe bei Kondensatorkompensation und zum Nachweis der Treffsicherheit der vereinfachten Zustandssimulation entsprechend Abschnitt 2.4.3. dient Bild 6.4. Dargestellt sind Anschlußspannung und Stromrichterstrom als Oszillogramm einer NS-Anlage und als Kreuze überlagert die vom Simulationsprogramm errechneten Werte für übereinstimmende Anlagendaten. Die nebenstehenden Spektren zeigen die Verschiebung der Spektrallinien mit wachsendem Kondensator-Leistungsverhältnis entsprechend Gl. (6.1).

Abweichungen im Kurvenverlauf der Anschlußspannung sind einesteils auf die nicht genau übereinstimmenden Steuerwinkel, aber auch auf die vereinfachenden Annahmen bei der Simulation zurückzuführen. Dennoch wird die Treffsicherheit der Simulation als völlig ausreichend angesehen, was sich auch in der guten Übereinstimmung von Meß- und Rechenwerten für den Effektivwert U_{AP} und die thermische Kondensatorbeanspruchung $i_C = I_C/I_{CN}$ niederschlägt. Die abgebildeten Verläufe entsprechen Arbeitspunkten im thermisch und verzerrungsmäßig verbotenen Gebiet.

Da der Einfluß von R_P meist vernachlässigbar ist, sind als Dämpfungswiderstände vor allem R_N und R_Z wirksam. Ihre exakte Erfassung ist problematisch, vor allem, weil die frequenzabhängig auftretende Stromverdrängung hinzukommt. Durch Laboruntersuchungen wurde folgendes vereinfachte Vorgehen bestätigt. Die Stromverdrängung wird bei R_N nicht beachtet. Als Ausgleich dafür wird der Widerstand R_Z so verändert, daß der Wert $R_Z\omega_N C$ konstant gehalten wird. So wird einerseits die Querschnittsvergrößerung der Zuleitungen bei großem C und andererseits die Stromverdrängung vereinfacht erfaßt. Als Richtwert für auf der sicheren Seite liegende Simulationsergebnisse wurde

$$r_Z/x_C = R_Z\omega_N C = P_{VZ}/Q_{Ci} = 1 \text{ bis } 2\% \tag{6.4}$$

ermittelt. Den Unterschied der Simulationsergebnisse für die Varianten R_Z = konst. und r_Z/x_C = konst. zeigt Bild 6.5 für die Bild 6.4 entsprechende Anlage. Beanspruchung und Klirrfaktor liegen in beiden Fällen über den Grenzwerten, was zu einer Umrüstung der Anlage auf Saugkreiskompensation führte. Die eingetragenen Meßpunkte aus dem Experiment mit der Modellanlage bestätigen, daß der Ansatz konstanter Reihenverluste eine brauchbare Näherung ist.

Die Überprüfung einer anderen NS-Anlage mit Parallelkompensation durch Industriemessungen ergab Beanspruchungen und Verzerrungen im zulässigen Bereich. In den Zeitfunktionen von Bild 6.6 sind zwar die Ausgleichsvorgänge erkennbar, und im gemessenen Spektrum wird die Abhängigkeit der Resonanzlage von der Kompensationsleistung bestätigt, jedoch ergab die Überprüfung der Einsatzbedingungen gegenüber Bild 6.6 erheblich

---

Bild 6.4. Kondensatorkompensation (Kurvenverlauf und Spektrum U_{AP})

a) $s_C = 1{,}94\%$; $s_d = 3{,}56\%$; $U_{AP} = 241{,}8$ V (241,0 V)
$i_C = 1{,}78$ (1,77)

b) $s_C = 1{,}59\%$; $s_d = 3{,}56\%$; $U_{AP} = 240{,}1$ V (238,0 V)
$i_C = 1{,}69$ (1,57)

c) $s_C = 0{,}35\%$; $s_d = 2{,}14\%$; $U_{AP} = 238{,}4$ V (236,4 V)
$i_C = 1{,}90$ (2,27)

d) $s_C = 3{,}54\%$; $s_d = 2{,}14\%$; $U_{AP} = 247{,}5$ V (246,0 V)
$i_C = 1{,}32$ (1,32)

Simulation für $(r/x)_C = 0{,}025$, Klammerwerte Messung

—— Messung NS-Anlage
× × Kleinrechnersimulation
$U_N/U_{Nn} = 1{,}1$

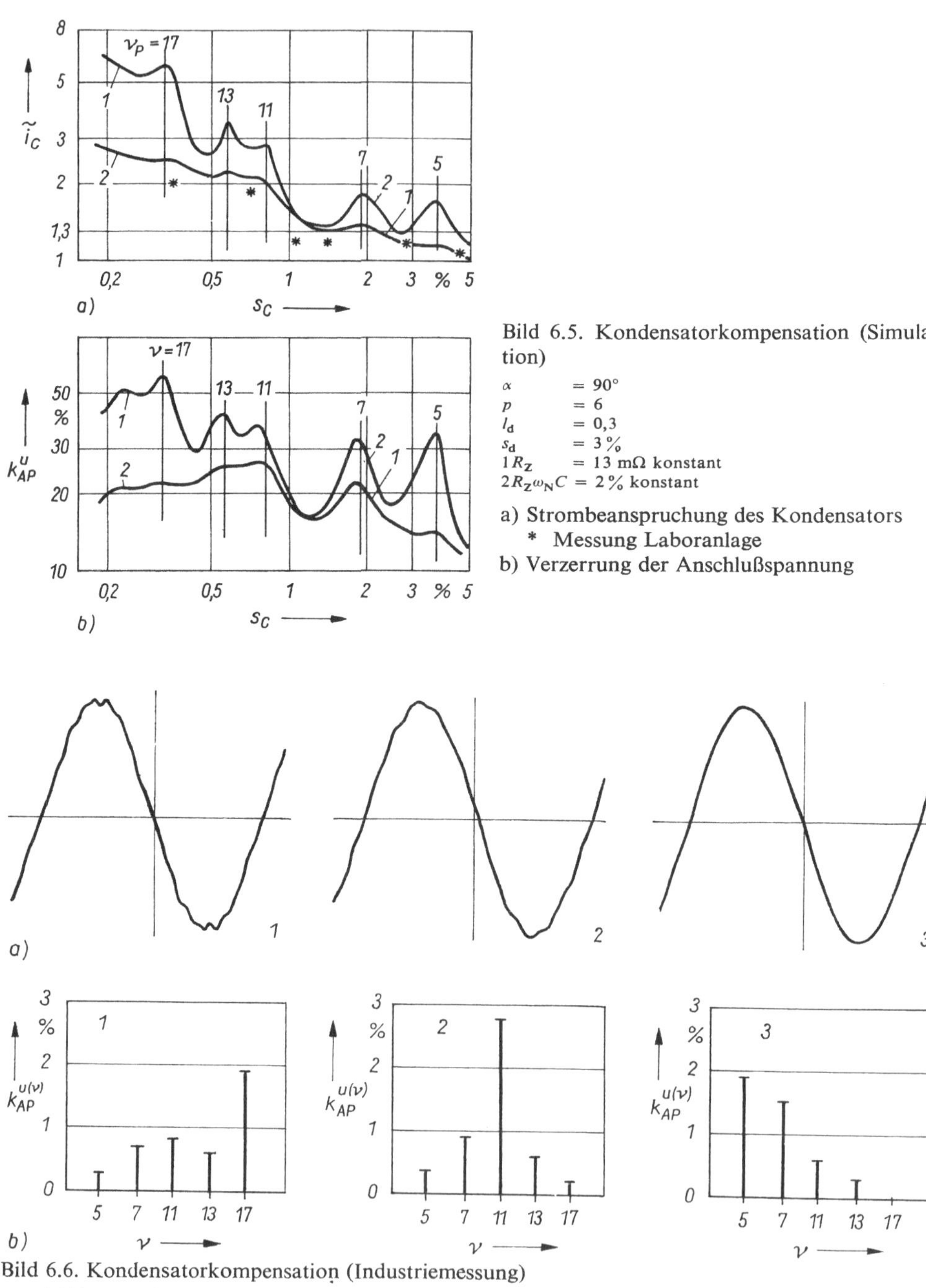

Bild 6.5. Kondensatorkompensation (Simulation)

α = 90°
p = 6
I_d = 0,3
s_d = 3 %
1 R_Z = 13 mΩ konstant
2 $R_Z \omega_N C$ = 2 % konstant

a) Strombeanspruchung des Kondensators
* Messung Laboranlage
b) Verzerrung der Anschlußspannung

Bild 6.6. Kondensatorkompensation (Industriemessung)

s_d = 1,3 % I_d = 0,46 1 s_C = 0,6 % 2 s_C = 1,0 % 3 s_C = 3,6 %

a) Kurvenformen b) Analyseergebnisse

geringere Stromrichter-Leistungsverhältnisse. Gegen die Parallelkompensation bestehen hier keine Einwände.

6.2.3. *Abhängigkeit von Einsatzbedingungen*

Neben dem Kondensator-Leistungsverhältnis, das für die Resonanzlage verantwortlich ist, gibt es zahlreiche weitere Einflußgrößen, von denen Kondensatorstrombeanspruchung und Spannungsverzerrung abhängen. Sie sollen im weiteren in ihrer prinzipiellen Wirkung betrachtet werden.

Bei Festkompensation und variablem Gleichstrom ergeben sich bei festem Steuerwinkel Stromabhängigkeiten entsprechend Bild 6.7a. Während I_{SR} linear wächst, durchläuft I_N ein Minimum bei Gleichheit der beiden Blindleistungen unterschiedlichen Vorzeichens. Der Strom I_C wächst durch die zusätzlichen Ausgleichsvorgänge stetig an. Der Anstieg ist stark von ν_p und damit von der Resonanzlage abhängig. Die dargestellten Kurven gelten für $\nu_p \doteq 5{,}7$ und damit für ein Zwischenresonanzgebiet. Ihr Verlauf konnte durch Messung an der Modellanlage bestätigt werden. Auch hier befindet sich die Simulation auf der sicheren Seite, was durch positive Kapazitätstoleranz, nichtideale Glättung und größere wirksame Dämpfung bewirkt wird. Im Bild 6.7b sind einige Beanspruchungskurven für verschiedene Resonanzlagen gezeichnet worden. Der stärkere Anstieg für höhere ν_p-Werte erklärt sich aus der abnehmenden Kondensatorimpedanz.

Haupteinflußgrößen für Beanspruchung und Verzerrung sind s_C und s_d. Das räumliche Auftragen über der s_C-s_d-Ebene ergäbe ein Beanspruchungsgebirge, in dem die Diagramme Bild 6.5 und Bild 6.8b Längs- bzw. Querschnitte und damit Höhenprofile an ausgewählten Schnittflächen darstellen. Eine Vielzahl weiterer Einflußgrößen wie Steuerwinkel, Induktivitätsverhältnis und Dämpfungswerte sind zusätzlich anzugeben, da sie die Ausbildung der Resonanzgipfel in Lage und Höhe mitbestimmen. Weil die quantitative dreidimensionale

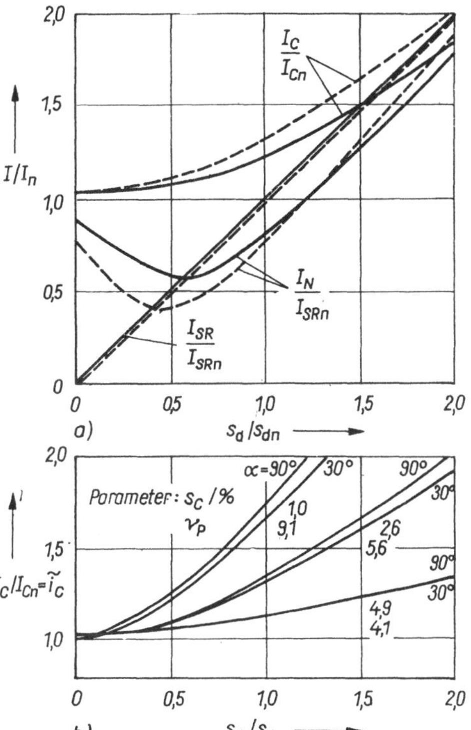

Bild 6.7. Abhängigkeit vom Stromrichter-Leistungsverhältnis

a) Vergleich Simulation – Messung

--- Simulation $I_d = 0{,}5$
$\alpha = 90°$ $s_C = 2{,}8$
$s_{dn} = 3{,}6\,\%$

b) Simulation für verschiedene Kompensationsgrade

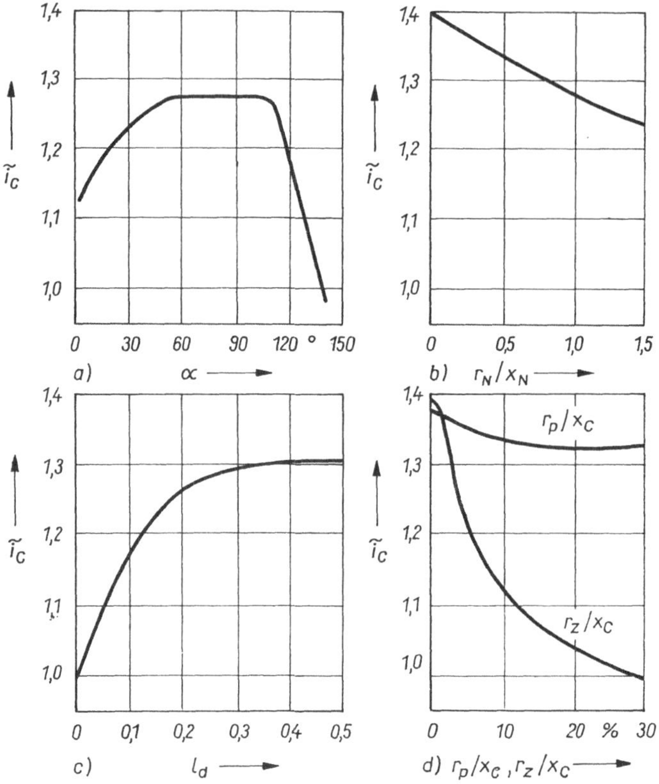

Bild 6.8. Empfindlichkeitsanalyse der Kondensatorbeanspruchung
$s_d = 3{,}6\%$ $s_C = 2{,}8\%$ ($\nu_P = 5{,}7$)

a) Abhängigkeit vom Steuerwinkel
$l_d = 0{,}2$ $r_Z/x_C = 2\%$ $(r/x)_N = 1$

b) Abhängigkeit von Netzresistanz
$\alpha = 90°$ $l_d = 0{,}2$ $r_Z/x_C = 2\%$

c) Abhängigkeit von Abzweiginduktivität
$\alpha = 90°$ $r_Z/x_C = 2\%$ $(r/x)_N = 1$

d) Abhängigkeit von Kondensatordämpfung
$\alpha = 90°$ $r_Z/x_C = 2\%$ $(r/x)_N = 0{,}5$

Darstellung unbequem handhabbar ist, begnügt man sich mit der Angabe von Höhenlinien des Gebirges, den thermischen Grenzkennlinien [6.10].

Ergebnisse der Empfindlichkeitsanalyse, die mit dem Simulationsprogramm ausgeführt wurde, zeigt Bild 6.8. Es zeigt sich, daß für gesteuerte Stromrichter die Annahme des Steuerwinkels $\alpha = 90°$ eine sehr gute Näherung ist (Bild 6.8a), so daß sich die Zahl der Variablen um Eins reduziert. Der wahre Steuerwinkel beeinflußt jedoch den Blindleistungshaushalt und damit die Höhe der Anschlußspannung. Bei der Simulation realer Anlagen ist daher möglichst der wahre Steuerwinkel nachzubilden.

Das Induktivitätsverhältnis l_d, das in der Struktur ohne Kompensation für die Tiefe der Kommutierungseinbrüche verantwortlich war, hat den im Bild 6.8c gezeigten Einfluß. Ein Absinken der Beanspruchung ist erst dann zu erwarten, wenn die Kommutierungsdauer stark anwächst und die Anregung der Ausgleichsvorgänge nicht mehr als Impuls anzunehmen

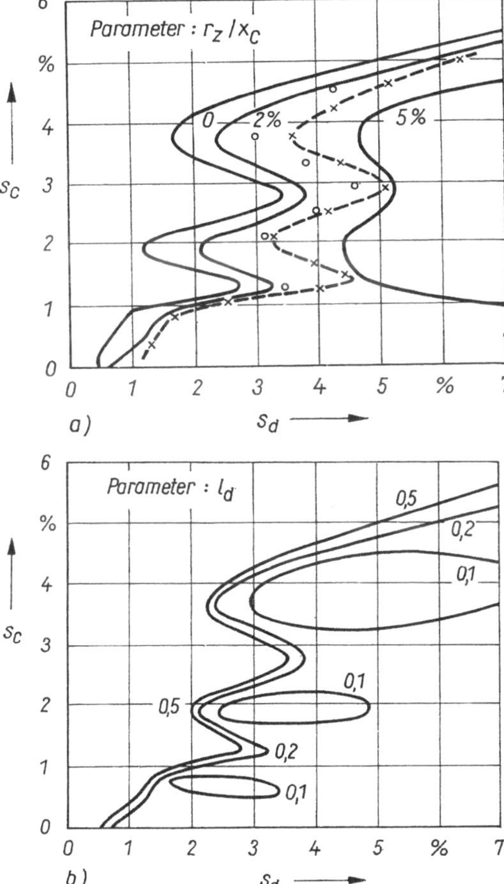

Bild 6.9. Thermische Grenzkennlinien für Parallelkompensation ($I_C/I_{Cn} = 1{,}3$), Simulation

$\alpha = 90°$
$(r/x)_N = 1$
$U_N = U_{Nn}$

a) Abhängigkeit von r_Z/x_C; $l_d = 0{,}2$

x Meßpunkt Modellanlage $l_d = 0{,}2$
o Meßpunkt Modellanlage $l_d = 0{,}6$

b) Abhängigkeit von l_d; $r_Z/x_C = 2\%$

ist. Ergebnisse einer genaueren Untersuchung in der s_C-s_d-Ebene zeigt Bild 6.9b. Die Lage der thermischen Grenzkennlinien wird nur gering verschoben, wenn l_d von 0,5 auf 0,2 geändert wird. Dagegen sinkt das Beanspruchungsgebirge bei $l_d = 0{,}1$ so stark ab, daß nur noch drei getrennte Resonanzgipfel zu bemerken sind.

Als Dämpfungsgrößen werden R_N, R_Z und R_P wirksam, wobei als Kenngrößen die bezogenen Werte r_N/x_N, r_Z/x_C und r_P/x_C benutzt werden. Im Abschnitt 6.2.2. wurde die Festlegung getroffen, die Stromverdrängung nur in R_Z zu berücksichtigen, indem mit festem Wert r_Z/x_C gearbeitet wird. Bild 6.8d zeigt die starke Abhängigkeit der Beanspruchung von R_Z. Parallelverluste wirken sich so gering aus, daß ihre Wirkung ohne großen Fehler vernachlässigt werden kann (Bild 6.8d). Eine ähnliche Wirkung zeigen am Anschlußpunkt parallel betriebene ohmsche Verbraucher. Den Einfluß von r_Z/x_C auf die Lage der thermischen Grenzkennlinien veranschaulicht Bild 6.9a. Es enthält gleichzeitig den Vergleich mit Modellmessungen. Aus dem Vergleich der Ergebnisse und durch weitere Industriemessungen wurde die Festlegung getroffen, für ein später angegebenes Anschlußdiagramm die thermischen Grenzkennlinien aus Sicherheitsgründen mit $r_Z/x_C = 2\%$ und $l_d = 0{,}2$ zu verwenden.

Der Einfluß von r_N/x_N kann Bild 6.8b entnommen werden. Die Abhängigkeit von R_N ist geringer als von R_Z, so daß zur Vereinfachung für das Anschlußdiagramm ein Bereich von r_N/x_N als gültig erklärt wird. Der Einbau zusätzlicher ohmscher Widerstände im Sinne von R_Z

würde für Beanspruchung und Verzerrung eine erhebliche Entlastung bedeuten. Er ist jedoch aus energetischen Gründen nicht anzuraten. Der Einbau kleiner Drosseln an Stelle von R_Z wirkt nicht dämpfend, sondern als Verschiebung der Eigenfrequenz. Damit kann je nach Resonanzlage die Beanspruchung vergrößert oder verkleinert werden. Für umschaltbare Kompensationsanlagen scheidet auch diese Variante aus. Erst wenn die Vorschaltdrosseln so groß werden, daß sie die Eigenfrequenz der Anordnung wesentlich allein bestimmen (Saugkreis), ergeben sich bleibende Vorteile (vgl. Abschnitt 7.).

Zum Schluß werden noch Aussagen über die Lastabhängigkeit der Anschlußspannung und ihres Klirrfaktors getroffen. Bild 6.10a ermöglicht den Vergleich zwischen einer Struktur ohne und mit Kompensation. Während der Effektivwert der Anschlußspannung bei $s_C = 0$ etwa linear fällt, bewirkt die Kompensation eine zunächst höhere Anschlußspannung je nach Kompensationsgrad, die entsprechend dem V-förmigen Verlauf des Netzstromes ebenfalls ein Minimum durchläuft (vgl. Bild 6.8a). Der Anstieg ist auch auf die wachsende Verzerrung zurückzuführen, wie Bild 6.10b zeigt. Die Meß- und Simulationskurven stimmen gut überein. Aus Bild 6.10a ist auch zu erkennen, daß mit Anwendung der Festkompensation die Schwankungen der Anschlußspannung bei Laständerungen im Stromrichter abgebaut werden, wenn es sich um große Änderungen handelt. Reicht dieser Stabilisierungseffekt nicht aus, muß dynamisch kompensiert werden. Der Anstieg der Kurve $U_{AP}(I_d)$ ist nichtlinear veränderlich, so daß Spannungsschwankungen vom Arbeitspunkt und der Schwankungsgröße abhängen.

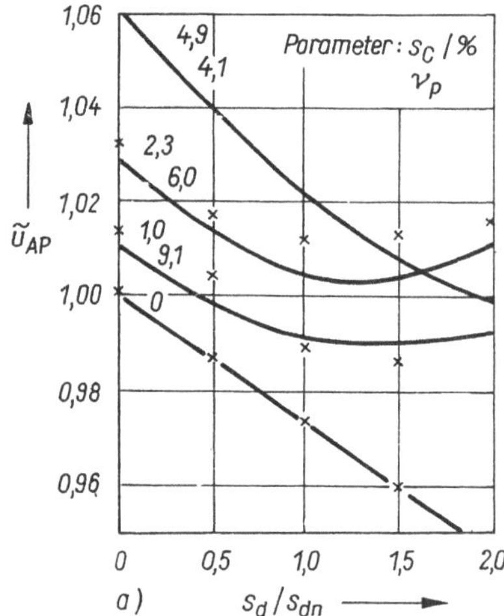

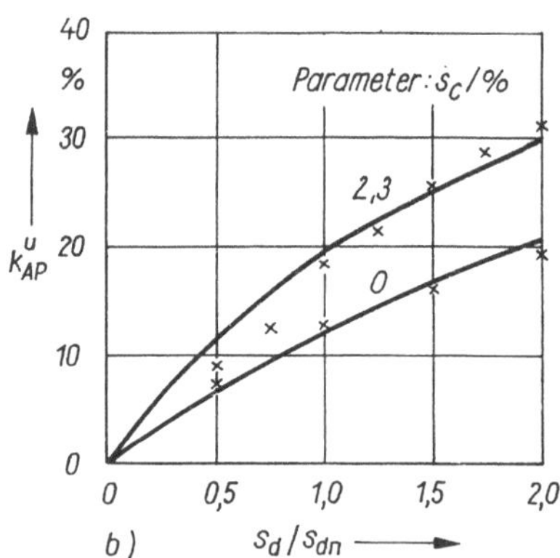

Bild 6.10. Einfluß der Parallelkompensation auf Spannungsschwankung und Klirrfaktor, Simulation
$\alpha = 90°$ $s_{dn} = 3,6\%$ $I_d = 0,2$ x Meßpunkt Modellanlage
a) Effektivwert der Anschlußspannung b) Klirrfaktor

6.3. Analyse der Kommutierungsdauer

Beanspruchung und Verzerrung werden bei Parallelkompensation fast ausschließlich durch die Vorgänge während der Konstantstromzustände bestimmt. Das ist dadurch begründet, daß ein hinreichend großer Kondensator die Spannung am Anschlußpunkt während der Kommutierungszeit festhalten kann. Dieser Effekt bewirkt das Verschwinden der Kommutierungseinbrüche in der Anschlußspannung und eine Verkürzung der Kommutierungsdauer. Der

Berechnungsweg war bereits Gegenstand von Abschnitt 2.3.3. Vergleicht man die Kommutierungsdauern ohne und mit Kondensatorunterstützung nach Gln. (2.22) und (2.33), so ergibt sich

$$t_{\mu}^{*}\,(C = \infty)/t_{\mu}(C = 0) = 1 - I_{\mathrm{d}} \tag{6.5}$$

Die verkürzte Kommutierung bewirkt eine geringer lastabhängige Gleichspannung und eine größere Sicherheit gegenüber Wechselrichterkippen, solange nicht eine unzulässige Verzerrung der Anschlußspannung durch Ausgleichsschwingungen im Konstantstromzustand das Gegenteil bewirkt. Nach Gl. (6.5) ist es vorteilhaft, Stromrichter mit sehr kleinen Abzweiginduktivitäten auszurüsten. Zur Veranschaulichung dient Bild 6.11, das für ein großes Induktivitätsverhältnis und gleichen Gleichstrom einer Modellanlage die Zeitfunktion mit und ohne Parallelkompensation darstellt.

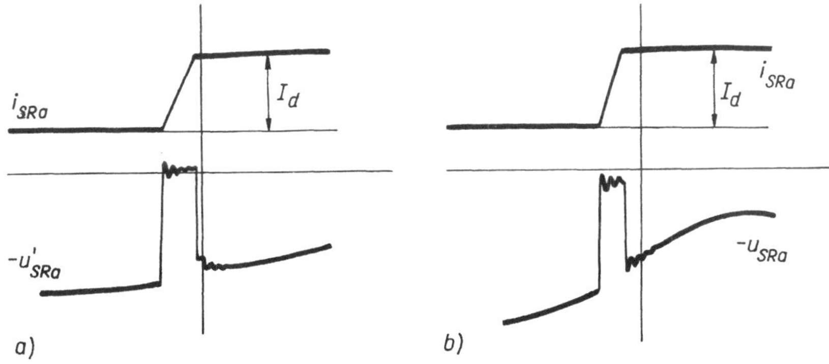

Bild 6.11. Auswirkung der Kondensatorkompensation auf die Kommutierungsdauer (Messung)

$\alpha \approx 90°$ $s_{\mathrm{d}} = 4\,\%$ $I_{\mathrm{d}} = 0{,}4$

a) ohne Kompensation $t_{\mathrm{C}} = 0{,}3$ ms

b) mit Kompensation $s_{\mu} = 3{,}5\,\%$; $t_{\mu} = 0{,}2$ ms

6.4. Das Phänomen Kabelschwingungen

Bei Anschlußpunkten im MS-Netz, die über längere Kabel gespeist werden, kann die Kabelkapazität Ursache für meist im kHz-Gebiet liegende Ausgleichsvorgänge sein, die von den Kommutierungsvorgängen angestoßen werden. Wird die Kabelkapazität als Ersatzelement am Anschlußpunkt konzentriert aufgefaßt, dann besteht eine Struktur nach Bild 6.2. Bild 6.12 zeigt solche Kabelschwingungen an einem 6-kV-Anschlußpunkt beim Anlauf eines großen zwölfpulsigen Stromrichters. Die Eigenfrequenz ergibt sich aus der Berechnung zu 3,9 kHz, gemessen wurden 4,2 kHz. Das gleiche Bild zeigt auch noch die Spannung nach der Kompensation mit einer Stromresonanzanordnung nach Abschnitt 8.1 [6.13].

Die Nachbildung der Kabelschwingungen gelingt an der Modellanlage oder durch Simulation mit konzentrierten Parallelkapazitäten. Gleiches Verhalten kann auch beim Parallelbetrieb einzelkompensierter Verbraucher (Leuchtstofflampen) mit Stromrichtern beobachtet werden. Bei genauerer Untersuchung der hochfrequenten Vorgänge zeigt sich ein zunächst verblüffender Effekt, der im Bild 6.13 wiedergegeben wird. Mit wachsendem Gleichstrom entstehen nacheinander Maxima und Minima für Beanspruchung und Verzerrung. Die Erklärung dafür zeigen die zugehörigen Zeitfunktionen. Die Schwingungsdauer der Ausgleichsvorgänge ist so kurz, daß sie in der Größenordnung der Kommutierungsdauer liegt. Außerdem bewirkt eine kleine Parallelkapazität eine Verlängerung der Kommutierungsdauer (vgl. Bild 2.13). Dadurch werden die bis zur nächsten Kommutierung nicht völlig gedämpften Vorgänge einmal in Mitphase (Resonanz) und dann wieder in Gegenphase (Zwischenresonanz) angestoßen. Das Auftreten des Phasensprungs ist im Bild 6.14c deutlich zu erkennen. Durch Auswertung des Dämpfungsmaßes kann aus Oszillogrammen auf die in Anlagen bestehenden wirksamen Resistanzen geschlossen werden.

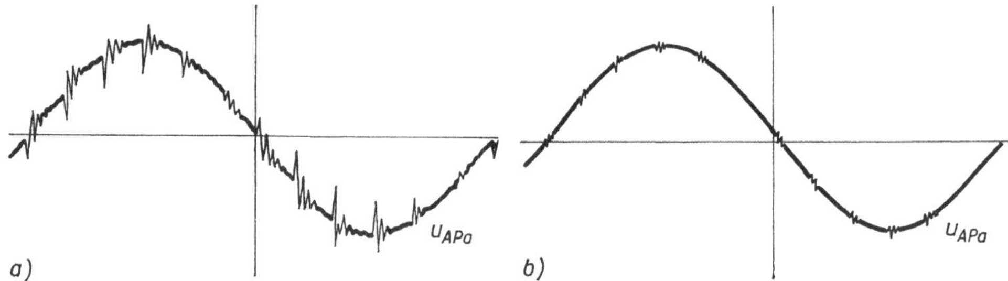

Bild 6.12. Kabelschwingungen im MS-Netz einer Industrieanlage beim Anlauf eines Stromrichters ($p = 12$)

a) ohne Kompensation

b) mit Kompensation durch Saugkreise und Parallelkondensator (Stromresonanzanordnung, vgl. Abschnitt 8.)

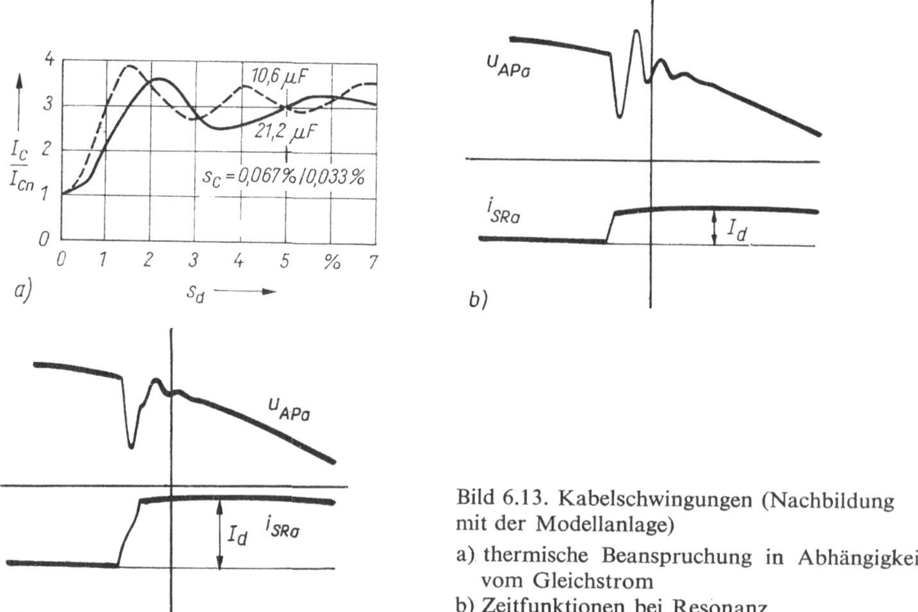

Bild 6.13. Kabelschwingungen (Nachbildung mit der Modellanlage)

a) thermische Beanspruchung in Abhängigkeit vom Gleichstrom

b) Zeitfunktionen bei Resonanz

c) Zeitfunktionen bei Zwischenresonanz

Kabelschwingungen können verlustbehaftet bedämpft oder durch Zusatzkapazität beseitigt werden. Eine Saugkreisanlage ist geeignet, die anregenden Kommutierungsimpulse abzubauen, die Eigenfrequenz der Kabelkapazität bleibt jedoch erhalten. Erst mit der Stromresonanzanordnung ist eine Beseitigung der hohen Eigenfrequenz zu erreichen. Die Einzelkompensation kleiner Verbraucher ist an Anschlußpunkten mit Stromrichtern zu vermeiden, weil sonst eine erhebliche thermische Gefährdung der Kondensatoren besteht. Hier hat sich die mittelspannungsseitige Trennung schwankungsintensiver und ruhiger Verbraucher bewährt.

In ähnlicher Weise wie Kabelkapazitäten wirken auch die zur Trägerstaueffektbeschaltung der Ventile eingesetzten *R-C*-Glieder, wobei hier bereits beim Entwurf für eine große Dämpfung der Ausgleichsvorgänge gesorgt wird. Um die Überlagerung beider Vorgänge an der Modellanlage zu vermeiden, wurde diese mit Lawinenthyristoren ausgerüstet, für die keine Beschaltung notwendig ist.

6.5. Schaltvorgänge bei Parallelkompensation

Im Gegensatz zur periodischen Anregung des Parallelschwingkreises durch die Stromrichterkommutierungen stellt das Ein- und Parallelschalten von Kondensatoren einen einmaligen Schaltvorgang dar. Die Eigenfrequenz der Ausgleichsvorgänge beim Einschalten stimmt mit ν_p nach Gl. (6.1) überein. Über die Höhe der Ausgleichsvorgänge von Strom und Spannung entscheidet der Schaltaugenblick. Extremfälle sind dabei das Einschalten im Spannungsnulldurchgang und Spannungsmaximalwert. Die eigenfrequenten Ausgleichsvorgänge werden durch vorhandene Resistanzen gedämpft und klingen exponentiell ab [6.1].

Zur Abschätzung des maximalen Einschaltstroms kann bei Vernachlässigung der Dämpfung im Spannungsmaximum mit

$$\frac{i_{c\,max}}{i_c^{(1)}} \approx 1 + \nu_p \tag{6.6}$$

gerechnet werden. Die dabei auftretenden Maximalströme stellen keine Gefahr für die Kondensatoren dar. Beim Einschalten im Spannungsnulldurchgang nimmt der Ausgleichsstrom, der den Grundschwingungsstrom zur Zeit $t = 0$ zu Null ergänzt, den Amplitudenwert des Grundschwingungsstroms an. Der Überstromfaktor nach Gl. (6.6) liegt dann bei 2.

Der Ausgleichsvorgang im Strom hat auch Auswirkungen auf die Spannungsbeanspruchung. Die Spannung kann beim Zuschalten im Spannungsmaximum nach einer Periode des Ausgleichsvorgangs höchstens den doppelten Scheitelwert der ungestörten Spannung annehmen. Da Leistungskondensatoren und andere parallelarbeitende Verbraucher und Betriebsmittel mit der 2,15fachen Nennspannung geprüft werden, stellt der Einschaltvorgang keine Gefährdung dar. Voraussetzung aller Betrachtungen ist das prellfreie Einschalten des Leistungsschalters. Überspannungen bei anderen Schaltaugenblicken sind wesentlich geringer.

Kritischer als das Einschalten ist das Parallelschalten von Kondensator-Schalteinheiten. Während sich für die Spannungsbeanspruchung keine neuen Gesichtspunkte ergeben, können erheblich größere Ausgleichsströme auftreten. Der Strom in der zugeschalteten Einheit besteht aus den linear überlagerten Anteilen des eigenen Einschaltvorgangs nach Gl. (6.6) und des Ausgleichsstroms i_C^*, der in der Kurzschlußmasche zwischen den beiden Kondensatoren entsteht. Entscheidend für die Größe von $i_{C\,max}^*$ ist die Eigenfrequenz der Anordnung aus den in Reihe wirksamen Kapazitäten und Induktivitäten.

$$\nu_p^* = \frac{1}{\omega_N \sqrt{C_{ers} L_{ers}}} \tag{6.7}$$

Bei kurzen Verbindungen zwischen den Schalteinheiten können hier durchaus Stromamplituden entstehen, welche die zulässigen Stromstöße der Leistungskondensatoren übersteigen. Abhilfe bringt eine zusätzliche Verdrosselung der Kondensatoren, der Übergang zu Saugkreisen oder der Einsatz von geeigneten Leistungsschaltern.
Das Ausschalten von Parallelkondensatoren muß ohne Rückzündungen erfolgen, da sich sonst eine unkontrollierte Überspannung an den Kondensatoren nach dem Spannungsvervielfacherprinzip ergeben kann. Für den Anwender ist das mit der Auswahl kondensatorfester Schaltgeräte erledigt. Zum Abfließen der auf den Kondensatorbelägen verbliebenen Ladungen dienen Entladewiderstände. Sie schützen vor unzulässigen Berührungsspannungen und verhindern Ausgleichsvorgänge, die beim Einschalten voraufgeladener Kondensatoren möglich wären. Bei MS-Kondensatoren können auch Spannungswandler zur Entladung dienen.

6.6. Entwurf von Kondensatoranlagen

6.6.1. Entwurfsprozeß

Ausgangspunkt für den Entwurf einer Kondensatoranlage ist der Wirk- und Blindleistungshaushalt der Anschlußstruktur. Dabei sind alle Verbraucher so genau wie möglich in ihrem Leistungsgang zu erfassen. Über die Größe der Kompensationsleistung und ihre Aufteilung auf Schalteinheiten wird im Zusammenhang mit dem zulässigen Leistungsfaktor im Netzzweig und dem gleichzeitigen Betrieb von Verbrauchern entschieden. Die Auswahl der Kondensator-Nennspannungen erfolgt nach der Nennspannung des Anschlußpunkts. Eine Überdimensionierung ist nicht erforderlich. Die wesentlichen Arbeitsschritte können den gültigen Projektierungsvorschriften und Bild 6.14 entnommen werden [6.6], [6.7].
Von besonderem Interesse ist die Überprüfung der Struktur auf Zulässigkeit vorhandener Stromrichter. Sie wird mit im folgenden Abschnitt behandelten Anschlußdiagrammen vorgenommen, nachdem die für ihre Benutzung notwendigen Einsatzbedingungen berechnet wurden. Mit der Festlegung der Einstellwerte für die Schutzeinrichtungen, die meist zum Lieferumfang der fabrikgefertigten Kondensatoranlagen gehören, kann das endgültige Projekt erarbeitet werden.

6.6.2. Anschlußdiagramme

Die Aufgabe des Anschlußdiagramms war im Abschnitt 5.3. erstmals erläutert worden. Bei der Struktur Parallelkompensation kommen als neue Gesichtspunkte hinzu:

- Aufnahme der thermischen Grenzkennlinie als Ergänzung der Netzrückwirkungs-Grenzkennlinien, um das Gebiet zulässiger Kondensatorbeanspruchung abzugrenzen
- Darstellung als s_C-s_d-Kennlinienfeld im Gegensatz zum l_d-s_d-Kennlinienfeld ohne Kompensation

Alle anderen im Abschnitt 6.2. behandelten Einflußgrößen sind als Parameter für das Anschlußdiagramm anzugeben. Um die Zahl der notwendigen Anschlußdiagramme einzuschränken, ist es üblich, für geringwirksame Einflußgrößen größere Toleranzbereiche anzugeben.

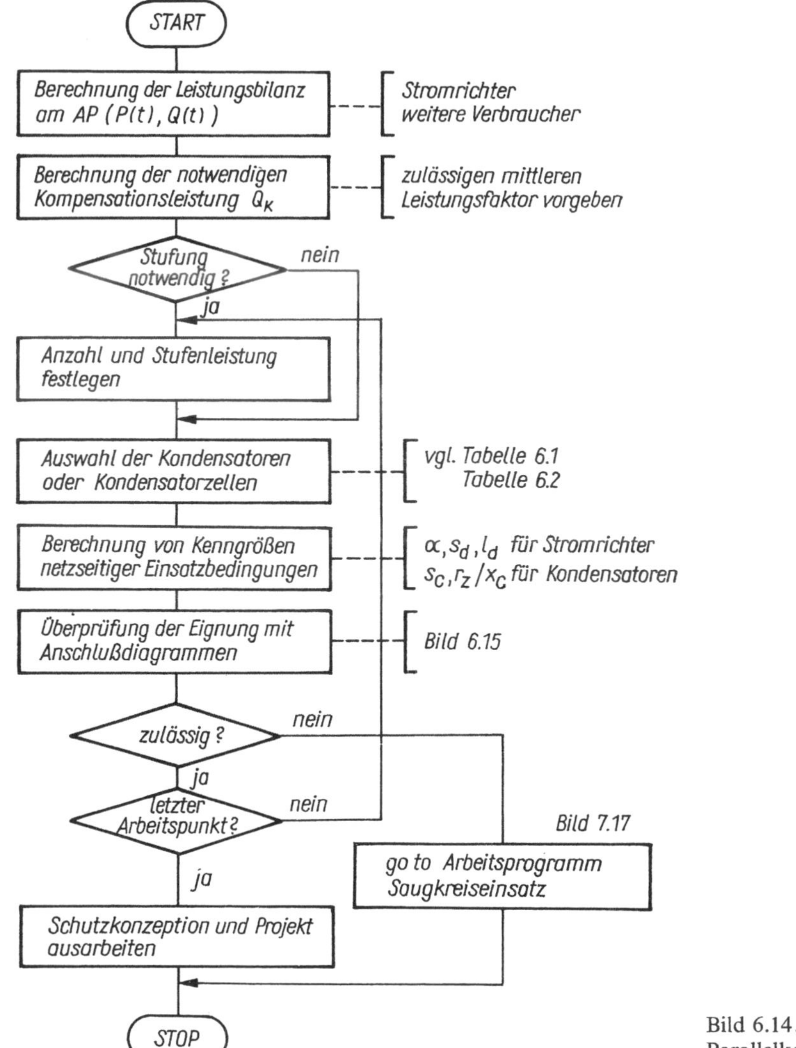

Bild 6.14. Arbeitsprogramm Parallelkompensation

Zur Überprüfung der Zulässigkeit des Anschlusses sechs- und zwölfpulsiger Stromrichter bei Kondensatorkompensation dienen die Bilder 6.15 und 6.16. Sie enthalten bei angenäherter Gültigkeit für die angegebenen Bereiche von Einsatzbedingungen Grenzkennlinien für

a) thermische Beanspruchung des Kondensators
b) Klirrfaktor der Anschlußspannung
c) maximale Augenblickswertabweichung

Es kann angenommen werden, daß die Klirrfaktorgrenze bei Resonanz gleichzeitig auch die Grenze des jeweiligen Pegels der in Resonanz befindlichen Harmonischen darstellt. Die gewählten Grenzlinien entsprechen den für öffentliche und Industrienetze in den Tabellen 4.3 und 4.4 festgelegten Pegeln.

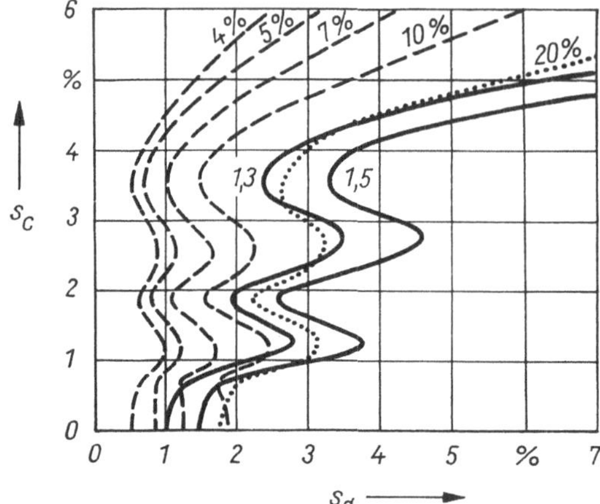

Bild 6.15. Anschlußdiagramm Kondensatorkompensation (Simulation)

$p = 6$ $\alpha = 90°$ (50 bis 120°)
$l_d = 0{,}3$ (0,2 bis 0,5)
$(r/x)_N = 0{,}3$ (0,1 bis 1)
$(r/x)_C = 0{,}02$
$U_N = \hat{U}_{Nn}$
ohne Parallellast am Anschlußpunkt
—— thermische Grenzkennlinie
- - - Klirrfaktorgrenzkennlinien
..... a_{max}-Grenzkennlinie

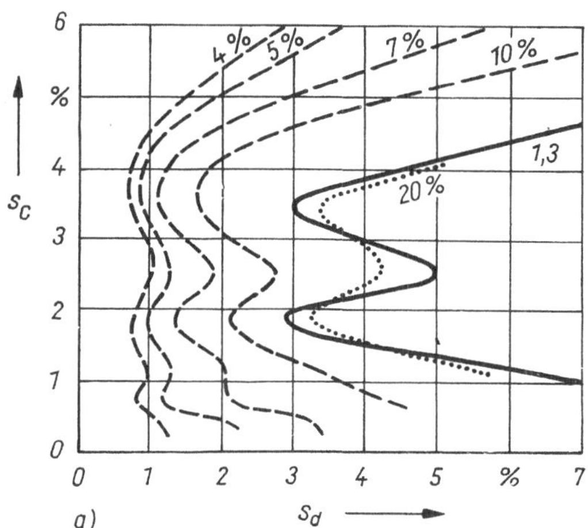

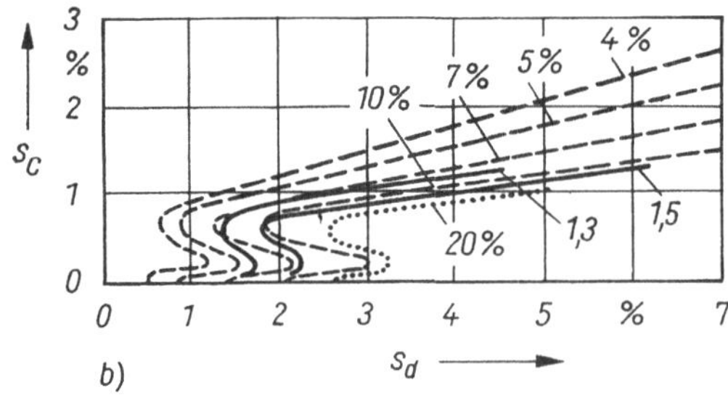

Bild 6.16. Anschlußdiagramme Kondensatorkompensation (Simulation)

$l_d = 0{,}3$ $(r/x)_N = 0{,}3$ $(r/x)_C = 0{,}02$
$U_N = \hat{U}_{Nn}$
a) $\alpha = 0°$ ungesteuerter Stromrichter $p = 6$
b) $\alpha = 90°$ gesteuerter Stromrichter $p = 12$
Linienarten wie Bild 6.15

Für sechspulsige Stromrichter ist charakteristisch, daß die Klirrfaktorgrenze in einem weiten Bereich der Kondensatorleistung die kritische Grenze darstellt. Erst bei geringen Kondensatorleistungen wird die thermische Grenze maßgebend (Einzelkompensation von Lampen und Geräten). Die 20%-Grenze der Augenblickswertabweichung korrespondiert recht gut mit der thermischen Grenzkennlinie für 1,3fachen Nennstrom. Wird im Netz eine vergrößerte Spannung angenommen, so verschieben sich die thermischen Grenzen nach links. Bei ver-

größerter Dämpfung $(r/x)_C$ sind die Resonanzkrümmungen wesentlich weniger ausgeprägt, und alle Grenzen verschieben sich nach rechts.
Für den Fall des ungesteuerten sechspulsigen Stromrichters gilt Bild 6.16a. Durch die erheblich »ausgerundete« Kurvenform des Stromrichterstroms ergeben sich stark verringerte höhere Harmonische, so daß erheblich mehr Stromrichterleistung als bei gesteuertem Betrieb angeschlossen werden kann. Die Resonanzen für $\nu = 7$ und 5 bleiben mit nur wenig nach rechts verschobener Lage erhalten. Kritisch ist hier in allen Fällen die Verzerrung der Anschlußspannung.
Mit der Annahme des idealen Zwölfpulsverhaltens verschwinden die Resonanzgebiete für $\nu = 5$ und 7. Bild 6.16b zeigt, daß sich Kondensatorkompensation oberhalb von 1 bis 2% Kondensator-Leistungsverhältnis ohne Schwierigkeiten verwirklichen läßt.
Mit den vorliegenden Anschlußdiagrammen wurden mehrere Industrieanlagen überprüft. Es konnte nachgewiesen werden, daß mit ihrer Hilfe ohne großen Aufwand die Vorentscheidung getroffen werden kann, ob Saugkreiseinsatz erforderlich wird oder ob mit reiner Kondensatorkompensation gearbeitet werden kann. In einigen Fällen konnten zu große Verzerrungen oder thermische Gefährdungen auch dadurch beseitigt werden, daß einige Kondensatorstufen blockiert wurden. Ein solches Vorgehen bietet sich vor allem im Bereich kleiner Kompensationsleistungen an, wo der Kompensationsverzicht nur geringe energetische Folgen hat.

6.6.3. *Einfluß des resonanzfähigen Netzzweigs*

Da die Konzentration der Ersatzkapazität des speisenden Netzzweigs am Anschlußpunkt nicht immer zulässig ist, entstehen durch ein oder mehrere Vierpole angenäherte kompliziertere Netzzweige, deren genauer Einfluß auf das Systemverhalten z. B. mit Hilfe des Netzanalysators zu untersuchen ist. Resonanzmöglichkeiten im Bereich energetischer Netzrückwirkungen entstehen vor allem, wenn im vorgeordneten Netz Kompensationsanlagen vorhanden sind.

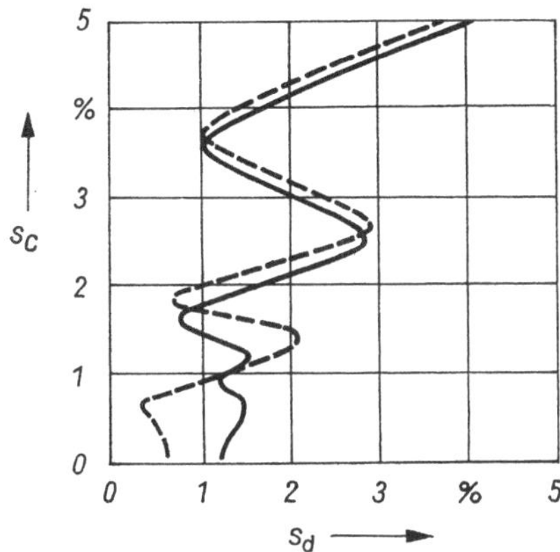

Bild 6.17. Einfluß des resonanzbehafteten Netzzweigs auf die thermische Grenzkennlinie

Wird der Netzzweig als ein T-Vierpol aufgefaßt, bei dem C_N die Querkapazität, L_I und L_J die geteilte Netzinduktivität entsprechend Bild 3.2 darstellen, so ergibt sich während der Kommutierung in erster Näherung eine Verlagerung des Kurzschlußpunkts vom starren Netz zum Kondensator C_N, so daß nur L_J wirksam bleibt. Auch im Konstantstromzustand ergeben sich durch C_N und C_{PK} bestimmte Eigenfrequenzen, die zu einer Verschiebung der Grenzkennlinien führen. Bild 6.17 zeigt die Auswirkungen der Resonanzlage des einfachen Netzzweig-Vierpols auf die thermischen Grenzkennlinien, wie sie mit Hilfe des Analogrechners ermittelt wurden [6.12]. Im Bereich der Resonanzen, die weit unterhalb der Eigenfrequenz des Netzes liegen, kann lediglich eine vertikale Verschiebung beobachtet werden, die durch die Wirkung von L_j erklärbar ist. Im Bereich, wo Eigenfrequenzen der Parallelkompensation und des Netzes zusammenfallen, ergeben sich schwer vorhersagbare Verschiebungen der Grenzkennlinien. Da in der Tendenz die Parallelkompensation entlastet wird, (Parallelschaltung der Schwingkreise) genügt es, in der Regel mit Bild 6.16 zu arbeiten. In lohnenden Fällen kann dann zur Simulationsunterstützung übergegangen werden.

6.7. Beispiel – Parallelkompensation einer Schachtförderanlage

Aus energetischen Gründen soll die Schachtförderanlage aus Abschnitt 5.4. mit einer Blindleistungskompensationsanlage ausgerüstet werden. Die Größe der Kompensationsleistung wird durch den Mittelwert der Stromrichter- und Motorblindleistung sowie den im Netz im Mittel geforderten Leistungsfaktor bestimmt (vgl. Bild 5.14).

$$Q_C = \bar{Q}_{SR} + \bar{Q}_M - Q_{N\,zul} \tag{6.8}$$

Es sollen Kondensatorzellen nach Tabelle 6.1 mit geschlossenem Sternpunkt zum Einsatz kommen. Für eine Netznennspannung von 6 kV werden Leistungskondensatoren mit 50 kvar ausgewählt ($U_{Cn} = 3{,}64$ kV). Eine Zelle ist mit sechs Bausteinkondensatoren ausgerüstet und kann bei Nennspannung eine Blindleistung von

$$Q_{C\,min} = 2 \cdot 3 \left(\frac{U_{Nn}}{U_{Cn}}\right)^2 Q_{Cn} \tag{6.9}$$

abgeben.

Tabelle 6.5. Parallelkompensation einer Schachtförderanlage – Ergebnis

Einsatzbedingungen:

Anlauf: $\alpha = 80°$, $s_d = 2{,}5\,\%$, $l_d = 0{,}24$, $(r/x)_N = 0{,}3$
$s_{d\,eff} = 1{,}5\,\%$ für thermische Beanspruchung

Leistungsbilanz:

$\bar{Q}_{SR} = 1{,}26$ Mvar $Q_M = 1{,}10$ Mvar
$\bar{P}_{SR} = 0{,}85$ MW $P_M = 1{,}78$ MW
$\cos\varphi_N \geqq 0{,}95 \Rightarrow Q_N \leqq (\bar{P}_{SR} + P_M)\tan\varphi_N = 0{,}87$ Mvar
$Q_{PK} = \bar{Q}_{SR} + Q_M - Q_N = 1{,}49$ Mvar

Auslegung der Kompensationsanlage:

Kondensator: 50 kvar / 3,64 kV / 12 μF / 13,7 A nach Tabelle 6.2
LKCI 50/3,64

Anzahl n: $Q_{ci\,min} = U_{Nn}^2 \omega_N C = 0{,}135$ Mvar

$$n \geqq \frac{Q_{PK}}{Q_{ci\,min}} = \frac{1{,}49}{0{,}135} = 11 \text{ ganzzahlig und wegen des Zellenaufbaus geradzahlig}$$

Zellen nach Tabelle 6.1 $n = 12$ 6 Zellen

Schalteinheiten: 1. Stufe: $n = 8$ $\quad s_{C1} = \frac{Q_{ci}\, n}{S_k''} = 0{,}72\%$

2. Stufe: $n = 4$ $\quad s_{C2} = 0{,}36\%$

Σ: $n = 12$ $\quad s_C = 1{,}08\%$

Kontrolle mit Bild 6.16

- 1. oder 2. Stufe allein thermisch unzulässig, Verzerrung im Anlauf unzulässig!
- 1. und 2. Stufe (thermisch zulässig), Verzerrung im Industrienetz bei Anlauf zulässig!

mittlerer Leistungsfaktor: $Q_{PK\Sigma} = 1{,}62$ Mvar $\quad \tan \varphi_N = 0{,}28$

$\cos \varphi_N = 0{,}96$ ausreichend!

Netzrückwirkungen bei Anlauf (Simulationsergebnisse):

ν	5	7	11	13	5 ... 25	$a_{max} = 15\%$
$k_{AP}^{u(\nu)}$ in %	3,6	5,4	5,1	2,6	8,8	

Die Anzahl der Zellen ist damit berechenbar. Mit den Daten der gewählten Anlage können die Einsatzbedingungen für die Kompensationsanlage berechnet werden (s_C, ν_P).
Die Zahlenrechnungen wurden in Tabelle 6.5 zusammengefaßt.
Zur Überprüfung auf Zulässigkeit dient Bild 6.16. Hinsichtlich der thermischen Beanspruchung der Kondensatoren kann vom Leistungsverhältnis $s_{d\,eff}$ ausgegangen werden, da die thermischen Zeitkonstanten der Kondensatoren im Minuten-Bereich liegen. Zur Kontrolle der Verzerrung ist es aber besser, das maximale Leistungsverhältnis $s_{d\,max}$ einzusetzen.
Tabelle 6.5 enthält das Überprüfungsergebnis und einige mit dem Simulationsprogramm vorausbestimmte Netzrückwirkungen und Beanspruchungen. Bild 6.18 zeigt den Grafikdruck der Größen U_{AP}, J_{SA} und I_C.

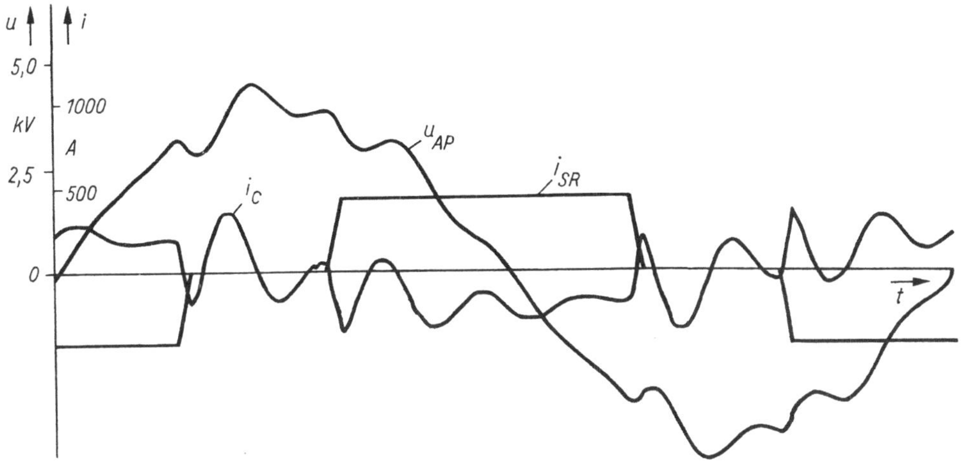

Bild 6.18. Simulation des Ablaufs der Schachtförderanlage

$\alpha = 80°$ $\quad s_d = 2{,}5\%$ $\quad l_d = 0{,}24$ $\quad s_C = 1{,}08$ $\quad (r/x)_C = 0{,}025$

$U_{Cn} = U_{Nn}$ $\quad U_N = U_{Nn}$ mit paralleler Asynchronmaschine

7. Kompensation mit Saugkreisanlagen

Als Saugkreisanlagen werden im deutschsprachigen Schrifttum aus Leistungskondensatoren und Drosselspulen aufgebaute Reihenschwingkreise bezeichnet, welche die Aufgabe haben, Blindleistung parallel zu kompensieren und dabei gleichzeitig die Qualität der Anschlußspannung zu verbessern. Die Abstimmfrequenz der Saugkreise wird entweder weit unter die Ordnungszahl der niedrigsten Harmonischen gelegt (großer Drosselaufwand, hohe Spannungsbeanspruchung der Kondensatoren, aber keine Resonanzgefahr) oder in die Nähe charakteristischer Stromrichterharmonischer gebracht (verringerter Drosselaufwand, bessere Filterwirkung, aber Resonanzgefahr).
Saugkreise werden nötig, wenn die Anschlußdiagramme Parallelkondensatoren ausschließen. Zur Beschreibung der Filterwirkung von Saugkreisen wurde bisher ausschließlich die Frequenzanalyse verwendet [6.1], [7.1] bis [7.5]. Im Zusammenhang mit Stromrichtern bietet auch hier die Zustandsanalyse den besseren Ansatz zur Erklärung der Wirkungsweise von Saugkreisanlagen.

7.1. Einsatzformen

Saugkreise werden in zunehmendem Maße zur Kompensation von MS- oder NS-Industrienetzen benötigt. Da die Zusammenarbeit mehrerer Saugkreisanlagen untereinander und mit Parallelkondensatoren zu Problemen führen kann, entscheidet man sich für eine der im Bild 7.1 angegebenen Varianten der Zentralkompensation (A, B). Sind Saugkreisanlagen für höhere Mittelspannungen schwer beschaffbar, kann auch auf Variante C, die Einzelkompensation eines Stromrichters mit direkt parallelgeschalteten Saugkreisen, zurückgegriffen werden.
Nicht im Bild 7.1 dargestellt wurden Einsatzformen wie thyristorgeschaltete Saugkreisanlagen, die dem Abschnitt 9. vorbehalten sind, und leistungselektronisch gesteuerte Saugkreise, die höhere Forderungen an Kompensation und Filterung erfüllen können (vgl. Abschnitt 8.3.).
Analyse und Entwurf von Saugkreisanlagen werden gegenüber gleichen Aufgaben bei Parallelkompensation dadurch erschwert, daß zusätzlich zur bereits vorhandenen Zahl von Einflußgrößen noch weitere treten,

- Anzahl unterschiedlich abgestimmter Saugkreise,
- ihre Abstimmfrequenz und
- ihre Leistung.

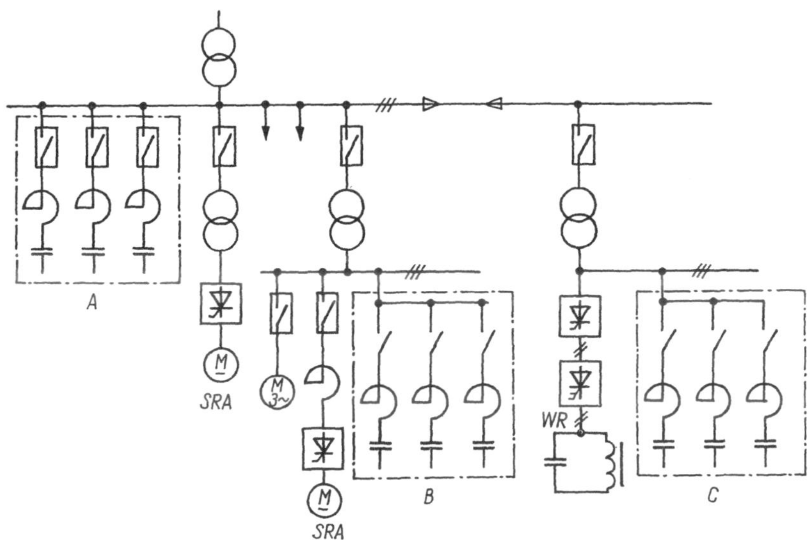

Bild 7.1. Kompensation mit Saugkreisen, Anschlußmöglichkeiten

A MS-Saugkreisanlage (Zentralkompensation)
B NS-Saugkreisanlage (Zentralkompensation)
C NS-Saugkreisanlage (Stromrichter-Einzelkompensation)
SRA Stromrichterantrieb
WR lastgelöschter Wechselrichter

7.1.1. Niederspannungs-Saugkreisanlagen

Bei hohem Stromrichteranteil werden bereits in NS-Netzen Saugkreisanlagen zur Kompensation erforderlich. Während in der Vergangenheit dazu meist individuelle Projekte der Errichter, bestehend aus zwei bis vier scharf abgestimmten Saugkreisen mit Luftspulen, zum Einsatz kamen [7.2], [6.3], werden heute vermehrt fabrikfertige Saugkreisanlagen in Schrankbauweise angeboten [7.6]. Letztere sind meist auf eine Abstimmfrequenz beschränkt, die unterhalb der fünften Harmonischen liegt. Als Drosseln werden Eisenkernspulen mit Luftspalt verwendet. Tabelle 7.1 stellt die im Rahmen des Innenraum-Schaltanlagensystems ISA 2000 entwickelten Saugkreisfelder vor [7.7]. Mit ihnen kann in ähnlicher Weise wie bei den Kondensatorfeldern nach Tabelle 6.1 eine Kompensationsanlage projektiert werden [7.8]. Durch Parallelschaltung von maximal vier Feldern sind Kompensationsleistungen bis 640 kvar möglich, wobei ein Blindleistungsregler die feinstufige Anpassung der Kompensationsleistung an den Tagesgang des Blindleistungsbedarfs vornimmt. Die induktive Verstimmung führt zu einer erheblichen Verringerung der thermischen Beanspruchung der Saugkreise bei nur geringem Wirksamkeitsverlust.
Tabelle 7.1 enthält außerdem Angaben über eine Typenreihe von NS-Saugkreisen der Fa. BAUGATZ, die ebenfalls mit induktiver Verstimmung arbeiten.

Tabelle 7.1. NS-Saugkreisanlagen

NS-Saugkreisanlage ISA 2000-SS (TGL 26668)

Saugkreisfeld (800 · 800 · 2000) mm
mit 3,40 kvar oder 2,80 kvar
mit und ohne Blindleistungsregler
Abstimmfrequenz 220 Hz ($\nu_{SK} = 4{,}4$)
Nennspannung 400 V ± 10%
Schutzgrad: IP00 oder IP20 (TGL 15165)
Einsatzklasse: −10/+40/+25/90//1101 (TGL 9200/03)
Feld enthält:

- horizontale und vertikale Stromschienen
- NH-Sicherungen für jede Schalteinheit
- Schutz für jede Schalteinheit
- NS-Leistungskondensatoren
- NS-Eisendrosseln mit Luftspalt (Blindleistungsregler eBR 40)

Hersteller: VEB Starkstromanlagenbau Magdeburg

NS-Saugkreise LD/OVL

Kompaktanlage mit Leistungskondensatoren und Drosselschrank auf Bodengestell, anschlußfertig verdrahtet
20 bis 200 kvar, Abstimmfrequenz 223 Hz, Nennspannung 400 V
Schutzgrad IP30 oder IP40

NS-Saugkreisanlage KSE/OVL

Kompaktanlage mit Saugkreisen LD/OVL, Schützen, NH-Sicherungen, Sammelschienen, Blindleistungsregler und Lüfter, auf Bodengestell montiert, anschlußfertig verdrahtet
80 bis 600 kvar, Abstimmfrequenz 223 Hz, Nennspannung 400 V (auf Anfrage 415 bis 690 V, auch 60 Hz)

Hersteller: Berliner Kondensatoren-Fabrik L. BAUGATZ jun. GmbH & Co. KG Berlin (West)

7.1.2. *Mittelspannungs-Saugkreisanlagen*

Zur Zentralkompensation von MS-Netzen werden ebenfalls Typenreihen von Saugkreisen angegeben, wobei in Abhängigkeit von der Spannungsebene sowohl fabrikgefertigte Kondensatorzellen mit offenem Sternpunkt nach Tabelle 6.1 als auch in Montagebauweise errichtete Kondensatorgruppen zum Einsatz kommen. Die benötigten Luftdrosseln werden in jedem Fall in Montagebauweise in der Nähe der Kondensatoren errichtet [7.10]. Die Saugkreisanlagen werden für Nennspannungen von 6 bis 30 kV angeboten und in der Leistungs- und Frequenzauslegung auf sechs- und zwölfpulsige Ersatzstromrichter sowie für den Einsatz zur Kompensation von Lichtbogenöfen ausgelegt. MS-Saugkreisanlagen werden mit speziell für diesen Zweck entwickelten Leistungskondensatoren ausgerüstet, deren Nennspannung eine Spannungsreserve von etwa 20% einschließt.
Eine Übersicht über das Sortiment an MS-Saugkreisanlagen gibt Tabelle 7.2. Die wesentlichen Schutzfunktionen werden von der Leistungsschalterzelle (Über- und Unterspannungsschutz, Überstromschutz) und durch in den Kondensatorzellen vorhandene Schutzeinrichtungen (Schmelzsicherungen gegen Kurzschluß, Kondensator-Aufbauchschutz gegen Überlast) verwirklicht. Der Ausfall ganzer Kondensatoren oder von Teilwickeln vergrößert die Ordnungszahl der Abstimmfrequenz. Die damit verbundene Stromaufnahme bei sinkendem Nennstrom ist bei der Auswahl und Einstellung der Schutzeinrichtungen zu beachten. Der Über-

Tabelle 7.2. MS-Saugkreisanlagen

U_{Nn} in kV	6	10	15	20	30
Ordnungszahl Abstimmfrequenz	3 (2,6 bis 2,8)	5 (4,4 bis 4,7)	7 (6,2 bis 6,6)	11 (9,8 bis 10,4)	13 (12,0 bis 12,3)
Leistungen in Mvar	0,3 bis 4,5	0,6 bis 6,6	0,7 bis 7,7	1,2 bis 13,6	1,4 bis 15,7
Nennspannungen der	Schaltung				
Bausteinkondensatoren SPXI (Innenraum) U_{Cn} in kV SPXF (Freiluft)	E, EP 4,5	E, EP 7,5	EP 12,0	EP $2 \cdot 7{,}5$	EP $2 \cdot 12{,}0$
Luftdrosseln, einphasig L in mH Toleranz (−5%; +10%)	0,6 bis 18,2		2,4 bis 38,8		4,7 bis 69,2
konstruktive Anordnung der Leistungskondensatoren	in CSIMK-Schränken mit offenem Sternpunkt oder Montagebauweise		Montagebauweise		
konstruktive Anordnung der Luftdrosseln	Montagebauweise				
Schutzeinrichtungen	Überspannungsableiter parallel zu C_s und L_s und vom Sternpunkt zur Erde Überspannungszeitschutz $1{,}2 \cdot U_{Nn}/\sqrt{3}$, 3 s Unterspannungsschutz $0{,}75 \cdot U_{Nn}/\sqrt{3}$, 3 s Überstromschutz $1{,}5 \cdot I_n$, 1 s Kurzschlußschutz HH-Sicherungen (6/10 kV CSIMK) oder Überstromrelais $5 \cdot I_n$ thermischer Schutz Aufbauchschutz KSE-1 (6/10 kV) Unsymmetrieschutz Kondefenzor C-1 Schutzrelais (Sternpunktvergleich)				

Hersteller: VEB Starkstromanlagenbau Leipzig–Halle

stromschutz des Leistungsschalters wird bei solchen Fehlern vom Kondensator-Aufbauchschutz unterstützt. Noch sicherer und schneller wirken spezielle Kondensatorschutzrelais, die auf dem Prinzip des Stromvergleichs in zwei zu bildenden gleichen Kondensatorzweigen beruhen und einen Teilwickelausfall signalisieren.

7.2. Analyse für Saugkreise gleicher Abstimmfrequenz

Die mit Saugkreisen mögliche einfachste Struktur zeigt Bild 7.2. Der Saugkreis, der auch mehrere Schalteinheiten mit gleicher Abstimmfrequenz verkörpern kann, arbeitet am Anschlußpunkt mit einem Ersatzstromrichter parallel. Die Glättung des Gleichstroms wird als ideal, der Netzzweig als ohmsch-induktiv vorausgesetzt. Für die Auswahl der Analysehilfsmittel gelten die im Abschnitt 6.2.1. genannten Gesichtspunkte. Die Vielzahl von Struktur- und Parametervarianten kann mit dem Echtzeit-Analogprogramm oder durch Kleinrechnersimulation schnell und bequem analysiert werden [7.11].

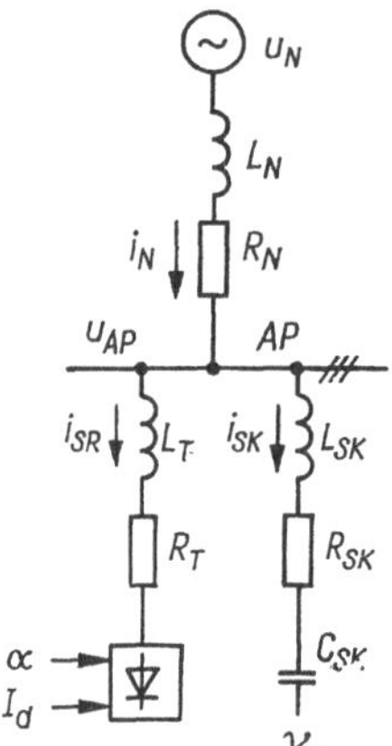

Bild 7.2. Anschlußstruktur Stromrichter mit Saugkreiskompensation

7.2.1. Auswirkungen der Abstimmfrequenz

Die Saugkreisinduktivität bewirkt erheblich geringere Ausgleichsvorgänge als bei Parallelkompensation um den Preis des nicht vollständigen Abbaus der Kommutierungseinbrüche in der Anschlußspannung [7.12]. Ihre Größe wird so auf die von der Leistung des Saugkreises diktierte Kapazität abgestimmt, daß die Eigenfrequenz ω_{SK} mit der Ordnungszahl ν_{SK} entsteht.

$$\nu_{SK} = \frac{1}{\omega_N \sqrt{L_{SK} C_{SK}}} \tag{7.1}$$

Der Stromrichter stößt entsprechend den Aussagen von Abschnitt 2. das System durch seine Kommutierungsvorgänge zu Ausgleichsschwingungen an, die durch die Eigenfrequenz des Konstantstromzustands bestimmt werden. Unter Vernachlässigung ohmscher Einflüsse kann die Ordnungszahl der Eigenfrequenz ν_P aus L_N, L_{SK} und C_{SK} berechnet werden (vgl.

Tabellen 2.4 und 2.5):

$$\nu_P = \frac{1}{\omega_N \sqrt{(L_N + L_{SK})\, C_{SK}}} = \frac{\nu_{SK}}{\sqrt{1{,}1 s_C \nu_{SK}^2 + 1}} \tag{7.2}$$

Die Amplituden der Ausgleichsvorgänge sind gegenüber Parallelkompensation erheblich geringer. Dennoch ist ihre Größe von der Lage von ν_P zu den Ordnungszahlen charakteristischer Stromrichterharmonischer abhängig, da nach wie vor Resonanzfähigkeit des Systems besteht [7.12], [7.13].

Bild 7.3 zeigt Abhängigkeiten der Ordnungszahl ν_P vom Leistungsverhältnis des Saugkreises. Die Resonanzstellen werden markiert. Dieser theoretische Ansatz konnte durch Simulation und Labormessungen bestätigt werden, wie Bild 7.4 zeigt. Wegen der geringen Güte der verstimmbaren Drossel ergeben sich bei der Messung weniger ausgeprägte und verschobene Resonanzstellen. Die Resonanzlage wirkt sich sowohl auf die Beanspruchung des Saugkreises als auch auf die Verzerrung von u_{AP} aus. Gemessene Pegelkurven für die 5. und 7. Harmonische weisen auf die Resonanzen hin.

Systematische Untersuchungen im Sinne von Bild 7.4 haben ergeben, daß der optimale Bereich der Ordnungszahlen ν_{SK} in Anlagen bei einer Abstimmfrequenz zwischen 4,4 und 4,7 liegt [6.11]. Optimal heißt hier möglichst weitgehende thermische Entlastung bei geringer Einbuße an Filterwirkung und geringer Spannungsbeanspruchung des Kondensators. Das Zusammenwirken genannter Ziele wird mit Bild 7.5 veranschaulicht. So ausgelegte Saugkreise werden als induktiv verstimmt bezeichnet. Die Parallelschaltung induktiv verstimmter Saugkreise ist problemlos. Die Ströme teilen sich entsprechend den durch Bauelementetoleranzen verursachten Ordnungszahlen und ihrer Impedanzen auf. Den Unterschied des Verhaltens eines scharf oder induktiv abgestimmten Saugkreises zeigt Bild 7.6. Die Unterschiede in der Größe der Ausgleichsvorgänge werden deutlich sichtbar.

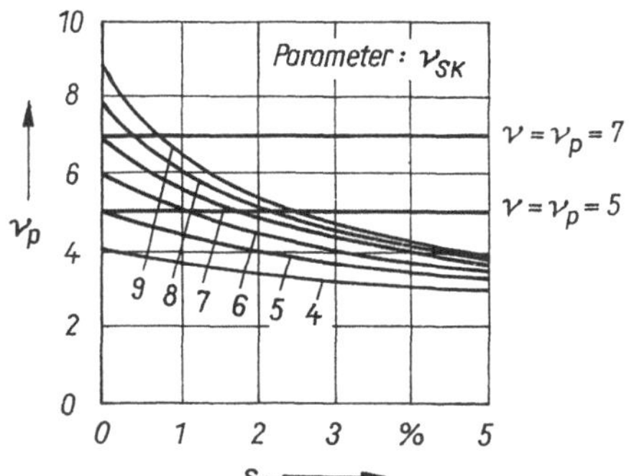

Bild 7.3. Einfluß der Saugkreisgröße auf die Eigenfrequenz der Ausgleichsvorgänge im Konstantstromzustand

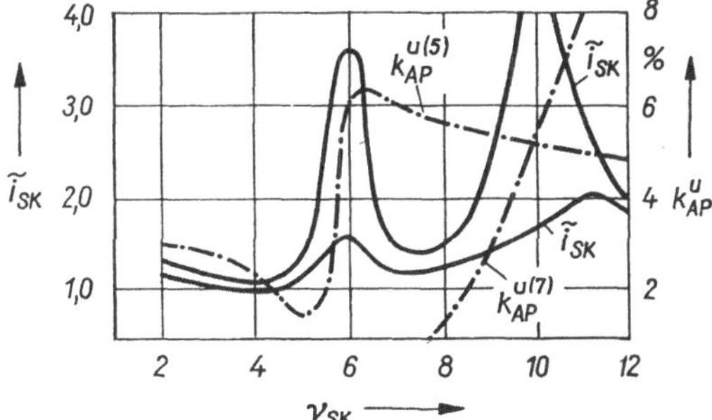

Bild 7.4. Einfluß der Abstimmfrequenz auf Beanspruchung und Verzerrung

Simulation: $s_d = 4\%$; $I_d = 0{,}5$; $\alpha = 90°$; $s_C = 1\%$; $\varrho_{SK} = 40$

Messung: $s_d = 4\%$; $I_d = 0{,}5$; $\alpha = 90°$; $s_C = 1\%$; $\varrho_{SK} = 8$

–·– Pegel der Anschlußspannung (Messung)

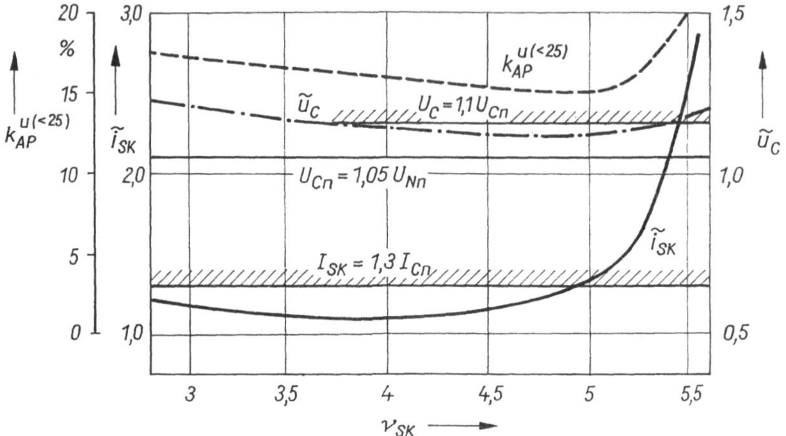

Bild 7.5. Einfluß der Abstimmfrequenz (Ausschnitt) (Daten wie Bild 7.4 – Simulation)

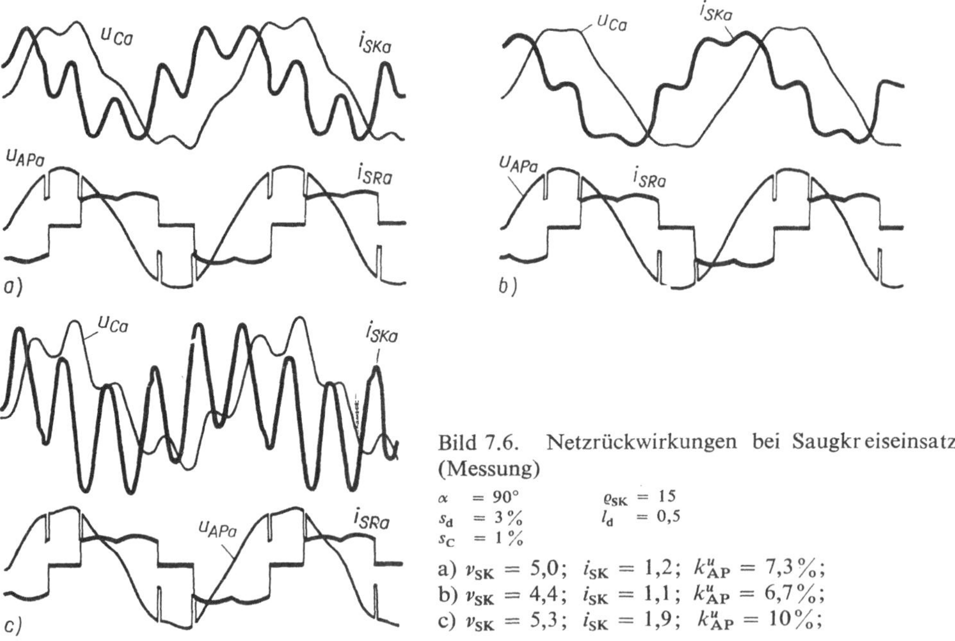

Bild 7.6. Netzrückwirkungen bei Saugkreiseinsatz (Messung)

$\alpha = 90°$ $\varrho_{SK} = 15$
$s_d = 3\%$ $l_d = 0{,}5$
$s_C = 1\%$

a) $\nu_{SK} = 5{,}0$; $i_{SK} = 1{,}2$; $k_{AP}^u = 7{,}3\%$;
b) $\nu_{SK} = 4{,}4$; $i_{SK} = 1{,}1$; $k_{AP}^u = 6{,}7\%$;
c) $\nu_{SK} = 5{,}3$; $i_{SK} = 1{,}9$; $k_{AP}^u = 10\%$;

7.2.2. *Kommutierungseinfluß*

Gelang es dem hinreichend großen Parallelkondensator, den Kommutierungseinbruch am Anschlußpunkt vollständig abzubauen, so ist die Wirkung des Saugkreises auf Grund der vorgeschalteten Induktivität begrenzt. Zwar kann auch hier der Kondensator während der

Kommutierung als Kurzschluß aufgefaßt werden, jedoch wird dann aus der Sicht des Stromrichters nur das Induktivitätsverhältnis verringert,

$$l_d^* = \frac{L_N \parallel L_{SK}}{L_N \parallel L_{SK} + L_T} = \frac{l_d}{1 + (1 - l_d) \cdot 1{,}1 s_C \nu_{SK}^2} \qquad (7.3)$$

wobei die Wirkung um so geringer ist, je größer die Saugkreisinduktivität und damit je kleiner die Saugleistung ist. Bild 7.7 gibt über den Abbau des Induktivitätsverhältnisses und damit auch der Einbruchtiefe a_{max} nach Gln. (5.1) und (5.2) Auskunft.
Die durch Parallelschaltung von L_N und L_{SK} bewirkte größere Kurzschlußleistung am Anschlußpunkt ermöglicht auch eine schnellere Kommutierung:

$$t_\mu^*(C = \infty)/t_\mu(C = 0) = 1 - l_d l_{SK} \qquad (7.4)$$

mit

$$l_{SK} = \frac{L_N}{L_N + L_{SK}} \qquad (7.5)$$

Für die Verbesserung der Qualität der Anschlußspannung durch Saugkreise sind folgende überlagerte Wirkungen verantwortlich:

- Abbau der Kommutierungseinbrüche in Breite und Tiefe
- Aufbau von Ausgleichsvorgängen in der Konstantstromphase je nach Resonanzlage und Dämpfung

Eine Besonderheit stellt der direkte Parallelbetrieb von Stromrichter und Saugkreis dar. Da hier L_T als Bestandteil von L_N wirksam wird, bleiben die Kommutierungseinbrüche am Anschlußpunkt in *voller* Tiefe, aber bei stärker verminderter Breite wirksam. Auf den Klirrfaktor wirkt sich die Einbruchtiefe stärker aus als die Einbruchbreite (vgl. Bild 5.6).

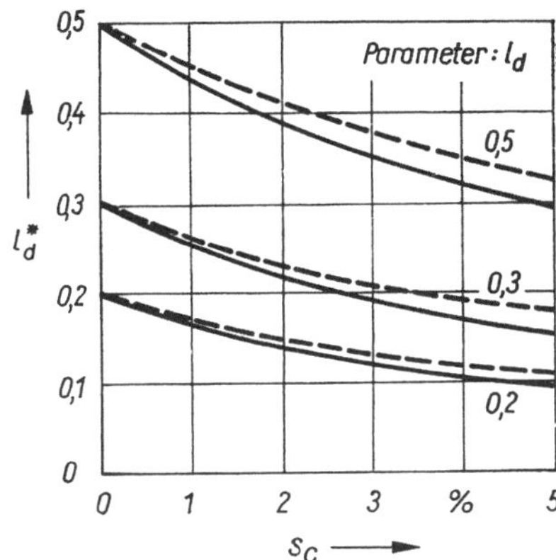

Bild 7.7. Abbau der Kommutierungseinbrüche durch Saugkreise
—— $\nu_{SK} = 5$
--- $\nu_{SK} = 4{,}4$

7.2.3. *Abhängigkeit von Einsatzbedingungen*

Saugkreisbeanspruchung und Verzerrung der Anschlußspannung sind außer von der Resonanzlage auch noch von mehreren weiteren Einsatzbedingungen abhängig. Sie sollen im weiteren in ihren prinzipiellen Wirkungen betrachtet werden.
Bezüglich der Blindleistungskompensation verhält sich der Saugkreis wie ein Parallelkondensator. Die durch den Reihenresonanzeffekt vergrößerte netzfrequente Kondensatorspannung

vergrößert auch die Kondensator-Blindleistung. Nach Abzug der Drossel-Blindleistung entsteht eine resultierende Grundschwingungs-Saugkreisleistung, die geringfügig über der ideellen Kondensatorleistung liegt (Tabelle 7.3):

$$Q_{SK}^{(1)} = Q_{Ci} \left(\frac{U_{AP}^{(1)}}{U_{Nn}}\right)^2 \left(\frac{\nu_{SK}^2}{\nu_{SK}^2 - 1}\right) \tag{7.6}$$

$$Q_{Ci} \text{ mit } = U_{Nn}^2 \omega_N C \tag{7.7}$$

Bei Festkompensation und variablem Gleichstrom kann das gleiche Verhalten wie im Bild 6.7 beobachtet werden. Die Saugkreisbeanspruchung wächst je nach Abstimmfrequenz und Größe des Saugkreises an. Einen guten Eindruck vom Beanspruchungsgebirge vermitteln die im Bild 7.8 dargestellten thermischen Grenzkennlinien. Die Anwendung induktiver Verstimmung gestattet nach diesem Bild einen weitgehend freizügigen Saugkreisanschluß.
Die Strombeanspruchung des Saugkreises hängt vom Induktivitätsverhältnis ähnlich wie im Bild 6.8 gezeigt ab. Um auf der sicheren Seite zu liegen, wird für thermische Untersuchungen

Tabelle 7.3. Spannungsbeanspruchung von Saugkreiskondensatoren und Saugkreisleistung in Abhängigkeit von der Abstimmfrequenz

ν_{SK}	2,0	2,6	3,0	4,0	4,4	5,0	6,2	7,0	11,0	13,0
$\frac{\nu_{SK}^2}{\nu_{SK}^2 - 1}$	1,33	1,17	1,13	1,07	1,05	1,04	1,03	1,02	1,01	1,006

meist $l_d = 0,5$ gesetzt. Auch die Dämpfung der Ausgleichsvorgänge durch $(r/x)_N$ wirkt etwa wie bei Parallelkompensation. Als neuer Dämpfungseinfluß muß die Saugkreisgüte untersucht werden. Nach der klassischen Filtervorstellung wäre eine hohe Saugkreisgüte von Vorteil. Einige Untersuchungsergebnisse wurden im Bild 7.9 zusammengefaßt. Dabei ergibt sich die Aussage, daß eine optimale Güte besteht, bei der der Klirrfaktor der Anschlußspannung ein Minimum durchläuft. Eine weitere Verbesserung der Güte durch geringere Stromdichten in der Drossel vergrößert die Ausgleichsvorgänge im quasistationären Betrieb und führt darüber hinaus zu verlängerten Einschwingzeiten bei Schaltvorgängen [7.1]. Es ist von Vor-

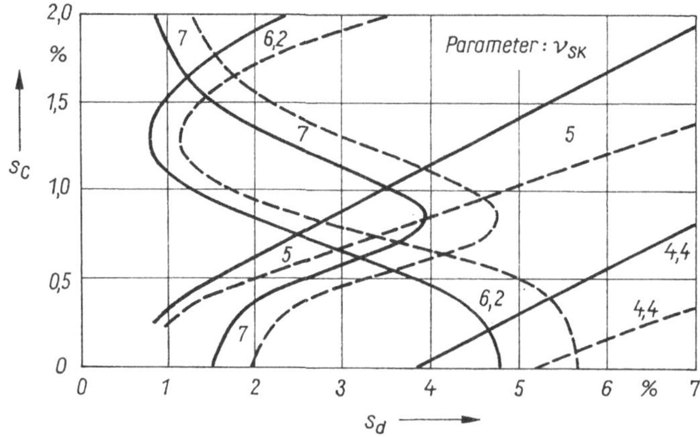

Bild 7.8. Thermische Grenzkennlinien (Simulation)

$\alpha = 90°$ $\quad U_N = 1,1\ U_{Nn}$ $\quad \varrho_{SK} = 40$
$l_d = 0,5$ $\quad U_{Cn} = 1,1\ U_{Nn}$ $\quad (r/x)_N = 0,3$

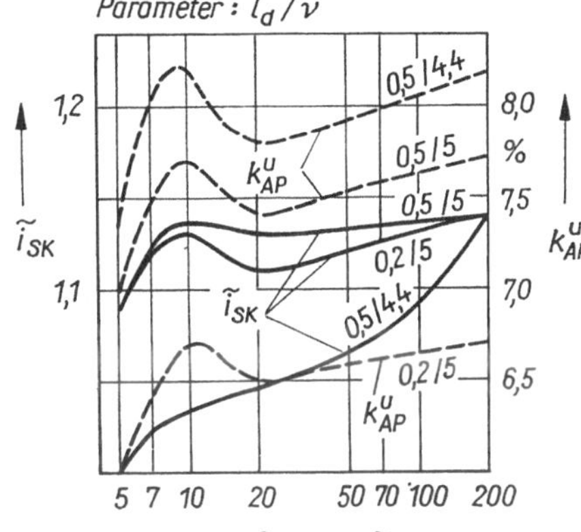

Bild 7.9. Einfluß der Saugkreisgüte (Simulation)
--- $k_{AP}{}^u$ $i_{SK} = I_c/I_{cn}$

teil, daß sich Güten von etwa $\varrho_{SK} = 20$ bei normalen Stromdichten verwirklichen lassen. Zu beachten ist, daß die Verlustleistungen von Saugkreisanlagen den Wirkungsgrad der Gesamtanlage nachteilig beinflussen, während die Verluste von Kondensatoranlagen meist vernachlässigt werden können [7.14], [7.5]. Als Ausgleich verringern sich die Oberschwingungsverluste infolge der verbesserten Elektroenergiequalität.

7.3. Analyse für Saugkreise unterschiedlicher Abstimmfrequenz

Verbesserungen der Filterwirkung sind zu erwarten, wenn Saugkreisanlagen, die aus Gründen der Anpassung der Kompensationsleistung an den Blindleistungsbedarf in mehrere Schalteinheiten unterteilt werden, mit verschiedenen Ordnungszahlen ihrer Abstimmfrequenz ausgelegt werden. Die klassische Vorstellung beruft sich dabei auf das »Absaugen« mehrerer Harmonischer durch Reihenresonanz. Über die Zustandsanalyse ist die verbesserte Filterwirkung vor allem mit der Verringerung des resultierenden Induktivitätsverhältnisses zu erklären. Die Ordnungszahlen müssen so gelegt werden, daß Resonanzlagen vermieden werden.

7.3.1. Auswirkungen der Abstimmfrequenzen

Für die thermische Beanspruchung der Saugkreiskondensatoren sind die Ausgleichsvorgänge im Konstantstromzustand maßgebend. Der Stromrichter stößt die Ausgleichsvorgänge impulsförmig an und schaltet sich danach bei idealer Glättung vom Netzwerk ab (vgl. Tabelle 2.5). Nach den Regeln der Systemanalyse [7.16] ist die manuelle Bestimmung der Ordnungszahlen der Eigenfrequenzen für zwei parallele Saugkreise noch einfach möglich. In der Struktur entsprechend Bild 7.10a mit vernachlässigten Dämpfungselementen werden die Eigenfrequenzen des kurzgeschlossenen Blindzweipols durch die Wurzeln des Zählerpolynoms bestimmt.

$$\frac{u(p)}{i(p)} = \frac{Z(p)}{N(p)} = \frac{p^4 + a_2 p^2 + a_0}{p^3 + b_1 p} \tag{7.8}$$

$$u(p) = 0 = Z(p) \text{ (Kurzschluß des Zweipols)} \tag{7.9}$$

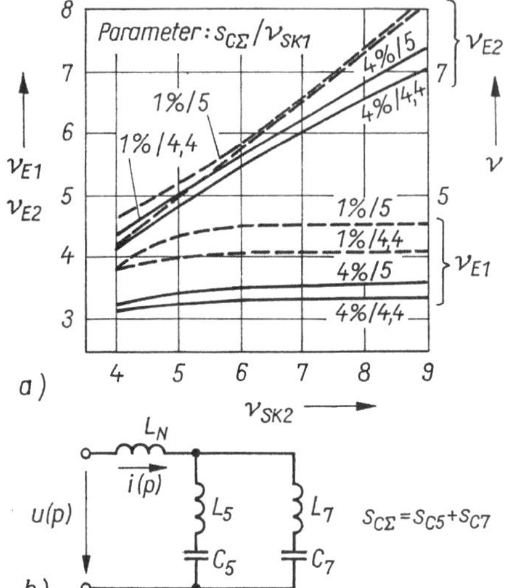

Bild 7.10. Parallelbetrieb von zwei Saugkreisen
a) Lage der Eigenfrequenzen (Rechnung ohne Dämpfung) $\nu_{SK2} = 7$; $s_{C5}/s_{C7} = 2$
b) Struktur (vereinfacht)

Dabei sind die Koeffizienten a_2, a_0 und b_1 wie folgt zu berechnen:

$$a_2 = \frac{L_5C_5 + L_7C_7 + L_N(C_5 + C_7)}{C_5C_7(L_5L_7 + L_N(L_5 + L_7))} \tag{7.10}$$

$$a_0 = \frac{1}{C_5C_7(L_5L_7 + L_N(L_5 + L_7))} \tag{7.11}$$

$$b_1 = \frac{C_5 + C_7}{C_5C_7(L_5 + L_7)} \tag{7.12}$$

Die numerische Lösung der biquadratischen Gleichung liefert zwei reelle Werte für die Eigenfrequenzen ω_{E1} und ω_{E2}, die nicht als einfache *L-C*-Ausdrücke formuliert werden können:

$$\omega_{E1,2}^2 = \left| -\frac{a_2}{2} \pm \sqrt{\frac{a_2^2}{4} - a_0} \right| \tag{7.13}$$

Die Eigenfrequenzen einer Filteranordnung werden demnach von der Größe *aller* beteiligten Systemelemente beeinflußt.
Die Auswertung von Gl. (7.13) zeigt Bild 7.10a für zwei verschieden große Saugkreisanlagen. Während sich eine Ordnungszahl stets unterhalb der Ordnungszahl ν_{SK1} befindet und somit wegen der Auslegung $\nu_{SK1} \leqq 5$ keine Resonanz (es sei denn mit $\nu = 3$, falls vorhanden) ergibt, durchläuft ν_{E2}, ebenfalls unter ν_{SK2} liegend, auch Resonanzlagen ($\nu_{E2} = 5; 7; \ldots$). Am geringsten ist die thermische Beanspruchung von Saugkreis *SK2*, wenn ν_{E2} im Zwischenresonanzgebiet liegt ($\nu_{E2} = 4; 6; \ldots$). Dazu ist die induktive Verstimmung auch der Saugkreise mit höheren Ordnungszahlen zu empfehlen, wobei die Empfindlichkeit mit sinkender Saugkreisleitung wächst.
Die Empfindlichkeitsanalyse des mit Dämpfungen versehenen Gesamtsystems wurde mit Hilfe des Analogrechners durchgeführt [7.17]. Die günstigsten Abstimmfrequenzen können für zwei Saugkreise Bild 7.11 und für drei Saugkreise Bild 7.12 entnommen werden. Bei einem Vergleich mit Bild 7.10b wird die Übereinstimmung von theoretischer Abschätzung und Simulation deutlich. Die Bilder setzen eine Leistungsaufteilung nach Tabelle 7.4 voraus.

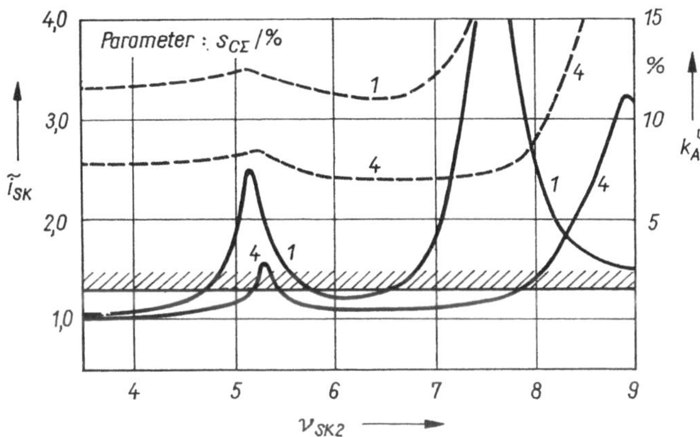

Bild 7.11. Parallelbetrieb von zwei Saugkreisen (Simulation)

$\alpha = 90°$ $s_d = 4\%$ $\nu_{SK1} = 4{,}4$ --- $k_{AP}{}^u$

$l_d = 0{,}3$ $(r/x)_N = 0{,}3$ $\varrho_{SK} = 20$ —— $\tilde{i}_{SK}$

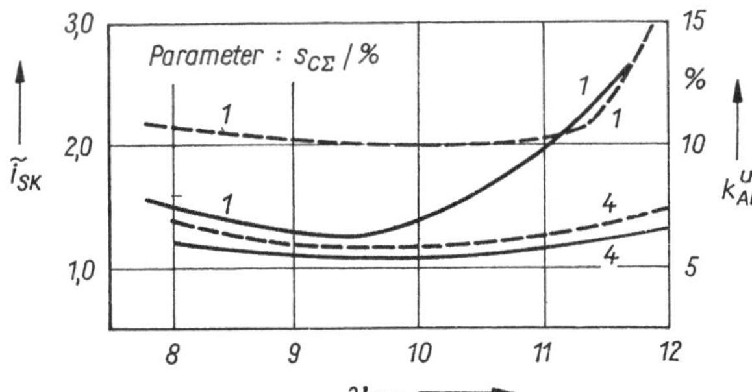

Bild 7.12. Parallelbetrieb von drei Saugkreisen (Simulation)

$\alpha = 90°$ $\nu_{SK2} = 6{,}2$

$l_d = 0{,}3$ $\varrho_{SK} = 20$

$s_d = 4\%$ --- $k_{AP}{}^u$

$(r/x)_N = 0{,}3$ —— $\tilde{i}_{SK}$

$\nu_{SK1} = 4{,}4$

An Hand der eingezeichneten Klirrfaktorkennlinien ist die verbesserte Wirksamkeit von Anlagen mit mehreren Saugkreisen abzulesen. Aus Bild 7.12 geht hervor, daß es nicht zweckmäßig ist, als dritten Saugkreis eine Anordnung mit $\nu_{SK3} = 12$ zu wählen, der nach klassischer Vorstellung sowohl die 11. als auch die 13. Harmonische »absaugen« soll. Große Kompensationsanlagen sollten besser mit vier Saugkreisen und entsprechender induktiver Verstimmung realisiert werden.

Tabelle 7.4. Leistungsaufteilung von Saugkreisanlagen (Richtwerte)

$s_C/s_{C\Sigma}$	SK5	SK7	SK11	SK13	
2 Saugkreise	66%	34%			Anlagen mit vorwiegend sechspulsiger Netzrückwirkung
3 Saugkreise	50%	30%	20%		
4 Saugkreise	45%	25%	15%	15%	
2 Saugkreise	50%	50%			Anlagen mit vorwiegend zwölfpulsiger Netzrückwirkung
3 Saugkreise	33%	33%	33%		
4 Saugkreise	25%	25%	25%	25%	

7.3.2. *Abhängigkeit von Einsatzbedingungen*

Bei mehreren Saugkreisen ist die Leistung der einzelnen Saugkreise neben der Abstimmfrequenz die wesentliche Einsatzbedingung. Werden die Ordnungszahlen so gewählt, daß Resonanzen vermieden werden, dann ist vom Standpunkt der Verzerrung *die* Anlage am günstigsten, bei der ein möglichst kleines l_d^* nach Gl. (7.3) entsteht. Dazu sollen die Saugkreise höherer Ordnungszahl möglichst große Leistung besitzen. Dieser Bedingung steht die Forderung entgegen, die eine Saugkreisanlage dann als optimal ansieht, wenn möglichst alle Saugkreise bei steigender Stromrichterlast gleichmäßig thermisch beansprucht werden. Wegen der mit der Ordnungszahl fallenden Intensität der Stromharmonischen des Stromrichterstroms wird diese Forderung erfüllt, wenn die Saugkreisleistungen höherer Ordnungszahlen fallend sind. Letzteres gilt für die Annahme eines sechspulsigen Ersatzstromrichters. Bei Anlagen mit zwölfpulsigem Ersatzstromrichter entfallen die Harmonischen mit $\nu = 5; 7$ mehr oder weniger, so daß für die Aufteilung der Leistung andere Gesichtspunkte gelten.
Um die verwirrende Vielfalt von Einflußgrößen einzuschränken, werden in Tabelle 7.4 Richtwerte für die Leistungsaufteilung festgelegt, mit denen auch die Anschlußdiagramme bestimmt werden. Die Leistungsaufteilung 2 : 1 bei zwei Saugkreisen führt bei idealer Glättung dazu, daß *SK7* zuerst an die thermische Grenze kommt. Wird jedoch das Anwachsen der fünften Harmonischen bei nicht idealer Glättung berücksichtigt, so ergibt sich eine recht gute Beanspruchungsverteilung (vgl. Abschnitt 7.5.5.). Auf Grund ähnlicher Überlegungen wurden auch die anderen Verhältnisse festgelegt. Die gleichmäßige Leistungsaufteilung wird für zwölf- und quasi-zwölfpulsige Netzrückwirkungen empfohlen, weil aus Resonanzgründen stets auch Saugkreise für die 5. und 7. Harmonische vorgesehen werden müssen. Mit geringerer Leistung dieser Saugkreise wird eine größere Leistung der Saugkreise *SK11* und *SK13* möglich, was zu einer erheblichen Klirrfaktorverbesserung führt [7.12]. An eine gleichmäßige Aufteilung der Saugkreisleistung kann auch dann gedacht werden, wenn der Anteil von zu kompensierender Nicht-Stromrichter-Blindleistung dominiert.
Bezüglich weiterer Einsatzbedingungen gelten die Aussagen von Abschnitt 7.2.3. Zu bemerken ist noch, daß sich die Größe l_d recht erheblich auf die Ausbildung der Verzerrung der Anschlußspannung auswirkt. Wegen der Parametervielfalt ist es hier nicht möglich, weitere Analyseergebnisse vorzustellen. Sie werden in Form der Anschlußdiagramme im Abschnitt über den Entwurf komprimiert dargestellt.

7.4. Schaltvorgänge in Saugkreisanlagen

Schaltvorgänge beim Ein- und Parallelschalten von Saugkreisen stellen eine einmalige Anregung des schwingungsfähigen Systems dar. Die Ausgleichsvorgänge von Eigenfrequenz werden durch vorhandene Resistanzen im Netz und in den Saugkreisen gedämpft.
Die Stromb eanspruchung beim Einschalten eines Saugkreises liegt unter dem nach Gl. (6.6) berechneten Wert. Diese Ströme stellen keine Gefährdung des Saugkreises dar. Auch das Parallelschalten von Saugkreisen gleicher oder unterschiedlicher Ordnungszahl führt zu Ausgleichsströmen, die wegen der stets vorhandenen Induktivitäten die zulässigen Stoßströme der Kondensatoren nicht übersteigen. Beim Einsatz von Eisendrosseln mit Luftspalt muß beachtet werden, daß infolge der Nichtlinearität der Drosselkennlinie beim Einschalten Ausgleichsvorgänge verzerrt und mit anderer Frequenz entstehen. Bild 7.13 zeigt den Vergleich zweier Einschaltvorgänge mit linearer und nichtlinearer Drossel. Die Festigkeit der Drossel muß für die auftretenden Spitzenströme bemessen sein.

Die beim Schalten auftretende Spannungsbeanspruchung des Saugkreiskondensators ist von der vorhandenen Stromrichterlast unabhängig und beträgt im ungünstigsten Schaltaugenblick weniger als $2U_N$, so daß auch für spannungsmäßig nicht überdimensionierte Saugkreiskondensatoren keine Gefährdung besteht. Experimentelle Untersuchungen ergaben Überspannungsfaktoren von 1,91 bei $\varrho_{SK} = 20$ und 1,70 bei $\varrho_{SK} = 5$ sowie zugehörige Überstromfaktoren von 4,5 bei $\varrho_{SK} = 20$ und 3,8 bei $\varrho_{SK} = 5$ für einen Saugkreis mit $\nu_{SK} = 5$ und $s_C = 2\%$.

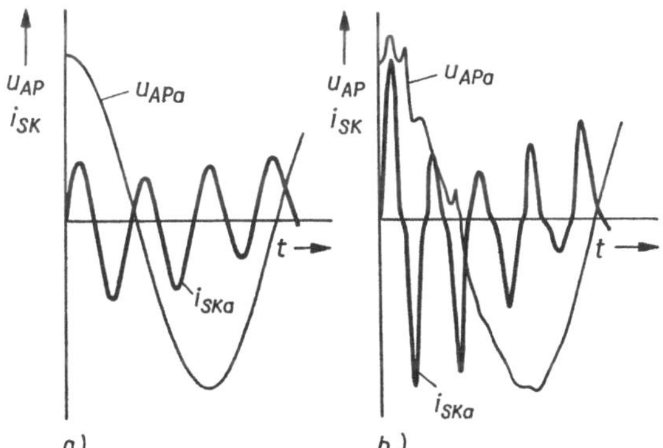

Bild 7.13. Einschalten eines Saugkreises (Simulation), $s_C = 0{,}3\%$, $\nu_{SK} = 4{,}4$

a) Luftdrossel $\tilde{i}_{SK\,max} = 5{,}3$

b) Eisendrossel $\tilde{i}_{SK\,max} = 11{,}6$

Das Einschalten von Saugkreisen führt beim nicht starren Netz auch zu Ausgleichsvorgängen der Anschlußspannung. Die dabei auftretenden Spitzenwerte beanspruchen die Stromrichter und alle parallel arbeitenden Betriebsmittel. Untersuchungsergebnisse für eine MS-Anlage auf dem Analogrechner zeigt Bild 7.14. Gezeigt werden die Ortszeiger der Anschlußspannung nach dem Zuschalten für zwei Schaltvorgänge. Die entstehenden Überspannungsfaktoren von 1,2 werden von Stromrichtern zugelassen. Das Zuschalten von *SK11* führt zu größeren Überspannungen, wenn nicht vorher die anderen Saugkreise eingeschaltet wurden. Auch hier bewegen sich die Überspannungsfaktoren im Rahmen normaler Schaltüberspannungen.

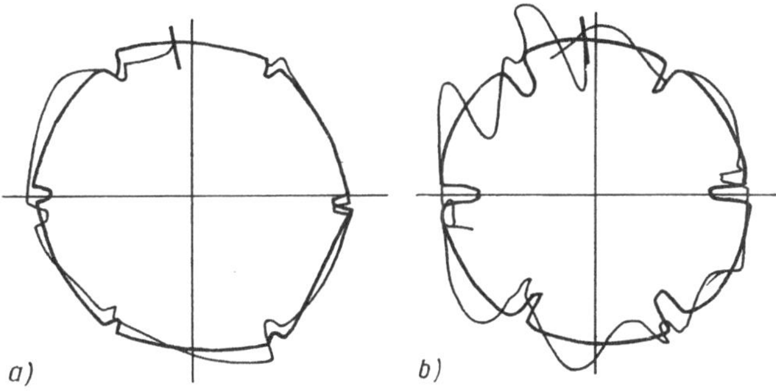

Bild 7.14. Einschalten einer Saugkreisanlage (Simulation) Auswirkungen auf die Anschlußspannung, Ortszeiger u^{L}_{AP}

a) es läuft: Stromrichter, Saugkreise *SK5.1*, *SK7*, *SK11*
   es wird zugeschaltet: *SK5.2* ($\tilde{u}_{AP\,max} = 1{,}19$)

b) es läuft: Stromrichter ohne Kompensation
   es wird zugeschaltet: *SK11* ($\tilde{u}_{AP\,max} = 1{,}36$)

7.5. Entwurf von Saugkreisanlagen

Saugkreisanlagen erfüllen in erster Linie Kompensationsaufgaben. Ihr Entwurf folgt daher mit wenigen Erweiterungen dem Arbeitsprogramm für Kompensationsanlagen nach Bild 6.14. Für den Umfang des Entwurfsprozesses ist es sehr wesentlich, ob auf fabrikfertige Saugkreise zurückgegriffen werden kann oder ob ein individuelles Projekt nötig wird. Im ersten Fall ist den Projektierungs- und Errichtungsvorschriften der Hersteller (z. B. [7.8]) zu folgen, anderenfalls können für Entwurf und Überprüfung von Beanspruchung und Wirksamkeit die Ausführungen dieses Abschnitts zur Anwendung kommen. Als wesentliche Entscheidungshilfe dienen auch hier Anschlußdiagramme.

7.5.1. *Wahl der Kondensator-Nennspannung*

Wird ein Saugkreis an einem Anschlußpunkt mit verzerrter Anschlußspannung betrieben, so entsteht am Kondensator eine ebenfalls verzerrte Spannung, deren Effektivwert über dem der Anschlußspannung liegt. Die Höhe der Spannungsbeanspruchung ist abhängig von

- dem Effektivwert der als sinusförmig angenommenen Netzspannung ($U_N \leqq 1{,}05\ U_{Nn}$)
- der Größe des resultierenden Spannungsabfalls am Netzzweig (*Achtung:* Spannungsvergrößerung durch Überkompensation möglich!)
- der Abstimmfrequenz des Saugkreises (vgl. Tabelle 7.3)

$$U_C^{(1)}/U_{AP}^{(1)} = \nu_{SK}^2/(\nu_{SK}^2 - 1) \qquad (7.14)$$

- der Größe der vom Stromrichter angeregten Ausgleichsvorgänge und damit vom Gleichstrom.

Da es nicht möglich ist, allgemeingültige Berechnungen der Kondensatorspannung durchzuführen, werden die erforderlichen Aussagen durch Simulation und Messung erbracht. Tabelle 7.5 zeigt den Ausschnitt aus Variantenuntersuchungen für eine 10-kV-Saugkreisanlage. Es kommen 6,3-kV-Kondensatoren in Sternschaltung zum Einsatz. Die simulierten Ergebnisse enthalten alle genannten Einflüsse auf die Spannung bei Annahme von $U_N = U_{Nn}$ und zeigen, daß die Anlage weder bei Überkompensation ($s_d = 0$) noch beim extremen sechs-

Tabelle 7.5. Beanspruchung einer MS-Saugkreisanlage

	SK5	*SK7*	*SK11*	*SK13*	*AP*		Bemerkungen
ν_{SK} s_C in %	4,3 1,21	6,5 0,81	10,7 0,47	12,6 0,34	U_{AP} in kV	k_{AP}^u in %	$U_{Nn} = 10$ kV $s_{C\Sigma} = 2{,}83\%$
$s_C/s_{C\Sigma}$ I_{Cn} in A	42,8% 206	28,6% 138	16,6% 80	12,0% 57			$U_{Cn} = 6{,}3$ kV, Y
$I_{SK}/I_{Cn} = \tilde{\imath}_c$ $U_C/U_{Cn} = \tilde{u}_c$	0,96 0,98	0,96 0,95	0,94 0,93	0,92 0,92	10,1	< 0,5	$s_d = 0$
$\tilde{\imath}_C$ $\tilde{u}_C$	1,09 0,94	1,18 0,91	1,21 0,89	1,17 0,89	9,6	7,8	$p = 6$ $s_d = 4{,}7\%$
$\tilde{\imath}_C$ $\tilde{u}_C$	0,96 0,93	0,94 0,90	1,20 0,89	1,24 0,88	9,7	5,9	$p = 12$* $s_d = 4{,}7\%$

pulsigen Betrieb aller Stromrichter spannungsmäßig überlastet wird. Eine vergrößerte Netzspannung ist wegen der zulässigen oberen Betriebsspannung der Leistungskondensatoren möglich.
Aus diesen und weiteren Ergebnissen kann verallgemeinernd empfohlen werden, Saugkreiskondensatoren bei Sternschaltung mit

$$U_{Cn} = (1{,}1 \ldots 1{,}2)\, U_{Nn}/\sqrt{3} \tag{7.15}$$

auszulegen. Mit den handelsüblichen Nennspannungen ergeben sich dann Auslegungsmöglichkeiten entsprechend Tabelle 7.6, wobei sowohl Stern- als auch Dreieckschaltung berücksichtigt wurde. Wegen der ökonomischen Folgen der Spannungsreserve wurde auch der Leistungsvergrößerungsfaktor angegeben.

7.5.2. *Wahl der Abstimmfrequenzen und Leistungen*

Die Größe und Anzahl der Schalteinheiten richten sich in erster Linie nach dem Bedarf an Kompensationsleistung zu unterschiedlichen Zeitpunkten. Hinsichtlich der Kompensation ist die Abstimmfrequenz nur von untergeordneter Bedeutung, nicht aber im Hinblick auf die Wirkung der Saugkreisanlage zur Verbesserung der Qualität der Anschlußspannung. Aus dieser Sicht muß zuerst dafür gesorgt werden, daß die in den Abschnitten 7.2.1. und 7.3.1. behandelten Resonanzen weitgehend verhindert werden. Eine daraus resultierende Forderung

Tabelle 7.6. Auswahl der Kondensator-Nennspannung für MS-Saugkreise (Richtwerte)

U_{Nn} am AP	6 kV	10 kV	15 kV	20 kV	30 kV
Y-Schaltung					
U_{Cn}	4,5 kV	7,5 kV	10,5 kV	2 · 7,5 kV	2 · 12,0 kV
Spannungsreserve/ Leistungsreserve	1,30/1,69	1,30/1,69	1,21/1,46	1,30/1,69	1,39/1,92
		2 · 3,64 kV	12,0 kV		
		1,26/1,59	1,39/1,92		
△-Schaltung					
U_{Cn}	2 · 3,64 kV	2 · 6,07 kV	2 · 10,5 kV	2 · 12,0 kV	3 · 12,0 kV
Spannungsreserve/ Leistungsreserve	1,21/1,47	1,21/1,47	1,40/1,96	1,20/1,44	1,20/1,44

ist die Verriegelung mehrerer Saugkreise so, daß sie nur in aufsteigender Reihenfolge ihrer Ordnungszahlen zu- und umgekehrt wieder ausgeschaltet werden können. Eine zwangsweise Verriegelung hat den Nachteil, daß der Ausfall des niedrigsten Saugkreises jegliche Kompensation unmöglich macht. An ausgeführten, meist reichlich ausgelegten Anlagen konnte nachgewiesen werden, daß es für den Notbetrieb einer Anlage besser ist, durch Inbetriebnahme die Notwendigkeit von Verriegelungen zu erproben (vgl. auch Bild 7.8). Eine zeitweilig erhöhte Verzerrung ist oft weniger folgenreich als der völlige Wegfall der Kompensationsmöglichkeit.
Die Ordnungszahlen ν_{SK} der Schalteinheiten werden gegenüber den Ordnungszahlen charakteristischer Harmonischer am Anschlußpunkt festgelegt. Da auch bei echten Zwölfpulsschaltungen die Ordnungszahlen *5* und *7* in abgeschwächter Form vorhanden sind, sind Saugkreisanlagen für die Kompensation von Drehstrom-Stromrichtern mit $\nu_{SK} = 5$ begin-

nend auszulegen. Es muß darauf geachtet werden, daß auch im Fall ungünstigster Toleranzkombination von L und C die Ordnungszahl den Wert der charakteristischen Harmonischen nicht überschreitet, d. h. immer eine induktive Verstimmung erhalten bleibt. Eine Unterschreitung entlastet den Saugkreis thermisch bei nur gering verschlechterter Wirksamkeit. In vielen ausgeführten Anlagen ist auch die nachträgliche Variation der Ordnungszahl möglich. Da bei MS-Kondensatoren die Kapazitätswerte auf dem Leistungsschild stehen, ist die Einhaltung von Symmetrie und Ordnungszahl bei Montage durch Auslese möglich.
Die Leistungsaufteilung kann mit Hilfe von Tabelle 7.4 erfolgen, wenn nicht andere Gründe dagegen sprechen. Es soll nochmals darauf verwiesen werden, daß Anlagen mit Saugkreisen höherer Ordnungszahlen besonders gut wirksam sind, da sie am meisten zum Abbau der Kommutierungseinbrüche beitragen. Allerdings weisen die Anschlußdiagramme nach, daß nur große Saugkreisanlagen in vier Saugkreise aufgeteilt werden können. Werden Saugkreise gleicher Ordnungszahl parallel betrieben, so ist ihre induktive Verstimmung aus Resonanzgründen notwendig und die Einhaltung möglichst gut übereinstimmender Ordnungszahlen für die gleichmäßige Stromaufteilung vorteilhaft.

7.5.3. Anschlußdiagramme

Anschlußdiagramme bei Saugkreiseinsatz werden nach den gleichen Gesichtspunkten entworfen wie bei Parallelkompensation. Da Anzahl, Ordnungszahlen und Größe der Saugkreise als neue Parameter hinzukommen, ist zur Kontrolle entworfener Saugkreisanlagen ein ganzer

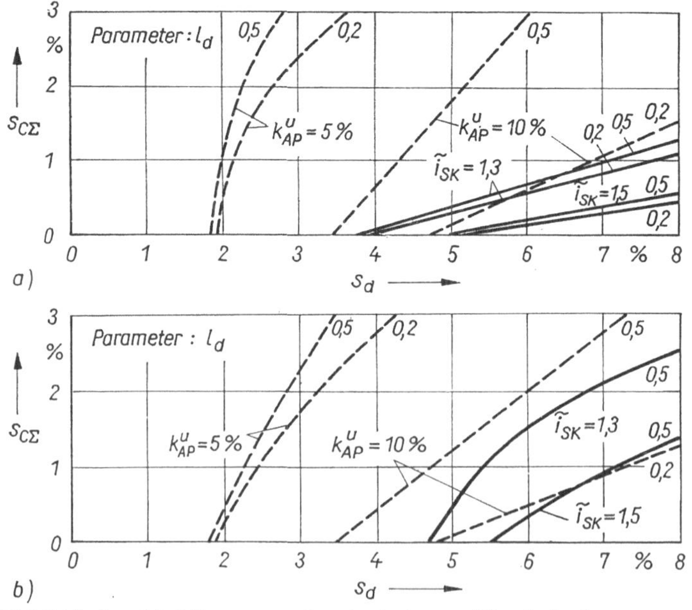

Bild 7.15. Anschlußdiagramme Saugkreiseinsatz (Simulation)

$\alpha = 90°$ $U_N = 1,1 \, U_{Nn}$
$(r/x)_N = 0,3$ --- Klirrfaktorgrenzkennlinien
ideale Glättung —— thermische Grenzkennlinien

a) ein Saugkreis

$\nu_{SK} = 4,4$ $\varrho_{SK} = 40$ $U_{Cn} = 1,05 \, U_{Nn}$

b) zwei Saugkreise

$\nu_{SK1} = 4,4$ $\nu_{SK2} = 6,2$ $\varrho_{SK} = 40$ $U_{Cn} = 1,05 \, U_{Nn}$ $s_{C1}/s_{C2} = 2$

Katalog verschiedener Anschlußdiagramme erforderlich. Während die Verzerrungskennlinien von der Spannungsauslegung nicht betroffen werden, ist die Lage der thermischen Grenzkennlinien wesentlich von der Kondensator-Nennspannung abhängig. Als Beispiele werden den Projektierungsrichtlinien [4.15] und [7.5] die folgenden Anschlußdiagramme entnommen.

Für die Anwendung induktiv verstimmter Saugkreise der Ordnungszahl $\nu_{SK} = 4{,}4$ ergibt sich bei idealer Glättung das im Bild 7.15a dargestellte Anschlußdiagramm. Es zeigt, daß praktisch keine Begrenzung des Saugkreiseinsatzes durch die thermischen Grenzkennlinien nötig wird. Die Verzerrungsgrenze kann durch die Wahl eines geeigneten kleinen Induktivitätsverhältnisses ebenfalls ohne Schwierigkeiten eingehalten werden.

Auswirkungen des Einsatzes von zwei Saugkreisen zeigt Bild 7.15b. Während sich die Klirrfaktorkennlinien nach rechts verschieben, weil der Abbau der Kommutierungseinbrüche gegenüber einem Saugkreis verstärkt erfolgt, werden die thermischen Grenzkennlinien ungünstiger. Kritisch ist der Saugkreis mit $\nu_{SK2} = 6{,}2$. Ursache dafür ist die Lage der Eigenfrequenz mit ν_{E2} (vgl. Bild 7.10) zwischen $\nu = 5$ und 6. Die verbesserte Filterwirkung ist für die Anwendung maßgebend.

Diese Tendenz setzt sich fort, wenn Saugkreise mit verschiedenen Abstimmfrequenzen zum Einsatz gelangen. Bild 7.16 zeigt Grenzkennlinien für drei und vier scharf abgestimmte Saugkreise. Die thermische Grenze wird durch den Saugkreis mit $\nu_{SK} = 11$ gegeben und liegt bei

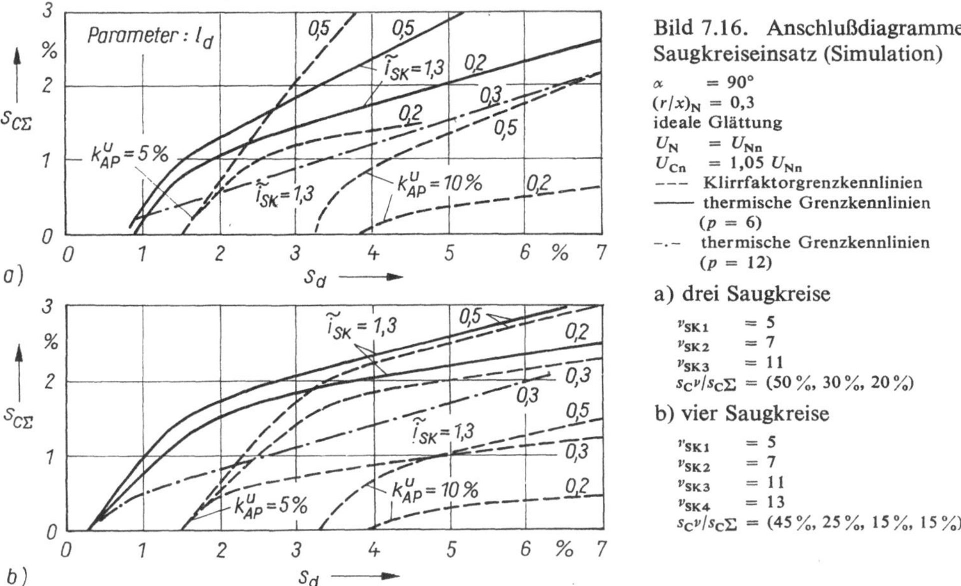

Bild 7.16. Anschlußdiagramme Saugkreiseinsatz (Simulation)

$\alpha = 90°$
$(r/x)_N = 0{,}3$
ideale Glättung
$U_N = U_{Nn}$
$U_{Cn} = 1{,}05\,U_{Nn}$
--- Klirrfaktorgrenzkennlinien
—— thermische Grenzkennlinien ($p = 6$)
-.- thermische Grenzkennlinien ($p = 12$)

a) drei Saugkreise
$\nu_{SK1} = 5$
$\nu_{SK2} = 7$
$\nu_{SK3} = 11$
$s_{C\nu}/s_{C\Sigma} = (50\,\%, 30\,\%, 20\,\%)$

b) vier Saugkreise
$\nu_{SK1} = 5$
$\nu_{SK2} = 7$
$\nu_{SK3} = 11$
$\nu_{SK4} = 13$
$s_{C\nu}/s_{C\Sigma} = (45\,\%, 25\,\%, 15\,\%, 15\,\%)$

kleinen Summenblindleistungen links von den Verzerrungsgrenzen. Daraus folgt, daß der Einsatz nur dann sinnvoll ist, wenn große Blindleistungen benötigt werden. Die Verzerrungsgrenzen liegen dann gemeinsam mit der thermischen Grenze sehr weit rechts, so daß große Stromrichterleistungen möglich sind. Um zu zeigen, wie die Auslegung der Saugkreise die thermische Grenze verschieben kann, wurde im Bild 7.16 noch die thermische Grenze für eine Auslegung der Leistungen entsprechend einem zwölfpulsigen Ersatzstromrichter eingezeichnet (vgl. Tabelle 7.4). Auch hier ist der elfte Saugkreis kritisch, wobei die Grenzkennlinie allerdings erheblich günstiger ist.

Die Arbeitsschritte für Entwurf und Überprüfung einer Saugkreisanlage werden als Arbeitsprogramm im Bild 7.17 dargestellt und in einem Berechnungsbeispiel im Abschnitt 7.6. angewendet.

7.5.4. *Einfluß des resonanzfähigen Netzzweigs*

Für den Einfluß des resonanzfähigen Netzzweigs können die Aussagen des Abschnitts 6.6.3. übernommen werden. Die Beeinflussung der für die Saugkreisanlage wesentlichen Eigenfrequenzen durch Kondensatoren im Netzzweig ist dann gering, wenn die Ordnungszahl der Netzresonanz hoch und das Induktivitätsverhältnis gering ist. Als Besonderheit muß erwähnt werden, daß im Falle der Ersatzanordnung mit einem Kondensator am Anschlußpunkt (großes Induktivitätsverhältnis im Netzzweig) eine Parallelresonanz entsteht, die sich nur

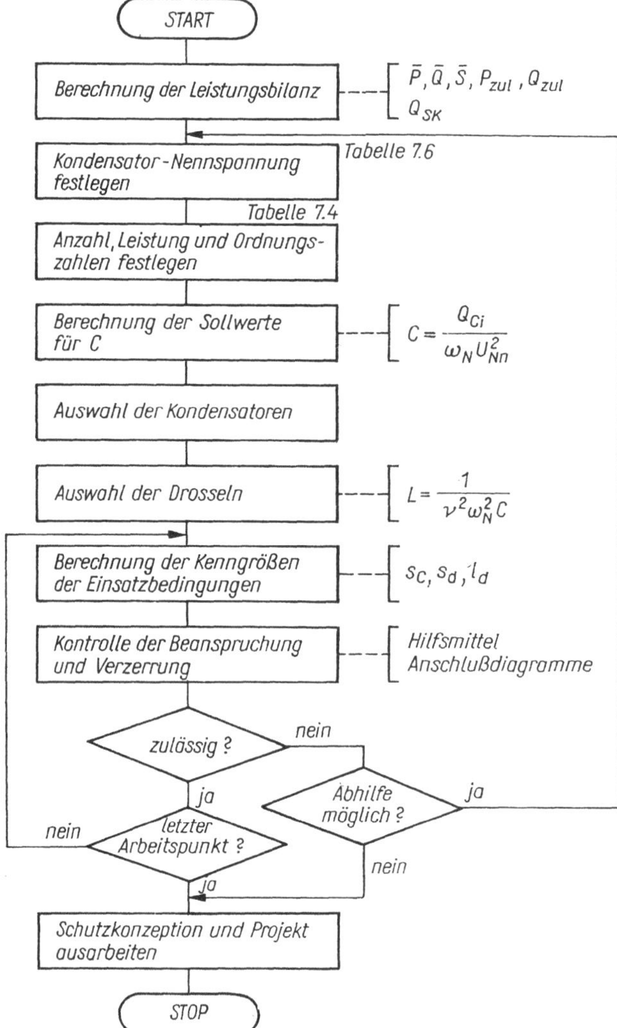

Bild 7.17. Arbeitsprogramm für den Entwurf einer Saugkreisanlage

wenig auf die Saugkreise auswirkt, selbst aber zur unzulässigen Verzerrung der Anschlußspannung führen kann (vgl. Abschnitt 6.4.). Die Saugkreisanlage kann zwar die Anregung des Parallelschwingkreises verringern, nicht aber wie eine Parallelkompensation die Eigenfrequenz verringern. Kabelschwingungen sind daher durch Saugkreisanlagen meist nicht vollständig zu beherrschen. Es muß zur Stromresonanzanordnung übergegangen werden (vgl. Abschnitt 8.1.).

7.5.5. *Einfluß nichtidealer Glättung*

Bereits im Abschnitt 5.2.3. war nachgewiesen worden, daß die bei Gleichstromantrieben in zunehmendem Maße zur Anwendung kommende nichtideale Glättung des Gleichstroms das Spektrum des Stromrichterstroms und damit die Anschlußspannung beeinflußt. Da es sich hier um Verschiebungen handelt, die im Bereich der für Saugkreisanlagen maßgebenden niedrigen Harmonischen liegen, werden die Grenzkennlinien der Anschlußdiagramme verschoben. Zwei Meßergebnisse im Bild 7.18 belegen den Sachverhalt. Die verminderte Glättung führt zu vergrößerten Ausgleichsvorgängen in einem Saugkreis mit $\nu_{SK} = 5$. Anschlußdiagramme unter Berücksichtigung nicht idealer Glättung können mit Hilfe der Digitalsimulation berechnet werden [7.18]. Als Beispiel dafür zeigt Bild 7.19 das Anschlußdiagramm für einen induktiv verstimmten Saugkreis. Die Verschiebung der thermischen Grenze ist

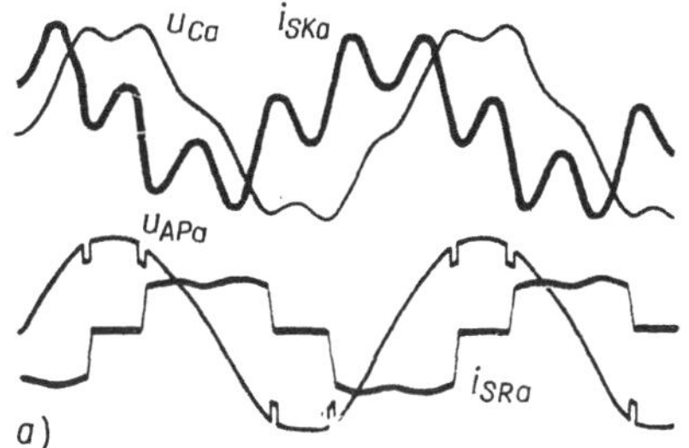

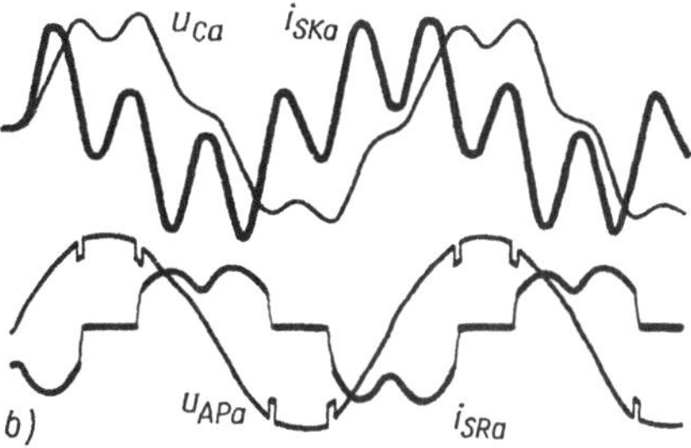

Bild 7.18. Saugkreiseinsatz bei nichtidealer Glättung (Messung)
(Daten wie Bild 7.6)
a) $\nu_{SK} = 5{,}0$ (L_d) b) $\nu_S = 5{,}0$ $(L_d/4)$

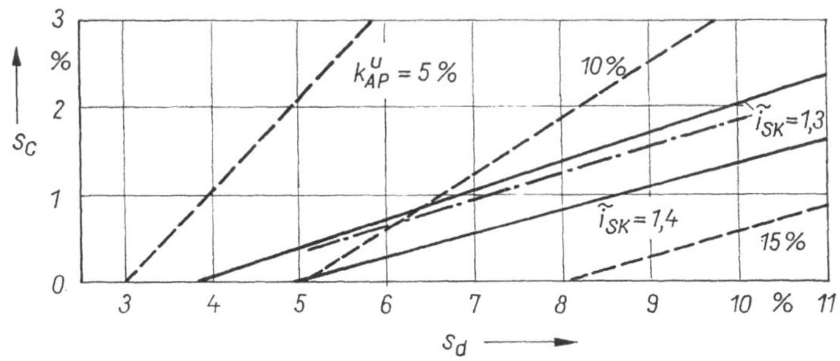

Bild 7.19. Anschlußdiagramm für Saugkreis $\nu_S = 4{,}4$ (Digitalsimulation)

$\alpha = 90°$	$U_{Cn} = 1{,}05\,U_{Nn}$	--- Klirrfaktorgrenzkennlinien (begrenzt auf $\nu \leqq 25$)
$(r/x)_N = 0{,}3$	$\varrho_{SK} = 40$	—— thermische Grenzkennlinien
$w_i = 6\,\%$	$I_d = 0{,}5$	-·- thermische Grenzkennlinien für $w_i = 0$
$U_N = 1{,}1\,U_{Nn}$		

gegenüber idealer Glättung deutlich, aber wegen der Absolutlage bei induktivverstimmtem Saugkreis wenig bedeutungsvoll. Die Klirrfaktorgrenzkennlinien werden mit der Digitalsimulation als günstiger liegend ermittelt, was einerseits Gründe in der nicht idealen Glättung, zum anderen in unterschiedlichen Meßverfahren hat.

7.5.6. *Konstruktive Probleme*

Saugkreisanlagen werden für NS-Anwendungen in der Regel als fabrikfertige Anlagen geliefert. Konstruktive Schwierigkeiten bestehen in der Beherrschung der gegenüber Kondensatoranlagen vergrößerten Verlustleistung bei Schrankbauweise, der geräuscharmen Konstruktion von Eisen-Luftspalt-Drosseln und in der Schaffung von Einstellmöglichkeiten für die Abstimmfrequenz zum Ausgleich von Fertigungstoleranzen bei L und C. Bild 7.20 zeigt mögliche konstruktive Varianten zum Abgleich der Saugdrosseln. Die Einstellung kann im Prüffeld des Herstellers und nach Auswechseln von Kondensatoren auch beim Betreiber erfolgen. Luftspulen werden sowohl als Toroid- als auch als Scheibenspulen ausgeführt, wobei erstere ein wesentlich geringeres Streufeld ausbilden, aber schwerer zu fertigen sind. Für MS-Anwendungen werden Luftspulen, eventuell mit Anzapfungen versehen, zur freien Aufstellung für Innenräume oder in Freiluftausführungen gewählt.

Werden bei großen Saugkreisanlagen mehrere Saugkreise gleicher Abstimmfrequenz angeschlossen, so kann zur gleichmäßigen Stromaufteilung eine zusätzliche Schaltverbindung entsprechend Bild 7.21 vorgesehen werden. Es entsteht damit ein Saugkreis mittlerer Abstimmfrequenz.

Zum Schutz von Saugkreisen sind die gleichen Schutzeinrichtungen vorzusehen, die auch zum Schutz von Kondensatoranlagen eingesetzt werden [7.19].

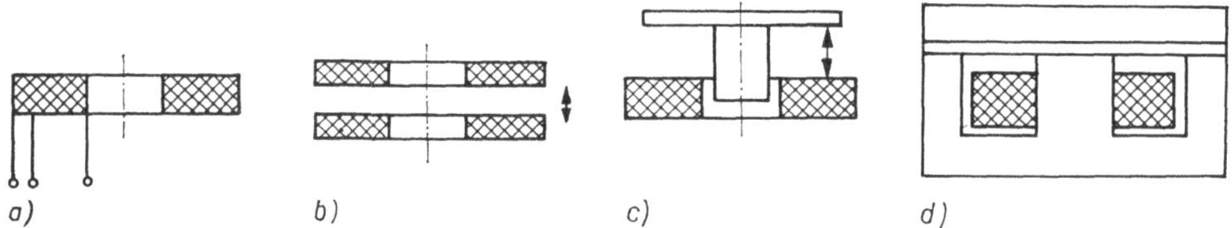

Bild 7.20. Möglichkeiten zum Abgleich von Saugkreisdrosseln
a) Anzapfungen
b) Variation der Kopplung
c) Tauchkern
d) variabler Luftspalt

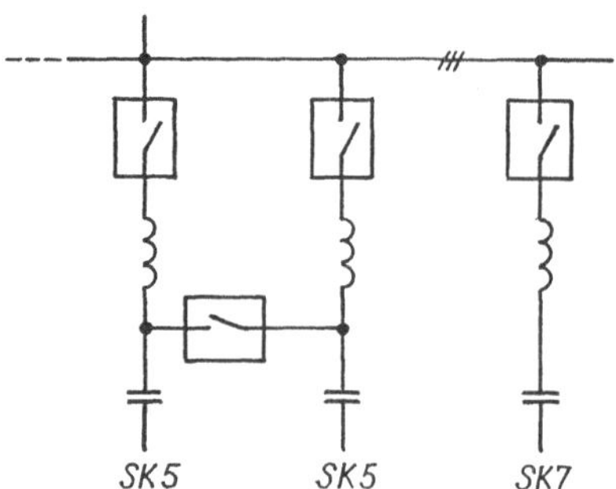

Bild 7.21. Ausgleichsverbindung bei Saugkreisen gleicher Abstimmfrequenz

7.6. Beispiel – Saugkreisanlage für eine Schachtförderanlage

Zur Kompensation der in den Abschnitten 5.4. und 6.7. als Demonstrationsbeispiel dienenden Schachtförderanlage soll eine Saugkreisanlage entworfen werden, weil im Abschnitt 6.7. nachgewiesen wurde, daß der Betrieb einzelner Stufen einer Kondensatoranlage unzulässige Verzerrungen beim wiederholten Anlauf ergibt. Entwurf und Überprüfung folgen dem Arbeitsprogramm entsprechend Bild 7.17.

Tabelle 7.7. Saugkreiskompensation einer Schachtförderanlage (Rechenergebnisse)

Einsatzbedingungen:

Anlauf: $\alpha = 80$ $s_d = 2{,}5\%$ $l_d = 0{,}24$ $(r/x)_N = 0{,}3$ $s_{\text{deff}} = 1{,}5\%$
Leistungsbilanz: vgl. Tabelle 6.5 $Q_{SK} \geqq 1{,}49$ Mvar für $\cos\varphi \geqq 0{,}95$
Kondensator-Nennspannung: Sternschaltung $U_{Cn} = 4{,}5$ kV
Entwurf der Schalteinheiten: 2 Stück, *SK5*, *SK7*, beide induktiv verstimmt

Größe	Gleichung	*SK5* ($\nu_{SK} = 4{,}4$)	*SK7* ($\nu_{SK} = 6{,}3$)
$Q_{SK}^{(\nu)}$	$Q_{SK}^{(\nu)} = \frac{Q_{SK}^{(\nu)}}{Q_{SK}} Q_{SK}$ vgl. Tab. 7.4	1,00 Mvar	0,50 Mvar
$Q_{Ci}^{(\nu)}$	$Q_{Ci}^{(\nu)} = \frac{\nu_{SK}^2 - 1}{\nu_{SK}^2} Q_{SK}^{(\nu)}$	0,95 Mvar	0,49 M
$C^{(\nu)}$	$C^{(\nu)} = \frac{Q_{Ci}^{(\nu)}}{\omega_N U_{Nn}^2}$	84,0 µF	43,3 µF
Auswahl Kondensator $C_n^{(\nu)}$ vgl. Tabellen 6.2 und 6.1	SPX Q_{Cn}/U_{Cn} Anzahl je Schalteinheit geradzahlig! 6 Stück je Zelle	4 · SPX 120/4,5 75,6 µF 2 · CSIMK 1-12/25	4 · SPX 80/4,5 50,4 µF 2 · CSIMK 1-12/25
Auswahl Drossel $L_n^{(\nu)}$	$L_n^{(\nu)} = \frac{1}{\nu_{SK}^2 \omega_N C_n^{(\nu)}}$ aus Drosselreihe	(6,89 mH) 6,8 mH	(5,05 mH) 5,2 mH
ν_{SKn}	$\nu_{SKn} = \frac{1}{\omega_N \sqrt{C_n^{(\nu)} L_n^{(\nu)}}}$	4,44	6,22
$Q_{Cin}^{(\nu)}$ $s_C^{(\nu)}$	$Q_{Cin}^{(\nu)} = U_{Nn}^2 \omega_N C_n^{(\nu)}$ $s_C^{(\nu)} = Q_{Cin}^{(\nu)}/S_k''$ $s_{C\Sigma} = s_C^{(5)} + s_C^{(7)}$	0,855 Mvar 0,57% 0,95%	0,570 Mvar 0,38%
$Q_{Cn}^{(\nu)}$	$Q_{Cn}^{(\nu)} = \frac{\nu_{SK}^2}{\nu_{SK}^2 - 1} Q_{Cin}^{(\nu)}$ $Q_N = 2{,}36$ Mvar $- 1{,}49$ Mvar $= 0{,}87$ Mvar	0,90 Mvar	0,59 Mvar
$\cos\varphi_N$	$\tan\varphi_N = Q_N/P_N = 0{,}331$	$\cos\varphi_N = 0{,}95$	
Kontrolle mit Anschlußdiagramm	vgl. Bild 7.15b	Verzerrung und thermische Beanspruchung zulässig!	

Die Leistungsbilanz kann aus Abschnitt 6.7. übernommen werden. Alle weiteren Rechenergebnisse wurden in Tabelle 7.7 zusammengestellt. Für den sechspulsigen Stromrichter werden zwei Saugkreise vorgesehen, wobei etwa Ordnungszahlen von $\nu_{SK1} = 4{,}4$ und $\nu_{SK2} = 6{,}2$ erreicht werden sollen. Die Leistung der Schalteinheiten richtet sich nach Tabelle 7.4 und den Möglichkeiten der Parallelschaltung von Kondensatoren der Tabelle 6.2. Da fabrikgefertigte Kondensatorzellen mit offenem Sternpunkt nach Tabelle 6.1 Verwendung finden sollen, muß die Anzahl der Leistungskondensatoren geradzahlig sein. Als Kondensator-Nennspannung wird 4,5 kV gewählt, womit sich nach Tabelle 7.6 eine ausreichende Spannungsreserve ergibt.

Aus Stufungsgründen wird eine exakte Leistungsaufteilung zugunsten des zu erzielenden Leistungsfaktors verlassen und der Saugkreis *SK7* reichlicher bemessen. Die Folge davon ist lediglich ein unterschiedliches Anwachsen der thermischen Belastung der Saugkreise mit wachsendem Stromrichter-Leistungsverhältnis. Aus der Kontrolle der Saugkreisanlage mit dem zugehörigen Anschlußdiagramm ergibt sich, daß keine thermische Gefährdung für die Saugkreise besteht und der Klirrfaktor der Anschlußspannung bei Anfahrt der Schachtförderanlage bei etwa 5% liegen wird. Die Auslegung der Kompensation als Saugkreisanlage gestattet hier die Beherrschung der Stromrichter-Netzrückwirkungen bei gleichzeitiger Gewährleistung des vorgegebenen mittleren Leistungsfaktors.

Tabelle 7.8 stellt einige Simulationsergebnisse zusammen, die aus dem Programm BAPSI für Anlauf und Betrieb der Schachtförderanlage gewonnen wurden.

Tabelle 7.8. Saugkreiskompensation einer Schachtförderanlage (Simulationsergebnisse)
Netz, Asynchronmaschine und Stromrichter wie im Bild 5.11
Saugkreise nach Tabelle 7.7, ν variabel bei gleichem s_C, $U_N = U_{Nn}$ unverzerrt
Anlauf: $\alpha = 80°$ $s_d = 2{,}5\%$ *Betrieb:* $\alpha = 30°$ $s_d = 1{,}5\%$ $I_d = 0{,}24$

Fall	ν_{SK1}	ν_{SK2}	U_{AP} in kV	$k_{AP}^{u(<25)}$	a_{max}	$k_N^{i(<25)}$	$\bar{i}_5$	$\bar{i}_7$	$\cos\varphi$
Anlauf	4,44	6,22	3,363	5,35%	16,6%	18,01%	0,85	0,86	0,52
Betrieb	4,44	6,22	3,418	2,90%	9,5%	11,03%	0,82	0,80	0,97
	5,00	7,00	3,416	2,46%	7,9%	7,03%	0,88	0,88	0,97
	5,20	7,30	3,416	2,92%	6,9%	12,10%	0,97	1,06	0,97
	4,00	6,00	3,418	3,32%	10,3%	15,10%	0,82	0,83	0,97

8. Sonderfälle der Kompensation von Stromrichter-Netzrückwirkungen

Die Abschnitte 5. bis 7. waren der Versuch, die für die Beherrschung von Stromrichter-Netzrückwirkungen typischen Strukturen näher zu erläutern. Das System Netz – Stromrichter – parallele Verbraucher kann aber in einer derart großen Vielfalt von Strukturen verwirklicht sein, daß sich die Notwendigkeit ergibt, wenigstens noch einige häufig vorkommende oder zukunftsträchtige Sonderfälle vorzustellen, ehe im letzten Abschnitt der Problemkreis der dynamischen Kompensation behandelt wird.

8.1. Stromresonanzanordnung

8.1.1. Charakteristik und Anwendungsgebiet

Stromresonanzanordnung wird eine Kompensationsstruktur genannt, bei der eine Saugkreisanlage mit unverdrosselten Leistungskondensatoren am gleichen Anschlußpunkt betrieben wird. Sie entsteht, wenn

- vor Anschluß der Stromrichteranlage schon eine Kompensationsanlage vorhanden war, die mit der für die Stromrichter bemessenen Saugkreisanlage zusammenarbeiten soll
- der Blindleistungsbedarf am Anschlußpunkt nur zu einem geringen Teil von Stromrichtern verursacht wird, so daß die Verdrosselung der gesamten Kondensatoranlage nicht nötig ist, zu aufwendig und teuer wäre

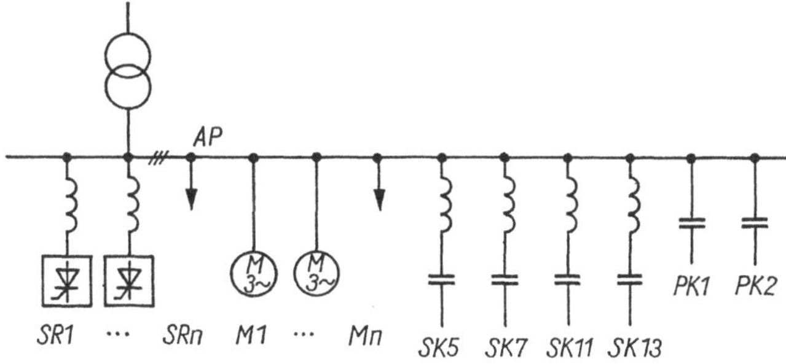

Bild 8.1. Kompensationsstruktur Stromresonanzanordnung

- Kommutierungseinbrüche weiter als mit einer Saugkreisanlage möglich abgebaut werden sollen (vgl. Tabelle 4.6).

Die Anschlußstruktur wird im Bild 8.1 vorgestellt. Die mehrfachen Resonanzmöglichkeiten zwingen zu einer sorgfältigen Analyse bei der Anwendung in Analogie zu den Ausführungen im Abschnitt 7.3. Bevorzugte Anwendungsgebiete sind Anlagen mit sehr großem Blindleistungsbedarf durch Nicht-Stromrichter-Verbraucher und Fälle, bei denen eine durch parasitäre Kapazitäten verursachte Eigenfrequenz verstimmt werden soll (vgl. Abschnitt 6.4.).

8.1.2. *Analyse für einen Saugkreis und Kondensator*

Das prinzipielle Verhalten der Stromresonanzanordnung kann an der einfachsten möglichen Struktur veranschaulicht werden. Bei hinreichender Größe des Parallelkondensators verhält sich das System während der Kommutierung des Stromrichters wie die Struktur Parallelkompensation. Der als Kurzschluß wirkende Kondensator verhindert Kommutierungseinbrüche in der Anschlußspannung.

Im Konstantstromzustand führt das System Schwingungen mit zwei Eigenfrequenzen aus, deren Ordnungszahlen sich unter Vernachlässigung dämpfender Einflüsse durch den Grenzübergang $L_7 \to 0$ aus Gl. (7.13) errechnen lassen, wenn für a_2 und a_0 folgende Ausdrücke eingesetzt werden:

$$a_2 = \left(\frac{1}{L_5 C} + \frac{1}{L_5 C_5} + \frac{1}{L_N C}\right) \tag{8.1}$$

$$a_0 = \frac{1}{L_N L_5 C C_5} \tag{8.2}$$

Die numerische Auswertung für zwei Leistungsverhältnisse zeigt Bild 8.2. Während ν_{E1} unter der Abstimmfrequenz des Saugkreises bleibt, wird von ν_{E2} mehrmals eine Resonanzlage $\nu_{E2} = 5; 7; 11; 13$ durchlaufen, wenn die Kondensatorleistung variiert wird. In Zwischenresonanzgebieten ist eine zulässige thermische Beanspruchung des Kondensators zu erwarten. Interessant ist, daß mit wachsender Leistung des Saugkreises immer weniger Resonanzen mit den niedrigen Ordnungszahlen auftreten. Noch besser verhalten sich Systeme mit mehreren Saugkreisen. Die gestrichelten Kurven gelten für eine Saugkreisanlage mit vier Saugkreisen nach Tabelle 7.4. Hier treten Resonanzlagen mit den niedrigen Harmonischen nicht mehr auf, und die Gebiete zulässiger Beanspruchungen vergrößern sich. Auch hierbei sollen

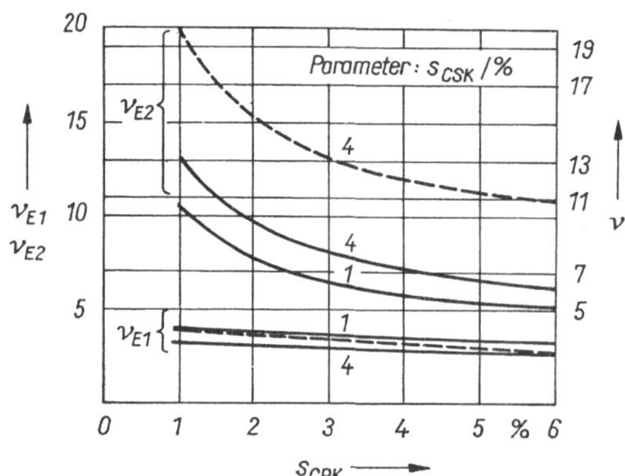

Bild 8.2. Abhängigkeit der Eigenfrequenz ν_{E2} vom Leistungsverhältnis des Parallelkondensators s_{CPK} bei verschiedener Saugkreisgröße s_{CSK}

$\nu_{SK} = 4{,}4$

--- Parallelbetrieb mit mehreren Saugkreisen

Saugkreise induktiv verstimmt aufgebaut werden, um ν_{E1} weit genug von der Resonanzlage entfernt zu halten.
Als Beweis dafür, daß eine richtige dimensionierte Stromresonanzanordnung Verzerrungen der Anschlußspannung weitgehend beseitigen kann, dienen die Bilder 6.12 und 8.3.

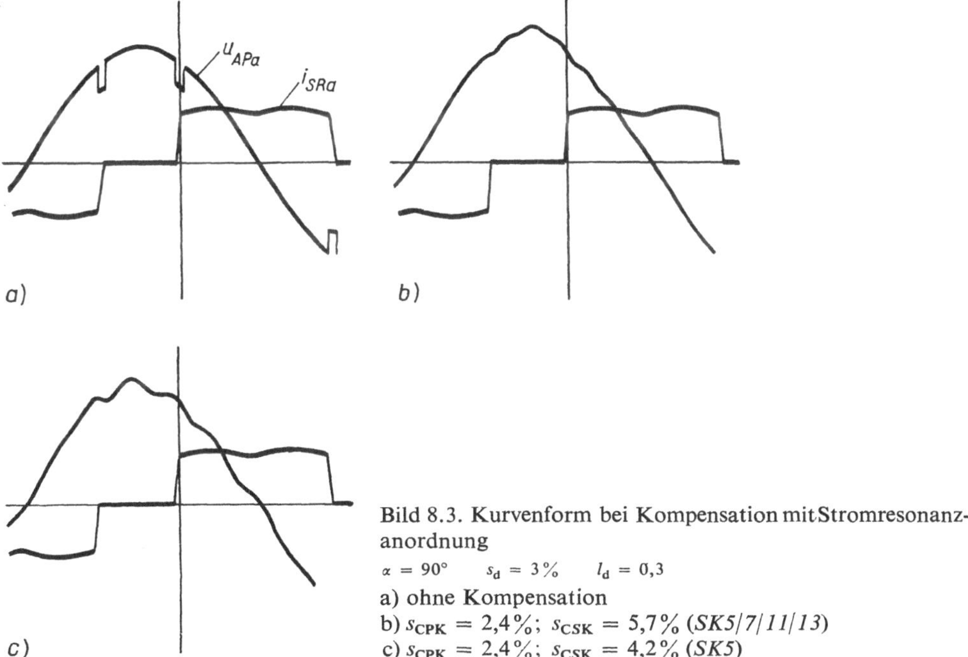

Bild 8.3. Kurvenform bei Kompensation mit Stromresonanzanordnung
$\alpha = 90°$ $s_d = 3\%$ $l_d = 0,3$
a) ohne Kompensation
b) $s_{CPK} = 2,4\%$; $s_{CSK} = 5,7\%$ (*SK5/7/11/13*)
c) $s_{CPK} = 2,4\%$; $s_{CSK} = 4,2\%$ (*SK5*)

8.1.3. Anschlußdiagramme

Der Entwurf einer Stromresonanzanordnung geht wie der aller anderen Kompensationsstrukturen vom Blindleistungshaushalt des Anschlußpunkts aus. Durch Anwendung der Gln. (7.13), (8.1) und (8.2) kann bereits beim Entwurf und der Leistungsaufteilung darauf geachtet werden, daß keine Resonanzen entstehen. Als Entwurfs- und Entscheidungshilfsmittel dienen auch hier Anschlußdiagramme. Als Variable werden das Stromrichter-Leistungsverhältnis und das Leistungsverhältnis des Parallelkondensators verwendet. Das Leistungsverhältnis der Saugkreisanlage und ihre Struktur sind Parameter, ebenso andere Kenngrößen netzseitiger Einsatzbedingungen wie Steuerwinkel, Induktivitätsverhältnis und Dämpfungskenngrößen.
Zwei Anschlußdiagramme sollen als Beispiel angegeben werden. Bild 8.4 zeigt die Grenzlinien für einen Saugkreis *SK5* und Parallelkondensator, eine Struktur, die vor allem NS-Anwendungen vorbehalten ist. Hier zeigt sich, daß eine Resonanz mit $\nu = 5$ und 7 möglich bleibt, was die Freizügigkeit der Kondensatorleistung stark begrenzt. Bild 8.5 zeigt demgegenüber, wie beim Betrieb einer Saugkreisanlage mit vier Saugkreisen nur noch eine untere Schranke für die Kondensatorleistung besteht, weil Resonanzen mit Ordnungszahlen von $\nu = 11$ und höher vermieden werden müssen. Diese vor allem MS-Anwendungen vorbehaltene Struktur führt bei großen Kompensationsleistungen zu extrem geringen Verzerrungen der Anschlußspannung.

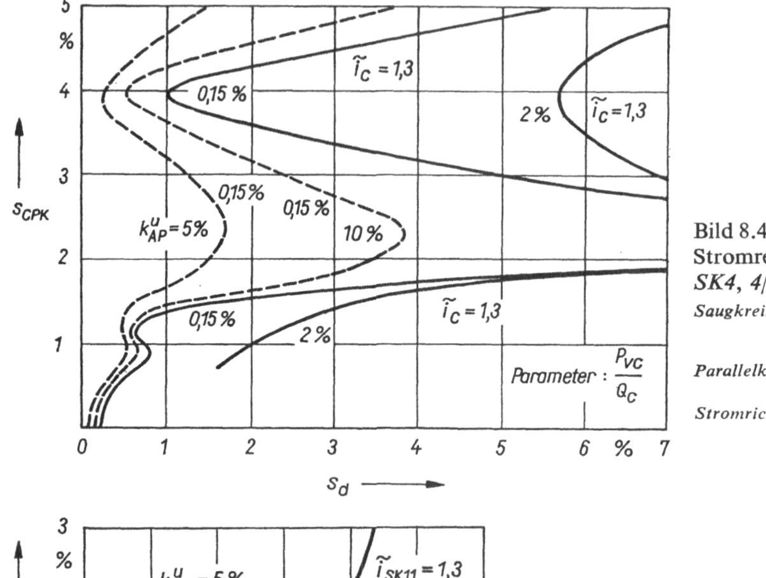

Bild 8.4. Anschlußdiagramm Stromresonanzanordnung *SK4, 4/PK*

Saugkreis: $\nu_{SK} = 4{,}4$; $s_{CSK} = 2\,\%$; $\varrho_{SK} = 40$
Parallelkondensator: $P_{vZ}/Q_{Ci} = 0{,}15; 2{,}0\,\%$
Stromrichter: $\alpha = 90$; $l_d = 0{,}3$

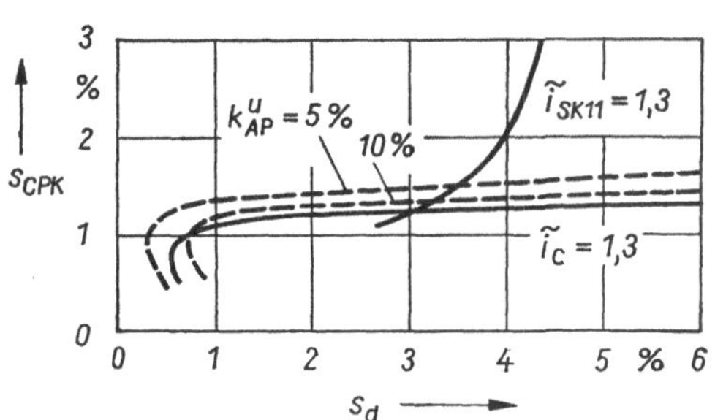

Bild 8.5. Anschlußdiagramm Stromresonanzanordnung *SK5/SK7/SK11/SK13/PK* [Daten wie Bild 8.4 (gleiches s_{CSK})]

8.1.4. Beispiel – Erweiterung einer Saugkreisanlage

Zu der im Bild 1.24 gezeigten Saugkreisanlage zur Kompensation einer Walzwerkssektion werden im Zuge der Rekonstruktion weitere Verbraucher angeschlossen, die einen Blindleistungsbedarf von zusätzlich 3,6 Mvar haben. Da es sich vorwiegend um Drehstromantriebe handelt, wird die Erweiterung der Saugkreisanlage zur Stromresonanzanlage untersucht. Das Leistungsverhältnis der notwendigen Parallelkompensation würde 3,6 Mvar/240 Mvar (1,5 %) betragen. Mit einem Blick auf Bild 8.5, das für ein $s_{C\Sigma}$ der Saugkreisanlage von 2 % gilt ($s_{C\Sigma}$ im Bild 1.24 ergibt 2,8 %), wird festgestellt, daß diese Erweiterung ohne Probleme möglich ist. Allerdings muß die Parallelkompensation als *eine* Schalteinheit ausgeführt werden, was zu einem Nennstrom von 208 A führt, der bei 10 kV von einem Leistungsschalter zu beherrschen ist. Im Falle der Überkompensation ist zuerst der Parallelkondensator auszuschalten. Ein Betrieb mit verminderter Saugkreisleistung oder ohne Saugkreisanlage mit Stromrichterlast ist nur zulässig, wenn die Überprüfung der dann bestehenden Strukturen mit Hilfe von Anschlußdiagrammen positiv ausgeht.

8.2. Kompensation in unterlagerten Netzen

8.2.1. Struktur und Lösungsansatz

In vielen Industrienetzen wird eine Bild 8.6 entsprechende Struktur vorgefunden. An einem MS-Anschlußpunkt angeschlossene Stromrichter arbeiten mit unterlagerten, zentralkom-

pensierten NS-Teilnetzen zusammen, wobei die NS-Kondensatoranlage in der Regel mit Blindleistungsregler ausgerüstet ist.
Aus der Sicht der Stromrichter ergibt sich durch die Streuinduktivität L_S von Trafo *Tr3* und die Kapazität C_{PK} ein Reihenschwingkreis mit durch C_{PK} variabler Abstimmfrequenz und durch die im NS-Netz vorhandene Last variabler Dämpfung. Die Anregung zu Ausgleichsvorgängen erfolgt durch Größe und Lage der Kommutierungseinbrüche in der Anschlußspannung, wobei die abbauende Wirkung vorhandener Saugkreisanlagen beachtet werden muß. Im quasistationären Betrieb entstehende Verzerrungen der Niederspannung u_{NS} können unzulässige Werte annehmen und den Kondensator C_{PK}, den Trafo *Tr3* und andere Verbraucher überlasten. Die Besonderheit besteht hier darin, daß Stromrichter-Netzrückwirkungen durch die resonanzfähige Kupplung in ein Netz verschleppt werden, das keine Stromrichter enthält.

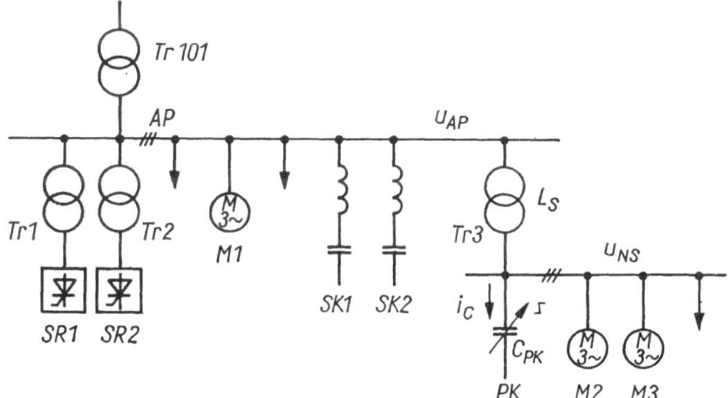

Bild 8.6. Resonanzfähige Kupplung eines MS- und eines NS-Netzes (Struktur)

Wegen der Vielzahl von Einflußgrößen ist eine allgemeingültige analytische Untersuchung nicht möglich. Zur Analyse muß die Simulation mit dem Netzanalysator oder dem Analogrechner verwendet werden. Vor ihrer Anwendung sind einige Vereinfachungen notwendig:

- Annahme eines sechspulsigen Ersatzstromrichters mit idealer Glättung bei Steuerwinkel $\alpha = 90°$, wobei Leistungs- und Induktivitätsverhältnisse vorgebbar sind
- Annahme gleicher Schaltgruppen für alle Transformatoren
- Annahme, daß das Netz keinen Einfluß auf die Eigenfrequenz der Anordnung hat ($L_N \ll L_S$)
- Annahme passiver *R-L*-Last im NS-Netz, wobei Trafoauslastung und Verschiebungsfaktor vorgebbar sind

8.2.2. *Analyseergebnisse*

Durch systematische Variation der im vorigen Abschnitt genannten Einflußgrößen für ein NS-Teilnetz, das durch einen 1,6-MVA-Trafo gespeist wird, konnten die Auswirkungen der resonanzfähigen Kupplung auf Beanspruchung und Verzerrung ermittelt werden. Als Analyseergebnis zeigt Bild 8.7 Kurvenverläufe der wichtigsten Zustandsgrößen für einen Resonanzfall (a) und einen Fall im Zwischenresonanzgebiet (b).
Der Schwingungsanstoß erfolgt in Mitphase (a) und mit einem Phasensprung (b), wie vor allem am Verlauf des Kondensatorstroms deutlich wird. Die Verzerrungen sind für Industrienetze in beiden Fällen noch zulässig, ebenso die thermische Beanspruchung des Kondensators.

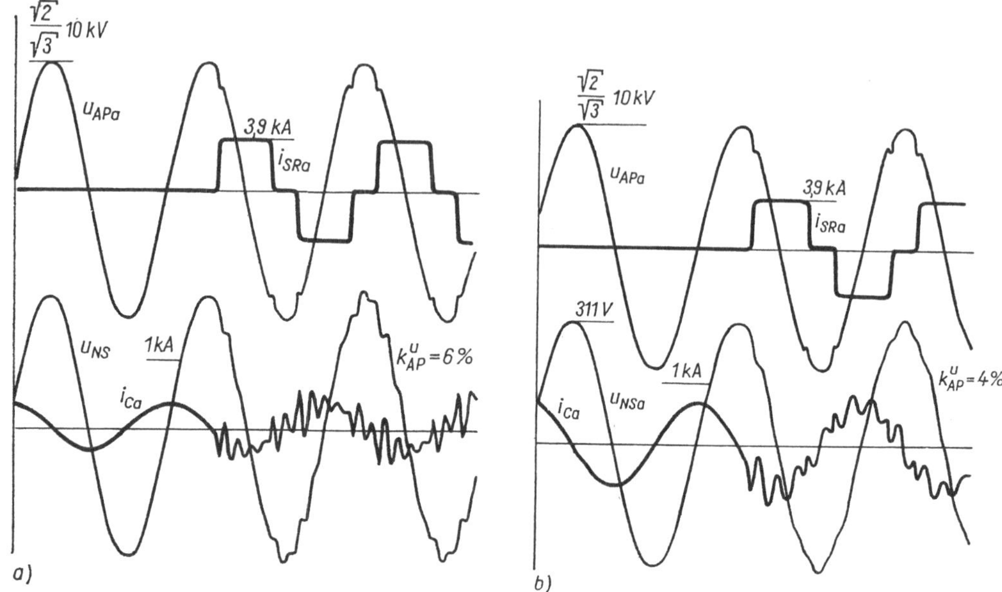

Bild 8.7. Kurvenformen bei resonanzfähiger Kupplung (Trafoauslastung 25%)
$\alpha = 90°$ $s_d = 1\%$ $l_d = 0{,}1\%$
a) $\cos\varphi = 0{,}9$; $\nu_E = 13$ b) $\cos\varphi = 0{,}5$; $\nu_E = 9{,}3$

8.2.3. Einsatzgrenzen

Der Versuch, Anschlußdiagramme zu ermitteln, die eine allgemeingültige Aussage über die Einsatzgrenzen der resonanzfähigen Kupplung erlauben, scheiterte an der Vielzahl der Parameter, die eine grafische Darstellung unmöglich erscheinen lassen. Als Behelf wurden die Analyseergebnisse in Tabellenform komprimiert. Die Tabellen wurden zwar für eine konkrete Struktur ermittelt, ihre Werte sind aber mit hinreichender Treffsicherheit auf ähnliche Strukturen übertragbar. Zwei solche Tabellen sollen dargestellt werden (Tabellen 8.1 und 8.2), wobei der Unterschied in der Auslastung des Transformators *Tr 3* besteht. Die verbotenen Kondensatorbelastungen sind eingerahmt worden. Der dämpfende Einfluß hoher Trafoauslastung ist ebenso sichtbar wie die Abhängigkeit der Beanspruchungen von der Resonanzlage. Es kann auch beobachtet werden, daß hier eine ausreichende Korrelation zwischen thermischer Grenze und Verzerrungsgrenze im NS-Netz ($k^u_{AP} = 10\%$) besteht.
Mit vorliegenden Tabellen wurden NS-Teilnetze eines Walzwerkes untersucht und die Zulässigkeit der NS-Kompensation bestätigt. Durch eine Überprüfung vor Ort konnte nachgewiesen werden, daß die errechneten Resonanzlagen auch tatsächlich eintreten, Beanspruchungen und Verzerrung aber auf der sicheren Seite liegen. Ergeben die Untersuchungen unzulässige Werte, so kann entweder versucht werden, durch Blockierung einzelner Kondensatorstufen oder Zusatzdrosseln Resonanz zu verhindern, oder es muß zur Saugkreisstruktur auch im unterlagerten Netz übergegangen werden. Besonders gefährdet sind u. U. Einzelkompensations-Kondensatoren von Maschinen und Beleuchtungsanlagen. In Strukturen mit hohem Stromrichteranteil wird oft auch auf die Kompensation der NS-Teilnetze zugunsten einer zentralen Saugkreisanlage verzichtet.

Tabelle 8.1. Analyseergebnisse für resonanzfähige Kupplung
MS-Anschlußpunkt: $S_k'' = 200$ MVA, $(r/x)_N = 0{,}3$
Transformator: $S_{Th} = 1600$ kVA, $u_{kn} = 6\%$
Kondensatoranlage: 18 · 40 kvar; Trafoauslastung 25%

Trafoauslastung 25%				$l_d = 0{,}1$		$l_d = 0{,}2$		$l_d = 0{,}3$	
cos φ	NS-Netz	ν_E	s_d in %	$\tilde{i}_c$	k_{AP}^u	$\tilde{i}_c$	k_{AP}^u	$\tilde{i}_c$	k_{AP}^u
0,9	S = 400 kVA		1	1,21	5,8	1,25		1,26	
	P = 360 kW		2	1,48	9,4	1,75		1,80	
	Q = 174 kvar								
	Q_{PK} = 160 kvar	13,0	3	1,48	10,2	2,24	16,0	2,39	18,3
0,8	S = 400 kVA		1	1,11	4,8	1,12		1,12	
	P = 320 kW		2	1,27		1,39		1,41	
	Q = 240 kvar								
	Q_{PK} = 240 kvar	10,7	3	1,33		1,68		1,76	13,4
0,7	S = 400 kVA		1	1,05	4,0	1,06		1,07	
	P = 280 kW		2	1,14		1,22		1,23	
	Q = 286 kvar								
	Q_{PK} = 280 kvar	9,9	3	1,18		1,39		1,14	11,2
0,5	S = 400 kVA		1	1,04	3,8	1,04		1,04	
	P = 200 kW		2	1,12		1,16		1,17	
	Q = 346 kvar								
	Q_{PK} = 320 kvar	9,3	3	1,17		1,32		1,35	11,3

Besonders schwierig und nur mit großem Simulationsaufwand zugänglich sind solche Strukturen, bei denen in beiden Spannungsebenen wesentliche Stromrichterleistungen und Kompensationsanlagen vorhanden sind. Bewährt hat sich hier die Anwendung des Simulationsprogramms BAPSI auf die Spannungsebenen von oben nach unten nacheinander, wobei die verzerrte Anschlußspannung als Netzspannung für die nächste Ebene dient.

8.3. Saugkreissteuerung

Saugkreise haben sich als das bisher wirkungsvollste Mittel zur Beherrschung von Stromrichter-Netzrückwirkungen bewährt. Sie stellen einerseits kapazitive Grundschwingungsblindleistung bereit und verursachen andererseits wegen ihrer strombegrenzenden Induktivität geringere Ausgleichsvorgänge als unverdrosselte Kondensatoren. Außerdem ermöglichen sie den begrenzten Abbau von Kommutierungseinbrüchen. Nachteilig ist, daß sie in der klassischen Form eine unveränderliche Wirksamkeit besitzen. Der Betrieb von Stromrichtern fordert eigentlich Strukturen, die einerseits die Bereitstellung von Grundschwingungsblindleistung dynamisch hochwertig gestalten und andererseits die vom Stromrichter verursachte Verzerrung der Anschlußspannung möglichst angepaßt vollständig kompensieren. Es liegt daher nahe, zu untersuchen, welche Möglichkeiten die (leistungselektronische) Steuerung von Saugkreisen bietet, wobei die ausführlichere Beschreibung der Probleme bei der dynamischen Kompensation erst im Abschnitt 9. erfolgt.

Tabelle 8.2. Analyseergebnis für resonanzfähige Kupplung wie Tabelle 8.1, Trafoauslastung 100%

Trafoauslastung 100%				$l_d = 0{,}1$		$l_d = 0{,}2$		$l_d = 0{,}3$	
$\cos\varphi$	NS-Netz	ν_E	s_d in %	$\bar{i}_c$	k^u_{AP}	$\bar{i}_c$	k^u_{AP}	$\bar{i}_c$	k^u_{AP}
0,9	S = 1600 kVA		1	1,01	3,5	1,02		1,02	
	P = 1440 kW		2	1,06		1,09		1,11	
	Q = 697 kvar								
	Q_{PK} = 680 kvar	6,4	3	1,12		1,20		1,22	10,4
0,8	S = 1600 kVA		1	1,03	3,7	1,03		1,03	
	P = 1280 kW		2	1,09		1,13		1,12	
	Q = 960 kvar								
	Q_{PK} = 720 kvar	6,2	3	1,13		1,23		1,25	11,2
0,7	S = 1600 kVA		1	1,02	4,1	1,02		1,03	
	P = 1120 kW		2	1,09		1,13		1,15	
	Q = 1143 kvar								
	Q_{PK} = 720 kvar	6,2	3	1,17		1,27		1,32	11,8
0,5	S = 1600 kVA		1	1,02	4,8	1,03		1,03	
	P = 800 kW		2	1,11		1,15		1,16	
	Q = 1385 kvar								
	Q_{PK} = 720 kvar	6,2	3	1,20		1,32		1,34	13,0

8.3.1. Steuerungsprinzipien und ihre Bewertung

Bei der systematischen Untersuchung von Saugkreis-Steuerverfahren entsprechend Bild 8.8 können einige recht rasch als unbrauchbar ausgeschlossen werden. Das trifft für die gesteuerte Induktivität (a) zu, weil sich eine nur geringe Wirkung auf die Grundschwingungsleistung bei verschlechterter Filterwirkung ergibt. Eine in Stufen schaltbare Kapazität (b) kann u. U. eine wirtschaftliche Änderung der Saugkreisleistung mit geringerem Drosselaufwand ermöglichen. Das Problem besteht hier darin, Resonanzen beim Parallelbetrieb verstimmter Saugkreise zu vermeiden. Durch Kombination mit dem Steuerverfahren über Thyristorschalter (c) ist auch eine dynamische Kompensation zu erreichen. Werden die Ventile nicht als Schalter, sondern mit Anschnittsteuerung betrieben, so entstehen große Ausgleichsvorgänge von Eigenfrequenz, die einen stabilen Betrieb mit zulässigen Beanspruchungen unmöglich werden lassen. Bei der Spannungssteuerung (d) wird eine Spannungsquelle nach dem Prinzip der Zu- und Gegenschaltung in den Saugkreis geschaltet. Es muß beachtet werden, daß die innere Impedanz der Spannungsquelle Abstimmfrequenz und Resonanzschärfe des Saugkreises

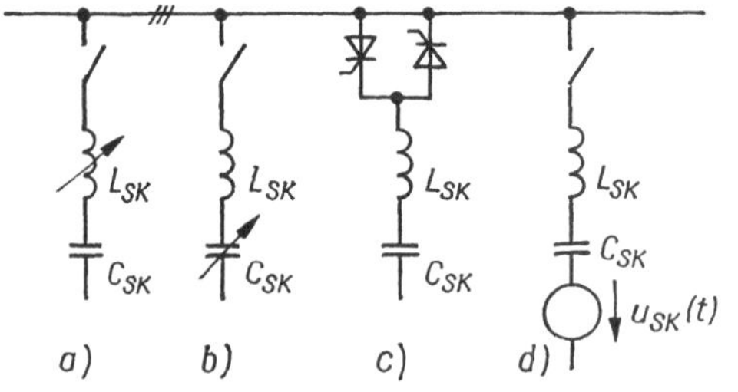

Bild 8.8. Prinzipien zur Saugkreissteuerung
a) Induktivitätssteuerung
b) Kapazitätssteuerung
c) Thyristorschalter oder Anschnittsteuerung
d) Spannungssteuerung

beeinflussen kann. Die Wirkung der Spannung $u_{SK}(t)$ auf den Saugkreis hängt ganz entscheidend von deren Eigenschaften ab.

Hat die Steuerspannung Netzfrequenz und mit der Anschlußspannung gleiche Phasenlage, so kann die Steuerung auch mit einem Stelltransformator vor dem Saugkreis ausgeführt werden. Bild 8.9 zeigt Ergebnisse von der Analogsimulation dieses Steuerverfahrens. Es zeigt sich, daß die Herabsetzung zwar zu einer kontinuierlichen Leistungssteuerung führt, der Klirrfaktor aber eine Resonanzstelle aufweist, die auch im Kondensatorstrom sichtbar wird. Im geregelten Betrieb ($Q_N = 0$) sind diese Maxima weniger ausgeprägt. Bei der Zuschaltung der Spannung wird die wirksame Blindleistung bei sinkendem Klirrfaktor linear vergrößert. Der Kondensator muß allerdings für die höhere Spannung bemessen werden. Die Leistung des Zu- und Gegenschaltungstransformators hängt vom geforderten Stellbereich ab. Die Verstellgeschwindigkeit ist durch die Dynamik des Stellantriebs begrenzt [8.1].

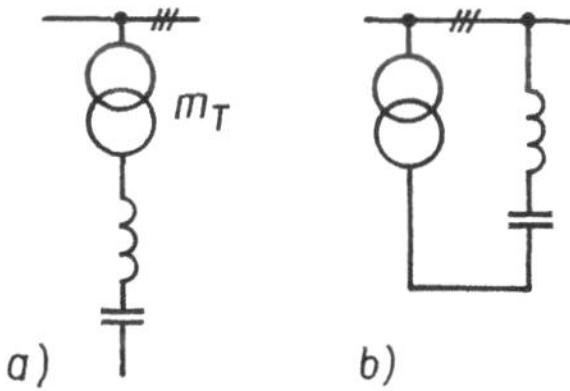

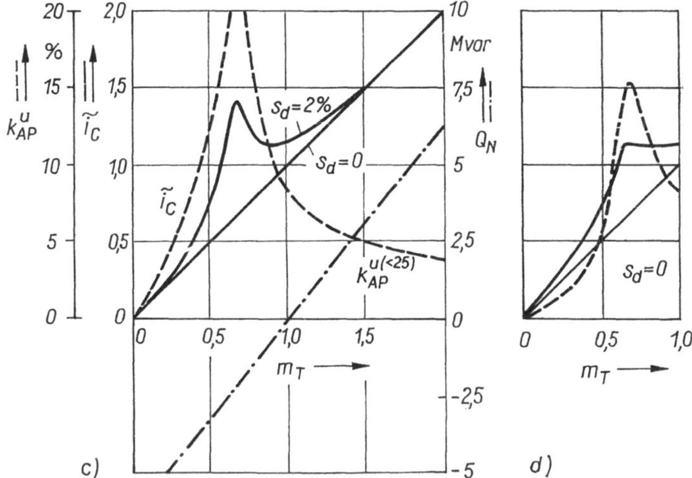

Bild 8.9. Grundfrequente Spannungssteuerung

a) mit Stelltrafo

b) mit Zu- und Gegenschaltung

c) Verhalten bei Steuerung

d) Verhalten bei Regelung auf $Q_N = 0$ (Analogsimulation)

Nach diesem Prinzip ist eine dynamische Kompensation möglich, wenn als Spannungsquelle ein Pulsstromrichter verwendet wird, der eine genügend gute Sinusspannung von Grundfrequenz erzeugen kann. Eine Vorstellung von der Wirksamkeit dieses Steuerverfahrens vermittelt Bild 8.10.

Wird an Stelle des Pulswechselrichters nur ein einfacher phasenfolgegelöschter Wechselrichter mit 120°-Einschaltung eingesetzt, der Rechteckspannung von Netzfrequenz erzeugt, kommt es wegen der ausgeprägten 5. Harmonischen zu starken Verzerrungen im Saug-

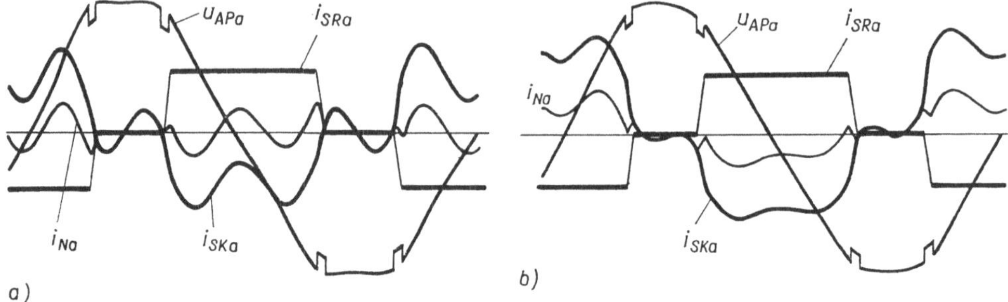

Bild 8.10. Grundfrequente Spannungssteuerung (Kurvenformen)

$\alpha = 90°$ $s_d = 2\%$ $l_d = 0{,}2$ $s_C = 2\%$ $\nu_{SK} = 4{,}4$

a) $m_T = 1$; $Q_N = 0$; $i_{SK} = 1{,}11$; $k_u^{AP} = 8{,}3\%$
b) $m_T = 1{,}5$; $Q_N = 3$ Mvar; $i_{SK} = 1{,}52$; $k_u^{AP} = 5\%$

kreisstrom. Dieses Steuerverfahren ist nicht verwendbar. Phasenfolgewechselrichter haben aber im Zusammenhang mit einer Induktivität als Blindstromrichter Bedeutung (vgl. Abschnitt 9.). Eine weitere Möglichkeit besteht in der Einkopplung von Rechteckspannungen von Abstimmfrequenz. Das Verfahren wurde von KNUTH zum Patent angemeldet [8.2]. Das Ziel besteht darin, durch abstimmfrequente Spannungen die Stromaufteilung in Saugkreisen gleicher Abstimmfrequenzen zu vergleichmäßigen. Eine Stellung der Grundschwingungsleistung ist damit jedoch nicht möglich. Bild 8.11 zeigt, wie die Saugkreisbeanspruchung durch Einkopplung einer Rechteckspannung verringert werden kann. Eine wirkungsvolle Kompensation der 5. Harmonischen ist jedoch nur möglich, wenn Amplitude und Phasenlage der Rechteckspannung der verzerrten Anschlußspannung angeglichen werden können [8.3].

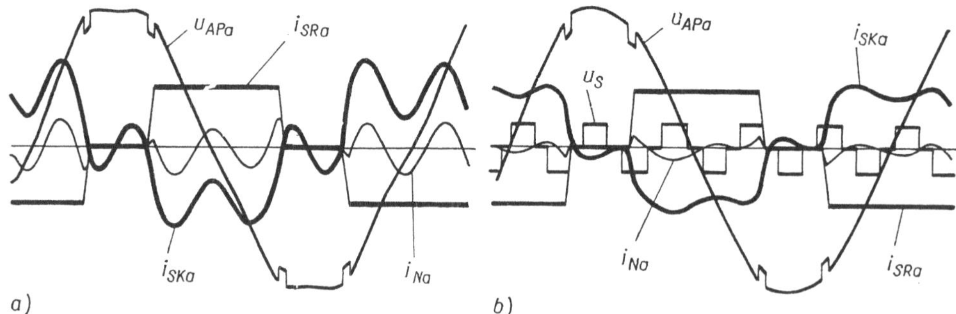

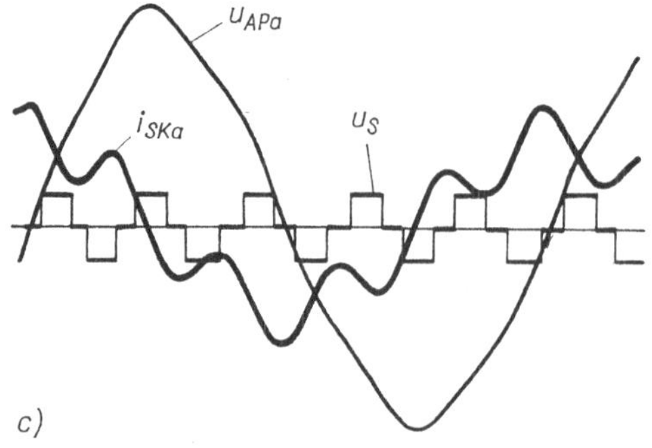

Bild 8.11. Spannungssteuerung mit Rechteckspannung der Ordnungszahl $\nu = 5$ (Kurvenformen – Analogsimulation)

$\alpha = 90°$ $s_C = 2\%$
$s_d = 2\%$ $\nu = 4.4$
$l_d = 0{,}2$

a) ohne Zusatzspannung
$k^u{}_{AP} = 7{,}7\%$ $i_C = 1{,}1$

b) mit Zusatzspannung
$k^u{}_{AP} = 4{,}6\%$ $i_C = 1{,}0$

c) mit Zusatzspannung, ohne Stromrichter

8.3.2. *Einkopplung der Kommutierungsimpulse*

Der Gedanke, Rechteckspannungen von Abstimmfrequenz in Saugkreise einzukoppeln, entsteht als Konsequenz der klassischen Frequenzanalyse der Saugkreiswirkung. Es liegt nahe, auch die in dieser Monographie eingeführte Zustandsbeschreibung konsequent zu Ende zu führen und mit ihrer Hilfe Stromrichter-Netzrückwirkungen fast vollständig zu beseitigen. Da als Wurzel aller Verzerrungen der Anschlußspannung die Kommutierungseinbrüche erkannt wurden, die durch das di_N/dt an der Netzinduktivität entstehen, wird vorgeschlagen, durch ein entsprechendes di/dt in einem Saugkreis die Kommutierungsenergie bereitzustellen und damit Kommutierungseinbrüche zu vermeiden. Das gelingt, wenn über die Spannung $u_{SK}(\tau)$ die negativen Kommutierungseinbrüche in den Saugkreis eingekoppelt werden. Bild 8.12 zeigt zunächst den kybernetischen Sachverhalt als Signalflußplan. Der gestrichelt markierte energetische Wirkungskreis der Netzrückwirkungen nach Bild 2.5 wird so erweitert, daß in den Saugkreis die Spannung u_{SK} mitgekoppelt wird, die aus der hoch verstärkten Differenz von Netz- und Anschlußspannung, also den Kommutierungseinbrüchen besteht. Technisch verwirklicht wird diese Struktur mit einem Pulswechselrichter nach Bild 8.13 mit geänderter Ansteuerung. Das Zusatzsignal u_{SK} bewirkt einen so verzerrten Saugkreisstrom, daß Δu_N sinusförmig wird und Kommutierungseinbrüche fast völlig verschwinden [8.3]. Der entgegengesetzte Effekt kann mit $V = 1$ und Gegenkopplung von u_{SK} erreicht werden. Der Saugkreis führt dann sinusförmigen Strom und trägt nicht mehr zum Abbau der Kommutierungseinbrüche bei. Als Beweis für die genannten Wirkungen zeigt Bild 8.14 Kurvenverläufe vom Analogrechner. Die ganz wesentliche Verbesserung des Netzstroms und der Anschlußspannung wird sichtbar [4.52], [8.4].

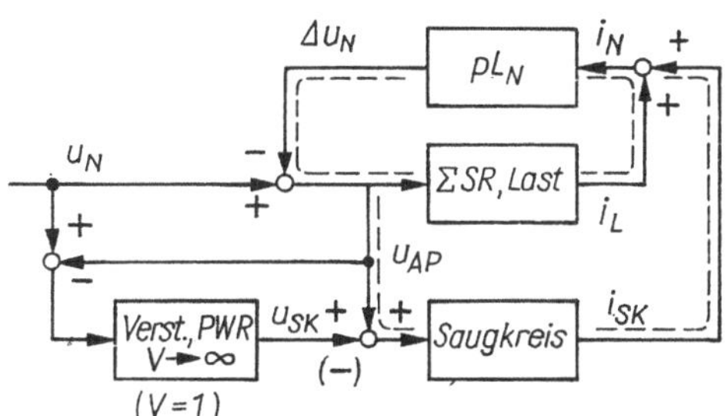

Bild 8.12. Einkopplung der Kommutierungsimpulse (Signalflußplan)
energetischer Wirkungskreis

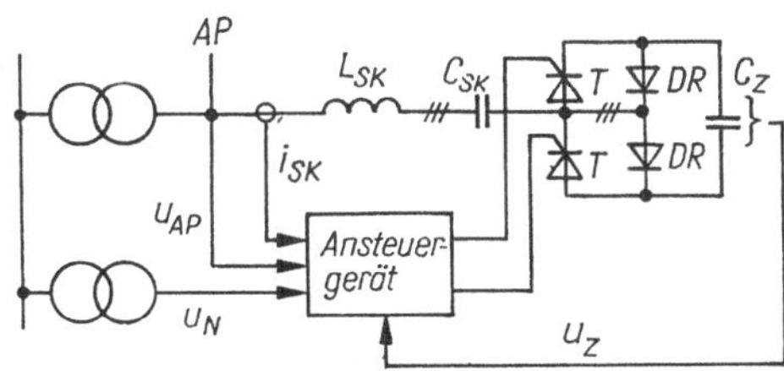

Bild 8.13. Impulseinkopplung (Prinzipschaltbild)

Es kann erwartet werden, daß die technische Lösung durch die derzeit forcierte Entwicklung der Pulswechselrichter für Drehstromantriebe unterstützt wird. Wird die Aufgabe des Pulswechselrichters auf Impulsbildung beschränkt, so können vereinfachte Schaltungen geringer Leistung zur Anwendung kommen. Andererseits besteht die Möglichkeit, in einem Stellglied die Impuls- und die Grundschwingungseinkopplung zu verwirklichen und somit Verzerrungs- *und* Blindleistungskompensation optimal zu lösen [8.5], [8.6].

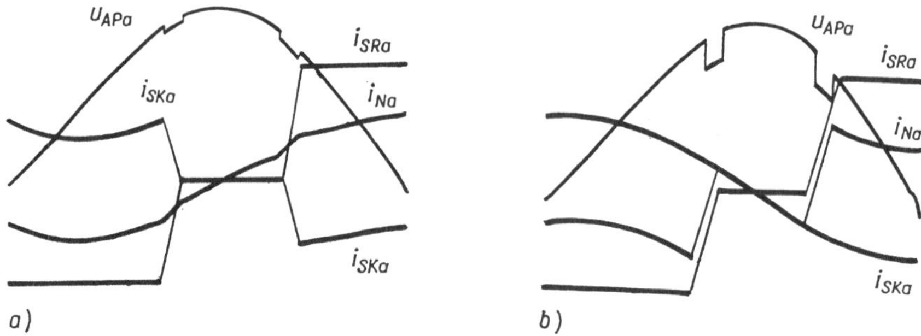

Bild 8.14. Impulseinkopplung (Kurvenformen – Analogsimulation)
$\alpha = 90°$ $s_d = 4\%$ $I_d = 0{,}2$ $s_C = 2\%$ $\nu = 4.4$
a) Mitkopplung $k_{AP}{}^{u} = 2\%$
b) Gegenkopplung $k_{AP}{}^{u} = 10\%$

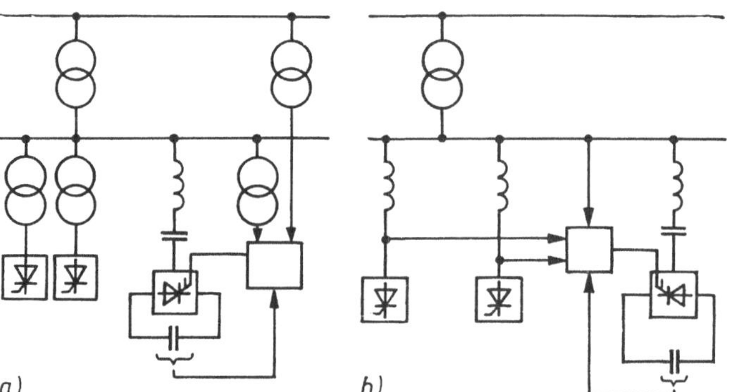

Bild 8.15. Impulseinkopplung (Ansteuervarianten)
a) Messung der Netz- und Anschlußspannung
b) Messung der Stromrichterspannung und der Anschlußspannung

Zur Ansteuerung des Impulsstellglieds sind verschiedene Varianten möglich, wie Bild 8.15 zeigt. Während die Bild 8.13 entsprechende Erfassung von u_N und u_{AP} über Wandler eine Lösung ist, ist es bei Kenntnis des Induktivitätsverhältnisses der Stromrichter auch möglich, die Kommutierungseinbrüche an den Stromrichtern abzugreifen oder aus den Steuerimpulsen und dem Stromistwert zu berechnen.
Das Verfahren der Impulseinkopplung dürfte vorzugsweise bei großen Einzelantrieben Bedeutung erlangen, die dann mit möglichst kleinen Abzweiginduktivitäten ausgerüstet werden können.

8.3.3. Ausschalten der Saugkreisdrossel

Die Impulseinkopplung bewirkt letztenendes die kurzzeitige Umwandlung des Saugkreises in einen Kondensator. Demnach ist es möglich, an ihrer Stelle eine für die Kommutierungsdauer wirksame Überbrückung der Saugkreisdrossel mit einer dazu geeigneten Schaltungsanordnung vorzunehmen. Zwei in [8.7] vorgeschlagene Lösungen zeigt Bild 8.16.
Die passive Drosselbeschaltung hat den Nachteil, daß sie wegen des notwendigen Dämpfungswiderstands verlustbehaftet und nur wenig wirksam ist, wie einige Ergebnisse im Bild 8.17 zeigen. Ihre Anwendung kann vor allem bei großem Induktivitätsverhältnis und damit schmalen und tiefen Einbrüchen empfohlen werden.

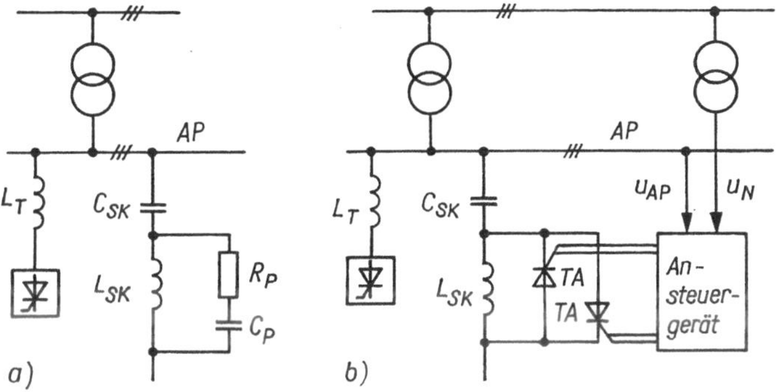

Bild 8.16. Abschalten der Saugkreisinduktivität (Prinzipschaltbild)

a) passive RC-Beschaltung

b) mit löschbarem Zweigwegschalter

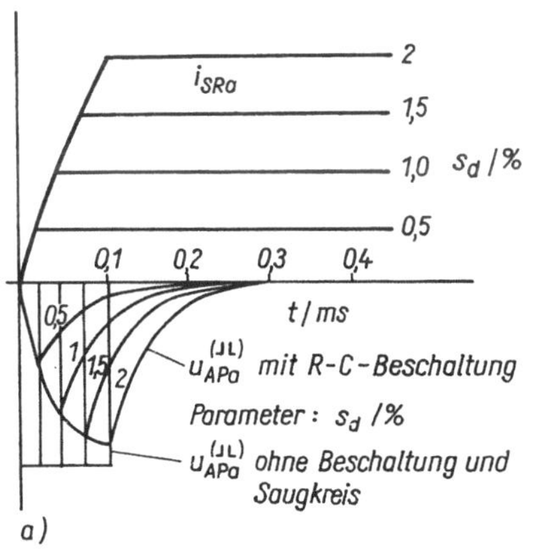

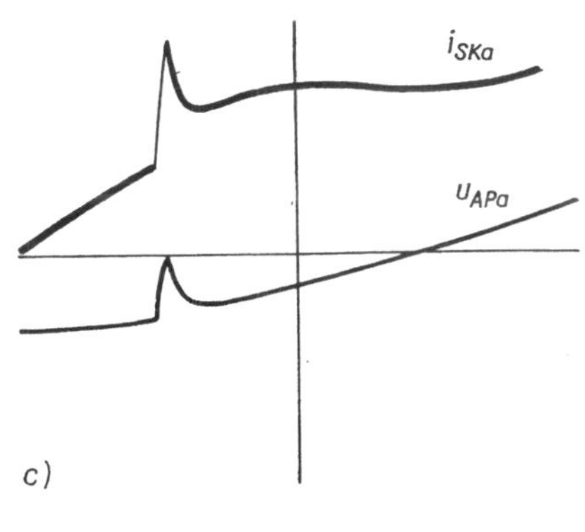

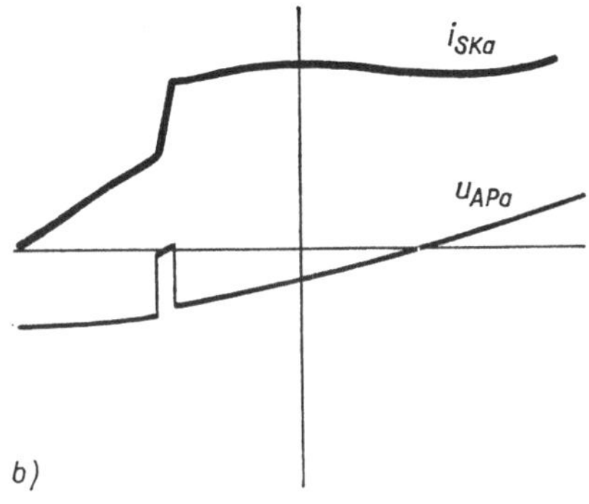

Bild 8.17. Passive Saugkreisbeschaltung (Kurvenformen)

a) Analogsimulation der Sprung- und Impulsantwort
$\alpha = 90°$ $l_d = 0{,}5$ $s_C = 1{,}8\%$ $\varrho_{SK} = 15$ $\nu_{SK} = 4{,}4$
$C_P/C_{SK} = 0{,}1$ $R_P = 2\,L_{SK}/C_P$

b) Messung ohne Beschaltung
$\alpha = 90°$ $s_d = 3\%$ $l_d = 0{,}6$ $s_C = 1{,}8\%$ $\nu_{SK} = 4{,}4$
$\varrho_{SK} = 20$ $k_{AP}{}^u = 5{,}2\%$

c) Messung mit Beschaltung $k_{AP}^u = 4{,}2\%$

Mit der Anwendbarkeit abschaltbarer Thyristoren, gegebenenfalls auch Transistoren, wird die Lösung mit elektronischem Zweiwegschalter diskutabel und voraussichtlich einfacher als die Impulseinkopplung. Die Ansteuerung kann in gleicher Weise wie im Bild 8.15 vorgenommen werden. Eine Variation der Grundschwingungsblindleistung ist damit jedoch nicht möglich. Die Entwicklungsarbeit der nächsten Jahre wird zeigen, welche Variante mit gegenwärtig verfügbaren Bauelementen ökonomisch günstiger ist.

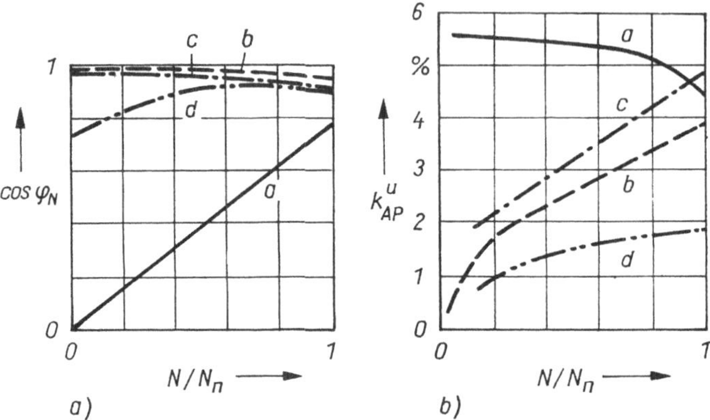

Bild 8.18. Vergleich der Netzrückwirkungen von Drehstromantrieben

$M_w = M_n$ drehzahlunabhängig

a) Leistungsfaktor

b) begrenzter Klirrfaktor der Anschlußspannung

Kurve *a* —— Stromwechselrichter, ideale Glättung, $l_d = 0{,}2$ $s_d = 2\%$ (Simulation)

b - - - Pulswechselrichter, ideale Glättung, $l_d = 0{,}5$ $s_{d\,max} = 2\%$ (Simulation)

c – . – Pulswechselrichter mit LC-Filter, $l_d = 1{,}0$ $s_{d\,max} = 2\%$ (Messung)

d –·· – Pulsgleichrichter, netzsynchron gepulst, $l_d = 0{,}5$ $s_{d\,max}$ $2\% =$ (Messung)

8.4. Speisung von Zwischenkreisen für Umrichter

8.4.1. Charakteristik und Anwendungsgebiet

Mit der weiteren Verbreitung der Drehstromantriebstechnik und Elektrotechnologie werden zunehmend Gleichspannungs- und Gleichstrom-Zwischenkreise indirekter Umrichter über Stromrichter aus dem Drehstromnetz eingespeist. Bei der Bewertung der dadurch hervorgerufenen Netzrückwirkungen müssen einige Besonderheiten gegenüber Gleichstromantrieben beachtet werden, wobei auch hier wieder die Aspekte Blindleistungsbedarf und Verzerrung der Anschlußspannung betrachtet werden sollen [8.8], [8.9]. Verbreitet sind:

- Gleichspannungs-Zwischenkreise mit LC- oder RC-Filter und konstanter Spannung für Pulswechselrichter
- Gleichspannungs-Zwischenkreise mit LC- oder RC-Filter und veränderlicher Spannung für ungepulste Wechselrichter
- Gleichstrom-Zwischenkreise für Stromwechselrichter, Stromrichtermotoren und Schwingkreiswechselrichter

Da der Zwischenkreis für eine hinreichende Entkopplung von Primär- und Sekundärnetz sorgt, ist es im Normalfall ausreichend für die netzseitige Betrachtung, von idealisiertem Zwischenkreisverhalten auszugehen.

8.4.2. Gleichspannungs-Zwischenkreis

Die Speisung des LC- oder RC-Zwischenkreises erfolgt hier mit einem ungesteuerten netzgelöschten Gleichrichter. Hauptvorteil aus energetischer Sicht ist der Wegfall der Steuerblindleistung, so daß für den Leistungsfaktor im gesamten Drehzahlstellbereich des Antriebs

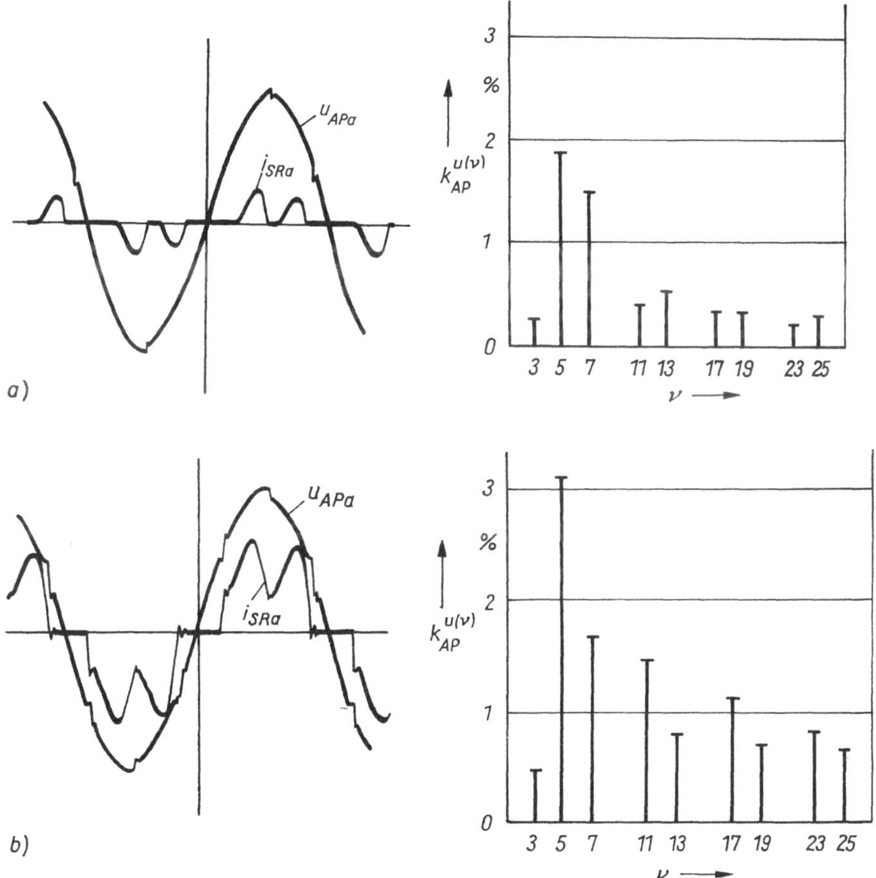

Bild 8.19. Netzeingangsgrößen eines Pulsumrichters mit Spannungszwischenkreis (Kurvenform und Spektrum)

$f_2 = 50$ Hz $\quad l_d = 1{,}0$

a) $s_d = 0{,}6\%$; $k_{AP} = 2{,}4\%$; $a_{max} = 7\%$ b) $s_d = 1{,}8\%$; $k_{AP} = 4{,}5\%$; $a_{max} = 10\%$

sehr gute Werte entstehen. Im Bild 8.18a wird der Vergleich unterschiedlicher Antriebslösungen bei drehzahlunabhängigem Drehmoment möglich. Laststöße am Antrieb werden als Wirkleistungsstöße ins Netz weitergegeben, so daß nur kleine Spannungsschwankungen entstehen.

Die durch den begrenzten Klirrfaktor ausgedrückte Verzerrung der Anschlußspannung ist ebenfalls gegenüber dem Gleichstromantrieb geringer, wobei Kurve *b* im Bild 8.18b den theoretischen Grenzwert bei ideal geglättetem Strom darstellt. Das Schwingverhalten des LC-Filters sorgt jedoch für einen stark welligen Gleichstrom, wie die Oszillogramme im Bild 8.19 zeigen. Die Stromverläufe sind von erzwungenen Schwingungen mit sechsfacher Frequenz überlagert, was sich im Spektrum durch eine mit der Belastung stark wachsende 5. Harmonische bei etwa unveränderlicher 7. Harmonischer auswirkt. Die dem Netzstrom entsprechende typische Verzerrung der Anschlußspannung weist Spannungssprünge auf, die maximale Augenblickswertabweichung a_{max} wird aber sogar bei $l_d = 1$ ($L_T = 0$) nicht kritisch. Kommutierungsdrosseln dienen zur Entkopplung der Kommutierungsvorgänge beim Parallelbetrieb mehrerer Umrichter und zur Verrichtung des Klirrfaktors [8.10].

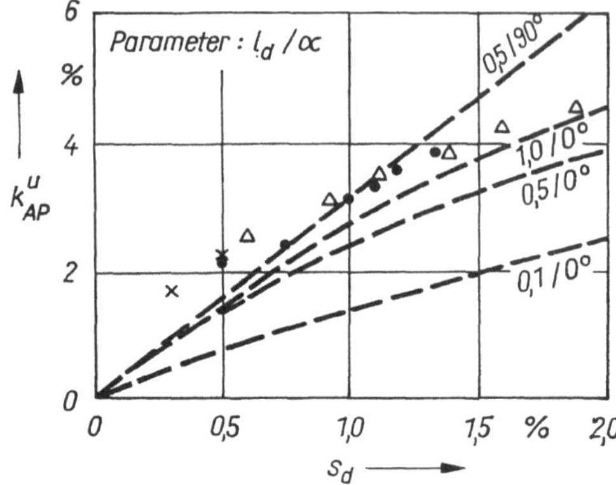

Bild 8.20. Klirrfaktor der Anschlußspannung für Pulsumrichter
l_d = 1,0
Meßpunkte × f_2 = 10 Hz · f_2 = 30 Hz
△ f_2 = 50 Hz
– – – Rechenwerte für ideale Glättung

Bemerkenswert ist, daß der Klirrfaktor nicht von der Ausgangsfrequenz des Pulswechselrichters, wohl aber von l_d, der Auslegung des LC-Filters und dem Stromrichter-Leistungsverhältnis s_d abhängt, wie Messungen im Bild 8.20 belegen. Erst bei großen s_d-Werten entsteht eine deutlich kleinere Verzerrung gegenüber gesteuerten Stromrichtern. Ist am Anschlußpunkt eine Blindleistungskompensation notwendig, so sollten wegen der deutlich dominierenden 5. Harmonischen bereits bei s_d-Werten oberhalb von 1% induktiv verstimmte Saugkreise eingesetzt werden. Eine weitere Besonderheit besteht darin, daß sich die Pegel der beim Parallelbetrieb auftretenden Harmonischen arithmetisch addieren, so daß nicht wie bei gesteuerten Stromrichtern mit einer teilweisen Auslöschung und damit s_d-Reduktion gerechnet werden kann. Eine Veränderung der Zwischenkreisspannung kann durch Einschalten eines Gleichspannungs-Pulsstellers (vgl. Abschnitt 4.3.) erreicht werden. Im Bild 8.18 sind die Kennlinien eines solchen, netzfreundlich gesteuerten Kombinationsstromrichters mit enthalten, wobei insbesondere auf den stark abgesenkten Klirrfaktor verwiesen werden soll, der durch netzsynchrone, einem Zündmuster folgende Ansteuerung des Stellers erreicht wird [8.11], [8.12].

8.4.3. Gleichstrom-Zwischenkreis

Der Gleichstrom-Zwischenkreis wird mit einem gesteuerten Stromrichter gespeist, wobei sich kaum Unterschiede zum Gleichstrom-Antrieb ergeben [8.13]. Der Leistungsfaktor ist stark drehzahlabhängig und schlechter als im Fall nach Abschnitt 8.4.2. Beim trafolosen Anschluß des Umrichters ergibt sich ein nach oben begrenzter Stellbereich, der auch bei Nenndrehzahl des Motors nicht mehr als den Nennleistungsfaktor des Motors zuläßt. Wesentlicher Vorteil ist hier die problemlose Umkehr der Energierichtung und der Drehrichtung des Motors ohne Umkehrstromrichter im Eingang.
Laststöße des Antriebs werden als Steuerwinkel- und Gleichstromänderungen im Eingangsstromrichter wirksam und bilden sich daher im Netz wesentlich als Blindleistungsschwankung ab. Größere Spannungsschwankungen sind die Folge.
Die Verzerrung der Anschlußspannung erfolgt durch die Kommutierungseinbrüche und die Welligkeit des Gleichstroms. Der Klirrfaktor hängt von α und s_d ab, wie im Bild 8.16b gezeigt ist. Wegen des schlechten Leistungsfaktors dürfte in den meisten Fällen eine Kompensation erforderlich sein, deren Auslegung nach den behandelten Grundsätzen erfolgen kann.

9. Dynamische Kompensation

9.1. Grundlagen der dynamischen Kompensation

9.1.1. Notwendigkeit und Anwendungsgebiete

Der Blindleistungsbedarf eines netzgelöschten Stromrichters ergibt sich bei Vernachlässigung von Kommutierungs-, Magnetisierungs- und Verzerrungsblindleistung nach Gl. (5.37):

$$q(t) = U_{\mathrm{di0}} i_{\mathrm{d}}(t) \sin \alpha(t) \qquad (9.1)$$

Speist der Stromrichter einen Antrieb, so werden $i_{\mathrm{d}}(t)$ und $\alpha(t)$ ohne Rücksicht auf den Blindleistungsbedarf durch Regelung der Antriebsaufgabe angepaßt. Es entsteht ein typisches Blindleistungsspiel (vgl. Bild 5.14) mit besonders großen Änderungen in Beschleunigungsphasen und bei Laststößen. Als Richtwerte können $\Delta Q_{\max}/P_{\mathrm{d0}} \approx 1{,}5$ mit $T = 10$ s für Blockwalzwerke und $\Delta Q_{\max}/P_{\mathrm{d0}} \approx 2{,}0$ mit $T = 100$ s für Schachtförderanlagen angesehen werden. Während Drehstrom-Stromrichter symmetrische Blindleistung beziehen, sind andere dynamische Blindleistungsverbraucher, wie z. B. Lichtbogenöfen, Schweißmaschinen, u. U. auch stark unsymmetrisch. Im weiteren werden nur symmetrische Verfahren der dynamischen Kompensation behandelt.

Die Notwendigkeit zur Kompensation von Blindleistung besteht aus gesetzlichen und tariflichen Gründen hinsichtlich des Mittelwerts an der Übergabestelle und aus Gründen der Begrenzung von Spannungsschwankungen am Anschlußpunkt oder der Übergabestelle. Zwar tragen auch Maßnahmen zur Mittelwertkompensation (Parallelkondensatoren, Saugkreise) zum Abbau von Spannungsschwankungen im Rahmen ihrer Rückwirkung auf die Anschlußspannung bei (vgl. Bild 6.10), es gibt aber Einsatzfälle, in denen das nicht ausreicht. Als mögliche Folgen von Spannungsschwankungen seien genannt:

- Flickern von Beleuchtungsanlagen
- Pendelungen von Drehfeldmaschinen mit Gefahr mechanischer Resonanzen
- Ausgleichsvorgänge in Kondensatoranlagen
- Störungen in Steuer-, Meß- und Überwachungseinrichtungen

Zum Abbau von Spannungsschwankungen eignen sich Kompensationseinrichtungen, die durch dynamisch hochwertige Variation ihres Blindleistungsbedarfs im Parallelbetrieb mit Stromrichtern den Blindleistungsbedarf im Netzzweig vergleichmäßigen. Aus Aufwandsgründen begnügt man sich mit einer Teilkompensation, die für die Einhaltung der Schwankungstoleranzen der Spannung ausreicht. Die Zahl der Stromrichteranlagen, für die dynamische Kompensation gefordert werden muß, ist noch gering, in der Tendenz aber steigend, da immer mehr Netze die Qualitätsgrenzen erreichen. Unabhängig davon werden Kompensationseinrichtungen in Netzen als Stellglieder zur Spannungsregelung eingesetzt.

9.1.2. *Kompensationsprinzipien*

Zur dynamischen Kompensation können Schaltungen mit variablem induktivem oder kapazitivem Blindleistungsbedarf eingesetzt werden. Im ersten Fall muß unter Beteiligung einer großen Kondensatoranlage Stromrichterblindleistung indirekt, im letzten Fall kann direkt kompensiert werden (vgl. Tabelle 4.7). Einige technische Lösungen gestatten die Umkehr ihres Blindleistungsverhaltens. Die große Vielfalt von ausgeführten Anlagen und Lösungsvorschlägen kann auf drei grundsätzlich unterschiedliche Kompensationsprinzipien zurückgeführt werden, die im Bild 9.1 grafisch veranschaulicht sind [9.1] bis [9.3]. Es wird die Aufgabe gelöst, ein idealisiertes Blindlastspiel durch variable Kompensation und Festkompensation so umzuwandeln, daß im Netzzweig ein Blindlastspiel entsteht, das zulässige Spannungsschwankungen verursacht. Die Blindleistungsänderung sei unverzögert möglich [9.4].
Bild 9.1 läßt eine erste grobe Wertung zu, die später unter Bezug auf technische und ökonomische Kriterien zu erweitern ist. Dabei schneidet das Prinzip »direkte Kompensation mit Richtungsumkehr« am besten ab. Die Bauleistung des Stellglieds für Q_{dyn} ist nur etwa die Hälfte der bei anderen Prinzipien. Außerdem entspricht die Festkompensation Q_{F} etwa dem geforderten Mittelwert $\bar{Q}$, so daß der Betrieb bei Ausfall des Stellglieds mit verschlechterter Spannungsqualität voll weitergehen kann. Den größten Bauaufwand erfordern Lösungen nach dem Prinzip »indirekte Kompensation«. Die Festkompensation muß im allgemeinen als Saugkreisanlage ausgeführt werden, zumal die meisten Stellglieder zusätzliche Verzerrungen der Anschlußspannung hervorrufen.
Wesentliches Kriterium bei der Auswahl von technischen Lösungen ist nach Aufwand, Zuverlässigkeit und Verlustverhalten die Schnelligkeit. Auf sie haben die Schnelligkeit der Bereitstellung eines Blindleistungs-Meßwerts und die mögliche Schnelligkeit des Stellglieds Einfluß [9.5], [9.6]. Im Zusammenhang mit der Messung von Blindleistung wird deren Definition bedeutungsvoll. Es kann zwischen Mittelwert-Messung über eine halbe oder ganze Periode, Messung durch intervallweise gesteuerte Integration oder Augenblickswert-Messung unterschieden werden [2.56], (vgl. Abschnitt 2.6.). Stellglieder sind dynamisch mit Verzögerungen und/oder infolge der abtastenden Arbeitsweise von Ventilschaltungen mit Totzeiten behaftet, so daß eine ideale Kompensation nicht möglich ist.
Bei der meist vorliegenden Aufgabe, Grenzleistungsantriebe zu kompensieren, ist es möglich, die Kompensation dadurch zu beschleunigen, daß die Informationsverarbeitungseinheiten im Sinne einer Störgrößenaufschaltung verbunden werden. Gegenüber der Anregelzeit von etwa 100 ms, die eine Blindleistungsmaschine benötigt, sind leistungselektronische Kompensationsverfahren mit 5 bis 40 ms doch erheblich schneller. Sie sind in der Lage, dynamische Auswirkungen von Stromrichtern auf das Netz wirksam zu begrenzen.

9.2. Direkte Kompensation ohne Richtungsumkehr

Die stufenlose Steuerung der Blindleistung eines Leistungskondensators ist über Anschnittsteuerung wegen auftretender Ausgleichsvorgänge und hoher Ventilbeanspruchungen nicht möglich. Es sind zwar Schaltungen bekanntgeworden, die durch impulsförmiges Aufladen

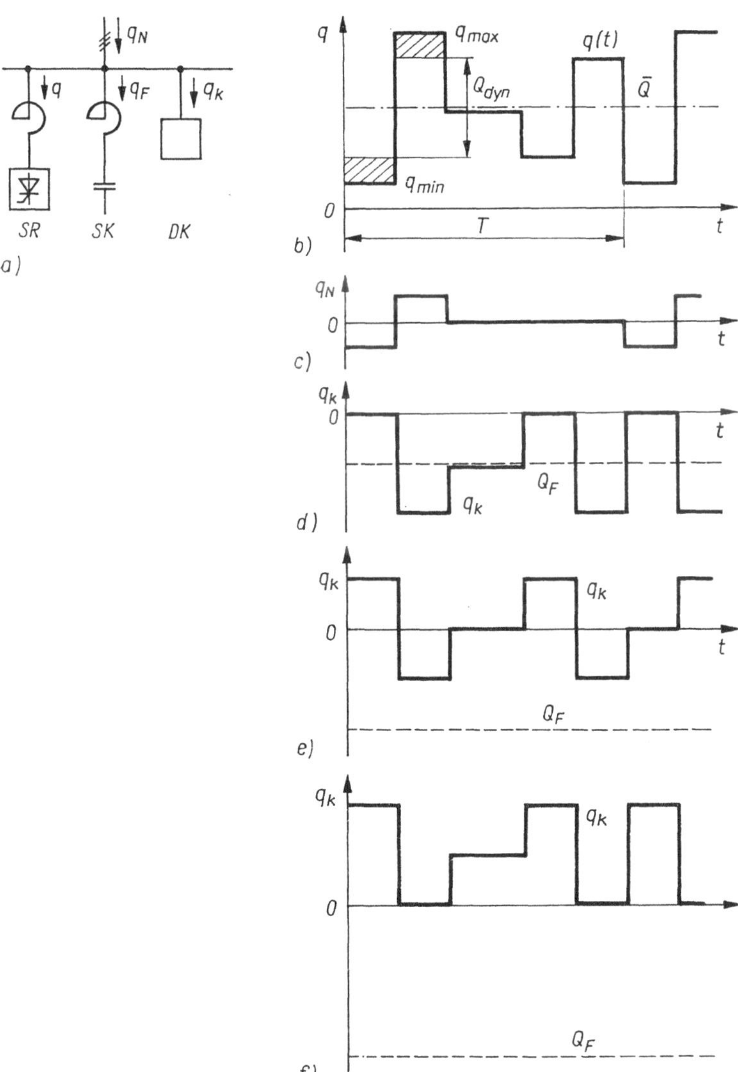

Bild 9.1. Kompensationsprinzipien (idealisierte Betrachtung)

a) Struktur und beteiligte Komponenten

b) Blindleistungsspiel des Stromrichters

- $\bar{Q}_{dyn}$ Blindleistungshub
- $\bar{Q}$ Mittelwert des Spiels
- T Spieldauer
- DK dynamische Kompensationseinrichtung

c) im Netzzweig zulässige Blindleistung ($\bar{Q}_N = 0$)

d) direkte Kompensation ohne Richtungsumkehr

- Q_F Festkompensation

e) direkte Kompensation mit Richtungsumkehr

f) indirekte Kompensation

des Kondensators über Hilfsventile auf einstellbar feste Spannungen eine stufenlose Steuerung ermöglichen [9.7], technisch durchgesetzt haben sich aber Lösungen mit thyristorgeschalteten Kondensatoren [9.8]. Durch die Anordnung mehrerer Schalteinheiten werden ausreichend viele diskrete Kompensationsstufen bereitgestellt.

9.2.1. *Thyristorgeschaltete Kondensatoren – Wirkprinzip*

Mit Hilfe netzsynchron betätigter leistungselektronischer Wechselstromschalter in Form antiparalleler Ventile sind Leistungskondensatoren oder Saugkreise so einzuschalten, daß Ausgleichsvorgänge vermieden werden können [9.9]. Als Schaltzeitpunkt muß der Scheitelwert der Anschlußspannung und als Anfangsbedingung die Vorauf ladung des Kondensators auf eine dem Scheitelwert entsprechende Gleichspannung eingehalten werden. Daraus folgt, daß die Möglichkeit zum Zuschalten von Schalteinheiten nur einmal je Periode oder, wenn auf unterschiedliche Polarität aufgeladene Kondensatoren bereitstehen, auch zweimal je Periode besteht.

Das Wirkprinzip kann an Hand von Bild 9.2 verfolgt werden [9.10]. Durch den vollgesteuerten Thyristorschalter wird ein aus L und C bestehender Reihenschwingkreis eingeschaltet, wenn die Anschlußspannung ihren Scheitelwert erreicht (B). Die Induktivität kann entweder so groß sein, daß sie eine Abstimmfrequenz unterhalb der Ordnungszahl $\nu = 5$ bewirkt (induktiv verstimmter Saugkreis), oder sie wirkt nur als kleine Strombegrenzungsdrossel zum

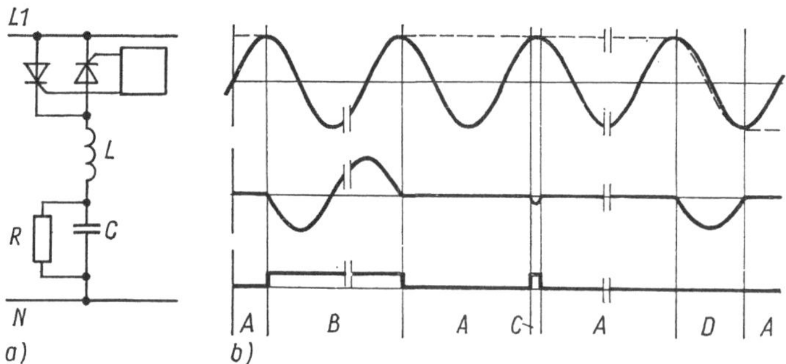

Bild 9.2. Thyristorschalter steuert Kondensator oder Saugkreis (Wirkprinzip)

a) Struktur

b) Wirkungsweise

A Schalter ausgeschaltet
B Schalter eingeschaltet
C Kondensator-Nachladung
D Kondensator-Umladung

Ausgleich der in praktischen Anlagen nicht vermeidbaren Spannungsdifferenz im Schaltaugenblick. Das Ausschalten erfolgt durch Sperren der Steuerimpulse mit anschließendem natürlichem Verlöschen der Ventile bei Stromnulldurchgang und Spannungsmaximum (A). Zur Ladungserhaltung werden die Ventile periodisch kurzzeitig kurz vor dem Spannungsmaximum gezündet (C). Werden Leistungskondensatoren verwendet, die nicht längere Zeit mit Gleichspannung beansprucht werden dürfen, dann muß ebenfalls über Ansteuerung der Ventile für eine periodische Umpolung der Anfangsspannung gesorgt werden (D).

Die Signalverarbeitung zur Ansteuerung der Ventile weicht erheblich von der Technik netzgelöschter Stromrichter ab. Mit besonderem Vorteil können programmierbare Strukturen eingesetzt werden.

9.2.2. *Kompensationsanlagen*

Kompensationsanlagen bestehen aus mehreren Schalteinheiten nach Bild 9.2, wobei für die Kompensation unsymmetrischer Blindleistungen die getrennte Steuerung der Stränge möglich ist und bei symmetrischen Verbrauchern Drehstrom-Schalteinheiten ausgeführt werden. Für NS-Anlagen mit gleichspannungsfesten Kondensatoren eignet sich die weniger aufwendige halbgesteuerte Schalterausführung [9.10]. Bei MS-Anlagen kann je nach Spannungsebene bereits der direkte Netzanschluß realisiert werden, oder es wird der Kompensationsanlage ein eigener Transformator MS/1 kV vorgeschaltet. Dieser Transformator bestimmt wesentlich die Dauerverfügbarkeit der Gesamtanlage. Aus Resonanzgründen müssen MS-Anlagen als Saugkreise ausgebildet werden. Bild 9.3 zeigt die Struktur einer von der schwedischen Firma ASEA ausgeführten, seit 1972 in Betrieb befindlichen MS-Anlage [9.11]. NS-Anlagen können als Kondensatoranlagen ausgeführt werden, wenn ihre thermische Beanspruchung nach Abschnitt 6. zulässig bleibt.

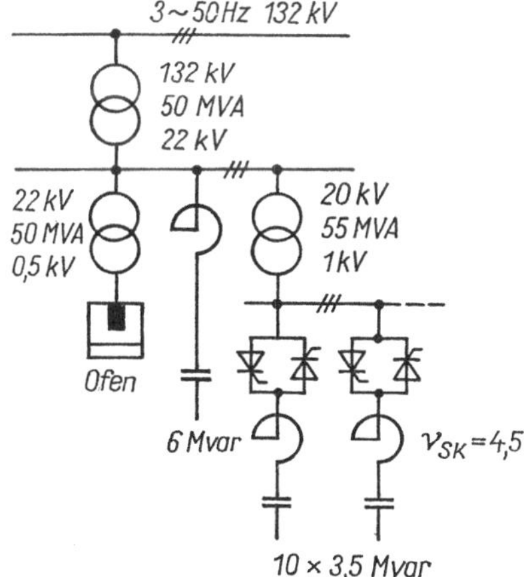

Bild 9.3. 20-kV-Kompensationsanlage für eine Ofenschiene mit thyristorgeschalteten Saugkreisen

9.3. Direkte Kompensation mit Richtungsumkehr

Die Möglichkeit der Richtungsumkehr der Blindleistungsaufnahme erfordert Stellglieder, die gegenüber der Anschlußspannung voreilende (kapazitive) und nacheilende (induktive) Stromkurvenformen erzeugen können. Als klassische Lösung wird dazu ein rotierender Phasenschieber verwendet, eine Synchronmaschine, die entweder leerlaufend nur Kompensationszwecken dient oder diese Aufgabe bei reichlicher Auslegung zusätzlich zu ihrer Antriebsaufgabe übernimmt [1.18]. Bei Selbstlöschung sind voreilende Stromkurven auch mit Stromrichtern zu erzeugen. Dienen solche Stromrichter ausschließlich Kompensationszwecken, werden sie als Blindstromrichter bezeichnet. Aus der Vielfalt der Möglichkeiten, Blindstromrichter aufzubauen, scheint sich für den mittleren und oberen Leistungsbereich der phasenfolgegelöschte Wechselrichter mit uneingespeistem Zwischenkreis als günstigste Variante herauszukristallisieren [9.12], [9.14].

9.3.1. Blindleistungsmaschinen

Bei Blindleistungsmaschinen wird das Betriebsverhalten der Synchronmaschine ausgenutzt, mit variabler Erregung deren Leistungsfaktor stufenlos ändern zu können. Stromrichtererregung und spezielle Regelungskonzeptionen gewährleisten ausreichende dynamische Eigenschaften [9.13]. Synchronmaschinen tragen mit ihren transienten Eigenschaften zur Vergrößerung der Kurzschlußleistung und damit zum Abbau von Netzrückwirkungen bei. Bei ihrer Auslegung sind die zulässigen Qualitätswerte in Industrienetzen zu beachten. Als Anwendungsbeispiel zeigt Bild 9.4 die Ausführung zweier parallelarbeitender Schachtförderanlagen, von denen eine mit einem ILLGNER-Umformer, die andere mit Stromrichterspeisung betrieben wird [1.50]. Durch reichliche Auslegung des Umformers ist dieser in der Lage, Blindleistungsschwankungen der Stromrichterantriebe abzubauen.

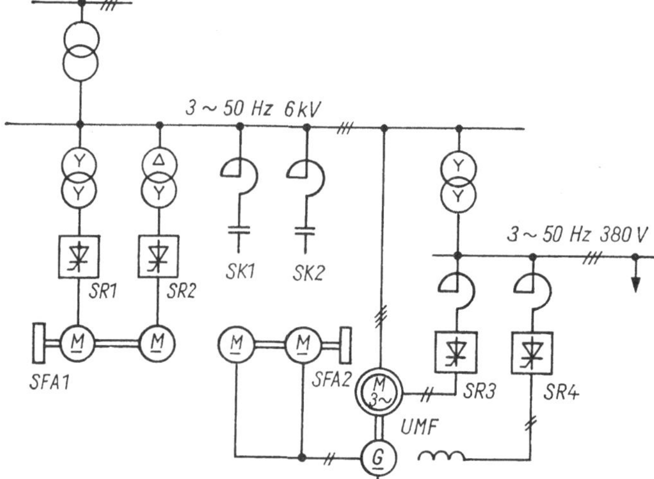

Bild 9.4. Verbundbetrieb zweier Schachtförderanlagen mit rotierendem Umformer und Thyristor-Stromrichter

SFA1; 2 Schachtförderanlagen
SR1; 2 Ankerstromrichter
SR3; 4 Feldstromrichter
UMF ILLGNER-Umformer

9.3.2. Blindstromrichter

Die Idee, durch Selbstlöschung bei Stromrichtern voreilende Stromkurven zu erzeugen, entstand bereits in den dreißiger Jahren. Wesentliche Beiträge zur technischen Lösung und Anwendung für die Steuerung von Blindleistung sind in den Arbeiten von ŽUKOV u. a. und HÄUSLER zusammengefaßt [9.7], [9.14], [9.15]. An der TU Dresden wurden in den Jahren 1969 bis 1971 von G. LANGE eine zur Frequenzsteuerung von Drehstrommotoren aufgebaute Versuchsanlage als Blindstromrichter untersucht und Entwurfsrichtlinien erarbeitet [9.16]. Auf dem Weltkongreß 1977 wurde von GOLDE eine 40-kvar-Versuchsanlage vorgestellt, nach deren Muster heute eine Reihe von Blindstromrichtern im Mvar-Bereich im Betriebseinsatz in Walzwerken der DDR arbeiten [9.12], [9.17].

Blindstromrichter sind mit dem Drehstromnetz synchron angesteuerte Gleichrichter, bei denen im Gleichstromkreis die Gleichung

$$P_d = U_d I_d = 0 \tag{9.2}$$

dadurch erfüllt wird, daß einer der beiden Faktoren Null gehalten wird. Verlustleistungen deckt das Drehstromnetz, so daß keine Einspeisung im Gleichstromkreis nötig ist. Die beiden möglichen Lösungswege von Gl. (9.2) zeigt Bild 9.5.

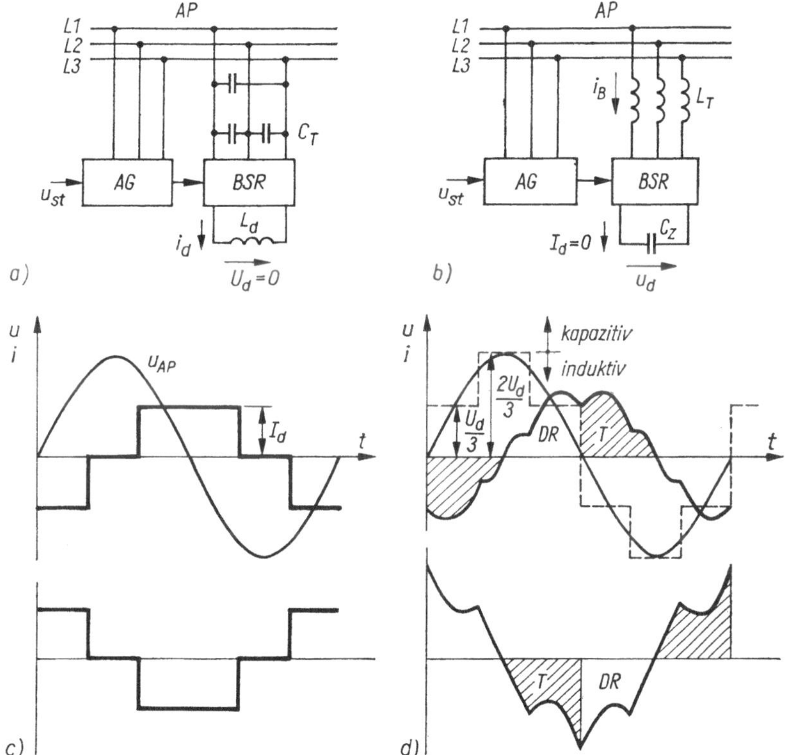

Bild 9.5. Blindstromrichter (vereinfachtes Wirkprinzip)

AG Ansteuergerät
BSR Blindstromrichter
//// Stromführung im Hauptthyristor
DR Rückspeisediode

Eine mittlere Gleichspannung $U_d = 0$ mit induktivem Stromrichterstrom kann bereits mit normaler Netzlöschung erreicht werden. Dieser induktive Blindstromrichter wird uns im Abschnitt 9.4. wiederbegegnen. Mit Selbstlöschung der Ventile ist es möglich, bei $U_d = 0$ einen um 180° phasenverschobenen, also kapazitiven Strom fließen zu lassen (Bild 9.5c). Zur Glättung und Kontinuität des Gleichstroms dient eine Drossel im Gleichstromkreis. Bezüglich der Netzrückwirkungen wirkt der Blindstromrichter wie ein netzgelöschter Stromrichter. Nachteile des Gleichstrom-Abschlusses sind die nur unstetig über einen Phasensprung mögliche Umsteuerung der Blindleistung und Schwierigkeiten der Ventillöschung im Leerlauf (vgl. Abschnitt 4.3.).
Diese Nachteile sind vermeidbar, wenn eine Struktur mit Gleichspannungs-Abschluß und Zwischenkreis-Kondensator entsprechend Bild 1.16 eingesetzt wird [9.16]. Die Ventillöschung erfolgt ausgehend von der stets vorhandenen Gleichspannung oder als Phasenfolgelöschung. Die Stromkurve teilt sich mit einer Zeitdauer von je 90° auf Hauptthyristor und Rückspeisediode auf (Bild 9.5d). Die Kurvenformen des Kompensationsstromes entsprechen etwa dem Betriebsstrom spannungswechselrichtergespeister Drehstrommotoren im Leerlauf ($\cos\varphi \ll 1$), so daß Analyse- und Simulationsverfahren daher übernommen werden können [9.15], [9.17]. Die Umsteuerung ist stetig möglich. Durch ihre Wirkungsweise, hinter der Abzweiginduktivität L_T eine rechteckförmige Spannung bereitzustellen (vgl. Abschnitt 1.3.), entstehen charakteristische Netzrückwirkungen am Anschlußpunkt, die durch die Größen von L_T und C_Z beeinflußt und durch Kondensatorstrukturen abgebaut werden

können. Für Anlagen im Mvar-Bereich ist der Übergang zu zwölfpulsigen Anordnungen zweckmäßig. Die Höhe der Gleichspannung und damit des Blindstromes ergibt sich über eine Regelschleife, bei der eine geringe Steuerimpulsverschiebung als Stellgröße wirkt. Die Steuerkennlinie des Blindstromrichters weist eine Totzone von 90° bzw. 60° bei Phasenfolgelöschung auf, mit der die Reihenfolge der Stromführung von Hauptthyristor und Rückspeisediode umgekehrt wird.

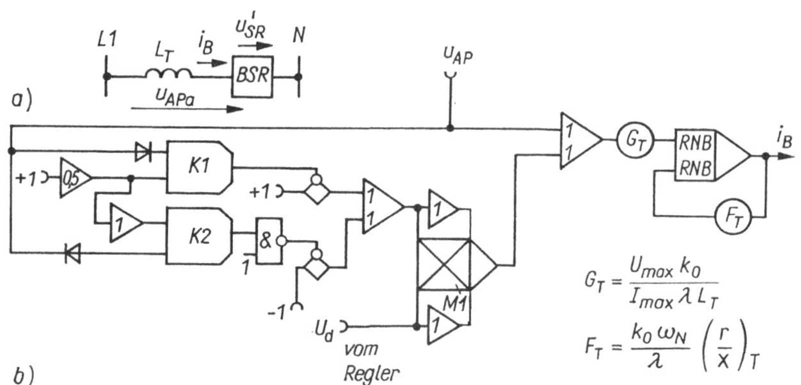

Bild 9.6. Kapazitiver Blindstromrichter (Simulationsprogramm)

K1: 2 elektronische Komparatoren *M1* Multiplizierer

a) Ersatzschaltbild

b) Analogprogramm für Anschluß über Transformator mit Schaltgruppe *Dy5*

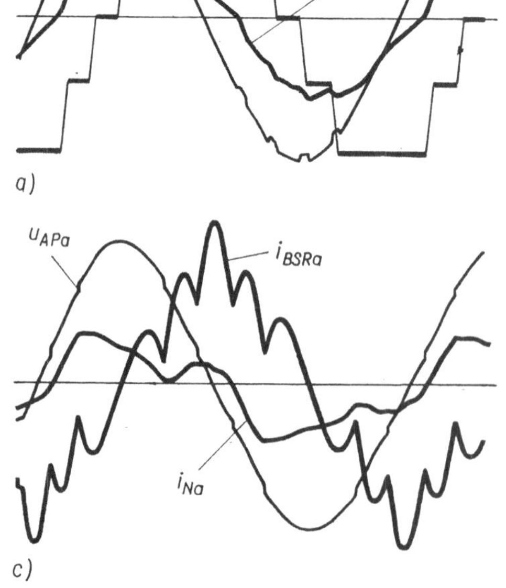

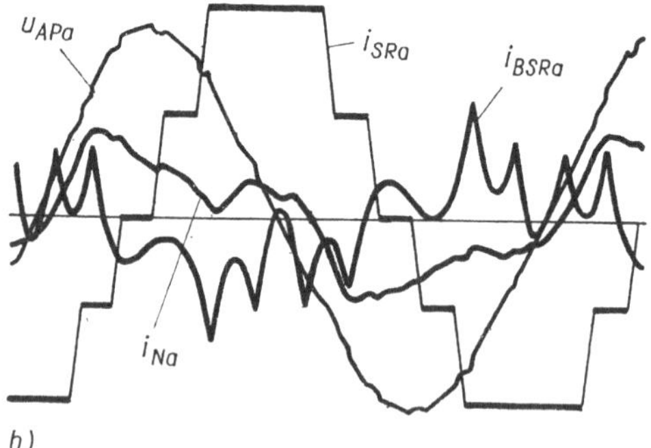

Bild 9.7. Kompensation eines quasi-zwölfpulsigen Stromrichters mit Blindstromrichter (Kurvenformen – Analogsimulation)

$\alpha = 90°$ $s_d = 5\%$ $I_d = 0,2$ (Anlauf)

Saugkreise: SK5, SK7, SK11, $s_{C\Sigma} = 5\%$

a) ohne BSR

9,8 kV $k_{AP}{}^u = 3,1\%$ $a_{max} = 3,5\%$

b) mit BSR

10 kV $k_{AP}{}^u = 5,2\%$ $a_{max} = 6,0\%$ $(Q_N = 0)$

c) mit BSR, ohne SR

10 kV $k_{AP}{}^u = 3,6\%$ $a_{max} = 4\%$ $(Q_N = 0)$

Die Wirkung eines Blindstromrichters ist mit geringem Aufwand auf dem Analogrechner in Verbindung mit dem Echtzeit-Simulationsprogramm (vgl. Abschnitt 2.4.) nachzubilden, wobei auch verzerrte Anschlußspannungen und Saugkreiswirkungen einbezogen werden können. Bild 9.6 zeigt das Unterprogramm für einen Blindstromrichter, der über Transformator in Schaltgruppe *Dy 5* angeschlossen ist. Die Nachbildung der nur drei Spannungsniveaus enthaltenden Spannung vereinfacht das Programm. Zur Veranschaulichung der Kompensationswirkung dient Bild 9.7. Verglichen werden kann der Anlauf eines großen Antriebsstromrichters ohne und mit Blindstromrichter und Regelung der Netzblindleistung auf $Q_N = 0$. Wird der Antriebsstromrichter abgeschaltet, so wird die Saugkreisleistung vom Blindstromrichter übernommen (induktiver Betrieb). Die erzielten Umsteuerzeiten liegen je nach Meßprinzip und Regelstruktur zwischen 2 und 8 ms und erfüllen damit alle Forderungen der Antriebstechnik.

9.3.3. Sonderformen

Aus der Literatur sind mehrere weitere Schaltungsvorschläge zur Kompensation mit Richtungsumkehr bekannt. Vorgestellt werden soll eine Blindstromrichterschaltung, die aus einem netz- und einem selbstgelöschten Stromrichter entsprechend Bild 9.8 zusammengesetzt ist, wobei beide Stromrichter eine Induktivität im Zwischenkreis speisen. Auch hier ist der Zwischenkreis nicht eingespeist [9.18]. Die Stromrichter werden so gesteuert, daß der Gleichstrom i_d konstant bleibt. Bis auf die zur Deckung der Systemverluste notwendige Wirkkomponente ist der resultierende Stromrichterstrom reiner Blindstrom. Eine Umsteuerung vom kapazitiven zum induktiven Betrieb oder umgekehrt wird wegen i_d = konst. nicht durch energetische Umladevorgänge verzögert. Maßgebend ist lediglich das abtastende Verhalten der Stromrichter. Erforderlichenfalls kann die Leistung der beiden Stromrichter auch unterschiedlich sein. Das Kreisstromproblem wird durch den Einbau von Kommutierungsdrosseln in den netzgelöschten Stromrichter beherrschbar. Außerdem wird für praktisch notwendige Bauleistungen das Gesamtsystem zwölfpulsig ausgeführt.

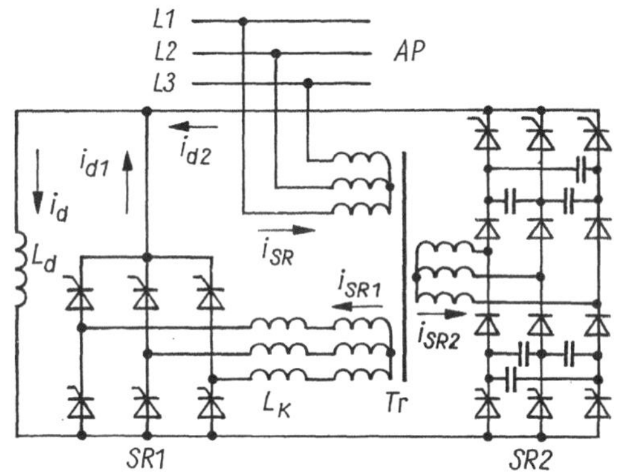

Bild 9.8. Blindstromrichter aus netz- und selbstgelöschtem Stromrichter

SR1 netzgelöscht
SR2 selbstgelöscht (Phasenfolgelöschung)

Ein Blindstromrichter, der mit Selbstlöschung und Pulsbreitenmodulation versehen ist und daher beliebige symmetrische und unsymmetrische Blindströme kompensieren kann, wird an Hand von Simulations- und Laborergebnissen in [9.19] beschrieben. Dem Bau solcher Blindstromrichter im MW-Gebiet stehen die hohen Anforderungen an die Halbleiterelemente und hohe Kosten noch entgegen (vgl. auch Abschnitt 4.3.).

Als Sonderfall des Einsatzes von Blindstromrichtern kann der Parallelbetrieb eines sekundärnetzgelöschten Wechselrichters mit einem Blindstromrichter nach Bild 9.5 b angesehen werden, der die Betriebseigenschaften eines Grenzleistungs-Stromrichtermotors durch getrennte Regelung der moment- und flußbildenden Komponenten des Drehstromsystems verbessert [9.20].

9.4. Indirekte Kompensation

Wird eine ausreichend große Festkompensationsanlage vorgesehen, so kann das Stromrichter-Blindleistungsspiel soweit ins kapazitive verschoben werden, daß eine indirekte dynamische Kompensation mit induktiven Stellgliedern erfolgen kann (vgl. Bild 9.1). Zur Steuerung induktiver Blindleistung wurden vorgeschlagen:

- induktiver Blindstromrichter
- Spannungsanschnittsteuerung von Induktivitäten
- Schalten von Induktivitäten
- Induktivitätssteuerung durch Vormagnetisierung

9.4.1. Induktiver Blindstromrichter

Der induktive Blindstromrichter ist in gleicher Technik aufgebaut wie netzgelöschte Stromrichter für Antriebe, so daß sich eine Anwendung vor allem dort anbietet, wo aus Zuverlässigkeitsgründen Reservestromrichter installiert werden, die im Normalbetrieb als Blindstromrichter, im Havariebetrieb als Antriebsstromrichter arbeiten [1.25], [9.35]. Die Modifikation der Regelstrukturen und die Blindleistungsmessung sind beim heutigen Stand der Technik ohne Probleme zu verwirklichen. Bild 9.9 zeigt die Struktur für eine MS-Kompensation, bei der aus Reservehaltungsgründen gleiche Transformatoren für Antriebe und Kompensation eingesetzt werden. Der Nachteil, daß der Blindstromrichter durch seine Netzrückwirkungen die Anschlußspannung erheblich mit verzerrt, wird durch die große erforderliche Saugkreisanlage beherrschbar. Die zwölfpulsige Netzrückwirkung wird beim Antriebsstromrichter durch Parallel-, beim Blindstromrichter wegen $U_d = 0$ durch Reihenschaltung verwirklicht [4.50].

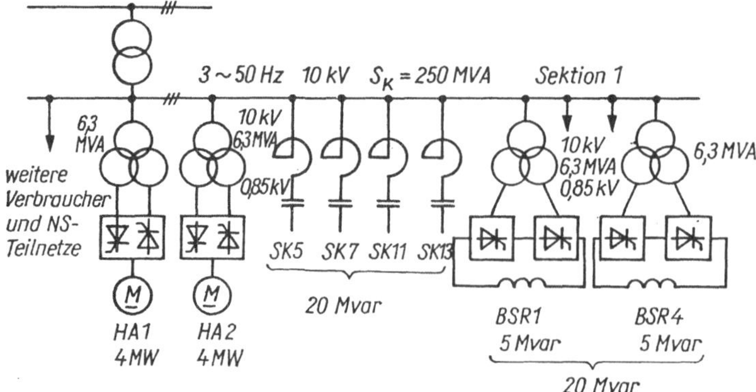

Bild 9.9. Induktiver Blindstromrichter zur Kompensation eines Blockwalzwerks

Zur Untersuchung von Regelstrukturen und des Betriebsverhaltens diente die Modellanlage nach Bild 2.27, wobei die zwei Stromrichter gegeneinander arbeiten. Bild 9.10 zeigt die Antworten beim Zu- und Abschalten des Stromsollwertes für den Antriebsstromrichter [9.21], [9.22].

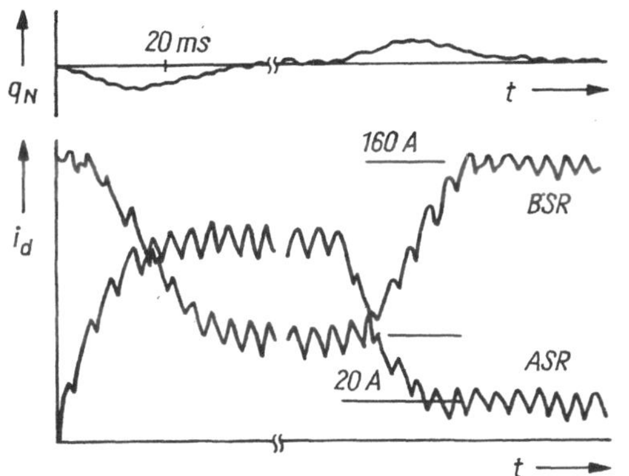

Bild 9.10. Zur Wirkungsweise des induktiven Blindstromrichters (Auf- und Zusteuerung eines Arbeitsstromrichters bei Regelung auf $\bar{q}_N = 0$)

q_N Ausgangsspannung des Blindleistungsmeßgliedes
i_d Ausgangsspannungen der Strommeßglieder
Ausregelzeit ≈ 30 ms

9.4.2. *Anschnittsteuerung von Induktivitäten*

Bei nach diesem Prinzip arbeitenden Anlagen wird der Stromrichter mit seinen charakteristischen Netzrückwirkungen durch einen Steller mit geringeren Netzrückwirkungen ersetzt. Es sind Anwendungen für NS-Anschlußpunkte [9.23], [9.24] und für MS-Anschlußpunkte bekannt [9.25] bis [9.29]. Bild 9.11 gibt eine Übersicht über mögliche Strukturen.

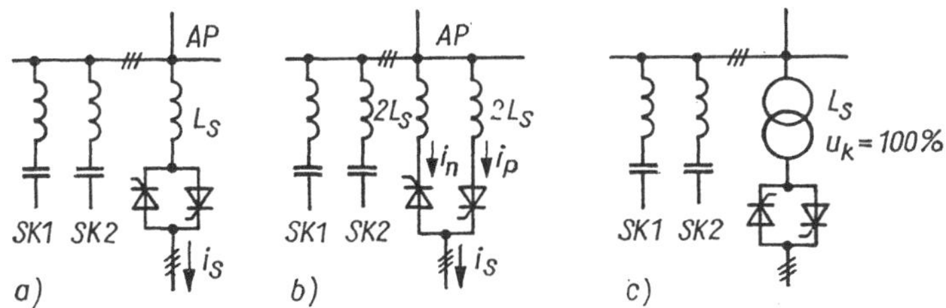

Bild 9.11. Anschnittsteuerung von Induktivitäten (Schaltungen)
a) Wechselstromsteller
b) Halbschwingungssteller
c) Wechselstromsteller mit Streutrafo

Während sich die Strukturen a) und c) nur dadurch unterscheiden, daß einmal direkter Netzanschluß über eine Drossel und einmal Anschluß über Transformator mit großer Streuinduktivität oder Normaltrafo mit einer nachgeschalteten Drossel erfolgt, wird die Wirkungsweise bei Struktur b) durch die Aufteilung der Drossel vorteilhaft geändert. Strukturen nach a) und b) sind heute auch schon im unteren Mittelspannungsbereich realisiert worden [9.28]. Über die Wirkungsweise der normalen und der speziellen Anschnittsteuerung informiert Bild 9.12 [9.29].

Es wird dabei deutlich, daß die Struktur nach Bild 9.11 b erheblich geringere Netzrückwirkungen aufweist, da die charakteristischen Verzerrungen durch Anschnittsteuerung entfallen [9.30]. Der Stellbereich ist dafür auf etwa 1 : 2 eingeengt.

Kompensationsanlagen mit Streutransformator sind von verschiedenen Firmen zur Kompensation in Stahlwerken errichtet worden. Über positive Betriebserfahrungen berichtet [9.27]. Das Schema der seit 1976 in einem Stahlwerk in Betrieb befindlichen Anlage zeigt Bild 9.13.

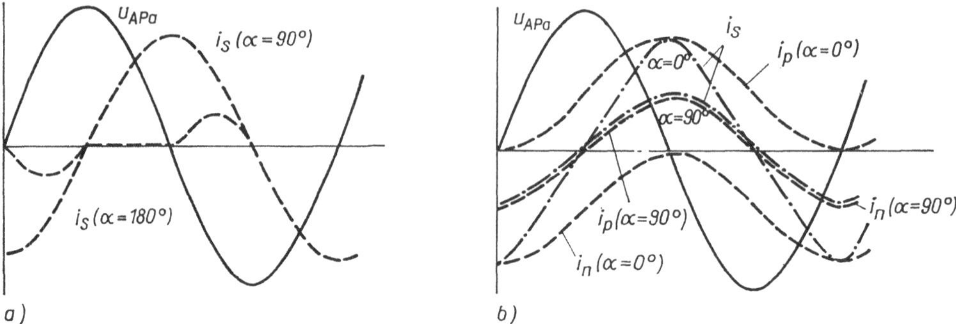

Bild 9.12. Anschnittsteuerung von Induktivitäten (Wirkungsweise)
a) Wechselstromsteller
b) Halbschwingungssteller

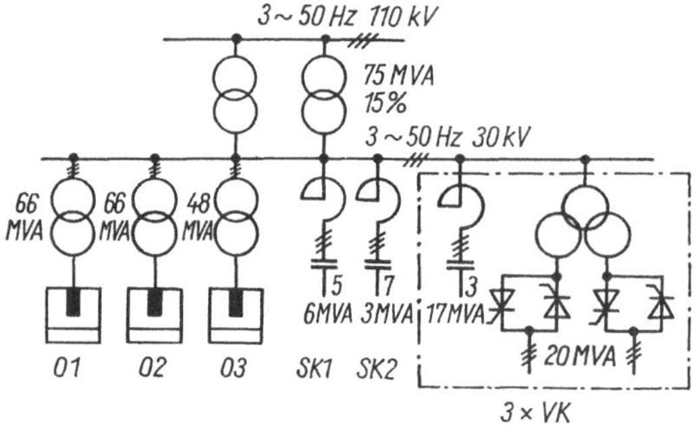

Bild 9.13. Streutransformator mit Wechselstromsteller zur Kompensation einer Ofenanlage

9.4.3. Thyristorgeschaltete Drosselspulen

Nach dem gleichen Prinzip wie beim Schalten von Kondensatoren, nur mit Wegfall des Aufwands für Anfangsladung und Ladungserhalt, können stufig arbeitende indirekte Kompensationsanlagen aufgebaut werden [9.31]. Der Vorteil liegt im Wegfall von Netzrückwirkungen und geringen Ventilbeanspruchungen. Die Schalteinheiten können linear oder binär abgestuft werden. Bild 9.14 vermittelt den Eindruck von einer ausgeführten Anlage ebenfalls zur Ofenkompensation am NS-Netz.

9.4.4. Steuerbare Drosselspule

Ein Stellglied zur indirekten Kompensation, bei dem nur ein Bruchteil der Kompensationsleistung mit Halbleiterventilen umgeformt wird, ist die durch Gleichstrom-Vormagnetisierung steuerbare Drosselspule [9.32]. Der Magnetisierungsstrom und damit die wirksame Induktivität können kontinuierlich gestellt werden. Die Verzerrung des Magnetisierungsstroms ist aussteuerungsabhängig. Durch eine Tertiärwicklung in Dreieckschaltung wird der Magne-

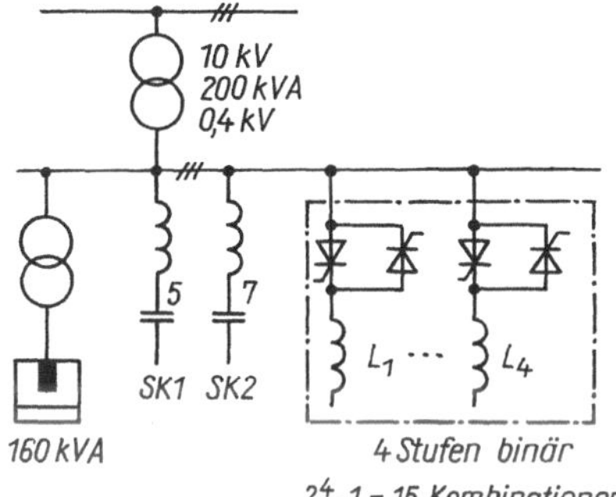

Bild 9.14. Geschaltete Drosseln zur Kompensation einer Ofenanlage

tisierungsstrom von durch drei teilbaren Harmonischen befreit. Die Erregerleistung für die Vormagnetisierung wird über Stromrichter aufgebracht, wobei für kurze Anregelzeiten eine ausreichende Stoßerregung vorzusehen ist. Den Aufbau einer Kompensationsanlage mit steuerbarer Drosselspule zeigt Bild 9.15. Hinsichtlich der Schnelligkeit ist eine solche Anlage der Blindleistungsmaschine nur wenig überlegen, so daß mit Anregelzeiten von 40 bis 60 ms gerechnet werden muß.

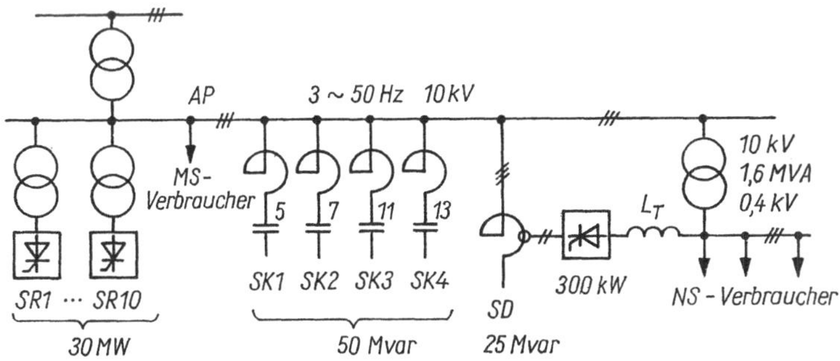

Bild 9.15. Steuerbare Drosselspule zur Kompensation eines Walzwerks

9.5. Technisch-ökonomischer Vergleich der Verfahren

Die Vielfalt der zur dynamischen Kompensation möglichen und angebotenen Varianten erschwert dem Errichter die Entscheidung. Ein aussagekräftiger technisch-ökonomischer Vergleich ist von der

- Größe der mittleren Blindleistung $\bar{Q}$ des Spiels
- Größe des maximalen Blindleistungshubs Q_{dyn}
- Anschlußspannung U_{AP}

wesentlich abhängig.

Als objektive Vergleichskriterien können herangezogen werden:

1. Zuverlässigkeit (Langlebigkeit, Ausfallsicherheit, Wartbarkeit)
2. Errichtungsaufwand (Anlagen- und Baukosten)
3. Betriebsaufwand (Verluste, Ersatzteile, Personal)

Dazu kommen eine Reihe von aufgabenspezifischen und subjektiven Kriterien, wie

- Eignung zur späteren Erweiterung der Anlage,
- vorhandene Betriebserfahrungen und
- Einheitlichkeit der Informationsverarbeitungstechnik in der Gesamtanlage.

In dieser Reihenfolge sollen einige allgemeingültige Ausführungen zu den vorgestellten Kompensationsverfahren folgen, wobei sich die quantitativen Angaben auf das Musterspiel nach Bild 9.1 und eine NS-Anlage beziehen [9.4]. Weitere quantitative Aussagen für MS-Anlagen finden sich in [9.33].

9.5.1. *Zuverlässigkeit*

Dynamische Kompensation ist in der Regel bei großen, hocheffektiven Stromrichter- oder Elektrowärmeanlagen notwendig. Dort entstehen enorme Ausfallkosten, die vor allem von der Ausfallzeit abhängen. Dominierende Frage ist demnach die nach der Arbeitsfähigkeit der technologischen Linien bei Ausfall der Kompensation. Hier schneiden die Verfahren gut ab, die große Festkompensationsanlagen benötigen, und solche, die aus selbständigen Teileinheiten aufgebaut sind (vgl. Bilder 9.9, 9.13, 9.14). Ungünstig sind aus dieser Sicht die Anlagen nach Bild 9.3 und Bild 9.15.
Die Ausfallsicherheit ist wesentlich von der Anzahl der eingesetzten Bauelemente abhängig. Hier sind netzgelöschte Stromrichter, Steller und Thyristorschalter gegenüber selbstgelöschten Stromrichtern im Vorteil. Mit wachsendem Integrationsgrad der Ansteuerelektronik bekommt dieser Unterschied weniger Gewicht. Die Ausfallabstände moderner Stromrichter genügen den heutigen Maßstäben vollauf.
Die Wartbarkeit einer Anlage hängt von deren konstruktivem Aufbau und von der Qualifikation des Personals ab. Für geringe Ausfallzeiten sorgen vielfältige Maßnahmen zur Fehlerdiagnose und Fehlerbeseitigung [9.34]. Hierbei ist es vorteilhaft, wenn die Kompensations- und Antriebsstromrichter in gleicher Technik aufgebaut sind. Hieraus leiten sich Vorteile für Blindstromrichter zur Antriebskompensation ab.

9.5.2. *Errichtungsaufwand*

Im Errichtungsaufwand sind vor allem Anlagen- und Baukosten enthalten. Die vom Umfang der Ausrüstungen und deren Entwicklungsaufwand abhängigen Anlagenkosten wurden für drei verschiedene Varianten einer NS-Kompensationsanlage ermittelt und auf die Kosten einer statischen Mittelwertkompensation mit Saugkreisen bezogen. Das Ergebnis zeigt Tabelle 9.1, wobei ein Spiel entsprechend Bild 9.1 und ein gleiches mit auf die Hälfte verringertem Hub zugrunde gelegt wurde. Bei den Kosten für die Leistungselektronik wurde ein von der Leistung unabhängiger Anteil für die Informationselektronik angesetzt. Die leistungsabhängigen Kosten für selbstgelöschte Schaltungen wurden einmal mit 300% und einmal mit nur 150% der Kosten netzgelöschter Schaltungen angenommen, da hinsichtlich des Löschaufwands große Unterschiede bestehen.
Es wird deutlich, daß der Errichtungsaufwand für kapazitive und induktive Blindstromrichter etwa gleich wird und höher als der für direkte Verfahren ohne Richtungsumkehr ist. Die Anwendung möglichst einfacher Löschverfahren (Phasenfolgelöschung) bringt dem kapazitiven Blindstromrichter weitere Vorzüge. Der Entwicklungsaufwand für selbstgelöschte Stromrichter ist hier nicht gewertet worden.

Tabelle 9.1. Vergleich von dynamischen Kompensationsanlagen
NS-Anlage; Spiel nach Bild 9.1, spezifische Verluste nach Bild 9.16

	Spiel mit					
	Q_{dyn}		0,5 Q_{dyn}		Q_{dyn}	0,5 Q_{dyn}
Variante	*a*	*b*	*a*	*b*		
Thyristorgeschaltete Saugkreise (Bild 9.1 a)	1,8		1,5		5,6 W/kvar	5,5 W/kvar
Kapazitiver Blind-stromrichter (Bild 9.1 b)	2,1	1,6	1,6	1,4	5,6 W/kvar	4,3 W/kvar
Induktiver Blind-stromrichter (Bild 9.1 c)	2,3		1,7		9,0 W/kvar	9,0 W/kvar
	Anlagenkosten				Verlustleistungen	

leistungsabhängige Kosten: *a* 300% *b* 150%

Tabelle 9.2. Vergleich von dynamischen Kompensationsanlagen
MS-Anlage, Spiel etwa wie Bild 9.1

	Q_{dyn} in Mvar		Q_{dyn} in Mvar
Variante	24	45	24
Mittelwertkompensation mit Saugkreisen	1,16	0,94	1
Blindleistungsmaschine mit Thyristorerregung	2,97	2,38	22,4
Drosselspule mit *L*-Steuerung	3,08	2,49	21,6
Induktiver Blindstromrichter	2,73	2,43	21,0
Streutrafo mit WS-Steller	2,93	2,63	30,4
Thyristorgeschaltete Drosselspulen	3,42	3,07	30,1
Kapazitiver Blindstromrichter	2,80	2,35	12,1
Thyristorgeschaltete Kondensatoren	4,04	3,83	5,0
	Anlagenkosten		Verlustleistungen W/kvar

Aus Untersuchungen von Loocke [9.33] für MS-Anlagen zur Ofenkompensation können die in Tabelle 9.2 zusammengestellten Werte entnommen werden. Der insgesamt höhere Wert der Anlagenkosten wird vor allem durch notwendige MS-Schaltgeräte und Transformatoren bedingt. Der sehr hohe Wert für thyristorgeschaltete Kondensatoren entsteht möglicherweise durch Annahme einer vergrößerten Kondensatorleistung, wenn mit einer Abtastzeit von 10 ms gearbeitet werden soll, da dazu in beiden Polaritäten voraufgeladene Kondensatoren vorhanden sein müssen.

Die Baukosten der Kompensationsanlage hängen wesentlich davon ab, ob die Kompensationsanlage insgesamt oder teilweise als Freiluftanlage ausgeführt werden kann. Hier ist vor allem die Variante mit steuerbarer Drossel vorteilhaft, da diese als Öltransformator ausgeführt wird. Alle anderen Varianten benötigen den Bauaufwand von Stromrichteranlagen. Saugkreisanlagen sind nur bedingt für Freiluftaufstellung geeignet.

9.5.3. *Verlustleistung*

Mit steigenden Energiekosten wächst das Gewicht spezifischer Verluste bei langlebigen, im Dauerbetrieb arbeitenden Elektroausrüstungen. Die Kompensationsprinzipien zeigen dabei entsprechend ihrem Wirkprinzip sehr unterschiedliche Abhängigkeiten der Verluste von der Belastung der Anlage und damit von der Fahrweise der Stromrichteranlage, die kompensiert werden soll. Bild 9.16 stellt diese Abhängigkeiten dar, die zur Grundlage der Verlustberechnungen in Tabelle 9.1 genommen wurden. Während hier die Anlage mit thyristorgeschalteten Kondensatoren erheblich im Vorteil ist, wird das günstige Verhalten des kapazitiven Blindstromrichters bei mittlerer Belastung deutlich. Alle indirekten Verfahren sind vor allem im Leerlauf ungünstig. In längeren Betriebspausen sollte die Festkompensation durch Abschalten von Saugkreisen vermindert werden.

Für den Vergleich von MS-Anlagen enthält Tabelle 9.2 auch die Verlustleistungen, die wegen der einbezogenen Transformatoren höher liegen als in Tabelle 9.1.

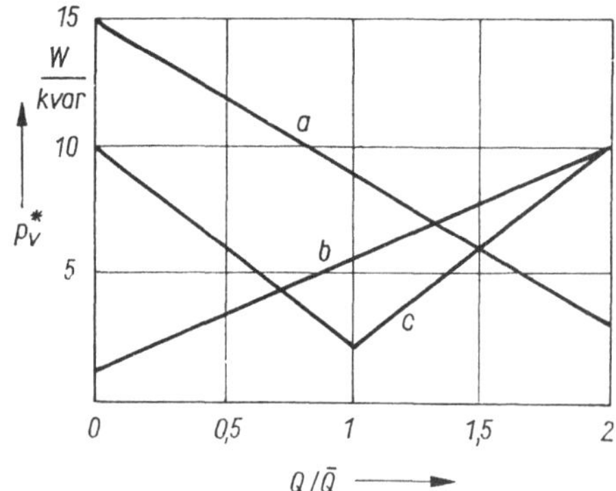

Bild 9.16. Abhängigkeit spezifischer Verluste von der Belastung

a indirekte Kompensation (induktiver Blindstromrichter)
b direkte Kompensation ohne Richtungsumkehr (thyristorgeschaltete Kondensatoren)
c direkte Kompensation mit Richtungsumkehr (kapazitiver Blindstromrichter)

Verzeichnis der verwendeten Formelzeichen

1. Zur Schreibweise elektrischer Systemgrößen

Die zur Anwendung kommenden Formelzeichen und Indizes entsprechen einer Empfehlung des FUA 0.7 – Elektroenergiequalität –, wobei ein Kompromiß zwischen den Gewohnheiten der Leistungselektronik und Energietechnik gefunden werden mußte.
Die Eigenschaften einer elektrischen Systemgröße v (Spannung, Strom, Leistung) werden wie folgt beschrieben:

v, $v(t_x)$	Augenblickswert zur Zeit t_x
$v(t)$	Zeitfunktion
$\hat{v}$	Scheitelwert einer periodischen Zeitfunktion
$\hat{v}^{(\nu)}$	Scheitelwert (Amplitude) der Harmonischen mit der Ordnungszahl ν
$\tilde{v}$	auf einen anzugebenden Bezugswert (meist Nennwert) bezogener Effektivwert
V	Effektivwert einer Wechselgröße
$V^{(\nu)}$	Effektivwert der Harmonischen mit der Ordnungszahl ν
V_d	arithmetischer Mittelwert einer Gleichgröße
$\underline{v}$	komplexer Zeitzeiger einer Wechselgröße
$v^{\llcorner}$	komplexer Ortszeiger eines Drehstromsystems
$\mathbf{v}$	Vektor
$v^{(\lrcorner\ulcorner)}$	Sprungantwort
$v^{(\lrcorner\llcorner)}$	Impulsantwort
v^*	normierte Größe

2. Indizes

Hochgestellte Indizes dienen bei Kenngrößen zur näheren Bezeichnung der Art der Systemgröße.

i	Strom
u	Spannung
q	Blindleistung

Tiefgestellte Indizes dienen zur näheren Orts- und Zustandsangabe für System- und Kenngrößen.

a) Ortsangaben

AP	Anschlußpunkt
BSR	Blindstromrichter
C	Kondensator
d	Gleichstromkreis
M	Motor
N	Netz
NS	Niederspannung
P	Parallel
PK	Parallelkondensator
S, SK	Saugkreis
SR	Stromrichter
T	Transformator, Stromrichterabzweig
ÜS	Übergabestelle
V	Verbraucher
Z	Zusatz
a, b, c	zur Kennzeichnung für die Stränge *L1*, *L2*, *L3* des Drehstromsystems

b) Zustandsangaben

anl	Anlauf
eff	Effektivwert
ers	Ersatzwert
i	ideell
k	Kurzschluß
max	Maximalwert
min	Minimalwert
mit	Mittelwert
n	Nennwert
o	Leerlauf
v	Verlust
zul	zulässig
α	mit Steuerwinkel

3. Kurzzeichen

Neben den in der Elektrotechnik üblichen Kurzzeichen werden die nachfolgend genannten zusätzlich eingeführt oder haben eine zusätzliche Bedeutung.

a	Augenblickswertabweichung
b	Betragsflächenfehler
f	statistischer Reduktionsfaktor
k	Kenngrößen für die Verzerrung von Systemgrößen
l	Induktivitätsverhältnis
r	Reduktionsfaktor
s	Leistungsverhältnis
ε	Korrekturgröße
ν	relative Abstimmfrequenz, Ordnungszahl
ϱ	Resonanzschärfe (Güte) eines Schwingkreises

4. Zusammenstellung von Kenngrößen

a) Kenngrößen der Stromrichter-Netzrückwirkungen ≙ Elektroenergiequalität

U_{AP}, U_N, $U_{Üs}$, U_C	Effektivwerte der Spannung (Leiter – Leiter)
U_{APa}, U_{Na}, $U_{Üsa}$, U_{Ca}	Effektivwerte der Spannung (Leiter *1* – Nulleiter)
$\tilde{u}_N = \dfrac{U_N}{U_{Nn}}$, $\tilde{u}_{AP} = \dfrac{U_{AP}}{U_{Nn}}$, $\tilde{u}_C = \dfrac{U_C}{U_{Cn}}$	bezogene Effektivwerte (Beanspruchung)
$\tilde{u}_{C\,zul}$	bezogener Effektivwert (Stehvermögen)
$U_{AP}^{(1)}$, $U_{AP}^{(5)}$	Effektivwerte von Harmonischen
$\hat{u}_{APa}$, $\hat{u}_{APa}^{(1)}$	Scheitelwert und Amplitude der Grundschwingung der Anschlußspannung Strang *L1* (Leiter 1 – Erde)
$k_{sAP}^{u} = \dfrac{\hat{u}_{AP}}{U_{AP}}$	Scheitelfaktor der Anschlußspannung
$a = \dfrac{\lvert u(t_x) - u^{(1)}(t_x)\rvert}{\hat{u}^{(1)}}$	Augenblickswertabweichung
$k_{AP}^{u(\nu)}$, $k_N^{i(\nu)}$	Pegel von Harmonischen in Anschlußspannung und Netzstrom (diskreter Oberschwingungsgehalt)
$k_{AP}^{u(<25)} = \dfrac{\sqrt{\sum_{\nu=2}^{25} U_{AP}^{(\nu)2}}}{U_{AP}}$	begrenzter ($n < 25$) Klirrfaktor der Anschlußspannung
$k_{AP}^{u} = \dfrac{\sqrt{\sum_{\nu=2}^{\infty} U_{AP}^{(\nu)2}}}{U_{AP}}$	Klirrfaktor der Anschlußspannung (totaler Oberschwingungsgehalt)
$\tilde{i}_C = \dfrac{I_C}{I_{Cn}}$	bezogener Effektivwert des Kondensatorstroms (thermische Beanspruchung)
$\tilde{i}_{C\,zul}$	bezogener Effektivwert (Stehvermögen)
$\Delta u' = \Delta U/U$	Effektivwertschwankung
$\Delta u'^{(1)} = U^{(1)}/U$	Grundschwingungsschwankung
Δk^u	Klirrfaktorschwankung

b) Kenngrößen netzseitiger Einsatzbedingungen

$s = S/S_k''$	Leistungsverhältnis
$s_d = P_{d0}/S_k''$	Stromrichter–Leistungsverhältnis ($P_{d0} = U_{di0} \cdot I_d$)

$s_C = Q_{Ci}/S_k''$	Kondensator–Leistungsverhältnis ($Q_{Ci} = U_{Nn}^2 \cdot \omega_N C$)
$s_V = S_V/S_k''$	Last–Leistungsverhältnis
$s_C^{(\nu)} = Q_{Ci}^{(\nu)}/S_k''$	Kondensator–Leistungsverhältnis eines Saugkreises der relativen Abstimmfrequenz
$l_d = L_N/(L_N + L_T)$	Induktivitätsverhältnis eines Stromrichters
$l_{SK}^{(\nu)} = L_N/(L_N + L_{SK}^{(\nu)})$	Induktivitätsverhältnis eines Saugkreises
$l_{d\,ers} = L_{N\,ers}/(L_{N\,ers} + L_T)$	Ersatz-Induktivitätsverhältnis eines Stromrichters bei Saugkreiseinsatz
$(r/x)_N$	Resistanz-Reaktanz-Verhältnis eines Netzzweiges
$\varrho_{SK}^{(\nu)} = \dfrac{\nu \omega_N L_{SK}}{R_{SK}}$	Resonanzschärfe eines Saugkreises
$\dfrac{P_{VZ}}{Q_{Ci}} = R_Z\,\omega_N\,C = (r/x)_C$	Reihendämpfung eines Kondensatorzweiges

Literatur- und Quellenverzeichnis

Abschnitt 1.

[1.1] TGL 200-0608: Stromrichteranlagen, -geräte und Stromrichter. Blatt 02 – Begriffe

[1.2] Lappe, R.: Stromrichter, 2. Aufl. Berlin: VEB Verlag Technik 1967

[1.3] Lappe, R.: Thyristor-Stromrichter für Antriebsregelungen. Berlin: VEB Verlag Technik 1970

[1.4] Csaki, F., K. Ganszky, I. Ipsits und S. Marti: Power Electronics (Leistungselektronik). Budapest: Akadémiai Kiadó 1975 (in engl. Sprache)

[1.5] Möltgen, G.: Netzgeführte Stromrichter mit Thyristoren, 3. Aufl. Berlin (West): Siemens AG 1974

[1.6] Zach, F.: Leistungselektronik. Wien: Springer-Verlag 1979

[1.7] VEM-Handbuch Leistungselektronik. Hrsg. vom Institut für Elektro-Anlagen (IEA). Berlin: VEB Verlag Technik 1979

[1.8] Baier, P., und G. Winkler: Begriffsbestimmungen zur Elektroenergiequalität. Bericht Nr. 486/1980. Dresden: Sektion Elektrotechnik der Technischen Universität 1980

[1.9] Winkler, G.: Die Bedeutung der Elektroenergiequalität bei der Projektierung, Errichtung und dem Betrieb von Elektroenergieanlagen. Der Elektro-Praktiker 35 (1981) H. 1, S. 4–6

[1.10] Müller-Lübeck, K., und E. Uhlmann: Die Strom- und Spannungsverhältnisse des gittergesteuerten Gleichrichters, Archiv für Elektrotechnik 27 (1933) S. 347–373

[1.11] Uhlmann, E.: Der Parallelbetrieb von gittergesteuerten Gleichrichtern. Archiv für Elektrotechnik 27 (1933) S. 586–596

[1.12] Aymanns, K.: Der Einfluß der Netzkapazitäten auf die Stromoberwellen in Gleichrichteranlagen. ETZ 58 (1937), H. 19/20, S. 499–503, 535–558

[1.13] Hölters, F., u. a.: Stromrichter. Abschnitt VII in Hütte IVA, 28. Aufl. Berlin (West): Verlag von Wilhelm Ernst & Sohn 1957

[1.14] Ludwig, F.: Neuere Entwicklungen auf dem Gebiet der stromrichtergespeisten Großantriebe. VDE-Fachberichte 18 (1954) H. 3, S. 50–53

[1.15] Geise, H.: Leistungsfaktorverbesserung durch Kondensatoren und Saugkreise in Industriewerken mit Stromrichteranlagen. AEG-Mitt. 48 (1958) H. 11/12, S. 659–675

[1.16] Hölters, F., und F. Mikulaschek: Das Blindleistungsproblem bei Stromrichter-Umkehrantrieben. AEG-Mitt. 48 (1958) H. 11/12, S. 648–659

[1.17] Zander, H.: Kompensation der Netzrückwirkung von Stromrichteranlagen. AEG-Mitt. 56 (1966) H. 6, S. 386-389

[1.18] Bornitz, E.: Leistungskondensatoren und Blindleistungsmaschinen, 2. Aufl. München u. Wien: R. Oldenbourg Verlag 1965

[1.19] Pfeiler, V.: Netzseitige Strom- und Spannungsharmonische in Stromrichteranlagen und ihre Beherrschung durch Leistungskondensatoren. Diss. A, Ilmenau: Technische Hochschule 1964.

[1.20] VEM-Taschenbuch Automatisierungs- und Elektroenergie-Anlagen. Hrsg.: Institut für Elektro-Anlagen (IEA). Berlin: VEB Verlag Technik 1974

[1.21] VEM-Handbuch Elektroenergieanlagen. Hrsg.: Institut für Elektro-Anlagen (IEA). Berlin: VEB Verlag Technik 1974

[1.22] MAČÁT, J., P. VACULÍKOVÁ und O. ZÁVŠIKA: Zpětný vliv výkonových polovodičových měniču na napájecí sít (Rückwirkungen von Leistungshalbleiterumformern auf das speisende Netz.) Praha: SNTL 1978

[1.23] GLINTERNIK, S. R.: Electromagnitnye prozessy i reschimy moschtschnych statitscheskych preobrasowately. (Elektromagnetische Vorgänge und Betriebszustände in statischen Leistungsumformern.) Leningrad: Verlag Nauka 1968

[1.24] KLOSS, A.: Stromrichter-Netzrückwirkungen in Theorie und Praxis – EMC der Leistungselektronik. Aarau und Stuttgart: Verlag Aarauer Tageblatt 1981

[1.25] MÖLTGEN, G.: Stromrichtertechnik, Einführung in Wirkungsweise und Theorie. Berlin (West) und München: Siemens AG 1983

[1.26] LAPPE, R., H. CONRAD und M. KRONBERG: Leistungselektronik. Berlin: VEB Verlag Technik 1986

[1.27] VOELKEL, H.: Techniken zur Beherrschung der Netzrückwirkungen bei Thyristorfahrzeugen. ZEV-Glasers Ann. 103 (1979) H. 2/3, S. 107–111

[1.28] HILDEBRANDT, N.: Einphasige netz- und selbstgelöschte Gleichrichteranordnungen mit geringen Netzrückwirkungen. Elektrie 34 (1980) H. 7, S. 367–370

[1.29] DEPENBROCK, M., u. a.: Blindstromkompensation und Spannungskonstanthaltung bei leistungsstarken Lichtbogenöfen am Netz mit niedriger Kurzschlußleistung. Elektrowärme International 41 (1983) H. 5., S. 254–260

[1.30] FROTZSCHER, S.: Verfahren zur Minderung der Netzrückwirkungen von Drehstrom-Lichtbogenöfen. Der Elektro-Praktiker 38 (1984), H. 2, S. 66–68

[1.31] Interelektro, AG Stromrichter: Analyse der Netzrückwirkungen von Leistungsstromrichtern und Ausarbeitung von Empfehlungen zur Verbesserung der energiewirtschaftlichen Kennwerte von Leistungsstromrichtersystemen. (2. Fassung) 1979

[1.32] VEM-Handbuch Elektromagnetische Verträglichkeit – Grundlagen, Maßnahmen, Systemgestaltung. Hrsg. vom Institut für Elektro-Anlagen (IEA) Berlin: VEB Verlag Technik 1986

[1.33] WINKLER, G., und J. HOFFMANN: Stochastische Bewertung der Elektroenergiegüte. Elektrie 33 (1979) H. 11, S. 569–572

[1.34] SCHULTZ, W., und M. SEYFFERT: Messung von Frequenzspektren in Energieversorgungsnetzen beim Einsatz nichtlinearer Betriebsmittel. ETZ-Archiv 2 (1980) H. 1, S. 9–13

[1.35] IEC-Publ. 146 (2. Ausgabe 1973): Semiconductor converters (Halbleiter-Stromrichter)

[1.36] TGL 22112: Elektrotechnik-Elektronik, Größen, Formelzeichen, Einheiten, Blatt 1 – Spezielle Größen

[1.37] GOST 13 109-67: Električeskaja energija – normy kačestva električeskoj energii i eë priemnikov, prisoedinennych k električeskim setjam obščego naznačenija. (Elektroenergie-Qualitätskennziffern der Elektroenergie bei an öffentlichen Netzen angeschlossenen Abnehmern)

[1.38] BÜCHNER, P.: Probleme der Stromrichter-Netzrückwirkung in der Standardisierung. Der VEM Elektro-Anlagenbau 15 (1979) H. 2, S. 72–74

[1.39] BÜCHNER, P.: Stromrichter-Netzrückwirkungen. Der Elektro-Praktiker 35 (1981) H. 3, S. 99–102

[1.40] TGL 200-0608: Stromrichteranlagen, -geräte und Stromrichter, Blatt 21 - Schaltungen, Berechnung der statistischen Strom-Spannungskennlinien, Formelzeichen

[1.41] BRETSCHNEIDER, G., u. a.: Beeinflussung der Netze durch Geräte mit Phasen-Anschnittsteuerung. Elektrizitätswirtschaft 69 (1970) H. 8, S. 228–236

[1.42] HÜBETHALER, H., und F. PFISLER: Übersicht über die Empfehlungen, Richtlinien und Regeln für den Anschluß von Geräten mit Phasenanschnitt- und Schwingungspaketsteuerung Bull. SEV 68 (1977) H. 11, S. 531–535

[1.43] EDWIN, K., u. a.: Zur Frage der Anschlußleistung von Geräten mit symmetrischer Phasenschnittsteuerung. ETZ-A 97 (1976) H. 2, S. 69–74

[1.44] LABER, H.: Rückwirkungsarme und störfeste untersynchrone Stromrichterkaskade. Siemens-Energietechnik 1 (1979) H. 10, S. 378–381

[1.45] KLOSS, A.: Oberschwingungen bei untersynchronen Stromrichterkaskaden. Elektroniker, Aarau 21 (1982) H. 16, S. EL 25–30
[1.46] KLOSS, A.: Netzstromoberschwingungen bei Direktumrichtern. Bull. SEV 69 (1978) H. 24, S. 1332–1337
[1.47] WOLF, H.: Stromrichter der Baureihe DT1; 2. Generation Leistungselektronik. Der VEM-Elektro-Anlagenbau 15 (1979) H. 2, S. 60–65
[1.48] BÜCHNER, P., G. SIEBERT und H. WOLF: Fragen der Netzrückwirkung von Gleichstromantrieben und ihre Lösung. Der VEM- Elektro-Anlagenbau 15 (1979) H. 3, S. 126–129
[1.49] FINKE, H., und W. GRAHN: Stromrichterausrüstungen großer Leistungen am Beispiel der Anwendung für eine Fördermaschine. Techn. Mitt. AEG-Telefunken 66 (1976) H. 1, S. 26–30
[1.50] BISZTYGA, K.: Netzrückwirkungen der von Thyristorstromrichtern gespeisten Antriebe im Bergbau und Hüttenwesen und ihre Kompensation. Elektrie 32 (1978) H. 6, S. 286–287
[1.51] SOLODUCHO, JA., JU.: O vlijanii vantilnogo elektroprivoda na pitjauščuju setj. (Über den Einfluß von Stromrichterantrieben auf das speisende Netz.) Elektrotechnika 44 (1974) H. 10, S. 35–38
[1.52] KNUTH, D.: Blindleistungskompensation in Stahl- und Walzwerken. Fachvortrag auf der Leipziger Frühjahrsmesse 1977
[1.53] SAIED, M. M.: Wirtschaftliche und technische Überlegungen zum ventilseitigen Anschluß der Drehstromfilterkreise in HGÜ-Systemen. ETZ-A 96 (1975) H. 6., S. 273–277
[1.54] DRECHSLER, R.: Scheinleistung und untraditioneller Leistungsfaktor beim Betrieb von Thyristorschaltungen. Elektrie 29 (1975) H. 6, S. 324–327
[1.55] BÜCHNER, P., und H. WOLF: Beherrschung von Stromrichter-Netzrückwirkungen. Der Elektro-Praktiker 35 (1981) H. 4, S. 140–142
[1.56] KRONBERG, M.: Die Stromrichterrückwirkung als Ursache fehlerhafter Synchronisation netzgelöschter Stromrichter. Elektrie 33 (1979) H. 3, S. 126–129
[1.57] DENNHARDT, A.: VDE-Bestimmungen für den Bereich der NF-Beeinflussung. ETZ-B 28 (1976) H. 26, S. 975–977
[1.58] MIERKE, W.: Probleme des Einflusses von Einsatzbedingungen, insbesondere von elektrischen und magnetischen Störbeeinflussungen auf die Funktion informationsverarbeitender Einrichtungen. Diss. B, Dresden: Technische Universität 1973
[1.59] SEEFRIED, E.: Störungen durch Stromkreise mit steuerbaren Halbleiterventilen. Elektrie 33 (1979) H. 3, S. 126–129
[1.60] HABIGER, E.: Elektromagnetische Verträglichkeit in der Automatisierungstechnik – Eine Übersicht. msr 27 (1984) H. 6, S. 242–246
[1.61] HABIGER, E.: Elektromagnetische Verträglichkeit – Störbeeinflussungen in Automatisierungsgeräten und -anlagen. Bd. 212 der Reihe Automatisierungstechnik. Berlin: VEB Verlag Technik 1984
[1.62] BÜCHNER, P.: Zur elektromagnetischen Verträglichkeit von Stromrichterstellgliedern. msr 28 (1985) H. 12, S. 551–554
[1.63] WOLF, H.: Beeinflussungsmöglichkeiten in elektrotechnischen Anlagen durch Stromrichter-Netzrückwirkungen. Wiss. Techn. Inf. KAAB und KEAB 19 (1983) H. 4, S. 185–187
[1.64] HARDELL, A.: Müssen wir uns die Verschmutzung unserer Netze mit Oberschwingungen gefallen lassen? Elektrizitätswirtschaft 77 (1978) H. 19, S. 672–675
[1.65] TGL 200-0608: Stromrichteranlagen, -geräte und Stromrichter. Blatt 24: Strom und Spannungsoberschwingungen

Abschnitt 2.

[2.1] REINISCH, K.: Kybernetische Grundlagen und Beschreibung kontinuierlicher Systeme. Berlin: VEB Verlag Technik 1974
[2.2] SCHÖNFELD, R.: Grundlagen der Automatischen Steuerung – Leitfaden und Aufgaben aus der Elektrotechnik. Berlin: VEB Verlag Technik 1984
[2.3] BÜCHNER, P.: Über die Wechselwirkungen thyristorgespeister Gleichstromantriebe mit dem resonanzfreien Drehstromnetz. Elektrie 30 (1976) H. 1, S. 47–50

[2.4] BÜCHNER, P.: Netzseitige Einsatzbedingungen für Stromrichterantriebe und ihre Beschreibung. Der VEM Elektro-Anlagenbau 14 (1978) H. 2, S. 81–83

[2.5] SIEBERT, G.: Beitrag zur Beschreibung netzseitiger Einsatzbedingungen von Stromrichterantrieben. Diss. A, Dresden: Technische Universität 1980

[2.6] SIEBERT, G.: Digitalsimulation der Netzrückwirkungen von Stromrichterantrieben. Elektrie 34 (1980) H. 2, S. 77–80

[2.7] KRONBERG, M.: Beitrag zur Gestaltung von Ansteuergeräten für netzgelöschte Stromrichter unter Beachtung des Einflusses der Mikroelektronik. Diss. B, Karl-Marx-Stadt: Technische Hochschule 1977

[2.8] RÁCZ, I.: Betrachtungen zu Oberwellenproblemen an Asynchronmotoren bei Stromrichterspeisung. Periodica Polytechnica Budapest 11 (1967) H. 2, S. 29–57

[2.9] SCHÖNFELD, R.: Simulation von Antriebssystemen mit Hilfe iterativer Analogrechner. Elektrie 31 (1977) H. 2, S. 86–88

[2.10] BÜCHNER, P.: Zustandsbeschreibung und Ortszeigerdarstellung für Drehstrom-Stromrichtersysteme. Elektrie 36 (1982) H. 2, S. 68–71

[2.11] BÜCHNER, P.: Über die Beeinflussung der Netzkommutierung von Stromrichtern durch Leistungskondensatoren. Elektrie 33 (1979) H. 3, S. 152–154

[2.12] SCHÖNFELD, R.: Probleme des Einsatzes von Stromrichterantrieben großer Leistung am Drehstromnetz. Elektrie 31 (1977) H. 10, S. 531–536

[2.13] IEC-Publ. 146 (2. Ausgabe 1973): Semiconductor converters (Halbleiter-Stromrichter)

[2.14] TGL 200-0608: Stromrichteranlagen, -geräte und Stromrichter. Blatt 24: Strom- und Spannungsoberschwingungen

[2.15] KÜMMEL, F.: Elektrische Antriebstechnik. Berlin: Springer-Verlag 1971

[2.16] RUMPEL, D.: Die bei Anschluß eines Gleichrichters in einem schwingungsfähigen Netz auftretenden Strom- und Spannungsharmonischen und ihre Untersuchung mit Hilfe des Netzmodells. Dissertation, Berlin (West): Technische Universität 1959

[2.17] SCHÖNFELD, R., und P. BÜCHNER: Demonstration kontinuierlicher Antriebsregelungen mit dem iterativen Analogrechner. Elektrie 38 (1984) H. 3, S. 85–89

[2.18] BÜCHNER, P.: Zustandssimulation mit Kleinrechnern – Möglichkeiten und Grenzen für die Antriebstechnik. Elektrie 39 (1985) H. 2, S. 60–63

[2.19] KASSAKIAN, J. G.: Simulating Power Electronic Systems – A New Approach. (Simulation leistungselektronischer Systeme – eine neue Methode.) Proc. IEEE-IA67 (1979) H. 10, S. 1428 bis 1439

[2.20] CAMATTE, J. P.: Mastering the Harmonics in an Industrial System Having Capacitive Reactive Power Compensation. (Beherrschung der Harmonischen in einem Industrienetz mit Kondensatorkompensation.) CIRED-Tagung (1983), Bericht C-04

[2.21] GRETSCH, R., und G. KROST: Einfluß von Verbrauchern auf die frequenzabhängigen Netzimpedanzen. ETZ-Archiv 4 (1982) H. 2, S. 147–151

[2.22] BERGEAL, J., und L. MOLLER: Analysis of the Spectrum Impedance of a Network Use of Digital Methods. (Analyse der Harmonischen Impedanz eines Netzes mit digitalen Methoden.) CIRED-Tagung (1983) Bericht C-05

[2.23] SCHEIL, K.: Digitales Rechenverfahren zur Bestimmung der Wechselwirkung von Drehstromnetz und gesteuertem Gleichrichter. Elektrie 36 (1982) H. 12, S. 633–636

[2.24] SCHWARZ, W.: Analogprogrammierung. Leipzig: VEB Fachbuchverlag 1971

[2.25] BIENER, K., und E. SUSCHKE: Praxis des analogen Rechnens. Bd. 91 der Reihe Automatisierungstechnik. Berlin: VEB Verlag Technik 1969

[2.26] BÜCHNER, P.: Analogsimulation der Netzrückwirkungen von Stromrichtern. Elektrie 31 (1977) H. 3, S. 139–141

[2.27] BÜCHNER, P.: Erfahrungen bei der Anwendung des hybriden Analogrechners für die Simulation von Elektroantrieben mit Stromrichterstellglied. Proc. of 7th AICA-Congress; Praha: 1973, Vol. 1, S. 62–65

[2.28] BÜCHNER, P.: Methoden zur analogen Simulation von Stromrichterstellgliedern. Elektrie 25 (1971) H. 4, S. 146–148

[2.29] VÖKLER, K. D., J. SCHWARZ und R. GRUNEWALD: Analoge Simulation von Stromrichterstellgliedern, Elektrie 26 (1972) H.4, S. 99-100

[2.30] BÜCHNER, P.: Analogsimulation der Netzrückwirkungen parallelarbeitender Stromrichter. Vortrag Nr. 44, 14. MEDA-Seminar Praha 1977
[2.31] BÜCHNER, P.: Auslegung von Stromrichter-Anschlußstrukturen unter Nutzung eines Bürocomputers. Der Elektro-Praktiker 39 (1985) H. 5, S. 173–176
[2.32] VÖKLER, K.-D.: Probleme der Entwicklung eines Programms zur digitalen Simulation elektrischer Antriebssysteme und seine Anwendung zur Untersuchung einiger Störungen in netzgeführten Stromrichter-Stellgliedern. Diss. A, Dresden: Technische Universität 1974
[2.33] VÖKLER, K. D.: Digitale Simulation von Stromrichter-Stellgliedern. Elektrie 27 (1973) H. 1, S. 12–14
[2.34] VÖKLER, K. D.: Digitale Simulation netzgeführter Stromrichter-Stellglieder. Wiss. Zeitschrift der TU Dresden 21 (1972) H. 2, S. 337–340
[2.35] STADE, D., B. WALTHER und W. REMPEL: Programm zur Berechnung wichtiger Kenngrößen der Elektroenergiequalität in elektrotechnischen Anlagen mit leistungsstarken Stromrichtern 28. IWK Ilmenau (1983) Heft A1/A2, S. 313–316
[2.36] ARREMANN, H.: Digitale Simulation von Anlagen der Leistungselektronik. Siemens Forsch. u. Entwickl.-Ber. 6 (1977) S. 293–299 u. 355–363
[2.37] NELLES, D.: Netzberechnung. Techn. Mitt. AEG-Telefunken 71 (1981) H. 4/5, S. 136–144
[2.38] SIEBERT, G.: Eine Modellanlage zur Nachbildung von Einsatzbedingungen für Stromrichterantriebe. Der VEM-Elektro-Anlagenbau 14 (1978) H. 2, S. 83
[2.39] DRECHSLER, U.: Untersuchungen zum Einsatz des Netzanalysators zur Nachbildung von Elektroenergiequalitätsproblemen. Diplomarbeit Dresden: TH Leipzig und TU Dresden 1980
[2.40] DESKUR, J.: Modelowanie hybrydowe tyrystowych ukladow przekształnikowych. (Hybride Modellierung von Thyristorschaltsystemen.) Diss. Poznan: Politechnika Poznanska 1978
[2.41] URBANKE, C.: Echtzeitsimulation von Ausgleichsvorgängen in elektrischen Netzen. ETZ-Archiv 3 (1981) H. 5, S. 141–147
[2.42] WINKLER, G., und U. DRECHSLER: Anwendung der Modellierung und Simulation zur Bestimmung der Wechselwirkung zwischen Abnehmer und Netz. 9. Wiss. Konf. der Sektion Elektrotechnik TU Dresden (1981), Vortrag B1–07, S. 48–55
[2.43] FREYER, R.: Zur Optimierung der Modellmaßstäbe von Netzanalysatoren. Wiss. Z. d. Elektrotechnik 3 (1965) H. 4, S. 160–177
[2.44] GIERSE, G., und J. PESTKA: „Modell-Simulation", eine Untersuchungsmethode für Teilstrukturen der Energietechnik. ETZ-Archiv 2 (1980) K. 6, S. 177–180
[2.45] DRECHSLER, U., u. G. WINKLER: Rückwirkungen in Netzen durch den Betrieb mehrerer Stromrichteranlagen. 10. Wiss. Konf. der Sektion Elektrotechnik TU Dresden (1984), Vortrag E4–04, S. 104–109
[2.46] DRECHSLER, U.: Ein System von Modellen zur Bestimmung statistischer Kenngrößen der Elektroenergiequalitätsfaktoren. Diss. A, Dresden: Technische Universität 1986
[2.47] BIRUS, D.: Meßverfahren und Geräte zur Ermittlung der Hauptkenngrößen von Stromrichter-Netzrückwirkungen. Diss. A, Dresden: Technische Universität 1981
[2.48] LÖBER, CH., und G. WILL: Mikrorechner in der Meßtechnik. Berlin: VEB Verlag Technik 1983
[2.49] HANDEL, H.: Intelligentes Meßgerät für die Netzoberschwingungsanalyse. Elektrizitätswirtschaft 80 (1981) H. 3, S. 90–93
[2.50] JANNSEN, R.: Rechner zur schnellen Ermittlung von Oberschwingungen für Stromrichterregler. rtp 23 (1981) H. 7, S. 245–250
[2.51] BRÄUTIGAM, F.: Weiterentwicklung des Mikrorechner-Meßsystems für Netzrückwirkungen. Diplomarbeit Nr. 1252/82 Dresden: Technische Universität, Sektion Elektrotechnik 1982
[2.52] DRECHSLER, U., G. WINKLER und H. HERTEL: Gerätesysteme zur Messung und Überwachung der Harmonischen in Verteilungsnetzen. 28. IWK Ilmenau (1983) H. A1/A2, S. 273–276
[2.53] MÜLLER, F.: Messung der Netzimpedanz im Niederspannungsnetz, Beeinflussung in Netzen durch Einrichtungen der Leistungselektronik. Tagungsbericht. Zürich: SEV/VSE 1974, S. 242 bis 250
[2.54] Elektronischer Blindleistungsregler e BR 40, Druckschrift des VEB Elektroanlagenbau Zwickau 1983
[2.55] BREITENBERGER, G.: Verzögerungsarmer Wechselspannungs-Gleichspannungsumsetzer zur Darstellung von Effektivwert, Wirk- und Blindleistung. Techn. Mitt. AEG/Telefunken 61 (1971) H. 6, S. 327–329

[2.56] HARMS, G.: Blindleistung im Energieeinsatz, Teil 3 Kompensationsmöglichkeiten und Meßtechnik. Elektrotechnik Würzburg 61 (1980) H. 3, S. 20–26
[2.57] KRAUSE, J., und G. SCHILLING: Vollelektronische Messung von Effektivwerten und Leistungsgrößen. Elektrie 34 (1980) H. 6, S. 316–317
[2.58] LAUFEN, R.: Beitrag zur Erfassung und Weiterverarbeitung von Oberschwingungsdaten in elektrischen Energiesystemen mittels Prozeßrechner. Opladen: Westdeutscher Verlag GmbH 1979
[2.59] DRECHSLER, R.: Měřeni, hodnoceni a kvalita odberu elektricki energie v provozu tyristorých zařizeni. (Messung, Bewertung und Abnehmerqualität elektrischer Energie beim Betrieb von Thyristorgeräten.) Praha: SNTL 1982
[2.60] ETG-Fachberichte, Band 6: Blindleistung. Berlin/West: VDE Verlag 1980

Abschnitt 3.

[3.1] KLOEPPEL, F. W., und H. FIEDLER: Kurzschluß in Elektroenergiesystemen. Leipzig: VEB Deutscher Verlag für die Grundstoffindustrie 1969
[3.2] KOVACS, K. P., und I. RÁCZ: Transiente Vorgänge in Wechselstrommaschinen. Budapest: Akadémiai Kiadó 1959
[3.3] BUNZEL, E.: Beitrag zur Berechnung des stationären Betriebsverhaltens und zum Entwurf von Synchron-Stromrichteranlagen. Diss. A, Dresden: Technische Universität 1975
[3.4] HERMEYER, A.: Einige Erkenntnisse über das Betriebsverhalten von Asynchron-Kurzschlußläufermotoren bei nichtsinusförmigen Speisespannungen unter Berücksichtigung der nichtlinearen Effekte in der Maschine. Diss. A, Dresden: Technische Universität 1980
[3.5] PFEILER, V., und K. LIEBSCHER: Weiterentwickeltes Verfahren zur Bestimmung der harmonischen Netzeingangsimpedanz am Einsatzort von Stromrichteranlagen. Elektrie 34 (1980) H. 1; S. 22–24
[3.6] BAUER, H., und U. RADTKE: Zur Anwendung der stochastischen Simulation (Monte-Carlo-Simulation) auf Probleme der Elektroenergietechnik. Wiss. Zeitschrift der TU Dresden 29 (1980) H. 2, S. 497–507
[3.7] SIEBERT, G.: Determinierter Parallelbetrieb mehrerer Stromrichter an einem Anschlußpunkt. Elektrie 34 (1980) H. 7, S. 355–356
[3.8] SIEBERT, G.: Probleme bei der Parallelarbeit mehrerer Stromrichterantriebe an einem Anschlußpunkt. Wiss. Zeitschrift der TU Dresden 29 (1980) H. 2, S. 533–542
[3.9] ZABRODSKIJ, R. O.: Vlijanie kommutacionnych iskaženij naprijaženija pitanija na charakteristiki tiristornogo preobrazovatelja postojannogo toka. (Der Einfluß der Kommutierungsverzerrungen der Versorgungsspannung auf die Kennlinien eines Thyristor-Gleichrichters). Elektrotechnika, Moskva 42 (1971) H. 10, S. 23–26
[3.10] PUGATSCHOW, W. S.: Grundlagen der Statistik. Berlin: VEB Verlag Technik 1964
[3.11] KLOSS, A.: Statistische Betrachtungen zur Oberschwingungsproblematik in Anlagen der Leistungselektronik. IFAC-Symposium Düsseldorf (1974), S. 611–631
[3.12] KNIEL, R.: Stochastische Betrachtung der durch mehrere Geräte mit Phasenanschnittsteuerung hervorgerufene Störspannung. Tagungsbericht. Zürich: SEV/VSE 1974, S. 109–125

Abschnitt 4.

[4.1] VALOW, B. M., und G. WINKLER: Die Normierung der Elektroenergiequalität in der UdSSR. Elektrie 38 (1984), H. 8, S. 284–286
[4.2] GOST 13 109-67: Elektroenergija – normy kačestva električeskoj energii i eë priemnikov, prisoedinennych k električeskim setjam obščego nasnačenija. (Elektroenergie – Qualitätskennziffern der Elektroenergie bei an öffentlichen Netzen angeschlossenen Abnehmern)

[4.3] British Electricity Council: Limits for Harmonics in the UK Elektricity Supply System (Grenzwerte für Harmonische in britischen Energieverteilungsnetzen.) Eng. Rec. G. 5/3, London: 1976

[4.4] IEEE-PAS: Guide for Harmonics Control and Reactive Compensation of Static Power Converters. (Richtlinie zur Begrenzung von Harmonischen und zur Blindleistungskompensation für Stromrichter.) Report on IEEE Conference of Power Apparatus and Systems. New York: 1977

[4.5] IEC-TC77 (Secr.) 47: Draft-Guide to Electromagnetic Compatibility, Part 1: Power Convertors. (Anwendungsführer zur Elektromagnetischen Verträglichkeit, Teil 1: Stromrichter), Genf: Oktober 1980

[4.6] IEC-Publ. 555: Disturbances in Supply Systems Caused by Household Appliances and Similiar Electrical Equipment. Part 1: Definitions, Part 2: Harmonics, Part 3: Voltage fluctuations. Störbeeinflussungen in Speisenetzen hervorgerufen durch Haushaltgeräte und ähnliche Elektrogeräte. Teil 1: Definition, Teil 2: Harmonische, Teil 3: Spannungsschwankungen. Genf: 1982

[4.7] IEC-Publ. 725: Considerations on Reference Impedances for Use in Determining the Disturbance Characteristics of Household Appliances and Similiar Electrical Equipment. (Bedeutung der Bezugsimpedanzen zur Bestimmung der Störcharakteristiken bei Haushaltgeräten und ähnlichen Elektrogeräten.) Genf: 1981

[4.8] EN 50.006/VDE 0838/10.76: Begrenzung von Rückwirkungen in Stromversorgungsnetzen, die durch Elektrogeräte für den Hausgebrauch und ähnliche Zwecke mit elektrischen Steuerungen verursacht werden.

[4.9] Vorläufige Richtlinie Elektroenergiequalität. Dresden: Institut für Energieversorgung 1981

[4.10] VDEW-Richtlinie: Grundsätze für die Beurteilung von Netzrückwirkungen. Frankfurt/Main: Verlagsges. der Elektrizitätswerke 1976

[4.11] IEC-TC 22B (Secr.) 56: Revision of IEC-Publ. 146: Semiconductor Convertors. General Requirements and Line-Commutated Convertors. (Überarbeitung der IEC-Publ. 146: Halbleiter-Stromrichter, Allgemeine technische Forderungen und netzkommutierte Stromrichter.) Genf: Juni 1983

[4.12] DIN 57160 Teil 2/10.75: VDE-Bestimmungen für die Ausrüstung von Starkstromanlagen mit elektronischen Betriebsmitteln.

[4.13] TGL 200-0608/03: Stromrichteranlagen, -geräte und Stromrichter. Blatt 03 – Allgemeine Technische Forderungen

[4.14] Interelektro, AG 9 Stromrichter: Analyse der Netzrückwirkungen von Leistungsumrichtern und Ausarbeitung von Empfehlungen zur Verbesserung der energiewirtschaftlichen Kennwerte von Leistungsstromrichtersystemen. Praha 1979.

[4.15] KAAB-Projektierungsrichtlinie: Beherrschung von Stromrichter-Netzrückwirkungen. 2. Fassung. Berlin: VEB Elektroprojekt und Anlagenbau 1984

[4.16] KAAB-Projektierungsrichtlinie: Auswahl- und Informationsrichtlinie zur Erstellung von Anlagen zur Blindleistungs- und Oberwellenkompensation auf Tagebaugeräten. Cottbus: VEB Starkstrom-Anlagenbau 1980

[4.17] SER-Projektierungsrichtlinie: Elektromagnetische Verträglichkeit an Bord von Schiffen. Rostock: VEB Schiffselektronik 1983

[4.18] Büchner P.: Probleme der Stromrichter-Netzrückwirkung in der Standardisierung. Der VEM-Elektro-Anlagenbau 15 (1979) H. 2 S. 72–74

[4.19] Schmidt, H.: Netzrückwirkungen in einem Industrienetz mit hohem Anteil an Stromrichterbelastung. ETZ-A 98 (1977) H. 5, S. 341–346

[4.20] Heumann, K., W. Schultz und H.-G. Schwarz: Bestehende und zukünftige Möglichkeiten, Netzrückwirkungen von Stromrichter-Anlagen zu beherrschen. ETZ-A 98 (1977) H. 5, S. 330 bis 334

[4.21] Cyris, M.: Projektierungsrichtlinie „Beherrschung von Stromrichter-Netzrückwirkungen". Der Elektro-Praktiker 35 (1981) H. 5, S. 154–155

[4.22] Bretschneider, G., und E. Waldmann: Zulässige Oberschwingungsspannungen in Stromversorgungsnetzen. ETZ-A 97 (1976) H. 2, S. 91–96

[4.23] Bochanky, L., und V. Gerhardt: Spannungsänderungen durch symmetrische und unsymmetrische Stoßlasten. Elektrie 32 (1978) H. 4, S. 185–189

[4.24] Überblick über die Oberschwingungsverhältnisse in öffentlichen Stromversorgungsnetzen. Elektrizitätswirtschaft 78 (1979) H. 25, S. 1008–1017

[4.25] OESTER, CH.: Leistungsthyristoren und ihre Netzrückwirkungen. Möglichkeiten zur Berechnung oder zulässigen Abschnittsteuerungen. SEV/VSE 71 (1980) H. 2, S. 75–77

[4.26] Anordnung über die Lieferung von Elektroenergie, Gas und Wärmeenergie an die Wirtschaft (ELW). GBl. Nr. 50 v. 18. 11. 1976

[4.27] ST RGW 1346-78: Rotierende elektrische Maschinen, allgemeine technische Forderungen

[4.28] TGL 200-8264: Leistungskondensatoren ab 1 kvar. Blatt 01 - Begriffe – Allgemeine technische Forderungen – Prüfung und Lieferung

[4.29] ORPHAL, A.: Untersuchung eines zwölfpulsigen Stromrichterantriebs. Diplomarbeit Nr. 11/943/77. Dresden: Technische Universität 1977

[4.30] HARTEL, W.: Parallelbetrieb gittergesteuerter Gleichrichter bei nicht sinusförmiger Netzspannung. ETZ-A 77 (1956) H. 11, S. 696–701

[4.31] ZIMMERMANN, P.: Leistungsfaktorverbesserung einer Drehstrombrücke mit gesteuerten Nullventilen. ETZ-Archiv 2 (1980) H. 5, S. 155–160

[4.32] PROCHÁZKA, J.: Drehstrom-Brückenschaltung mit unsymmetrischer Steuerung für die Verbesserung des Leistungsfaktors. Diplomarbeit 11/625/74. Dresden: Technische Universität 1974

[4.33] KÖRBER, J., und W. TEICH: Lokomotiven mit Drehstromantriebstechnik zur IVA'79 – Beispiele eines breiten Anwendungsgebietes. Elektr. Bahnen 77 (1979) H. 6, S. 151–159

[4.34] PFEIFFER, E.: Untersuchung eines Verfahrens zur netzrückwirkungsfreien Leistungssteuerung. Diss. Berlin (West): Technische Universität 1977

[4.35] KLINGER, G.: Toleranzbandgeregelte Einphasen-Stromrichterschaltung mit optimaler Stellgrößenauswahl. ETZ-A 97 (1976) H. 2, S. 87–90

[4.36] DEPENBROCK, M.: Einphasen-Stromrichter mit sinusförmigem Netzstrom und gut geglätteten Gleichgrößen. ETZ-A 94 (1973) H. 10, S. 466–471

[4.37] ZACH, F.: A New Pulse Width Modulating Control for Line-Commutated Converters Minimizing the Mains Harmonics. (Eine neue PWM-Steuerung für netzkommutierte Stromrichter zur Minimierung von Netzstromharmonischen. (5th Symp. on Electromagnetic Compatibility. Zürich: März 1985, S. 545–550

[4.38] MAUERSBERGER, C.: Ein pulsgesteuerter Stromrichter in Einphasenbrückenschaltung. Elektrie 21 (1967) H. 10, S. 392–394

[4.39] ABRAHAM, L., u. a.: Die Zwangskommutierung – ein neuer Zweig der Stromrichtertechnik. ETZ-A 87 (1966) H. 12, S. 649–658

[4.40] HEUMANN, K., und D. KNUTH: Energieumformung mit Stromrichtern – Elektrotechnische Grundlagen. ETZ-A 95 (1974) H. 4, S. 189–197

[4.41] KEHRMANN, H.: Der Vierquadrantensteller – Ein Pulsstromrichter zur Einspeisung von Triebfahrzeugen mit Drehstromantrieb aus dem Einphasen-Bahnnetz. IFAC-Symp. Düsseldorf (1974) Bd. 2, S. 357–372

[4.42] TSUBOI, K., u. a.: Reduction of reactive power and balancing of supply currents for three-phase converter systems. (Verringerung von Blindleistung und Symmetrierung der Speiseströme von Drehstrom-Stromrichtern.) IEEE-Conf. PAS (1977) S. 365–370

[4.43] GÖTZ, P., u. a.: Wirkungsweise neuartiger Pulsstromrichter. ETZ-A 98 (1977) H. 5, S. 346 bis 349

[4.44] ALEXA, D., u. a.: Selbstgeführte Stromrichter für Umkehrantriebe, die keine Blindleistung des Speisenetzes benötigen. ETZ-A 94 (1973) H. 3, S. 158–161

[4.45] MÄRZ, G.: Die ZDB-Schaltung, ihre Eigenschaften und ihre Anwendung in der Leistungselektronik. ETZ-A 93 (1972) H. 10, S. 571–576

[4.46] AMETANI, A.: Generalised method of harmonic reduction in a.c.-d.c. convertors by harmonic current injection. (Eine allgemeine Methode zur Verminderung der Harmonischen in Gleichrichtern durch Einspeisung von Stromharmonischen.) Proc. IEE 119 (1972) H. 7, S. 857–864

[4.47] BÜCHNER, P.: Anordnung zur Gewährleistung quasizwölfpulsiger Netzrückwirkungen von Stromrichtern. DDR-WP H 02 J/238 666–0

[4.48] BÜCHNER, P., und E. ROTHE: Pressenantriebe mit THYRESCH-Stromrichtern und verminderten Netzrückwirkungen. Techn. Inform. Automatisierungsanlagen, Elektroenergieanlagen 20 (1984) H. 2, S. 44–47

[4.49] BÜCHNER, P.: Kompensationseinrichtungen in Industrienetzen. Der Elektro-Praktiker 35 (1981) H. 9, S. 315–317
[4.50] WANNER, E., R. MATHYS und M. HÄUSLER: Kompensationsanlagen für die Industrie. BB-Mitt. 70 (1983) H. 1/2, S. 330–340
[4.51] WOLF, H., und P. BÜCHNER: Blindstromkompensation in Netzen mit Stromrichterbelastung. Der VEM Elektro-Anlagenbau 16 (1980) H. 4, S. 160–163
[4.52] BÜCHNER, P.: Leistungselektronische Mittel zur Saugkreissteuerung. 9. Wiss. Konf. der Sektion Elektrotechnik TU Dresden (1981), Vortrag B1–10, S. 74–81

Abschnitt 5.

[5.1] MÖLTGEN, G.: Spannungsoberschwingungen in Drehstromnetzen infolge Stromrichterlast. Siemens Forschungs- und Entwicklungsberichte 3 (1974) H. 1, S. 36–42
[5.2] ARREMANN, H., und G. MÖLTGEN: Oberschwingungen im netzseitigen Strom sechspulsiger netzgeführter Stromrichter. Siemens Forschungs- und Entwicklungsberichte 7 (1978) H. 3, S. 71–76
[5.3] SALJAK, I. I., SKOKLJUK, N. I.: Issledovanie garmoničeskich sostavljajuščich naprjaženija avtonomnogo sinchronogo generatora pri vyprjamitelnoi nagruzke. (Untersuchung der Spannungsoberschwingungen eines Synchrongenerators bei Stromrichterlast.) Elektrotechnika, Moskva (1976) H. 3, S. 45–49
[5.4] KLOSS, A.: Stromrichter-Netzspannungsverzerrung. Der Elektroniker, Aarau (1977) H. 8, S. EL1–EL7
[5.5] WARGOWSKY, E.: Berechnung von Oberschwingungsströmen, die durch Drehstrom-Gleichrichteranlagen verursacht werden. ETZ-Archiv 1 (1979) H. 9, S. 269–274.
[5.6] LAKOTA, J., und R. v. ROTZ: Netzstromoberwellen und Leistungsfaktor bei Anlagen mit mehreren stromrichtergespeisten Gleichstrommotorantrieben. Bull. SEV 63 (1972) H. 13, S. 695–704
[5.7] WESER, L.: Ein Beitrag zur optimalen Bordnetzgestaltung bei besonderer Berücksichtigung der Rückwirkung von Stromrichter-Stellern auf die Bordnetzspannung. Diss. A, Rostock: Wilhelm-Pieck-Universität 1972
[5.8] WASSERRAB, TH.: Schaltungslehre der Stromrichtertechnik. Berlin, Göttingen, Heidelberg: Springer-Verlag 1962
[5.9] HARTEL, W.: Stromrichterschaltungen. Berlin, Heidelberg, New York: Springer-Verlag 1977
[5.10] DOBINSON, L. G.: Tradition changes with harmonics. (Traditionswandel bei Harmonischen.) 2nd IEE-Conference on Power. Electronics, London: 1977, S. 179–183
[5.11] SCHÖNFELD, R., und E. HABIGER: Automatisierte Elektroantriebe. Berlin: VEB Verlag Technik 1981
[5.12] KLOSS, A.: Stromrichter Blindleistung. Der Elektroniker, Aarau (1978) H. 8, S. EL 7–EL 14
[5.13] BÜCHNER, P.: Entwurf einer Kompensationsanlage unter Beachtung von Stromrichter-Netzrückwirkungen (rechnerische Übung und Lösungen). Der Elektro-Praktiker 37 (1983) H. 2, S. 66–68 und H. 3, S. 100–101

Abschnitt 6.

[6.1] BORNITZ, E.: Leistungskondensatoren und Blindleistungsmaschinen, 2. Aufl. München und Wien: R. Oldenbourg 1965
[6.2] KUNATH, H.: Blindstrom – Kompensation, 2. Aufl. Heidelberg: A. Hüthig Verlag 1975
[6.3] WOLF, H., und P. BÜCHNER: Blindstromkompensation in Netzen mit Stromrichterbelastung. Der VEM Elektro-Anlagenbau 16 (1980) H. 4, S. 160–163
[6.4] KLOSS, A.: Stromrichter-Resonanzerscheinungen. Der Elektroniker, Aarau (1978), H. 5, S. EL1–EL7.
[6.5] TUSCHE, K. D., und G. SCHNEIDER: Neuer elektronischer Blindleistungsregler zur rationellen Energieübertragung durch optimale Blindleistungskompensation. Wiss.-Techn. Inf. des VEB Kombinat Elektroenergieanlagenbau 19 (1983) H. 2, S. 69–73

[6.6] Vorschrift für die Projektierung von Innenraum-Schaltanlagen, Teil 4 Typ ISA 2000 - SK Kondensatorenfelder, Ordng. Nr. 5.2/ Berlin: Institut für Elektro-Anlagen 1981
[6.7] Projektierungsvorschrift für Kondensatorenanlagen Reihe 10 Typ CSIMK 1-12/25, Ordng. Nr. 5.17/7.77. Berlin: Institut für Elektro-Anlagen (IEA) 1979
[6.8] TGL 43050: Nebenschlußkondensatoren über 20 kvar bis 1 kV, 2. Entwurf 1984
[6.9] Leistungskondensatoren 1.05–10.5 kV. Berlin: VEB Isolierstoff und Kondensatorenwerk 1984
[6.10] BÜCHNER, P., und G. SIEBERT: Netzseitige Einsatzbedingungen von Stromrichterantrieben. Elektrie 33 (1978) H. 7, S. 361–362
[6.11] BÜCHNER, P.: Kabelschwingungen bei Stromrichtereinsatz. Elektrie 37 (1982) H. 1, S. 13–16
[6.12] WEIDAUER, U.: Echtzeitsimulation der netzseitigen Einsatzbedingungen von Stromrichterantrieben. Diplomarbeit 11/1083/79, Dresden: Technische Universität 1979

Abschnitt 7.

[7.1] KLOSS, A.: Stromrichter-Saugkreise. Der Elektroniker, Aarau (1979) H. 4, S. EL5–EL12i
[7.2] BECKER, H., und W. SCHULTZ: Grundlagen zur Beurteilung von Oberschwingungsrückwirkungen in Versorgungsnetzen. ETZ-A 98 (1977) H. 5, S. 335–338
[7.3] WILL, G.: Regeleinheiten und Filterkreise zur Blindleistungskompensation. Siemens-Energietechnik 2 (1980) H. 7, S. 251–255
[7.4] BECKER, M.: Bemessung und Auslegung von Gleichstromfilterkreisen für eine Hochspannungs-Gleichstrom-Übertragung. Siemens-Energietechnik 2 (1980) H. 5, S. 157–161
[7.5] KARPATI, A., u. a.: Oberwellenverteilungs- und Filterungsprobleme an komplizierteren Mittelspannungsnetzen von Betrieben. 4th Power Electronics Conference Budapest 1981 Bd. 4, S. 187–197
[7.6] ENGWER, R.: Kompensation in Netzen mit Oberschwingungen. Elektro-Anzeiger, Essen 30 (1977) H. 4, S. 28–29
[7.7] SEEWALD, S.: Niederspannungs-Saugkreisanlagen des Kombinats Elektroenergieanlagenbau. Der Elektro-Praktiker 35 (1981) H. 6, S. 209–211
[7.8] Vorschrift für die Projektierung von Innenraum-Schaltanlagen, Teil 8: Typ ISA 2000-SS Saugkreisfelder Ordn.-Nr. 5.2/2.82 (einschließlich Änderung 1/84). Berlin: Institut für Elektro-Anlagen 1982
[7.9] Blindleistungs-Filterkreis-Anlagen zur Kompensation von oberschwingungserzeugenden Verbrauchern. Techn. Informationen und Typenprogramm P7. Berlin (West): Fa. Baugatz 1982
[7.10] Einsatz und Dimensionierung von Mittelspannungs-Saugkreisanlagen (2. Entwurf). Projektierungsvorschrift, Berlin: Institut für Elektro-Anlagen 1984
[7.11] BÜCHNER, P.: Analoge Echtzeitsimulation von Stromrichter-Netzrückwirkungen. Tagungsmaterial des 3. Symposiums Maritime Elektronik, Bd. 3, S. 136–143. Rostock. Wilhelm-Pieck-Universität 1980
[7.12] BÜCHNER, P.: Über die Wirkungsweise von Saugkreisen in Netzen mit Stromrichter-Netzrückwirkungen. Elektrie 35 (1981) H. 3, S. 115–118
[7.13] BÜCHNER, P.: Analogsimulation der Wirksamkeit von Saugkreisen bei netzgelöschten Stromrichterantrieben am schwachen Netz. Tagungsmaterial des 2. Symposiums Maritime Elektronik, Bd. 2, S. 48–56. Rostock: Wilhelm-Pieck-Universität 1977
[7.14] PARNITZKI, D.: Einsatz von Blindleistungskondensatoren in Netzen mit Stromrichtern. Bull. SEV/VSE 67 (1976) H. 16, S. 835–839
[7.15] PARNITZKI, D.: Wirtschaftliche Gesichtspunkte bei der Beseitigung von Stromrichternetzrückwirkungen. Bull. SEV/VSE 69 (1978) H. 4, S. 153–156
[7.16] WUNSCH, G.: Systemanalyse, Bd. 1. Lineare Systeme. Berlin: VEB Verlag Technik 1969
[7.17] PEHLA, H.: Untersuchung von Stromrichter-Netzrückwirkungen bei Saugkreiseinsatz am Analogrechner. Abschlußarbeit im postgradualen Studium Leistungselektronik, Dresden: Technische Universität 1980
[7.18] SIEBERT, G.: Saugkreiseinsatz bei Stromrichtern mit wenig geglättetem Gleichstrom. Bericht für VEB Starkstromanlagenbau Magdeburg. Dresden: Technische Universität 1981

[7.19] PFEILER, V.: Systemgerechte Gestaltung von Ms-Kompensationsanlagen. Wiss. Ber. der IHS Leipzig (1976) H. 13, S. 41–48

Abschnitt 8.

[8.1] DAN, A., und J. KISVÖLCSEY: Speed-Compensation of Reactive Power Using Harmonic Filters (Schnelle Blindleistungskompensation mit Saugkreisen). 4th Conf. on Power Electronics Budapest (1981), Bd. 4, S. 199–208

[8.2] KNUTH, D.: Elektrisches Filter mit Saugkreischarakteristik. BRD-Offenlegungsschrift 2852066 v. 12. 6. 1980

[8.3] SCHWARZENAU, R.: Netzrückwirkungen sicher beherrscht. Elektrotechnik, Würzburg 60 (1978) H. 23, S. 24–29

[8.4] BÜCHNER, P.: Verfahren und Anordnung zur Verringerung von Stromrichter-Netzrückwirkungen. DDR-WP Nr. H02J/224 520 v. 14. 10. 1980

[8.5] KAWAHIRA, H.: Active Power Filter (Aktive Leistungs-Filter). Int. Power Electronics Conf. Tokyo (1983) Bd. 1, S. 981–992

[8.6] FITERMANN, C., u. a.: Ein Regelverfahren zur aktiven Filterung in der Starkstromtechnik. Regelungstechnik 30 (1982) H. 8, S. 263–270

[8.7] BÜCHNER, P.: Anordnung zur Verringerung von Stromrichter-Netzrückwirkungen in der Anschlußspannung. DDR-WP Nr. H02J/225 267 v. 17. 11. 1980

[8.8] KRÜGER, K., und H. MÜNZING: Netzrückwirkungen des Zwischenkreisumrichterantriebs. Elektr. Energietechnik 26 (1981) H. 3, S. 5–10

[8.9] BÜCHNER, P.: Netzrückwirkungen von Drehstromantrieben mit Stromrichterstellgliedern. Elektrie 39 (1985) H. 11, S. 424–426

[8.10] MOHAN, N., u. a.: Input Current Harmonics and Power Factor of Operator in Transistor Inverters of Induction Motor Drive. (Eingangsstromharmonische und Leistungsfaktor bei Transistor-Umrichtern für Induktionsmotoren.) Int. Power Electronics Conf. Tokyo (1983), Bd. 1, S. 649–659

[8.11] BÜCHNER, P.: Gleichstromantrieb mit verminderten Netzrückwirkungen. 28. IWK Ilmenau (1983) Heft A1/A2, S. 263–266

[8.12] BÜCHNER, P., K. LEHNERT und U. NICOLAI: Erfahrungen beim Einsatz rückwärtsleitender Thyristoren in Pulsstellern für elektrische Antriebe. 10. Wiss. Konf. der Sektion Elektrotechnik TU Dresden (1984) Vortrag A3-03, S. 30–35

[8.13] SEEFRIED, E., u. W. WINKLER: Betriebserfahrungen mit einem Stromwechselrichter zur Speisung von Asynchronmaschinen. Wiss. Techn. Inf. KAAB 18 (1982) H. 4, S. 172–176

Abschnitt 9.

[9.1] VENIKOV, A. A., u. a.: Sovremennoe Sostojanije i Perspektivi Razvitija Staticeskich Kompensatorov Reaktivnoi Moščnosti. (Stand und Perspektiven der Entwicklung statischer Blindleistungskompensatoren.) Elektricestvo 101 (1981) H. 8, S. 6–12

[9.2] CHIT, A., und W. HORN: Neuzeitliche ruhende Blindleistungskompensation für Industrienetze. Techn. Mitt. AEG-Telefunken 66 (1974) H. 7, S. 286–290

[9.3] SCHRÖDER, D.: Spannungsstabilisierung in Drehstromnetzen. Preprints IFAC-Symp. on Control in Power Electronics and Electr. Drives, Düsseldorf: 1974, Vol. 2, S. 633–654

[9.4] BÜCHNER, P.: Kompensation schnell veränderlicher Blindleistungen mit Mitteln der Leistungselektronik. Elektrie 33 (1979) H. 5, S. 244–247

[9.5] CHIT, A., u. a.: Grenze der dynamischen Wirkungsweise ruhender Blindleistungs-Kompensationseinrichtungen. Techn. Mitt. AEG-Telefunken 65 (1975) H. 6, S. 205–210

[9.6] DEPENBROCK, M.: Kompensation schnell veränderlicher Blindströme. ETZ-A 98 (1977) H. 6, S. 408–411

[9.7] ZUKOV, L. A., u. a.: Statičeskij reguliruemyj istočnik reaktivnoi moščnosti s ventilnym upravlenijem. (Statische regelbare Blindleistungsquelle mit Ventilsteuerung.) Električestvo 69 (1969) H. 12, S. 11–14

[9.8] PFEIFFER, R.: Das Schalten von Leistungskondensatoren mit gesteuerten Halbleiterventilen und elektrischen Meßeinrichtungen. ETZ-A 92 (1971) H. 1, S. 52–55

[9.9] FRANK, H., und B. LANDSTRÖM: Kompensationsanlagen mit Thyristorschaltgliedern zur Blindleistungskompensation. ASEA-Z, 16 (1971) H. 6, S. 140–144

[9.10] PROSKE, D.: Möglichkeiten zur Blindleistungskompensation mit Hilfe thyristorgeschalteter Kondenatorbatterien. Der VEM Elektro-Anlagenbau 10 (1974) H. 1, S. 18–21

[9.11] FRANK, H., und S. IVNER: TYCAP, power-factor correction equipment using thyristor-controlled capacitors for arc furnaces. (TYCAP, Eine Einrichtung zur Leistungsfaktorverbesserung für Lichtbogenöfen mit thyristorgeschalteten Kondensatoren.) ASEA-Journal 46 (1973) H. 6, S. 147–152

[9.12] GOLDE, E.: Static converter for compensation of reactive power. (Statischer Umrichter zur Kompensation von Blindleistung.) World Electrotechnical Congress. Moscow 1977, paper 6.33

[9.13] LANGE, W.: Beitrag zur Blindstromregelung mit Synchronmotoren. Diss. A, Dresden: Technische Universität 1971

[9.14] PLESKOV, V. I., u. a.: Istočnik reaktivnoj moščnosti na baze invertora naprjaženija. (Blindleistungsquelle auf der Basis eines Spannungswechselrichters). Električestvo 98 (1978) H. 10, S. 20–28

[9.15] HÄUSLER, M.: Elektrotechnische Grundlagen des gleichspannungsseitig kommutierenden Stromrichters. ETZ-A 90 (1969) H. 15, S. 363–367

[9.16] LANGE, G.: Blindstromsparende bzw. blindstromerzeugende Stromrichterschaltung auf der Grundlage der Zwangskommutierung. Diss. A, Dresden: Technische Universität 1971

[9.17] HUGEL, J., u. a.: Blindleistungskompensation mit Stromrichtern. Sonderdruck AEG-Telefunken, Reihe Leistungselektronik Nr. A52 V1.8.49/0482

[9.18] SCHMID, E.: High-speed VAr control using static converters in short-circuit. (Schnelle Blindleistungssteuerung unter Verwendung kurzgeschlossener Stromrichter.) Preprints IFAC-Symp. on Control in Power Electronics and Electr. Drives, Düsseldorf: 1977, S. 907–915

[9.19] TSUBOI, K., u. a.: Reduction of reactive power and balancing of supply currents for three-phase converter systems. (Blindleistungskompensation und Symmetrierung der Speiseströme dreiphasiger Stromrichteranlagen.) IEEE-Conf. on Power Apparatur and Systems 1977, S. 365 bis 370

[9.20] MATSUI, N., u. a.: DC Commutatorless Motor with a Static VAR Generator. Int. Power Electronics Conf. Tokyo (1983), Bd. 1, S. 969–980

[9.21] BÜCHNER, P.: Dynamische Kompensation mit induktivem Blindstromrichter. Wiss.-Techn. Inf. KAAB 18 (1982), H. 6, S. 270–272

[9.22] FEDOROV, A. A., und G. P. KORNILOV: O primenenii kompensirujuščich ustrojst v sistemach elektrosnabženija s moščnymi nelinejnymi nagruzkami. (Über die Anwendung von Kompensationseinrichtungen in Systemen der Energieversorgung mit leistungsstarken nichtlinearen Belastungen.) Električestvo 100 (1980) H. 7, S. 64–67

[9.23] HUMINSKI, A., und T. LOBOS: Netzrückwirkung von Thyristorstromrichtern bei Anschluß von Blindleistungskompensationsanlagen und Saugkreisen an das Netz. ETZ-Archiv 4 (1982), H. 7, S. 207–212

[9.24] PETRŮ, C., und F. FUKSA: Kontaktlose thyristorgesteuerte Kompensationseinrichtungen. 25. Intern. Wiss. Koll. TH Ilmenau 1980 Bd. 1, S. 29–32

[9.25] CHUDJAKOV, V. V., und V. A. CVANOV: Upravliaemyj statičeskij istočnik reaktivnoj moščnosti. (Steuerbare statische Blindleistungsquelle.) Električestvo 89 (1969) H. 1, S. 29–35

[9.26] KRAJZ, S. G., und L. B. LEJTES: Ob induktivnych ustrojstvach dlja statičeskich kompensatorov reaktivnoj moščnosti. (Über induktive Einrichtungen für statische Blindleistungskompensatoren.) Električestvo 99 (1979) H. 10, S. 57–59

[9.27] SCHRÖDER, D.: Betriebsergebnisse einer hochdynamischen Kompensationsanlage in einem Industrienetz. ETZ-A 98 (1977) H. 5, S. 338–340

[9.28] BOISDON, C., und M. BOIDIN: Reactive power static compensation and harmonic filtering in a metal industry plant. (Blindleistungskompensation und Oberschwingungsfilterung in einem Hüttenwerk.) Preprints IFAC-Symp. on Control in Power Electronics and Electr. Drives, Düsseldorf: 1977, S. 945–959

[9.29] HAMMAD, A. E., und R. M. MATHUR: A new generalized concept for the design of thyristor phase-controlledVAr compensators. (Ein neues Konzept für den Entwurf von anschnittgesteuerten Thyristor-Blindleistungs-Kompensatoren.) IEEE-Trans. PAS 98 (1979) H. 1/2, S. 219–231

[9.30] TUNIA, H.: Leistungsfaktorverbesserung mittels Thyristorschaltung. Tagungsmaterial des 3. Symp. Maritime Elektronik, Bd. 2, S. 7–15. Rostock: Wilhelm-Pieck-Universität 1980

[9.31] JÄGER, S., und D. KNUTH: Unterdrückung der Netzrückwirkungen eines Lichtbogenofens durch eine Kompensationsanlage mit thyristorgeschalteten Drosseln. Elektrowärme international 30 (1972) H. 10, S. 267–274

[9.32] BECKER, H.: Die steuerbare Drosselspule. ETZ-B23 (1971) H. 12, S. 293–295

[9.33] LOOCKE, G.: Comparison of installations for compensation of reactive power. (Vergleich von Anlagen zur Blindleistungskompensation.) Preprints IFAC-Symp. on Control in Power Electronics and Electr. Drives, Düsseldorf: 1977, S. 895–905

[9.34] BÜCHNER, P.: Zuverlässigkeitsuntersuchungen für automatisierte Elektroantriebe. Der VEM Elektro-Anlagenbau 9 (1973) H. 1, S. 2–7

[9.35] WOLF, H.: Dynamische Blindleistungskompensation mit netzgelöschten Stromrichtern. Der Elektropraktiker 38 (1984) H. 10, S. 350–353

Sachwörterverzeichnis

Im gleichen Verlag sind erschienen:

Planung öffentlicher Energieverteilungsnetze

Gestaltung – Bemessung – Betriebsweise – Netzrückwirkungen

Von Dr.-Ing. L. BOCHANKY

265 Seiten mit 100 Bildern und 73 Tabellen
Format 16,5 × 23 cm · Leinen · DDR 48,– M · Ausland 48,– DM
Bestell-Nr.: 541 860 3

Bei der Planung von Ausbau- und Rekonstruktionsmaßnahmen ist über die Netzgestaltung, -bemessung und -betriebsweise zu entscheiden.
Nach Darstellung der Grundlagen werden Planungsempfehlungen für Nieder- und Mittelspannungsnetze gegeben, die auch die schutz- und automatisierungstechnische Ausrüstung, die Abnehmeranschlüsse sowie die Wechselbeziehung zu den vorgeordneten 110-kV-Netzen und zu den nachgeordneten Installationsnetzen und industriellen Verteilungsnetzen erfassen. Ein spezieller Abschnitt behandelt den Anschluß von Abnehmern, die Netzrückwirkungen verursachen.
Das Buch wendet sich an Ingenieure in Energieversorgungs- und Wohnungsbaubetrieben sowie an spezielle Abnehmer; außerdem an Hersteller von Betriebsmitteln, Mitarbeiter der Territorialplanung und wissenschaftlicher Einrichtungen sowie an Studenten einschlägiger Fachrichtungen.